国家科学技术学术著作出版基金资助出版
天津市科协资助出版

光纤传感网

Optical Fiber Sensor Network

刘铁根　张红霞等　著

科学出版社

北　京

内 容 简 介

本书旨在对光纤传感网进行全景式的深入介绍和探索,不仅介绍了光纤传感网的基础理论知识,而且对光纤传感网的现状和未来发展趋势进行了综述和预测。书中系统介绍了光纤传感网的基本概念、组网方法、拓扑结构、鲁棒性评估模型、编码扩容、数据特征提取和智能传感网,并着重介绍了光纤传感网的应用。

全书内容丰富,深入浅出,循序渐进,体系完整。作者将科研和应用中的实际经验融入书中,注重理论联系实际,力求反映光纤传感网在现阶段的应用成果。本书既可以作为专业课教材,也可以作为相关领域教师及科研人员的参考用书。

图书在版编目(CIP)数据

光纤传感网/刘铁根等著. —北京:科学出版社,2018.1
ISBN 978-7-03-054447-6

Ⅰ.①光… Ⅱ.①刘… Ⅲ.①光纤传感器-光纤网 Ⅳ.①TN929.11
②TP212.4

中国版本图书馆 CIP 数据核字(2017)第 221845 号

责任编辑:裴 育 纪四稳 / 责任校对:桂伟利
责任印制:徐晓晨 / 封面设计:陈 敬

科 学 出 版 社 出版
北京东黄城根北街 16 号
邮政编码: 100717
http://www.sciencep.com

北京建宏印刷有限公司 印刷
科学出版社发行 各地新华书店经销

*

2018 年 1 月第 一 版 开本:720×1000 1/16
2024 年 1 月第四次印刷 印张:22 3/4
字数:442 000
定价:180.00 元
(如有印装质量问题,我社负责调换)

序　言

自 20 世纪 80 年代低损耗光纤问世以来,光纤传感技术一直处于传感器技术发展的前沿,并与光纤通信技术一起成为光纤技术的两个重要领域。

天津大学刘铁根教授科研团队长期从事光纤传感技术、光电检测技术等领域的研究和教学工作,主持了一批包括国家 973 计划、国家自然科学基金仪器专项在内的国家级、省部级基金和国家工程项目;在理论和实践上均有建树,取得了许多有创新性的研究成果,获得国家技术发明奖二等奖、教育部科技进步奖一等奖、中国仪器仪表学会科学技术奖一等奖、天津市技术发明奖一等奖和中国专利优秀奖等。2010 年刘铁根教授作为首席科学家、天津大学作为依托单位承担了我国在光纤传感领域首个 973 计划项目。《光纤传感网》一书是基于刘铁根教授带领天津大学、南京大学、复旦大学、中国计量学院、上海理工大学和燕山大学等单位组成的973 计划研究团队取得的研究成果,同时吸收了国内外学者相关研究成果,并根据教学与科研工作的需要撰写而成。该书从光纤传感网的基本概念出发,系统讲解了与光纤传感网有关的知识体系,侧重光纤传感网组网方法、拓扑结构、鲁棒性评估、编码扩容方法和数据处理,以及光纤传感网在航空航天、电力电子、土木工程和安全监测领域的应用。该书注重理论和工程实际相结合,内容取舍恰当,凝练了研究成果,对高等院校研究生和高年级本科生是一本很好的参考教材,对科学研究人员、工程技术人员也是一本很好的参考书。

光纤传感网是现代光纤技术、电子信息、自动控制和计算机技术交叉而成的一项新技术,是现代光学技术的卓越一枝。在信息技术交叉发展方兴未艾和对复合型专业人才的需求日益增加的今天,该书的出版是非常有意义的。

清华大学教授
中国科学院院士
国家 973 计划专家顾问组成员

前　言

与传统的传感器相比,光纤传感器本身不带电,具有抗电磁干扰、电绝缘、耐腐蚀、本质安全、多参量测量(温度、应力、振动、位移、转动、电磁场、化学量和生物量等)、灵敏度高、质量轻、体积小、可嵌入(物体)等特点。光纤传感网是将各种分立式传感单元、分布式传感单元按照一定拓扑结构组成的传感网络,具有容量大、参量多、拓扑结构复杂、数据处理要求高等特点。光纤传感网是光纤传感技术发展的趋势和要求,可广泛应用于航空航天、电力电子、土木工程和安全监测等领域,具有巨大的社会需求和广阔的应用前景。本书是在973计划项目研究成果的基础上,综合了天津大学、南京大学、复旦大学、中国计量学院、上海理工大学和燕山大学等单位的科研成果,并吸收了国内外学者相关研究成果,根据教学与科研工作的需要,从光纤传感网角度撰写而成的。

本书从光纤传感网的基本概念出发,系统讲解与光纤传感网有关的知识体系。第1章介绍光纤传感网的基本概念、分类和研究现状。第2章介绍光纤传感网的组网方法、拓扑结构和网络体系结构。第3章介绍光纤传感网的鲁棒性评估模型、影响因素及其应用。第4章分别从分立式、分布式和混合式光纤传感网角度介绍光纤传感网的编码扩容。第5章介绍光纤传感网的数据特征提取、多传感器数据融合、拉曼散射和布里渊光纤传感网的数据处理。第6章介绍光纤智能传感网。第7章介绍光纤传感网在航空航天、电力电子、土木工程和安全监测领域的应用。

本书主要由刘铁根教授、张红霞教授撰写,江俊峰、刘琨、王双、翟梦冉、宫语含、刘京、解冰珊、柴天娇、何盼、王涛、冯博文、石俊峰、邹盛亮、樊苗、何畅、吴凡、周永涵、尹金德、黄炳菁、郑文杰等参与了部分内容的撰写。在撰写过程中,得到了大连理工大学陈志奎教授、中国计量学院王剑锋教授、南京大学张旭苹教授、复旦大学贾波教授和燕山大学毕卫红教授的大力支持和帮助,在此表示衷心感谢。

在撰写过程中,作者力求呈现最新的和实用的内容,在理论方面紧跟技术发展方向,以使更多的读者通过阅读本书获益。但由于光纤传感技术不断发展,书中难免存在不足或疏漏之处,诚恳希望读者给予批评和指正,以便于提高水平,把更好、更新的内容呈现出来。

目　　录

第 1 章　光纤传感网概述

1970 年美国康宁公司制成了第一根低损耗的石英光纤,光纤具有低成本、高激光损伤阈值、优异的光传输性能和生物相容性等诸多优点,使其在信号传输领域得到广泛应用。伴随光纤通信技术的发展,光纤本身的传感性能被逐渐发掘,成为光纤的又一应用领域,光纤传感技术正在日益显示出其巨大的应用潜力。光纤传感技术是以光波为载体、光纤为介质,将各种物理量转化成在光纤中传播的光的强度、相位、频率、偏振等变化,感知和传输外界被测信号的新型传感技术。

光纤传感具有抗电磁干扰能力强、灵敏度高、电绝缘性好、安全可靠、耐腐蚀、易组网等诸多优点,因此在工业、农业、国防、生物医疗等各领域均有广阔的应用前景,同时,也极大地促进了检测技术和仪器仪表等行业的发展。

随着技术的发展和实际应用的需求,光纤传感网正在向大容量和多参数测量方向发展,此容量是指网络所能解调的传感器的数量。

1.1　光纤传感网与物联网

1.1.1　物联网

1. 物联网概述

物联网(internet of things,又称 Web of things)是将各种信息传感设备与互联网结合起来而形成的一个巨大网络。具体来说,物联网就是通过射频识别、红外感应器、全球定位系统、激光扫描器等信息传感设备,按约定的协议把物品与互联网连接起来进行信息交换和通信,从而实现智能化识别、定位、跟踪、监控和管理的一种网络[1]。物联网的系统结构如图 1-1 所示。

物联网架构可分为三层:感知层、网络层和应用层。

感知层包括电子标签、读卡器、摄像头、红外感应器、停车场感应器、人体感应器、GPS 等感知终端。感知层是物联网识别物体、采集信息的来源,与人体结构中皮肤和五官的作用相似。

网络层包括通信与互联网的融合网络、网络管理中心和信息处理中心等。网络层是整个物联网的中枢,负责传递和处理感知层获取的信息,类似于人体结构中的神经中枢和大脑。

应用层是物联网和用户的接口,它与行业需求结合,实现物联网的智能应用。

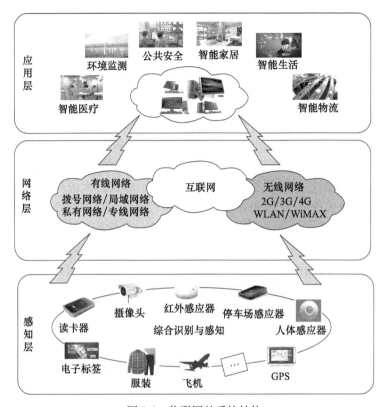

图 1-1 物联网的系统结构

目前,物联网系统在食品追溯、智能医疗、环境监测、公共安全、智能家居、智能生活、智能物流和智能城市等行业所取得的良好用户体验,会使物联网技术的应用前景更加广阔。

物联网本身并不是一个崭新的概念,其已经拥有了 20 多年的历史。1995 年,比尔·盖茨在《未来之路》一书中提出了物联网的理念。1999 年,麻省理工学院自动识别技术中心的 Ashton 教授最先提出了"物联网"的概念。2005 年 11 月,国际电信联盟(ITU)发布了《ITU 互联网报告 2005：物联网》,使用了物联网的概念。2009 年 1 月,在美国总统奥巴马与美国工商界领袖的圆桌会议上,IBM 首席执行官彭明盛提出了"智慧地球"的概念,此时,物联网作为一种较为成熟的概念被提出。2010 年 3 月 5 日,国务院总理温家宝在《政府工作报告》中也提出,"加快物联网的研发应用,加大对战略性新兴产业的投入和政策支持"。目前,物联网技术已被列为国家五大新兴战略产业之一[2]。

2. 物联网的关键技术

从物联网的概念可以看到,物联网技术涉及现代电子技术、通信技术以及网络技术等诸多新技术,但其中的关键技术主要如下。

(1)射频识别技术:它是一项利用射频信号实现无接触信息传递从而达到识别目的的技术。

(2)传感器技术:作为获取信息的关键器件,传感器是现代信息系统常用的信息采集工具。

(3)网络通信技术:物联网终究是一个网络,最基础的物物之间的感知和通信仍然是不可替代的关键技术。

3. 物联网与光纤传感网的关系

物联网的设想是建立在传感网络和计算机互联网的基础之上的。而互联网在物联网概念出现时已运行多年,因此传感网络是物联网的基础技术之一,是将互联概念活化为具有智能传感功能的物联网的关键。

传感网络是由众多传感器节点组成的有线或无线通信网络,节点密集分布在所关注的物或事物的内部或周围,实现对物的连接、感知和监控。物联网中的传感网络技术主要包括灵活、无处不在、互联互通的无线传感网,以及既可以传输又可以传感的光纤传感网。

以传感网络为基础构建物联网,需要考虑的重要因素有:

(1)足够的规模和容量。只有具备足够大的规模,才能使物品间的互联发挥作用,并节约系统成本,提高应用的经济性。

(2)测量参数尽可能丰富。

(3)测量快速。快速的测量和高速的信息传递,可以提高物联网信息处理的效率,提高整个网络的使用效益。

光纤传感网组成物联网时具有以上优点,能够在一条光纤上实现大规模的传感器阵列,不但制作成本低、结构轻便,而且由于直径小,光纤材料柔韧轻巧,可以灵活地敷设于各种形状的待测物体的表面和内部,大到桥梁隧道,小到变压器绕组,在一定规模下,单条光纤即可完成整体系统的分布式测量,性价比很高。同一种光纤传感器往往能测量两个以上的参数,如光纤温度-应变传感器,这对物联网在信息收集方面十分有利。光纤中传递的是光信号,光的传播速度最快,且与信号的频率等特征无关,所以有助于提高物联网的信息处理速度。

由于通信网络中传感器通常需要应对各种复杂的工作环境,如长时间、长距离、大温差、高压、强磁场等,所以光纤传感器具备无线传感网不具有的优势:质量轻,灵敏度高,数据传输安全;尺寸小,埋入目标物体中不影响材料结构特性;主要材料成分为硅基氧化物,耐腐蚀、寿命长,系统可靠性高;单根光纤可复用大量的传感器,便于分布式监测和组网;在高温或核辐射环境均有良好表现;不受电磁干扰,信号传输距离长,遥控方便,适合测量电力工业传输线的荷载和电力变压器绕组的温度等。

综上所述,光纤传感网将光纤传感技术和传统物联网优势相结合,使物联网的概念进一步扩展和提升,形成光纤传感与通信一体化网络,为"感知中国"、"智慧地球"提供了有力的技术支撑。

1.1.2　光纤传感网基础知识

1. 光纤传感器

1) 光纤传感器的基本工作原理

光纤传感器是利用光波参量调制的方式来实现待测信息提取的传感器。光纤传感器的基本工作原理是将来自光源的光经过光纤送入调制器,使待测参数与进入调制器的光相互作用后,导致光的光学特性(如强度、波长、相位、偏振态等)发生变化,成为被调制的信号光,再经过光纤送入光探测器,解调后获得被测参数。

与传统传感器相比,光纤传感器有电绝缘、抗电磁干扰、灵敏度高、本质安全、耐腐蚀、多参量探测(温度、位移、应变、电磁场、化学生物量等)、质量轻、体积小、可嵌入(物体)等特点,容易组成光纤传感网,并可接入互联网、无线网等,是新型传感器网络的最佳选择之一。因此,自光纤传感器诞生之日起就备受关注,得到了迅速发展,并已成功应用于大型建筑工程的工程测量、火灾报警和安防等领域。

光纤传感器可分为两大类:一类是功能型(传感型)传感器;另一类是非功能型(传光型)传感器。

功能型传感器是利用光纤本身的特性,把光纤作为敏感元件,被测量对光纤内传输的光进行调制,使传输的光的强度、波长、相位或偏振态等特性发生变化,通过被调制的光进行解调,从而得出被测量。光纤在其中不仅是导光介质,而且是敏感元件。功能型传感器具有结构紧凑、灵敏度高等优点,如光纤陀螺及光纤水听器等。

非功能型传感器是利用其他敏感元件感受被测量的变化,光纤仅作为信息的传输介质,起导光作用,常采用单模光纤。非功能型传感器具有无需特殊光纤及其他特殊技术、比较容易实现、成本低等诸多优点,但是其灵敏度较低。目前,实际应用中大多使用非功能型光纤传感器。

2) 光纤传感器的复用技术

将光纤传感网中产生的众多传感信号汇集到一根单模光纤传输,并在解调端按一定的顺序将这些信号区分开,这就是光纤传感器的复用技术,也是构建光纤分布式传感系统的关键,它决定了光纤传感网的总体性能和制造成本。评价一个复用方案质量的参数包括复用能力(系统中传感器数量)、抗串扰能力、响应速度等。

　　根据应用中传感器的类型、传感距离、空间分辨率、传感灵敏度等实际情况的不同,研究者和工程应用人员需要设计采用不同类型的复用方案。按照复用原理的不同,常见的光纤传感器复用技术可分为波分复用、时分复用、空分复用、频分复用等。

　　(1) 波分复用(wavelength division multiplexing,WDM)。

　　波分复用是指在一根光纤上不只是传送一个光载波,而是同时传送多个波长不同的光载波。这样一来,原来在一根光纤上只能传送一个光载波的单一信道变为可传送多个不同波长光载波的信道,从而使得光纤的传输能力成倍增加。

　　(2) 时分复用(time division multiplexing,TDM)。

　　当信道达到的数据传输率大于各路信号的数据传输率总和时,可以将使用信道的时间分成一个个的时间片(时隙),按一定规则将这些时间片分配给各路信号,每一路信号只能在自己的时间片内独占信道进行传输,所以信号之间不会互相干扰。

　　(3) 空分复用(space division multiplexing,SDM)。

　　空分复用即多对电线或光纤共用一条缆的复用方式。例如,5 类线就是 4 对双绞线共用 1 条缆。能够实现空分复用的前提条件是光纤或电线的直径很小,可以将多条光纤或多对电线做在一条缆内,既节省外护套的材料又便于使用。

　　(4) 频分复用(frequency division multiplexing,FDM)。

　　当信道带宽大于各路信号的带宽时,可以将信道分割成若干个子信道,每个子信道用来传输一路信号,或者说是将频率划分成不同的频率段,不同路的信号在不同的频段内传送,各个频段之间不会相互影响,所以不同路的信号可以同时传送。

2. 光纤传感技术

　　光纤传感技术是以光波为载体、光纤为介质,感知和传输外界被测信号的新型传感技术。由于光纤传感技术具有的一系列独特优势,越来越多地受到人们的青睐,在大型结构设施、大型石油储备罐群、电力设施、航空航天、国防建设等领域的需求持续快速增长。而且,光纤传感技术在国家安全、重大工程、生物医药等多个领域具有重大社会需求和应用前景。在国家安全监控方面,光纤传感技术能提供连续、实时、非侵入式监测手段;在重大工程安全监测方面,光纤传感技术的抗电磁干扰、电绝缘和体积小的特性使其具有显著优势。例如,矿业开采时对危险气体监测可有效预防生产事故,减少重大经济损失。光纤传输损耗小,带宽大,保密性好,被广泛应用于通信和传感系统中,如海底通信光缆、高速通信设备链接线路等。

3. 光纤传感网

　　光纤传感器网可以被广泛地定义为:一组由两个或两个以上的光纤传感器复

用在一起,部署在被测物内或非常接近被测物,对被测物各个性能参数进行测量的一种传感网络[3]。根据传感单元种类的不同,目前光纤传感网也可大体分为分立式光纤传感网和分布式光纤传感网两大类。

1) 分立式光纤传感网

在分立式光纤传感网中,把在空间上呈一定规律分布的光纤传感单元串并联或按其他拓扑结构相连。按照不同的调制信号载体,分立式光纤传感单元可分为光强度调制、光频率调制、光波长调制、光相位调制和偏振调制五种类型。最常用的光纤传感单元主要有相位调制型传感单元和波长调制型传感单元。

分立式传感单元中常用的相位调制型传感单元利用干涉原理构建,传感单元具体结构形式包括光纤法布里-珀罗(Fabry-Perot,F-P)型、光纤马赫-曾德尔(Mach-Zehnder)干涉型、光纤迈克耳孙(Michelson)干涉型和光纤萨奈克(Sagnac)干涉型。传感信息加载于干涉相位中,相位的改变导致输出光强的改变,从而干涉输出光强受到调制。光纤 F-P 型传感单元是利用 F-P 腔长承载传感信息,达到干涉相位调制的目的。由于其结构简单,干涉信号稳定,因而光纤 F-P 型传感单元应用广泛,已被用于实现应变、温度、压力、折射率等参数的传感。

波长调制型分立式传感单元的典型代表是光纤布拉格光栅(fiber Bragg grating,FBG),它将传感信息调制在中心波长上,通过对 FBG 反射波长移动的监测即可测量外界参量的变化,探测能力不受光源功率波动、光纤弯曲损耗、探测器老化等因素的影响。

2) 分布式光纤传感网

分布式光纤传感单元主要有三大类:基于光纤背向散射的光时域反射仪(optical time domain reflectometer,OTDR)技术的分布式光纤传感单元、基于光频域反射仪(optical frequency domain reflectometer,OFDR)技术的分布式光纤传感单元,以及基于长距离干涉技术的分布式光纤传感单元。

光时域反射分布式传感单元利用光脉冲进行光纤传感单元的探测,光脉冲通过光纤时产生的背向散射光包括与激励光波长相同的瑞利散射,以及与激励波长不同的非弹性散射——拉曼散射和布里渊散射,这些散射信号携带光纤各个位置的传感信息,通过分析信号特性(光强、偏振态、频率等)的变化来确定待测参量大小,空间位置根据回波时间确定,空间分辨率由脉冲宽度决定,由此可获得待测参量的空间分布。目前已有多种基于 OTDR 的分布式光纤传感单元见诸报道,包括基于 OTDR 的微弯传感单元[4]、基于自发拉曼散射的光时域反射仪(Raman optical time domain reflectometer,ROTDR)的传感单元[4]、基于自发布里渊散射的光时域反射仪(Brillouin optical time domain reflectometer,BOTDR)的传感单元[5]、基于瑞利散射的偏振光时域反射仪(polarizationsensitive optical time domain reflectometer,P-OTDR)的传感单元[6]、基于相位敏感的光时域反射仪(phase-sensitive optical time domain reflectometer,phase-OTDR 或 Φ-OTDR)的传感单元[7]、基于受激拉曼效应的传感单元、基于受激布里渊效应的传感单元[8,9]等。

OFDR 是分布式光纤传感技术的一种新兴技术,其采用光外差干涉技术,利用线性调谐光源,参考光与传感光纤中瑞利散射光相干形成拍频,其中传感光纤中不同测试距离对应不同拍频。传统的 OFDR 技术主要应用在短距离光链路和光器件中实现高精度和高空间分辨率监测[10]。

基于干涉技术的长距离分布式光纤传感网主要应用于周界安全、石油管道盗挖监测等分布式振动和扰动传感,大多采用马赫-曾德尔型、萨奈克型、迈克耳孙型干涉结构及在基础上的光纤光路结构混合或变形,萨奈克/马赫-曾德尔[11]、萨奈克/迈克耳孙[12]、萨奈克/萨奈克[13]以及差分环/环[14]等双干涉仪结构,其原理均是通过测量相向传播的光干涉信号的时延、干涉信号频率和强度特征,分析得到待测量的大小和发生位置,实现分布式测量。

4. 光纤传感网的主要性能指标

1)分辨率

波长位移分辨率主要取决于传感系统所采用的波长探测技术或波长解码系统以及系统的信噪比。

2)复用传感器数量或网络规模

网络规模主要取决于光源的发射功率、网络的拓扑结构和波长解码系统的接收灵敏度。其中,网络的拓扑结构是传感网的基本骨架,很大程度上决定了传感网的规模、成本及可扩展特性。主要包括总线型、环形、星形和混合型,优缺点不同,应用范围也不同。网络拓扑关系到网络安装和维护费用,故障检测和隔离的方便性,因此需要考虑扩展的灵活性、可调整性。

3)传感器的取样速率

取样速率主要取决于传感网络的规模、网络所采用的拓扑结构和系统所采用的波长探测技术,目前现有的解码方案包括 F-P 腔滤波器探测技术、声-光滤波器探测技术、单色仪波长探测技术、干涉滤波器探测技术、匹配接收并行探测技术、匹配接收串联探测技术、CCD 并行探测技术等。不同的探测技术具有不同的波长分辨率和工作速率,可根据实际情况做出选择。

4)网络的鲁棒性和可靠性

鲁棒性是描述系统强壮与否的参量,即表明系统抵抗外部的干扰或破坏的能力。网络结构鲁棒性是网络科学中一个十分重要的方面,在控制系统中也是重要的研究分支。在分析网络拓扑结构的鲁棒性时,最关注的是当受到来自环境影响而导致的随机故障,或者当遭到蓄意的攻击破坏时,网络能否生存下来并且维持网络正常工作的功能。

5) 光纤传感网的数据处理

光纤传感网将各种不同的信息转化为随时间变化的光信号,经光电转换、隔直放大、A/D 采样、解调等一系列预处理后,待分析和识别的各通道信号本质上就是一个一维数组,其原始形式中包含着待识别信号的物理特征。要实现对不同类信号的自动识别,必须通过信号分析,从这种原始形式中提取出可被计算机识别的各类信号相互区别的特征,即特征提取[2]。特征提取是指从模式中提取出一系列能够反映信号本身特征的参数向量,并用某一种数学结构来对特征参数进行表达。

6) 光纤传感网的智能化

将传感技术与通信技术、计算机技术融合,实现传感系统的智能化,是现代传感技术的一个重要特征。智能化的传感系统不仅包括传统意义上的信号转换功能,而且集信号获取、存储、传输、处理等多种功能于一体,可以实现逻辑判断、数据分类、模式识别、自动报警等智能化功能。在现代智能传感技术及市场需求的推动下,光纤传感系统也在逐步向智能化的方向发展。基于各种开发平台如单片机、DSP 芯片、虚拟仪器技术等的智能光纤传感系统都在广泛的研发之中。多层次的计算功能如现代谱分析、时频分析、神经网络、遗传算法、模糊控制等也都被引入光纤传感系统中。智能光纤传感系统在许多崭新领域受到广泛关注,如智能材料、环境感知、声发射检测、石油测井等。

1.1.3　光纤传感网和光纤通信网

光纤技术包括光纤传感技术、光纤通信技术和光纤制造技术。从广义上说,采用光纤作为传输介质,对语音、数据和图像等信息进行传送的通信网都可以称为光纤通信网。通信网的构成要素包括终端设备、交换设备、传输链路及相应的管理软件。终端设备是用户与通信网之间的接口设备,可以完成采集原始的信息并将采集的信息转换为适合传输的信号的作用。交换设备又称网络节点,是整个网络的核心,能够完成信号的处理和交换,进而实现呼叫终端和被呼叫终端之间的路由选择连接。传输链路是信息的传输通道。包括各种通信协议的管理软件实现对整个通信过程的控制[15]。

光纤通信的诞生和发展是电信史上的一次重要革命,与卫星通信、移动通信并列为 20 世纪 90 年代三大通信技术。随着密集波分复用(DWDM)技术、掺铒光纤放大器(Er dopted fiber amplifier,EDFA)技术和光时分复用技术的发展和成熟,光纤通信技术正向着超高速、大容量通信系统的方向迅猛发展,并且逐步向全光网络演进[16]。

光纤传感技术以光纤作为传感和传导介质,实现大范围的物理量的测量,可以与光通信系统共享光缆资源。将光纤传感技术融合到通信网中,借助现有的成熟的通信网络传输传感信号,实现同时具有通信功能和传感功能的新光纤接入综合业务增值网络,具有极其重要的现实意义。

然而,目前人们大多把目光集中在无线传感网和通信网的融合上,而对光纤传感网的研究比较少,尤其是光纤传感信号如何具体接入通信网,目前没有深入研究。无线传感网的传感节点需要有独立处理信息、供电、计算和存储等能力,这些都限制了无线传感网的发展,同时节点易受环境影响而出现故障,相比于无线传感网,光纤传感网具有寿命长、抗干扰性能强、应用广泛等特点。

为充分利用现有的通信网,并对大规模的传感网实现集中、统一的远程管理和监控,降低施工难度,克服现场监控的缺陷,可以采取将采集到的传感信息进行统一编码、成帧处理后,接入光网络单元的一个端口,即让传感信息作为一种普通业务接入到接入网进行传输。考虑到传感器信息自身的特点,其信息并不适合在通信网中传输,如何对传感器信息进行处理才能被通信网识别,并可远程传输,是需要思考的问题[17]。

目前,国内外的光纤通信与光纤传感信号均在各自的网络内运行,造成了众多重复建设和大量人力与物力的浪费。若利用已有的光纤接入网传输传感信号,把光纤传感技术和光纤接入网技术有机融合起来,既能进一步开发光纤接入网的潜能,提高光纤接入网的利用效率,又避免重复建设,还可以构成覆盖范围更广、传输距离更远、规模更大的光纤传感网。因此,依托光纤通信的光纤接入网技术,把光纤传感融入其中,使光纤传感网与光纤通信网合二为一,这项研究具有广阔的应用前景和巨大的经济效益。

光纤传感网是由物理量(温度、压力、流量、几何量、力学量、电学量、电子学量)、化学量(浓度、组分、结构)和生物量光纤传感器组成的测量网络。而光纤通信网是传输语音、数据和图像的网络[18]。

对于光纤传感网,下面以比较成熟、应用领域宽的分布式光纤测量网为例进行介绍。

分布式光纤温度传感网(distributed optical fiber temperature sensor network,DOFTSN)是一种实时的、在线的多点光纤温度测量系统,是近年来发展起来的一种用于实时测量空间温度场的高新技术,成为工业过程控制中一种新的检测方法与技术。在系统中光纤既是传输介质又是传感介质,利用光纤背向拉曼散射的温度效应,光纤所处空间各点的温度场对光纤中的背向拉曼散射的强度(反斯托克斯背向拉曼散射光的强度)进行调制,经波分复用器和光电检测器采集带有温度信息的背向拉曼散射光电信号,再经信号处理,解调后将温度信息实时地从噪声中提取出来并进行显示,即在时域中,利用光纤中光波的传播速度和背向光回波的时间间隔,以及光纤的光时域反射技术对所测温度点定位。

分布式光纤温度传感网的传感光纤不带电,抗射频和电磁干扰,防燃、防爆、抗腐蚀、耐高电压和强电磁场、耐电离辐射,能在有害环境中安全运行,系统具有自标定、自校准和自检测功能,在光纤受损时不仅可继续工作,而且可检测出断点位置。在一根 30km 的光纤上可采集 30000 个温度信息并能进行空间定位。由于分布式光纤传感系统的优越特性,其已经开始应用于煤矿、隧道的火灾自动温度报警系统;油库、危险品库、军火库的温度报警系统;大型变压器、发电机组的温度分布测量、热保护和故障诊断;大坝的渗水、热形变和应力测量;地下电力电缆的温度检测和热保护。分布式光纤温度传感器系统既可显示温度的传播方向、速度和受热面积,将报警区域的平面结构图和光缆布线图事先输入计算机,也可自动或手动显示温度报警区域或故障区域并实时显示。

对于光纤通信网,下面以电力通信网络为例进行介绍。

电力通信网络按照用途大致可以分为传输网络、数据网络、业务网络及支撑网络等四大类。其中,传输网络又可以分为光纤、微波、载波等网络;数据网络包括承载生产业务的生产数据网和管理信息的综合数据网;业务网络包括调度交换网、行政交换网、会议电视等;支撑网络包括同步网及网管系统。以南方电力通信网络为例,光纤通信网系统结构如图 1-2 所示。

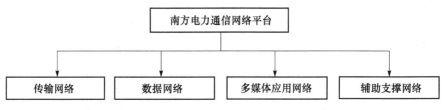

图 1-2　南方电力光纤通信网络系统图

"十一五"期间,南方电网主干光纤传输网将形成两个相对独立的网络,即传输 A 网和传输 B 网,以实现整个网络业务流量均匀分担,减少单点失效对整个网络的影响,有利于形成自愈环和弱化故障,提高电路的可靠性。各省主干传输网通过中调及其他两点与南方电网主干光纤传输网相连,以保证接入电路的可靠性,传输 A 网与传输 B 网都采用多业务传送平台(multi-service transport platform,MSTP)技术建设,以中部环网作为整个南方电网的核心层,汇聚南方五省/区的业务,核心层建设成数据传输速率为 $1 \times 10 Gbit/s$ 的电路,其他环网建设成数据传输速率为 $N \times 2.5 Gbit/s$ 的电路。传输电路采用 1+0 工作方式,主干链状电路根据情况采用 1+0 或 1+1 方式[19]。

光纤通信网具有以下优点:

(1) 通信容量大。由于光纤的可用带宽较大,一般在 10GHz 以上,所以光纤通信系统具有较大的通信容量。现代光纤通信网能够将速率为每秒几十吉比特以上的信息传输上百米甚至上千米,允许数百万条语音和数据信道同时在一根光缆中传输。实验室中,传输速率达每秒太比特级的系统已研制成功。光纤通信网络巨大的信息传输能力,使其成为信息传输的主体。

（2）传输距离长。光纤的传输距离损耗比光缆低，因而可传输更长的距离。光纤系统仅需要少量的中继器，使得光纤通信系统的总成本降低。

（3）抗电磁干扰。光纤通信系统避免了电缆间因相互靠近而引起的电磁干扰。

（4）抗噪声干扰。光纤不导电的特性还避免了受到闪电、电机、荧光灯及其他电器的电磁干扰，外部噪声也不会影响光波的传输。

（5）适应环境能力强。光纤对恶劣环境有较强的抵抗能力，而且有腐蚀性的液体或气体对其影响较小。

（6）质量轻、体积小，使用寿命长。

当然，光纤通信网络系统也存在一些不足：连接器件昂贵，机械强度差，维修安装需要专用的工具和设备等；光纤的焊接及维修需要专用测试设备；从事光纤工作的人员需要通过相应的技术培训，并掌握一定的专业技能[20]。

1.2 分立式光纤传感网

在分立式光纤传感网中，每一个传感单元若分别连接一根光纤进行信号的传递，会造成资源的浪费，而分立式光纤传感网的复用是把在空间上呈一定规律分布的相同调制类型的光纤传感单元耦合到一根或者多根光纤总线上，通过寻址、解调，检测出被测量的大小及空间分布，光纤总线仅起传光的作用，如图1-3所示。

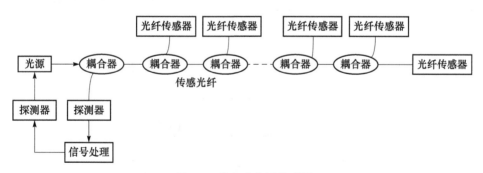

图 1-3 分立式光纤传感网

分立式光纤传感是点传感，只有光纤中的特定部分才是敏感元件，由许多分立式传感器串并联或按其他拓扑结构相连，采用时分、频分、波分等复用技术共用传输信道可构成分立式光纤传感网，如图1-3所示[21]。与分布式光纤传感网相比，分立式光纤传感网存在传感"盲区"，只可获得离散空间位置的信息。FBG和F-P传感器是其典型代表。此外，白光干涉、迈克耳孙、马赫-曾德尔等干涉方式也被广泛用作分立式传感解题方法，并在位移测试、光纤水听器等方面有重要进展和实际应用的案例。

1.2.1　基于法布里-珀罗传感单元的光纤传感网

1. 光纤 F-P 传感器工作原理

光纤 F-P 传感基于多光束干涉的原理,是一种长度计量和研究光谱超精细结构的有效工具,其精度高、成本低、受温度影响小。光纤 F-P 传感器的核心部分是一个 F-P 腔,把两根普通单模光纤的端面加工成镜面反射面,使得两端面严格同轴平行,从而形成密封 F-P 腔,即光纤 F-P 传感器。入射光会在 F-P 腔两端面发生多次反射和透射,形成多光束干涉。由于其干涉输出信号与微腔的长度有关,可从干涉信号的变化导出微腔的长度乃至外界参量的变化,进而实现各种参量的传感。

光纤 F-P 传感器可分为本征光纤 F-P 传感器(intrinsic Fabry-Perot interferometer,IFPI)和非本征光纤 F-P 传感器(extrinsic Fabry-Perot interferometer,EFPI)两大类。本征光纤 F-P 传感器是指在同种光纤或不同光纤熔接端面形成的光纤内部的两个反射镜面,从而形成以光纤为干涉腔的干涉仪。本征光纤 F-P 传

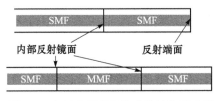

图 1-4　本征光纤 F-P 传感器结构示意图

感器结构如图 1-4 所示。非本征光纤 F-P 传感器由一段切断或磨光的光纤与相距很近的隔膜组成,由光纤端面和隔膜的反射面之间的空气间隙形成干涉腔,其结构如图 1-5 所示,其中 SMF 为单模光纤,MMF 为多模光纤。

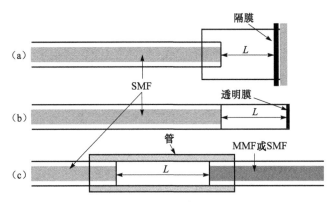

图 1-5　非本征光纤 F-P 传感器结构示意图

非本征光纤 F-P 传感器传统的制作方法主要是通过粘贴固定,其中三种主要结构的非本征光纤 F-P 传感器制作方为:图 1-5(a)所示的非本征光纤 F-P 传感器是在反射镜前放置好光纤得到合适的腔长后,将光纤永久性地粘贴在支撑结构上使其固定,其干涉腔位于光纤末端与反射镜面之间;图 1-5(b)所示的非本征光纤

F-P 传感器是在光纤末端粘贴由透明的固体材料制成的膜,其干涉腔位于膜的内部,即左侧的光纤与膜交界面和右侧的膜与空气交界面之间;图 1-5(c)所示的非本征光纤 F-P 传感器的干涉腔由两段切断或磨光的光纤之间的空气间隙形成,两段光纤成一条直线排在一个中空的管中用胶等黏合剂粘贴牢固。

光纤 F-P 传感器的常用网络复用方法主要有时分复用、波分复用、腔长复用和空分复用。时分复用是利用光脉冲传输时延进行传感单元区分,但是只能采用强度解调法,因而测量精度低;波分复用是采用不同中心波长、光谱不重叠的多个宽带光源进行传感单元区分,采用一套光谱分析解调单元进行光谱解调,但是多个光源的使用增大了传感系统成本,且对光谱分析解调单元的波长响应范围提出了较为苛刻的要求,限制了传感单元复用数量;腔长复用利用初始腔长不同来进行传感单元的串联复用,通过光谱数据的傅里叶变换频率区分出不同传感单元,但是傅里叶变换解调的精度较低;空分复用是利用光开关依次连接不同传感单元,信号质量好,但复用规模小,切换速度慢。目前光纤 F-P 传感单元构成的网络一般比较小。

2. 光纤 F-P 传感系统举例

在石油工业中,通常采用石油测井技术测量井下的温度、流量以及压力等物理量,通过对各物理量的分析,实时地监测井下情况,并对可能出现的各种问题作出预判。在测量各物理量时,需要克服恶劣的环境因素,包括高温、高压、强腐蚀和电磁干扰等。对于传统的电子传感器,克服这些因素十分困难或者需要更多额外的成本和技术投入,而光纤传感器凭借自身的特点就可以克服这些极端环境,又因为光纤传感器能够实现分布测量,所以在石油测井技术中具有广阔的应用前景。

目前在石油测井技术中,可以利用光纤传感器实现井下石油流量、温度、压力和含水率等物理量的测量。现在较成熟的应用是采用非本征光纤 F-P 传感器测量井下的压力和温度[22]。非本征光纤 F-P 传感器利用光的多光束干涉原理,当被测的温度或者压力发生变化时干涉条纹改变,光纤 F-P 腔的腔长也随之发生变化,通过计算腔长的变化实现温度和压力的测量,其工作原理如图 1-6 所示[23]。

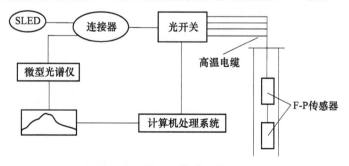

图 1-6　光纤 F-P 传感系统原理图

超辐射发光二极管(superluminescent light emitting diode,SLED)光源发出的光耦合到多模光纤中,经耦合器和光纤传给传感头,F-P腔置于被测环境中,入射到F-P腔的信号经反射后再次通过光纤和耦合器传给微型光谱仪。计算机采集微型光谱仪的光谱经干涉解调计算出F-P腔的腔长,最后通过标定确定其对应的温度和压力。

1.2.2　基于光纤光栅传感单元的光纤传感网

1. 光纤光栅传感器

随着光纤光栅器件的不断涌现,光纤光栅传感器的种类也日益丰富。目前,主要的光纤光栅传感器包括 FBG 传感器、啁啾光纤光栅传感器、长周期光纤光栅传感器和 FBG 激光传感器等。其中,FBG 传感器及长周期光纤光栅传感器在光纤传感网中得到广泛应用。

1) FBG 传感器

FBG 传感器属于波长调制型传感器,可将入射光中某一确定波长的光反射,反射波长随着外力或温度的变化而变化,通过监测波长变化就可实现被测参量的传感。可将不同特征波长的 FBG 传感器串接在一起,利用波长寻址进行多点同时传感。

FBG 传感器具有复用方便、局部组网成本低、适用性强等突出优点,已经广泛应用于土木工程、消防、航空航天、石油电力等领域,正成为 21 世纪"智能结构"、"智能材料"、"智能蒙皮"技术中多点位、多参数、网络化测量的理想传感方式。图 1-7 为 FBG 传感器的工作原理。

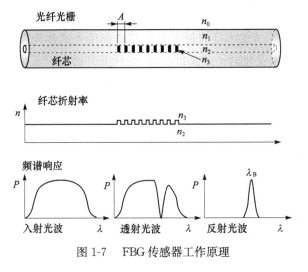

图 1-7　FBG 传感器工作原理

2) 长周期光纤光栅传感器

长周期光纤光栅(long-period gratings,LPG)的周期较长(一般有数百微米),其基本特征表现为一个带阻滤波器,阻带宽度一般为十几纳米到几十纳米。它在特定的波长上可把纤芯的光耦合进包层,从而使该波长的光迅速衰减,称为共振。一个独立的 LPG 可能在一个很宽的波长范围上有许多共振,其共振的中心波长主要取决于芯和包层的折射率差,由应变、温度或外部折射率变化而产生的任何变化都能使共振波长发生位移,通过检测共振波长,就可获得外界物理量变化的信息。不同阶的波长对外界物理量变化的响应具有不同的幅度,因而适用于构建多参数传感器。LPG 具有灵敏度高、成栅成本低、抗高温能力强等优点,比较适于化学参量、高温度参量、高温下的变形量等测试。图 1-8 为 LPG 示意图。

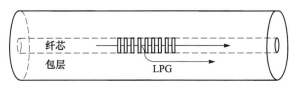

图 1-8　LPG 示意图

光纤光栅传感器因其独特的传感原理,与电类传感器以及化学传感器相比具有明显的优势:抗干扰性强,由于光波的频率要比电磁辐射的频率高很多,外界的电磁波并不能干扰光纤中光信号的传输;电绝缘性好,可靠性高,耐腐蚀,化学性能稳定,能适应更加恶劣的应用场景;外形可塑性强,更适于微型化;传输中能量损耗小,可扩大远程监控范围;由串联多个光纤光栅形成的光栅分布式阵列可以同时传输大量信息,采用高效率的分布式方法进行传感;测量范围非常广泛。

2. 光纤光栅分立式传感网[24]

光纤光栅分立式传感网的核心部分是信号的解调,最关键的技术是多个传感器的复用和定位,通常采用的复用技术是波分复用、时分复用、空分复用或混合使用。由于是波长编码,波分复用较易实现,配合使用空分复用技术,可以构建较大规模的传感网络,因而成为目前光纤传感领域内发展最成熟的分立式传感单元。但因受光源谱宽、单个光栅传感波长移动范围、光功率均衡等因素的限制,目前光纤传感网中可复用的 FBG 数量仍有限,约为 1000 个[25]。

1) 波分复用 FBG 传感网

光栅布拉格反射信号的带宽约为 0.3nm,利用宽带光源照射同一根光纤上多个中心反射波长不同的布拉格光栅,从而实现多个布拉格光栅的复用,这就是波分复用的思想。波分复用是 FBG 传感网的最直接的复用技术,至今已有不少报道,它是构成各种复杂和大型网络的最基本复用技术。图 1-9 显示了一个典型的波分复用 FBG 传感网原理图。

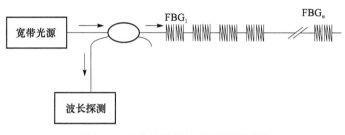

图 1-9　　波分复用 FBG 传感网原理图

不同反射波长的 n 个布拉格光栅沿单光纤长度排列,分别放置于监测对象的 n 个不同监测部位,当这些部位的待测物理量发生变化时,各个布拉格光栅反射回来的波长编码信号就携带了相应部位的待测物理量的变化信息,通过接收端的波长探测系统进行解码,并分析布拉格波长位移情况,即可获得待测物理量的变化情况,从而实现对 n 个监测对象的实时、在线监测。

波分复用网络能复用的 FBG 传感器数量主要取决于光源带宽和待测物理参量的动态范围。例如,若光源带宽为 50nm,待测应变的变化范围为 $\pm 1500\mu\varepsilon$,相应于各光栅间的中心波长间隔为 3nm,则该网络最多可复用 16 个传感器。若应变动态范围增大,相应地,可复用的传感器数量将减少。系统可达到的分辨率和工作速率与网络解码系统所采用的波长探测技术的方案有关。

波分复用网络属于串联拓扑结构,网络中的 FBG 各占据不同的频带资源,因此由各频率成分携带的光源功率可以被充分利用,功率利用效率很高,这一特点对于能量资源有限的大型 FBG 传感网是十分诱人的。同时,因各 FBG 的带宽互不重叠,避免了串音现象,所以波分复用系统的信噪比很高[24]。

2) 时分复用 FBG 传感网

波分复用网络的复用传感器数量有一定的限制,主要是由于系统的频带资源有限。在串接复用的情况下,从任何两个相邻传感器上返回的布拉格信号在时间上是间隔开的,反射信号这种时域上的隔离特性,使得在同一根光纤上间隔一定距离复用相同或不同中心反射波长的多个 FBG 成为可能,从而避免了网络中的各传感器抢夺有限频带资源的问题,这就是时分复用的思想。图 1-10 显示了一个时分复用 FBG 传感网原理图[26]。

从图 1-10 中可以看出,各传感器之间的时间延迟通过它们之间的光纤长度来实现。在接收端,来自 FBG 阵列的布拉格反射脉冲在时间上的隔离通过由电子延迟脉冲控制的高速电子开关阵列实现,电子延迟脉冲被调节到与特定传感器相对应的光延迟相匹配。利用该实验系统已实现了 4 个 FBG 复用、$2n\varepsilon/\sqrt{Hz}$ 的应变分辨率和大于10Hz的工作频率。

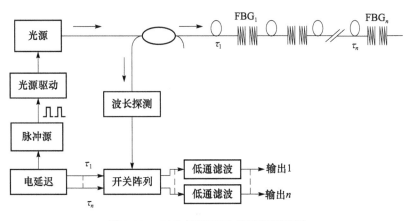

图 1-10 时分复用 FBG 传感网原理图

从时分复用的原理可以看出,时分复用系统中光源带宽和被测对象的动态范围不再是可复用传感器数量的制约因素。因此,理论上时分复用网络可复用的FBG 是很可观的,且由于采用串联拓扑,功率利用效率也很高。但在实际系统中,随着 FBG 数目的增大,脉冲持续时间和空闲时间之比也将增加,从而导致信号清晰度和信噪比下降,因此可复用的 FBG 也要受到限制。同时,取样速率也因光纤长度的增加而减小。

3) 空分复用 FBG 传感网

对于许多实际应用,如航空领域,需要进行多点测量。网络中的 FBG 传感器要求能够相互独立地、可相互交换地工作,并能够在 FBG 传感器损坏时可替代,而不需要重新进行校准。这就需要网络中的所有传感器具有相同的特征,这一点可通过在相同的条件下生产 FBG 来达到。独立工作和可相互交换性的实现对于像时分复用和波分复用这样的串联拓扑结构是难以达到的,于是提出了采用并行拓扑结构的空分复用 FBG 传感网,原理如图 1-11 所示。

空分复用传感网络的复用能力、分辨率和工作速率与采用的探测技术有很大的关系,Rao 等提出的空分复用网络[27],实现了 32 个 FBG 复用,应变分辨率和温度分辨率分别达到了 $0.36\mu\varepsilon/\sqrt{Hz}$、$0.036℃/\sqrt{Hz}$。若采用 CCD 并行探测技术,则可实现 2.3pm 波长分辨率和 $>2kHz$ 的取样速率。

空分复用传感网络的突出优点是:由于采用并行拓扑,各传感器相互独立工作,互不影响,所以串音效应很小,信噪比较高;复用能力不受系统频带资源的限制;若采用合适的波长探测方案,如 CCD 并行探测技术,则网络规模可以很大,且取样速率高于串联拓扑网络。其缺点是功率利用效率较低。

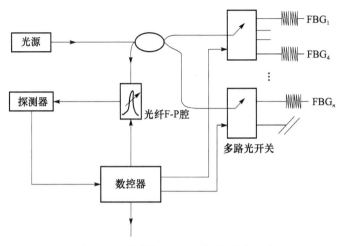

图 1-11　空分复用 FBG 传感网原理图

4）副载波强度调制频分复用 FBG 传感网

副载波强度调制频分复用 FBG 传感网原理如图 1-12 所示[28]。n 个 FBG 阵列由一个宽带光源驱动，每个 FBG 由独立光纤进行光信号传输，输入光强度受副载波频率 ω 的调制。系统中所用的 FBG 具有相同的布拉格波长，强度调制通过在每个信道输入端插入简单的调制器实现，其中，调制器受外部电开关的控制。在任一时刻，只有一个调制器被打开工作，其他的则关闭，这意味着来自于一个由开关选

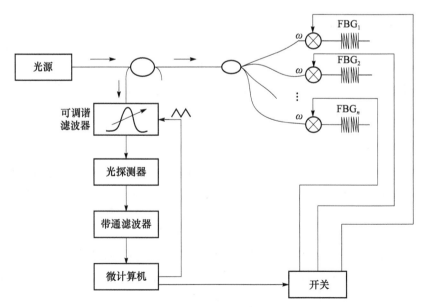

图 1-12　频分复用 FBG 传感网原理图

中的特定信道上的光信号被调制,其他的不受调制。受调制和未受调制的反射光信号共同输入可调谐滤波器和光探测器,副载波调制频率使被调制的传感器输出与其他传感器输出隔离开,这项工作由中心频率为 ω 的带通滤波器完成,被隔离的传感器信号的幅度正比于可调谐滤波器的光谱响应与 FBG 光谱响应的卷积。

可调谐滤波器由外加驱动电压调谐,当可调谐滤波器被调谐时,经过带通滤波器后的电压信号幅度将发生变化,并在可调谐滤波器中心波长等于光栅布拉格反射波长时取得最大值。然后,外加到可调谐滤波器上的电压可用于测量光栅布拉格反射波长的变化,其变化正比于待测物理量的变化。

从频分复用 FBG 传感网工作原理可知,该方案可复用的 FBG 数量理论上不受限制,同时,由于采用副载波强度调制,所以信噪比较高。但很显然,随着 FBG 复用的增加,系统的功率利用率会降低,系统的取样频率也将随之下降。

5) 混合复用 FBG 传感网

作为独立的 FBG 传感网方案,波分复用、时分复用、空分复用和频分复用各有千秋。但如果被监测对象有成千上万个监测点时,则需要一个庞大的 FBG 传感网,这时无论是哪一种方案,都无法理想地达到要求,因此结合了各种 FBG 传感网方案的混合复用方案相继被提出来,它们互为补充,使网络的复用规模大幅度增加,基本上可满足各种场合的要求。

3. 光纤光栅传感网的优势及技术问题

利用光纤光栅技术发展起来的光纤光栅传感网具有很多独特的技术和应用优势,例如:

(1) 全光测量及远距离测量(可超过 45km)且不受电磁干扰;

(2) 分立式(准分布式)测量,单根光纤可以串接几十个光纤光栅传感器,只需占用解调设备(传感网分析仪)的一个通道;

(3) 可以与光纤通信网络融合,适合在广阔的地域组网;

(4) 测量精度高,测温精度为 ± 0.5℃,测温分辨率为 0.1℃,测量应变分辨率为 $1\mu\varepsilon$;

(5) 实时性好,在大规模网络中,所有监测点的单次测量时间最快可小于 10ms;

(6) 传感器检出量是波长信息,属于"数字"量,因此不受接头损失、光缆弯曲损耗等因素的影响,对环境干扰不敏感。

光纤光栅传感技术的早期研究集中在传感器本身的封装、寿命、可靠性和各种解调技术的实现等方面。当用光纤光栅传感器构成网络应用于实际工程时,将会面对许多新的技术问题。与单独的传感器应用不同,当光纤光栅传感器组成网络时,必须进行网络规划和设计,以便解决好路径备份、温度补偿、频带利用和功率均衡等问题。因此,网络规划和设计也对传感器自身提出了标准化的要求。

1) 传感器的互换性

光纤光栅传感器最重要的外部参数是初始波长以及波长随外界物理量变化的系数。在不同的精确度情况下,光纤光栅传感器的反射谱中心波长与被测物理量的对应关系有多种数学表达方法。例如,在中心波长与外部物理量之间建立关系、在中心波长变化量与外部物理量之间建立关系、按线性情况来处理、按多项式形式来处理、初始波长还可以选在不同的温度点上。由于没有统一的标准约定,各研制单位和企业的产品采用各自选定的表征方法,缺乏对整个波段内传感器的工作波长进行规范的工作。此外,传感器的初始中心波长是根据工艺而随机确定的,因此其在规范的大规模组网工程中往往不具有互换性。

2) 应变测量中的温度补偿问题

由于光纤光栅的弹光系数只有热光系数的 1/10 左右,温度变化 1℃引起的中心波长偏移与 $10\mu\varepsilon$ 所引起的中心波长偏移相当。因此,在应变测量中必须要剔除环境温度变化对光纤光栅传感器中心波长的影响,即要考虑应变测量中的温度补偿问题,这在大型结构的长期应变监测中尤为重要。但在这种实际应用场合,只考虑传感器作为独立个体时的温度系数没有意义,因为在实际工程中,传感器与被测对象复合后,它的温度系数发生了很大的改变。而新的温度系数与被测对象的材料性质、安装方法有很大关系,往往是不能预知的。

3) 频带利用

由于光源谱宽的限制、光纤光栅中心波长范围的限制,以及光路上其他各种部件的工作波长的限制,光纤光栅传感网可用的频谱带宽是有限的,目前一般采用1310nm 或 1550nm 波段。随着 DWDM 光通信技术和产业的发展,1550nm 波段的器件供应商越来越多,成本越来越低,C 波段已经成为光纤光栅传感网组网的首选工作波段。

C 波段是 1525~1565nm 的波长范围,在这 40nm 的波长范围内,采用波分复用的方式在一条链路上串接光纤光栅传感器。当波长相邻的两个传感器的反射谱的中心波长接近 0.4nm 时,解调系统就难以分辨。因此,在不考虑每个传感器的量程(中心波长的移动范围)的极端情况下,一条链路上可以串接的传感器的最大数目约为 100 个。实际上,在大多数情况下,每个传感器都应有 1nm 的波长移动范围,所以实际组网时,一条链路的传感器数目在 30 个左右。如果把 C、L 和 S 波段全部利用,则每条链路可串接的传感器数目可以大大增加。

目前,光纤光栅传感器及其网络技术的成熟度已经达到了能满足大部分桥梁、大型建筑和管道的健康监测的水平。然而,各个行业的应用需求是层出不穷的,在某些特殊应用需求中,光纤光栅传感器网仍然面对着一定的技术挑战,如 0.1℃精度的光纤光栅传感网、千赫兹以上高频采样的光纤光栅传感网、在 300℃ 环境中使用的光纤光栅传感网等。

1.3　分布式光纤传感网

分布式光纤传感测量是利用光纤的一维空间连续特性进行测量的技术。光纤既作传感元件,又作传输元件,可以在整个光纤长度上对沿光纤分布的环境参数进行连续测量,同时获得被测量的空间分布状态和随时间变化的信息。

分布式光纤传感网是利用一根光纤作为延伸的传感元件,光纤上的任意一段既是传感单元,又是其他传感单元的信息传输通道,因而可获得被测量沿此光纤在空间和时间上的分布信息。它消除了传统分立式传感网络难以避免的传感“盲区”,从根本上突破复用单元数量的限制。但是,不同分布式光纤传感网之间的复用较难实现,网络规模不易大幅扩展。

分布式传感的敏感单元是整段光纤,其任意段都可用来传输和传感,可连续探测整段光纤分布的外部被测量,如图 1-13 所示。

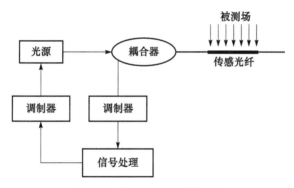

图 1-13　分布式光纤传感系统

光时域反射技术是目前发展最为成熟的光纤分布式传感技术,广泛应用于光纤通信中光链路的损耗、断点、微弯检测。但其传感灵敏度不高,难以检测扰动(温度、应变、振动)影响,因此在光时域反射技术上进一步发展出偏振敏感的光时域反射技术和相位敏感的光时域反射技术。

1.3.1　基于瑞利散射的分布式光纤传感网

瑞利(Rayleigh)散射光频率和入射光频率一致,是弹性散射,其光强随传输距离而衰减,故测量背向瑞利散射光功率可得到光纤传输损耗信息,进而检测到外界场分布的扰动信号。瑞利散射可连续检测光路全程的应变、断点、抖动等参量信息,属本征损耗。在 20 世纪 80 年代初,背向瑞利散射传感迅速发展,是分布式光纤传感的基础,目前其技术的发展已较为成熟。

在利用背向瑞利散射的光纤传感技术中,一般采用光时域反射结构来实现被测量的空间定位,典型传感器的结构如图 1-14 所示[29]。基本的 OTDR 技术实质上是一种光学雷达,普通雷达和分布式光纤传感器中应用的光学测距之间在原理上是相似的。

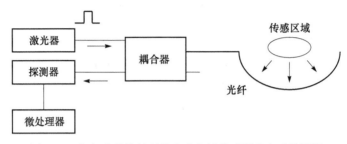

图 1-14　背向瑞利散射型分布式光纤传感器基本系统框图

依据瑞利散射光在光纤中受到的调制作用,该传感技术可分为强度调制型和偏振态调制型。

1) 强度调制型

当一束脉冲光在光纤中传播时,由于光纤中存在折射率的微观不均匀性,脉冲光束会产生瑞利散射。如果外界物理量的变化能够引起光纤的吸收、损耗特性或瑞利散射系数的变化,那么通过检测背向散射光信号的强度就能够获得外界物理量的大小。目前基于对背向瑞利散射光进行强度调制的传感器主要有:利用微弯损耗构成的分布式光纤力传感器,利用光纤材料在放射线照射下所引起光损耗构成的分布式辐射传感器,利用化学染料特性构成的分布式化学传感器,利用液芯光纤瑞利散射系数与温度的关系构成的分布式温度传感器。

2) 偏振态调制型

偏振态光时域反射法最初是由 Rogers 提出的,其基本原理是,如果光纤受一些外界物理量的调制,那么光的偏振态就会随之发生变化,而瑞利散射光在散射点的偏振方向与入射光相同,所以在光纤的入射端对背向瑞利散射光的偏振态和光信号的延迟时间进行检测就可获得外界物理量的分布情况。由于磁场、电场、横向压力和温度都能够对光纤中光的偏振态进行调制,所以该技术可用于实现多个物理量的测量。

光纤中最强的散射方式是瑞利散射,约是入射光的一45dB,瑞利散射是光纤的一种固有特性,在光纤的拉纤阶段,二氧化硅由熔融态转变为凝固态的过程中形成了不均匀性,该不均匀性导致纤芯折射率在微观上的随机起伏变化,实验和理论证明,瑞利散射系数的温度灵敏度对于玻璃成分的光纤极其微弱,因此,基于瑞利散射的全固光纤的温度分布系统难以实现以及温度分辨率很低,然而,在某些液体中,其温度灵敏度却很高,如在苯中,其温度灵敏度高达 0.033dB/K。

1982 年,Hartog 和 Payne 利用液芯光纤瑞利散射系数随温度变换明显的特点研制出液芯光纤分布式温度传感器[30],并于次年演示了第一个使用液体纤芯的分布式光纤温度传感系统[31],该系统能在 1s 内对 100m 光纤取得 1m 的空间分辨率和 1K 的测温精度,但是由于液芯光纤系统在制作和使用上很不方便,液体本身固有的冰点、沸点特性也导致了测温范围的有限,加上液芯光纤的寿命比较短,所以这种液芯光纤系统运用不多。

1.3.2 基于拉曼散射的分布式光纤传感网

1. 利用自发拉曼散射的分布式温度传感技术

光通过光纤时,光子和光纤中的光声子会产生非弹性碰撞,发生拉曼散射,波长大于入射光为斯托克斯光,波长小于入射光为反斯托克斯光。斯托克斯光与反斯托克斯光的强度比和温度存在反比关系,这一关系与光时域反射技术结合就可构成分布式温度传感器,图 1-15 是该类传感器的基本结构框图。采用斯托克斯光与反斯托克斯光的强度比可消除光纤的固有损耗和不均匀性所带来的影响[29]。

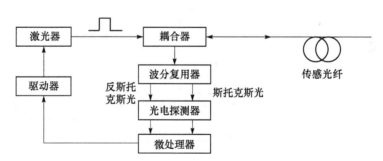

图 1-15 基于自发拉曼散射的分布式光纤温度传感原理框图

从 20 世纪 80 年代开始,国内外对反斯托克斯拉曼散射信号的光时域测量技术进行了大量的研究。基于拉曼散射的分布式温度传感技术是分布式光纤传感技术中最为成熟的一项技术,这种技术测量原理简单,造价相对低廉,目前已经能够实现 10km 以上的测量距离,并得到一定程度的应用。但是它需要高功率、短脉冲的光源和高速信号放大采集器件,其测温精度和空间分辨率受器件性能和造价的限制。目前,该类传感器的一些产品已出现在国际、国内市场,最为著名的是英国York Sensa 公司的 DTS80,它的空间分辨率和温度分辨率分别能达到 1m 和 1℃,

测量范围为 4～8km。

2. 利用受激拉曼效应的分布式应力传感技术

该传感技术最初是由 Farries 和 Rogers 提出的。处于传感光纤两端的 Nd：YAG(掺钕钇铝石榴石)激光器和 He-Ne(氦氖)激光器分别发出一波长为 617nm 的脉冲光和一波长为 633nm 的连续波。由于两束光的频率差处于拉曼放大的增益谱内,连续光受脉冲光的作用就以拉曼增益放大。由于拉曼增益对脉冲光和连续光的偏振态极其敏感,而两束光的偏振态能被光纤上的横向应力所调制,所以利用连续光的强度和光在光纤中的传播时间就可获得横向应力在光纤上的分布[29]。

3. 基于光频域拉曼散射的分布式光纤传感技术

基于光频域拉曼散射（Raman optical frequency domain reflectometer, ROFDR)技术的分布式光纤温度传感器以拉曼散射和 OFDR 为基础,根据拉曼散射效应原理,用网络分析仪来分析频域信号,从而确定光纤的复基带传输函数来进行温度的分布式测量。图 1-16 是用 ROFDR 测分布温度的基本原理图[32]。

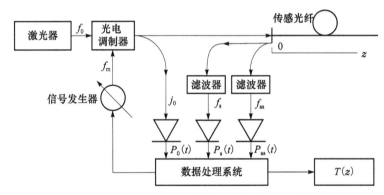

图 1-16　用 ROFDR 测分布温度的基本原理图

频率为 f_0 的激光在光电调制器中被频率为 f_m 的正弦信号调制,然后在 $z=0$ 处耦合进光纤。f_m 是一组离散的等距调制频率,由信号发生器产生。斯托克斯光和反斯托克斯光功率用雪崩光二极管检测,作为参考的输入激光功率用二极管检测,检测得到的功率通过一个数据处理系统,最后得到温度的空间分布。

1.3.3　基于布里渊效应的分布式光纤传感网

布里渊散射是非线性散射过程,光纤材料特性随外界温度变化,布里渊频移也相应地产生变化,故对脉冲光的背向布里渊散射频移量进行测量就得到了分布式的温度或应变量,布里渊散射分布传感测量精度高。

1. 利用自发布里渊散射的分布式光纤温度、应变传感技术

光通过光纤时,光子和光纤中因自发热运动而产生的声子会产生非弹性碰撞,发生自发布里渊散射。散射光的频率相对入射光的频率发生变化,这一变化的大小与散射角和光纤的材料特性有关。与布里渊散射光频率相关的光纤材料特性主要受温度和应变的影响,因此通过测定脉冲光的背向布里渊散射光的频移就可实现分布式温度、应变测量。Tkach 等在 1989 年提出了一种基于该原理的分布式传感器,Parker 等于 1997 年通过实验观察到温度、应变与自发布里渊散射光的功率分别存在正、反比例关系,并依据布里渊散射光的频移与温度和应变的变化成正比的实验结果而提出,通过求解功率变化与频率变化的耦合方程可实现单根光纤上温度与应变同时测量[29]。

2. 利用受激布里渊效应的分布式温度、应变传感技术

该技术最初是由日本电报电话(NTT)公司的 Horiguchi 提出的,由于它在温度、应变测量上所能达到的测量精度、传感长度和空间分辨率高于其他传感技术,目前得到广泛的关注与研究。基于该技术的传感器的典型结构为布里渊放大器结构,如图 1-17 所示。

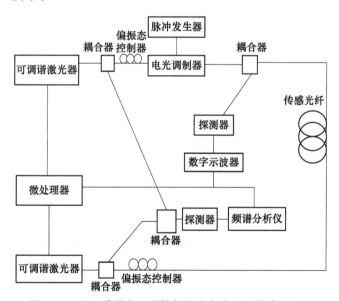

图 1-17　基于受激布里渊散射的分布式光纤传感器框图

处于光纤两端的可调谐激光器分别将一脉冲光与一连续光注入传感光纤,当两束光的频率差处于相遇光纤区域中的布里渊增益带宽内时,两束光就会在作用点产生布里渊放大器效应,相互间发生能量转移。在对两束激光器的频率进行连续调整的同时,通过检测从光纤一端射出的连续光的功率,就可确定光纤各小段区域上布里渊增益达到最大时所对应的频率差。所确定的频率差与光纤上各段区域上的布里渊频移相等,因此在光纤上与布里渊频移成正比的温度和应变就随之确定。该传感技术所能达到的测量精度主要依赖于两台激光器的调谐精度。

当脉冲光的频率高于连续光的频率时,脉冲光的能量向连续光转移,这种传感方式称为布里渊增益型;当脉冲光的频率低于连续光的频率时,连续光的能量向脉冲光转移,这种传感方式称为布里渊损耗型。当光纤上的温度或应变为均匀分布时,布里渊增益传感方式会引起脉冲光能量的急剧降低,从而难以实现长距离的检测;布里渊损耗传感方式则引起脉冲光能量的升高,从而能实现长距离的检测。

基于受激布里渊散射的分布式光纤传感技术对于温度、应力等单一分布参数的测量有很高的精度和空间分辨率,是近年来发展起来的一种最具潜力和突破性的技术。该技术一般采用泵浦-探测(pump-probe)结构,称为布里渊光学时域分析(Brilouin optical time domain analysis,BOTDA)。目前,基于受激布里渊散射的分布式光纤传感技术主要包括基于脉冲激光泵浦的 BOTDA、基于相关连续波的BOTDA,以及基于暗脉冲激光泵浦的 BOTDA。

加拿大的鲍晓毅等采用布里渊损耗的方式实现了长达 51km 的传感长度,并实现了 0.5m 的空间分辨率。德国的 Garus 也提出了一种基于频域分析法的新型分布式光纤传感技术,同样利用布里渊频移来实现温度和应变的传感,但在实现被测量的空间定位时没有利用传统的光时域反射法,而是利用了受激布里渊散射的频谱特性。

3. 基于 OFDR 的布里渊散射型分布式光纤传感技术

基于布里渊频域分析(Brilouin optical frequency domain analysis,BOFDA)的分布式光纤传感器和拉曼散射原理相似,也是通过网络分析仪测出光纤的复基带传输函数,然后从复基带传输函数的幅值和相位来提取所携带的温度信息,从而得到温度的分布式测量,其原理如图 1-18 所示。

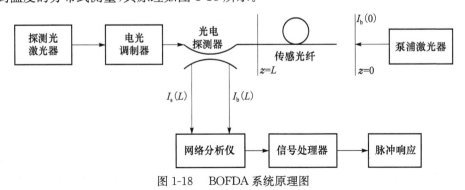

图 1-18　BOFDA 系统原理图

　　在光纤始端注入一个窄带的泵浦激光信号,在传感光纤的另一端 $z=L$ 处,探测光首先经过频率可调的电光强度调制器,对于每一个调制频率值 f_m,在探测器上都能测得一个对应频率的探测光 $I_s(L)$ 和泵浦光 $I_b(L)$,再将探测器的输出信号送入网络分析仪中,得到光纤复基带传输函数,经过网络分析仪得到的数字信号送入信号处理器中进行傅里叶逆变换得到系统的单位脉冲响应,进而根据光在光纤中的传输得到空间脉冲响应函数。当探测光的调制频率与布里渊散射频移相等时,在光纤中就会产生布里渊增益效应,根据频移与温度的关系以及脉冲响应函数的幅值,便可计算出受干扰温度点的温度大小,并根据空间脉冲响应函数的位置关系来得到受干扰温度点的位置。

1.3.4　基于光频域反射技术的分布式光纤传感网

　　OFDR 技术是分布式光纤传感技术的新兴技术,其采用光外差干涉技术,利用线性调谐光源,参考光与传感光纤中瑞利散射光相干形成拍频,其中传感光纤中不同测试距离对应不同拍频。传统 OFDR 技术主要应用在短距离光链路和光器件中实现高精度和高空间分辨率监测。

1. 光外差探测原理

　　光外差探测在激光通信、雷达、测距、测速、光谱学等方面都有应用,其探测原理与微波及无线电外差探测原理相似,与光直接探测比较,其测量精度要高 7～8 个数量级。图 1-19 是光外差探测原理示意图。

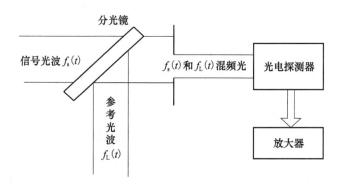

图 1-19　光外差探测原理示意图

　　图 1-19 中,$f_s(t)$ 为信号光波,$f_L(t)$ 为参考光波,这两束极化方向平行的相干光入射到探测器表面,由于满足光相干条件,在光敏面上必然发生混频现象,形成相干光场,经探测器变换后,输出信号中包含 f_s-f_L 的差频信号,故又称相干探测。经光电探测器输出的信号实际上是外差信号电流,它的频率

为两束光的差频,幅值则与两束光的振幅成正比。只要光源有足够好的单色性,光路调整符合要求,光电探测器有足够好的灵敏度和响应频率,则上述光外差信号就能清楚地在示波器或者频谱分析仪上观察到。

2. OFDR 工作原理

光频域反射方法来源于连续波频率调制(frequency-modulated continuous-wave,FMCW)技术,其原理见图 1-20,其干涉仪的形式是迈克耳孙干涉仪,也可以利用马赫-曾德尔干涉仪结构,这里仅以迈克耳孙干涉仪为例进行详细的讲解。

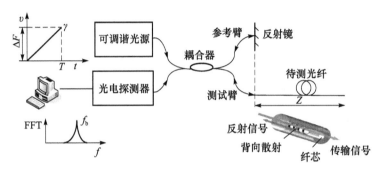

图 1-20　OFDR 工作原理

OFDR 的核心是采用可调谐光源实现对光频的线性调谐。光源发出的光被耦合器分为两束,一束进入参考臂后被反射镜反射回耦合器,作为本振(local oscillator,LO)参考光,另一束光进入测试臂,由于测试臂的待测光纤(fiber under test,FUT)中存在瑞利散射和菲涅耳反射,将一部分光作为测试光返回耦合器中,此时在耦合器中本振参考光与瑞利散射和菲涅耳反射组成的测试光发生干涉。注意,这里干涉并不是等频干涉,而是拍频干涉。拍频干涉就是差频干涉,这是由于参考臂很短,测试臂很长,本振参考光与测试光(瑞利散射和菲涅耳反射)携带的光频是不同的,所以产生的干涉是拍频干涉。OFDR 拍频干涉原理图如图 1-21 所示。这里假设可调谐光源的线性调谐速度为 γ,在待测光纤的位置 Z 处存在一个反射点,这里 τ_z 是位置为 Z 的反射点的测试光与本振参考光时延差,其中 τ_z 与距离 Z 的关系为 $\tau_z = 2Zn/c$,n 是光纤有效折射率,c 是光在真空中的速度,则本振参考光与测试光的光频差就是拍频 $f_b = \gamma\tau_z$。可以看出,在待测光纤的不同位置对应着不同拍频,其存在正比的线性关系。利用傅里叶变换对光电探测器的原始拍频信号进行处理,可以得到不同位置上的反射光信息,即将光频域信号波长域转换到距离域。总的测试时间为 T_{sw},则可调谐光源的调谐范围为 $\Delta F = \gamma T_{sw}$。

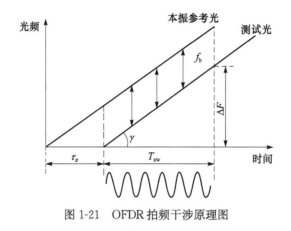

图 1-21　OFDR 拍频干涉原理图

3. 基于 OFDR 的分布式光纤传感应用情况——可调谐光源动态线宽测量

1）基本原理

由于可调谐光源的线宽或相干长度影响着系统的测试距离，所以在搭建 OFDR 系统时，首先要测量可调谐激光光源线宽以选取合适的可调谐激光光源。通常情况下，光源静态线宽的测量方法有很多，如自延迟外差干涉法、低损耗环路法等。但在 OFDR 系统中，光源是动态调谐的，关注的参数不是静态线宽而是动态线宽，这里需要引入动态线宽测量的方法。

OFDR 系统可以理解为一种 FMCW 的延迟外差干涉仪，此方法利用 OFDR 自身就可以测量激光光源在调谐过程中的动态线宽。与传统自延迟外差干涉法不同的是，在基于 OFDR 的动态线宽测量方法中无需加入声光调制器（acousto-optic modulator，AOM）得到频移，而是通过激光器的线性调谐实现频移。

基于 OFDR 的可调谐光源动态线宽测量方法的基本原理与 OFDR 的基本原理相同，基本实验装置如图 1-22 所示，其采用消偏迈克耳孙干涉结构，由于迈克耳孙干涉仪两臂的末端采用法拉第旋转镜，可以消除偏振衰落现象，其中测试臂中有较长的延迟光纤。

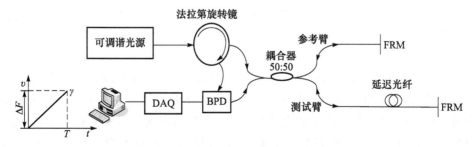

图 1-22　基于 OFDR 的可调谐光源动态线宽测量装置

　　为了探测到明显的相位噪声项,避免强相干项的影响,在实验装置中加入的延迟光纤长度要大于激光器预计的相干长度。

$$S_{\text{II}}(f)_{\text{three}} = \frac{2R(\tau_z)\tau_c}{1 + \pi^2 \tau_c^2 (f - f_b)^2} \Big\{ 1 - e^{-(2\tau_z/\tau_c)} \Big[\cos(2\pi(f - f_b)\tau_0)$$

$$+ \frac{\sin(2\pi(f - f_b)\tau_z)}{\pi\tau_c(f - f_b)} \Big] \Big\} \tag{1-1}$$

　　从式(1-1)中可以看出,其可分解为洛伦兹部分 y_L 和余弦调制部分 y_M,这两项分别表示为

$$y_L = \frac{2R(\tau_z)\tau_c}{1 + \pi^2 \tau_c^2 (f - f_b)^2} \tag{1-2}$$

$$y_M = 1 - e^{-(2\tau_z/\tau_c)} \Big[\cos(2\pi(f - f_b)\tau_0) + \frac{\sin(2\pi(f - f_b)\tau_z)}{\pi\tau_c(f - f_b)} \Big] \tag{1-3}$$

　　从式(1-1)中可以看到,当延迟光纤的距离远远大于激光器相干长度时,y_M 的调制作用可以消除,所以可以集中分析洛伦兹部分 y_L。洛伦兹函数的基本表达式可以表示为

$$y = \frac{4A}{\pi} \frac{W}{4(x - x_c)^2 + W^2} \tag{1-4}$$

其中,W 是洛伦兹线形的半高全宽(FWHM)。将 y_L 转换成洛伦兹函数的基本表达式的形式,即

$$y_L = \frac{4R(\tau_z)(2\Delta\nu)}{\pi \big[(2\Delta\nu)^2 + 4(f - f_b)^2 \big]} \tag{1-5}$$

　　比较式(1-4)和式(1-5)可以看出两者存在关系 $W = 2\Delta\nu$,即相位噪声的洛伦兹线形的半高全宽是激光器线宽的 2 倍,通过这一关系,利用洛伦兹曲线拟合测试得到的 OFDR 相位噪声项,从洛伦兹曲线宽度就可以推算得到激光器的动态线宽。

　　为了选择合理的延迟光纤长度,对去掉直流项的情况进行了不同延迟光纤长度上的仿真,仿真结果见图 1-23,这里设置的激光器动态线宽为 5kHz,其对应的相干长度为 12.7km。从结果中可以看出,当延迟光纤较短时,OFDR 功率谱密度存在来自强相干项的部分,此外调制作用较为明显,影响洛伦兹拟合。当延迟光纤为 80km 时,OFDR 功率谱密度主要来自相位噪声项,且调制作用最小。

　　2) 实验验证

　　实验装置见图 1-22,可调谐光源选用的美国 Orbits Lightwave 公司的窄带光纤激光器,其光频调制是利用压电陶瓷改变激光器腔长实现的。干涉仪结构采用消偏迈克耳孙干涉结构,由于迈克耳孙干涉仪两臂的末端采用法拉第旋转镜,这种结构可以消除偏振衰落现象,其测试臂中有较长的延迟光纤。探测器是美国 Thorlabs 公司的平衡探测器。

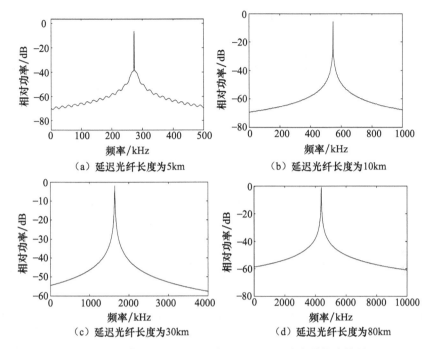

图 1-23　在不同延迟光纤长度下的 OFDR 功率谱仿真结果

　　本实验中的光纤激光器中利用压电陶瓷(piezoelectric ceramic transducer,PZT)控制激光器腔长,但是 PZT 驱动电压并不是纯净的,而是存在电压纹波。这种纹波会导致激光器相位噪声加重,引起调谐时动态线宽展宽。为了减小电压纹波,必须控制 PZT 驱动电压幅度。

　　首先选用 PZT 驱动电压为 1V,其对应的激光器光频的调谐范围为 53MHz。PZT 驱动电压的波形是频率为 50Hz 的三角波,对应的调谐速度为 5.3GHz/s。预计激光器动态线宽为 2~20kHz,选用的延迟光纤长度为 80km,往返 160km,满足 $\tau_z < 6\tau_c$ 的准则。具体实验结果见图 1-24,利用洛伦兹曲线拟合 OFDR 拍频干涉信号得到动态线宽,拍频信号的 FWHM 为 9572Hz(拟合误差为 63.08Hz),测量的动态线宽结果为 4786Hz。

　　为了进一步验证选择此延迟光纤长度的合理性,将延迟光纤设置为 120km,PZT 驱动电压为 1V,调谐速度为 5.3GHz/s。图 1-25 为实验结果,利用洛伦兹曲线拟合 OFDR 拍频干涉信号得到动态线宽,拍频信号的 FWHM 为 9081Hz(拟合误差为 48.4Hz),测量的动态线宽值为 4641Hz,其值与延迟光纤为 80km 的测量结果相近。利用 80km 和 120km 延迟光纤激光器动态线宽测量进行了多组实验,表 1-1 的实验结果表明 80km 和 120km 延迟光纤下测定的动态线宽值基本一致,说明 80km 的延迟光纤长度是足够的。综合以上实验结果,在 PZT 驱动电压为 1V

时,激光器的动态线宽约为 4680Hz。

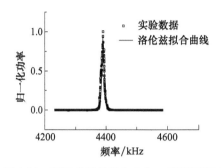

图 1-24　延迟光纤长度为 80km 时采用基于
OFDR 的动态线宽方法的实验结果

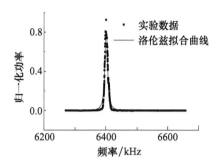

图 1-25　延迟光纤长度为 120km 时采用基于
OFDR 的动态线宽方法的实验结果

表 1-1　采用 80km 和 120km 的动态线宽测量结果（单位:Hz）

L	1	2	3	4	5	均值
80km	4786	5257	4622	4313	4272	4650
120km	4636	4541	4610	4675	4642	4620.8

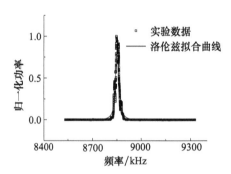

图 1-26　PZT 驱动电压为 2V 时采用
基于 OFDR 的动态线宽方法的实验结果

当延迟光纤为 80km、PZT 驱动电压为 2V、激光器调谐速度为 10.6GHz/s 时,利用洛伦兹曲线拟合 OFDR 拍频干涉信号得到动态线宽,拍频信号的 FWHM 为 21481Hz(拟合误差为 10741Hz),测量的动态线宽为 10741Hz,动态线宽被 PZT 驱动电压纹波展宽,如图 1-26 所示。

在实验中发现,利用 PZT 改变激光器腔长进行光频调谐的激光器,其动态线宽与 PZT 驱动电压纯净度直接相关,也就是说,动态线宽会被 PZT 驱动电压纹波展宽,而 PZT 驱动电压纹波与 PZT 驱动电压成正比。因此,要获得较好的动态线宽,需要对 PZT 驱动电压的纹波进行严格控制。

1.3.5　基于长距离干涉技术的分布式光纤传感网

1. 三种典型干涉技术

干涉原理是通过光程差的测量从而测定相关物理参量,其检测精度高。干涉技术主要有三类:萨奈克干涉技术、迈克耳孙干涉技术、马赫-曾德尔干涉技术。

　　萨奈克光纤应变干涉仪的原理如图 1-27 所示。传感光纤受外界因素干扰时,光纤圈中的两束反向传输光波的相位发生变化,利用相位差和扰动位置相关可进行扰动定位,光纤水听器是其典型应用。

　　迈克耳孙光纤应变干涉原理如图 1-28 所示,当被测量物形变时,测量臂上的光纤应变导致干涉条纹产生移动,可由此移动量的大小得到该应变值。

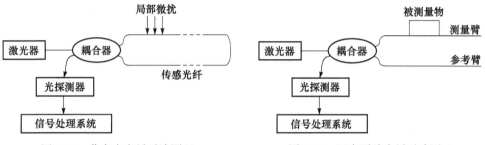

图 1-27　萨奈克光纤干涉原理　　　　　　图 1-28　迈克耳孙光纤干涉原理

　　马赫-曾德尔光纤应变干涉原理如图 1-29 所示,光波直接经两臂进入另一个耦合器进行相干叠加,其解调相对简单,灵敏度高,但稳定性差,易受环境干扰。

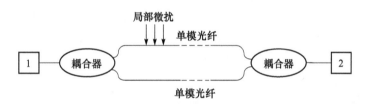

图 1-29　马赫-曾德尔光纤干涉原理

2. 基于干涉仪复用的传感技术

　　改进的相位干涉方法,以基于萨奈克干涉仪的白光干涉方法为代表。在保持能对振动特性进行定性分析的优点的基础上,也解决了以上干涉技术的稳定性问题,但必须形成环路工作状态,制约了其有效测试距离;同时其作为传感器的光纤,在不同位置上的测量灵敏度不一致;在光路对称点上无法进行振动测量,即存在空间上的测量盲区。

　　将马赫-曾德尔、萨奈克以及迈克耳孙等长程干涉仪混合使用,可对随时间变化的扰动进行分布式测量(传感和定位)。例如,萨奈克/马赫-曾德尔、萨奈克/迈克耳孙、萨奈克/萨奈克、马赫-曾德尔/马赫-曾德尔以及差分环/环等双干涉仪结构,其中包括单光源单探测器和单光源双探测器等类型。

　　图 1-30 是一种代表性结构,其中 LD 是激光器,PD_1 和 PD_2 是光电探测器,PC

是偏振控制器，$L_1 \sim L_4$ 是光纤，$C_1 \sim C_3$ 是 3dB 光纤耦合。LD、C_1、L_1、L_2 和 PD_1 构成萨奈克干涉仪，LD、C_1、$L_1 \sim L_4$、C_2、C_3 和 PD_2 构成马赫-曾德尔干涉仪，其中 L_1 为传感光纤。由两路输出相移即可计算得到干扰的大小和发生位置，实现分布式传感，该系统的定位精度可以达到 5m[33]。

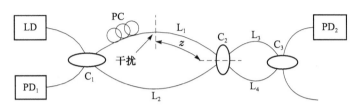

图 1-30　采用萨奈克和马赫-曾德尔干涉仪的分布式光纤传感器

1.4　混合式光纤传感网

目前，光纤传感网大体可分为分立式和分布式两大类，FBG 是目前光纤传感领域内发展最成熟的分立式传感单元，配合使用空分复用技术，可以构建较大规模的传感网。但受光源谱宽、单个光栅传感波长移动范围和相邻反射谱之间相互影响等限制，目前光纤传感网中可复用的 FBG 数量仍有限。传感单元复用数量的限制是分立式光纤传感网实现多参量、大规模测量所面临的问题之一。分布式光纤传感网可获得被测量沿光纤在空间和时间上的分布信息，消除了传统分立式传感网难以避免的传感"盲区"，从根本上突破了复用单元数量的限制。但是，分布式光纤传感网之间大规模复用后又较难得到类似分立式传感器的测量精度。分立式和分布式两种传感器在性能、应用等方面各有优缺点，单一分立式或者分布式光纤传感单元已无法满足日益提高的现实需求。混合式光纤传感网是指将现有的分立式光纤传感网和分布式光纤传感网通过合理的组网方式进行融合，形成满足更广泛应用需求的光纤传感网[34]。

1.4.1　基于 FBG 和光频域反射技术的混合式光纤传感网

采用基于 FBG 分立式传感层和基于 OFDR 技术分布式传感层构成的混合式双层光纤传感网，利用同一可调谐光源，分立式子层和分布式子层两者协同工作，实现两个参量应变和温度的高精度测量，其中应变分辨率达到 $0.75\mu\varepsilon$，温度分辨率达到 $\pm1℃$。本节的传感网络为构建大容量、大规模、多参量、高空间分辨率和高测量精度的光纤传感网提供了一种有益的探索，其系统结构如图 1-31 所示。

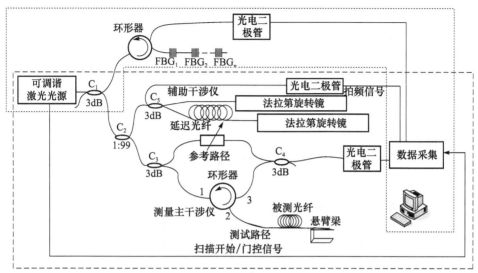

图 1-31　混合式双层光纤传感网实验系统

1. 系统传感原理

基于 FBG 分立式光纤传感网子层和基于 OFDR 技术的分布式光纤传感网子层组成的混合式双层光纤传感网,利用同一可调谐激光光源,可以实现对温度、应力和应变等物理参量的分立式和分布式同时测量。

1) 分立式光纤传感网子层

分立式光纤传感网子层基于 FBG 来实现,主要由可调谐激光光源、环形器、FBG、光电探测器和信号处理分析模块组成。

FBG 的中心波长 λ_B 随温度和应变的变化 $\Delta\lambda_B$ 可表示为

$$\Delta\lambda_B = c_\varepsilon \Delta\varepsilon + c_T \lambda_B \Delta T \tag{1-6}$$

其中,c_ε 和 c_T 分别是应变和温度传感系数,$\Delta\varepsilon$ 和 ΔT 分别为应变变化量和温度变化量。

FBG 常用的波长扫描方法有光谱仪法、可调 F-P 滤波法以及可调谐光源法等。本节搭建的混合双层传感网共用同一可调谐窄带光源,分立式传感子层采用可调谐激光光源实现对 FBG 反射谱线的扫描。当每次扫描反射光最强时,可调谐光源的输出波长就是相应 FBG 的反射波长。在光栅受到温度的作用时,FBG 反射的中心波长发生移动,通过光栅反射光中心波长移动量的大小解调谐光源发出的光先经过衰减器,用来调节光源功率以匹配探测需要,而后通过环形器进入 FBG,FBG 反射的光经过环形器进入光电探测器,数据采集卡采集的光谱数据通过计算机进行分析处理。

2) 分布式光纤传感网子层

分布式光纤传感网子层基于 OFDR 技术来实现,其主要由可调谐激光光源、测量主干涉仪、辅助干涉仪、光电探测器、数据采集和分析部分组成。

OFDR 的基本原理是基于 FMCW 技术,采用可调谐光源进行线性频率扫描,参考臂的本振光与被测光纤中的背向瑞利散射光相干,即不同频率的两束光发生拍频干涉,拍频大小与散射光的位置呈线性关系,通过快速傅里叶变换(FFT)得到信号的频谱,从而得到传感光纤中不同位置的背向瑞利散射信息。

分布式传感子层中,可调谐激光光源发出的光通过 1:99 耦合器分成两束。其中,1%的光信号通过上方的辅助干涉仪。由于可调谐光源实际波长调谐过程中存在非线性情况,这种调谐的非线性会引起主测量干涉仪的干涉信号在频谱进行分析后,空间分辨率严重恶化,信号幅度同时显著下降。通过辅助干涉仪输出拍频信号作为采集卡进行数据采集的外部时钟信号,对测量主干涉仪的干涉信号实现等光频间隔的采样,则可以有效地补偿采样拍频信号的频率波动,在短距离光纤的测量中对光源非线性效应的抑制有良好的效果。另外 99%的光信号进入下方测量主干涉仪,光源发出光波场 $E(t)$ 瞬时表达式为

$$E(t) = E_0 [j(2\pi\nu_0 t + \pi\gamma t^2 + \varphi_t)] \tag{1-7}$$

该光束经过耦合器 C_3 后,一部分从环形器端口 1 进入,被测光纤中的菲涅耳反射和背向瑞利散射的光信号通过端口 2 后从环形器的端口 3 出射。设信号光在 x_0 处的反射系数为 R,对应时延为 τ,则反射光的表达式为

$$E_s(\tau, t) = \sqrt{R}E(t-\tau) = \sqrt{R}E_0 [j(2\pi\nu_0(t-\tau) + \pi\gamma(t-\tau)^2 + \varphi_{(t-\tau)})] \tag{1-8}$$

另一部分通过较短光纤的参考臂,参考臂中的信号 $E(t)$ 与被测光纤中的背向散射信号 $E(t-\tau)$ 在耦合器 C_4 处发生拍频干涉,则干涉后的光强 $I(t)$ 为

$$I(t) = |E(t) + E_s(\tau, t)|^2$$
$$= E_0^2 [1 + R + 2\sqrt{R}\cos(2\pi f_b t + \pi(2\nu_0 - f_b)\tau + \varphi_t - \varphi_{(t-\tau)})] \tag{1-9}$$

其中,$f_b = \gamma\tau$ 称为拍频,其大小与光纤的时延 τ 成正比,携带被测光纤信息的拍频信号通过光电探测器后转换成电压信号,该信号被采集卡采集进入计算机分析处理。

光纤中的瑞利散射是光纤的折射率随机变化引起的现象,散射的振幅是与距离相关的函数。正是由于光纤中存在的这种随机性同时又是相对稳定的性质,可以将光纤看成一种长距离且具有随机周期的弱 FBG。当有应力、应变、温度和振动等外界激励使得光纤中的瑞利散射的固有周期发生改变时,就会使背向瑞利散射的固有频谱发生移动。通过对散射频谱的改变情况进行判断,就可以实现对应力、应变、温度和振动等外界参量的传感与测量。

基于 OFDR 技术的分布式传感网中对于瑞利散射光谱的传感解调原理如图 1-32 所示,首先测量两次待测光纤的瑞利散射信息,其中一次没有施加外界扰动(如应变、温度和振动等),一次为施加外界扰动,将直接采集获得两组信号的波

长域信息通过 FFT 得到距离域信息,然后利用一个宽度为 Δx 的滑动窗函数来截取本地部分,再通过 FFTI(快速傅里叶逆变换)将本地的瑞利散射信息从距离域转换到波长域即得到本地的瑞利散射光谱信息,最后施加外界扰动和未受外界扰动两组光谱信息进行互相关运算,通过相关峰的移动得到受外界扰动作用的大小。用来截取本地部分的滑动窗函数 Δx 可用式(1-10)来表示:

$$\Delta x = N\Delta z \tag{1-10}$$

其中,N 为所截取本地部分的点数;Δz 为理论空间分辨率:

$$\Delta z = \frac{c}{2n\Delta F} \tag{1-11}$$

其中,c 为光在真空中的传播速度,n 为光在光纤中的折射率,ΔF 为可调谐光源的调谐范围。

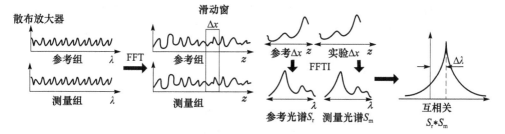

图 1-32　瑞利散射光谱传感解调原理

2. 混合式双层光纤传感网实验

从可调谐光源出发,分别通过基于 FBG 的分立式传感子层和基于 OFDR 技术的分布式传感子层,分立式传感子层中 FBG 的中心波长均为 1550～1560nm,可调谐光源对 FBG 进行连续波长扫描,基于 OFDR 技术的分布式传感子层也通过可调谐光源的频率连续调谐来实现,将可调谐光源的调谐范围选择覆盖 FBG 的中心波长区间,因此可以实现分立式和分布式两个子层同时工作。

实验系统所用光源为安捷伦 8164B 型可调谐激光光源,波长连续扫描范围设定为 1550～1560nm,扫描速度为 40nm/s。从可调谐光源引出的同步触发信号分别接到两个子层的采集卡,实现两个子层信号的同时采集,从而实现两个子层各自被测参量的同时测量。

1) 分立式传感层温度实验

分立式传感层的 FBG 传感单元采用波分复用的方式,对温度进行测量。系统中,所用四个 FBG 传感器的中心波长分别为 1553.04nm、1554.79nm、1555.45nm 和 1558.40nm,这四个光纤光栅的中心波长反射峰光谱如图 1-33 所示。

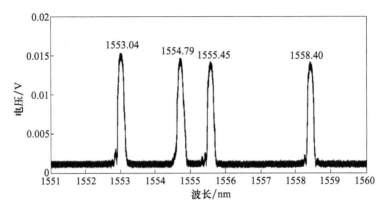

图 1-33　可调谐光源扫描所得光纤光栅反射峰光谱

　　FBG 的温度标定实验使用温控仪进行温度控制,将待标定的分立式 FBG 自然贴在加热带上。温度标定的范围为 30~70℃,间隔为 1℃,利用功率加权法解调出传感光栅的中心波长值。该方法解调速度快,灵敏度高,理论分辨率可以达到0.3℃,适合在光纤传感系统中应用。

　　针对已标定好的中心波长为 1558.40nm 的光栅在标定范围内随机选取温度进行测量,根据已得温度与中心波长曲线可解调得波长值,进而得到温度测量结果。对测量结果进行拟合,曲线如图 1-34 所示,拟合方程为 $y=0.01025x+1558.1$,相关系数为 0.99545,温度分辨率为 $\pm 1℃$,得到所用 FBG 的温度灵敏度为 $1.025\times 10^{-5}\mu m/℃$。

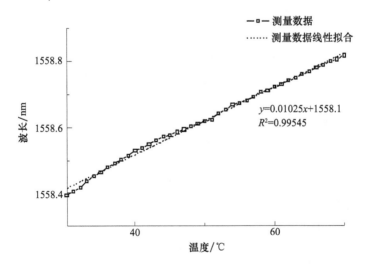

图 1-34　实测温度与中心波长漂移量线性拟合曲线

2) 分布式传感层应变实验

在基于 OFDR 技术的分布式传感子层中,系统中测量干涉仪中被测光纤的长度为 50m。为满足 Nyquist 采样定理,辅助干涉仪中延迟光纤长度选择为 500m,对应产生的时钟信号拍频为 25MHz。采集卡的外部时钟由辅助干涉仪提供,采集卡采样率为 25MS/s。

实验中将总长为 50m 的光纤的其中一小段封装在等应力悬臂梁的下侧,在为其增加标准砝码的过程中相当于给传感光纤施加一个挤压的应力,此时波长漂移方向与拉应力正好相反。实验所加应变为 $0.75\mu\varepsilon$、$1.5\mu\varepsilon$、$7.5\mu\varepsilon$、$30\mu\varepsilon$、$75\mu\varepsilon$ 和 $150\mu\varepsilon$,对于 OFDR 子层可调谐光源实际调谐范围仅为 1nm(通过调整分布式子层的采样时间设置为分立式子层采样时间的 1/10 来实现),因此可由式(1-11)算得理论空间分辨率为 0.8mm。在测量所加应变大小进行互相关运算时,选择参与运算的本地部分的点数 N 为 1000,则滑动窗 Δx 的大小为 0.8m,其中所测应变为 $1.5\mu\varepsilon$ 时相关峰距离中心的波长漂移量 $\Delta\lambda$ 为 2pm,如图 1-35 所示。

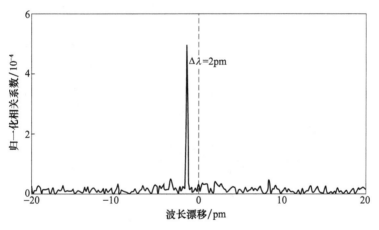

图 1-35　砝码为 10g 时的波长漂移

将加在等强度悬臂梁上的砝码大小转化为应变量,对应变量与波长漂移量作出线性拟合曲线如图 1-36 所示,应变分辨率达到 $0.75\mu\varepsilon$,拟合方程为 $y = 1.19146x - 0.03159$,相关系数为 0.99922,由此可见该系统分布式传感子层对应变的测量结果呈现出相当好的线性。

1.4.2　基于 FBG 和保偏光纤的混合式光纤传感网

光纤传感网是由多个二维智能传感子层构成的三维拓扑网,如图 1-37 所示,每层(二维)子传感网是一个独立的环路结构,它可以是星形、树形或者更复杂的网络结构。子链路由多功能传感子系统组成,如保偏光纤传感子层、光纤光栅传感子

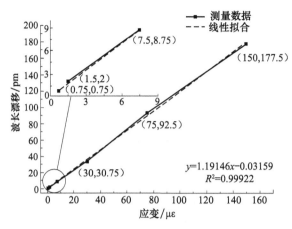

图 1-36　应变大小与波长漂移量拟合曲线

层、光子晶体光纤传感子层、光纤生物化学传感子层等。其中,分立式子层中的传感器可以进行各种拓扑结构的扩展,以达到传感容量或自愈性的需要。

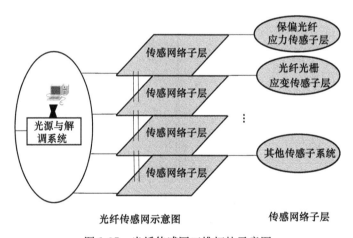

图 1-37　光纤传感网三维拓扑示意图

　　基于 FBG 和保偏光纤的混合式光纤传感网系统如图 1-38 所示,主要由保偏光纤分布式传感子层和光纤光栅分立式传感子层两部分组成。其中,光纤光栅分立式传感子层可选用不同的拓扑结构和复用方式进一步扩展,以优化网络结构,实现实时自检自愈。实验平台的基本结构包括光源、传感机构、应变解调部分、数据处理、存储显示等。拟搭建的实验平台由两个异构传感子层构成。保偏光纤偏振耦合传感子层是基于干涉仪原理的分布式光纤传感,检测量为耦合点位置及耦合强度,采集的是光强信号,目前单根保偏光纤可传感的最大长度为 1.2km,不考虑色散影响时,感测灵敏度范围为 60mm。光纤光栅分立式传感子层是波长调制的分立式光纤传感,应变传感灵敏度优于 3.5με,具体布设情况不同,感测范围也不同。为了构建双层异构光纤传感网,用 USB 6251 数据采集卡替换原有数据采集电路,用 LabVIEW 实现系统控制和数据处理,即实验感传平台中的分立式和分布式传感子层使用同一采集系统,以实现传感网的异构特性。

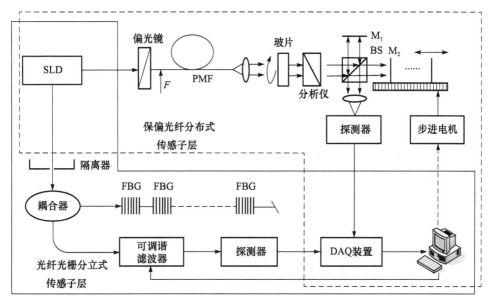

图 1-38　基于 FBG 和保偏光纤的混合式光纤传感网系统

1. 保偏光纤分布式传感子层

保偏光纤分布式传感结构如图 1-39 所示。超发光二极管(SLD)光源产生高斯谱型分布的宽带光,经起偏器进入保偏光纤,光纤起偏器通过适配器与保偏光纤对接,引起一个激发模在光纤中传输;保偏光纤(PMF)受外力作用时,发生偏振耦

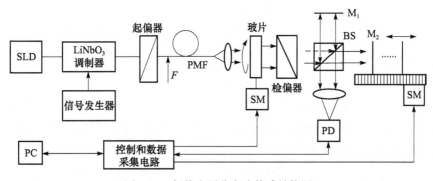

图 1-39　保偏光纤分布式传感结构图

合而激发出一个与输入光偏振方向正交的耦合模;携带扰动信息的光波入射到半波片,经检偏器后进入迈克耳孙干涉仪,干涉信号由光电探测器接收;光纤双折射使两模式在光纤出射端存在时延差 $\Delta\tau$,通过移动动镜补偿 PMF 中的 $\Delta\tau$,得到干涉信号。

入射光偏振方向和 PMF 的一个特征轴方向相同时,只有一个偏振模式 E_0 在光纤中传播;当 PMF 中有一个耦合点时,产生偏振耦合现象,部分光会耦合进正交的偏振态。传感系统采集的干涉信号可表示为

$$I_{out}=I_0\{1+\exp[-(d/L_c)^2]\cos(k_0d)$$
$$+\sqrt{h-h^2}\exp(-L_c^2d^2/d)\cos(\Delta\beta l-k_0d)\} \tag{1-12}$$

其中,I_0 为干涉直流分量,$\Delta\beta$ 为 PMF 两特征轴传播常数差,L_c 为光源相干长度,d 为迈克耳孙干涉仪两臂光程差,c 为光速,k_0 为真空中的波数,h 为耦合强度,l 为耦合点与光纤出射端的距离。图 1-40 为当有一个耦合点时,得到的干涉图样示意图。

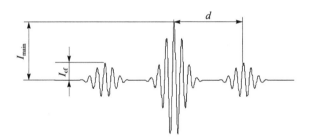

图 1-40　有一个耦合点时的干涉图样

由式(1-12)可得耦合点位置为

$$l=\frac{k_0d}{\Delta\beta}=\frac{dL_b}{\lambda} \tag{1-13}$$

其中,L_b 为 PMF 拍长。耦合强度与干涉信号包络的幅值有如下关系:

$$h=10\lg(I_{cf}/I_{main})^2 \tag{1-14}$$

其中,I_{cf} 为激发模与耦合模干涉包络的幅值,I_{main} 为激发模干涉包络幅值。

理想情况下,条纹对比度为 1.0,所以 I_{main} 等于 I_0。在实际数据处理中,耦合强度常用式(1-15)计算:

$$h=10\lg(I_{cf}/I_0)^2 \tag{1-15}$$

分布式传感子层能定位扰动位置,并测量其大小。根据干涉仪两臂光程差 d 确定受力点位置,通过测量耦合点耦合强度确定力的大小。受力点耦合强度与光纤受力大小和方向有如下关系:

$$h=F^2\sin^2(2\alpha)\cdot\left\{\frac{\sin[\pi\sqrt{1+F^2+2F\cos(2\alpha)}(l_F/L_b)]}{\sqrt{1+F^2+2F\cos(2\alpha)}}\right\} \tag{1-16}$$

其中,F 为应力大小,α 为应力方向,l_F 为力的作用长度。

保偏光纤分布式传感能实现大范围监测且不受电磁干扰等环境因素影响。当横向应力作用于 PMF 时,每个作用点将产生一个耦合点,可准确感知受力点位置和耦合强度。根据偏振耦合与横向应力的数学关系,可得到沿光纤铺设区域的应力大小。

2. 光纤光栅分立式传感子层

光纤光栅传感解调方法主要有干涉法、可调谐光滤波器法、可调谐激光器法和光谱仪法等。可调谐光滤波器法调谐范围宽、精度较高、性价比高,因此采用该方法进行 FBG 分立式传感。

FBG 分立式传感系统如图 1-41 所示,其主要由 SLD 光源、隔离器、耦合器、FBG 传感器、F-P 可调谐光滤波器、光电探测器及数据采集卡组成。软件采用虚拟仪器技术进行数据采集和传感解调。

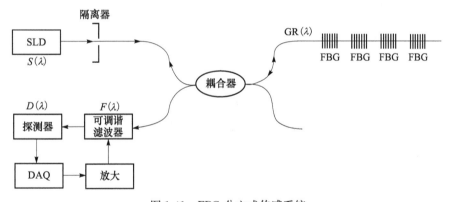

图 1-41　FBG 分立式传感系统

SLD 出射光经隔离器、3dB 耦合器后受 FBG 波长调制,反射谱经 3dB 耦合器进入 F-P 光滤波器,光功率由探测器接收。锯齿波电压输出放大后驱动 F-P 光滤波器扫描的同时进行系统光电压的采集,从而实现透射波长与光功率值的一一对应。在计算机上进行数据处理工作。对 FBG 进行封装可增强传感器的机械强度,提高传感灵敏度。

分立式传感子层使用 USB 6251 数据采集设备,并用 LabVIEW 编写数据采集处理程序和用户界面。利用 F-P 光滤波器步进扫描以采集 FBG 反射谱,从而实现波长解调。

F-P 可调谐光滤波器选用 Micron Optics 公司的 FFP-TF2 型,其 FSR 是 108nm,3dB 带宽是 10.7pm,精细度为 10090,数据采集卡的模拟输出(analog output,AO)口提供 F-P 光滤波器驱动电压。AO 口在 -5V 到 $+5$V 范围内为 16 位

分辨率,经驱动电路 5.7 倍电压放大后,加载在光滤波器上的驱动电压分辨率为 0.870mV,则光滤波器波长步进间隔为 5.22pm,能实现光谱的准确采集。实验控制采集卡 AO 口产生 9∶1 的锯齿波电压,放大后驱动 F-P 光滤波器,实现对波长的扫描,模拟输入(analog input,AI)口采集光电压值。通过 AO、AI 口的同步控制以保证 F-P 光滤波器透射波长和光电压的一一对应关系。

图 1-42 是传感子层采集的 FBG 反射谱。其解调原理是宽带光进入 FBG,通过可调谐光滤波器周期性扫描其输出波长,记录相应的光功率值,以获取 FBG 反射谱,反射光最强时对应的波长值为 λ_B,根据 λ_B 的变化解调出应变、温度等外界参量。

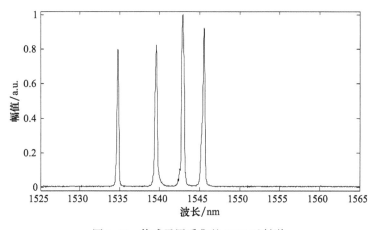

图 1-42　传感子层采集的 FBG 反射谱

1.5　光纤传感网发展现状及趋势

光纤传感网的发展主要集中于两个方向[35]:光纤传感网的研究和光纤传感网在各个领域的应用。伴随着计算机技术、光纤通信技术以及半导体光电技术的飞速发展,光纤传感网也取得了巨大的进步。基于相位调制的高精度、大动态光纤传感网受到越来越多的重视,光纤传感网的应用范围和规模也随着光纤光栅、多路复用技术、阵列复用技术的加入而得到了大幅度的提高,分布式光纤传感网和智能结构更是当今的研究热点[36]。

1.5.1　光纤传感网的发展现状

光纤传感网目前的发展主要集中于以下四个方面。

1. 基于光纤光栅的光纤传感网[37,38]

基于光纤光栅的光纤传感网(图 1-43)适用于多种场合,国内外对其都进行了大量的研究,主要集中在:研究具有高分辨率、高灵敏度,并且能同时感测应变和温度变化的光纤光栅传感网;开发低成本、小型化、可靠而且灵敏的光纤光栅传感网;包括温度补偿技术、封装技术、传感器网技术在内的实际光纤光栅传感网的应用研究。随着波长解调技术的进一步发展,光纤光栅传感网已经走向成熟阶段,部分已经商用化,但是在功能和性能上还需要进一步提高。

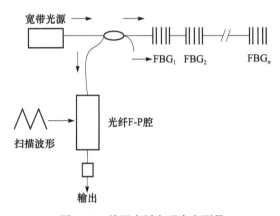

图 1-43　单根光纤实现多点测量

2. 阵列复用的光纤传感网

阵列复用的光纤传感网主要分为波分复用、空分复用、时分复用等方式,通过将单点光纤传感器阵列化,实现空间多点的同时或分时传感,也称为准分布式光纤传感网。目前,光纤光栅阵列传感和基于干涉结构的阵列光纤传感网应用最为广泛。波分复用的优点是无串音、信噪比高、光能利用率高,缺点是复用数量受频带限制;时分复用的优点是复用数量不受频带限制,缺点是信噪比低;空分复用的优点是串扰小、信噪比高、取样速率高,缺点是光能利用率低。

FBG 型阵列式传感网的优点是适合采用各种复用技术,在应力多点分布式系统中,可同时完成温度和应力的双参量测量,应用前景广阔。其缺点是检测微弱信号时对波长检测精度要求较高,轮询扫描周期相对较长,解调方法成本过高。因此,FBG 型阵列式传感网往往多用于对实时性要求不高的静态或缓变物理量的检测,目前主要集中在桥梁及隧道健康检测、智能结构、列车定位等方向的研究。干涉型光纤阵列传感网由于其灵敏度高、响应带宽宽等特点广泛应用于水声传感测量,但是需解决因相位随机漂移而导致的信号衰落问题。除了基于光纤光栅及干涉结构的这两类主流阵列光纤传感网,还出现了基于特种光纤传感阵列的触觉传感器网、粒子探测器网等,在成像医学、粒子物理、核物理及天体物理等方向有广泛的研究应用。

阵列化光纤传感网的优点是可以实现大范围、长距离多点传感,是大规模光纤传感网的一个重要发展趋势。今后,阵列式光纤传感网的研究方向主要是综合复用方式的应用。例如,相干 FBG 组结构,其将光纤光栅高波长选择性能、易与光纤耦合、插入损耗低的优点与干涉型结构灵敏度高、检测速度快的优点相结合,非常适合大规模组网进行传感。而阵列化的发展方向也对各个传感元件的灵敏度、稳定性、批量制作可重复性、解调的快捷准确等提出了新的要求。

3. 分布式光纤传感网

分布式光纤传感网是以光纤为传感介质,利用光波在光纤中传输的特性,根据沿线光波分布参量,同时获取在传感光纤区域内随时间和空间变化的被测量的分布信息。可以实现长距离、大范围的连续、长期传感,也是当今光纤传感网发展的一个重要趋势。目前,基于各种散射机理的分布式传感网是光纤传感网领域的一个研究热点,主要包括背向瑞利散射分布式光纤传感技术、基于自发及受激拉曼散射的分布式传感技术、基于自发及受激布里渊散射的分布式光纤传感技术、前向传输模耦合技术。分布式光纤传感技术可解决目前测量领域的众多难题,其优缺点及应用如表 1-2 所示。干涉型分布式光纤传感网的研究也在如火如荼地展开,特别是在管道、隧道、围栏等应力检测、破坏性行为监测方向得到广泛关注。目前的干涉型分布式传感系统多采用复合干涉结构,以提取信号作用位置。

表 1-2　分布式光纤传感技术的优缺点及应用

分布式光纤传感技术	优缺点	应用
背向瑞利散射	成本低、测量精度低、传输距离短	应用最早,目前研究其少 周界入侵、振动监测
自发拉曼散射	空间分辨率 1m、温度分辨率 1℃、测量范围 4～8km、成本适中	目前已成熟 建筑物渗漏、火灾情况
布里渊散射	测量精度高、传感长度长达 51km、空间分辨率 0.5m、成本高	广泛关注与研究 长距离分布式应力监测、大中型建筑工程、长期稳定性监测
前向传输模耦合	理论上可得到极高分辨率、原理简单、实现困难	目前暂无工程应用

分布式光纤传感网在空间上具备测量的连续性,避免了使用大量分立的传感元件,降低了传感部分的系统成本。目前分布式温度传感器可用于大、中型变压

器、发电机组和油井的温度分布测量,大型仓库、油库、高层建筑、矿井和隧道的火灾防护及报警系统等领域;分布式应力传感器可用于桥梁、堤坝等设施的安全检测,航空、航天飞行器等大型设备老化程度的检测,智能材料制备等领域。然而,为了实现快速、稳定、可靠及高精度的测量,仍需要进行多方面的研究。今后的研究重点也将主要放在以下几个方面:实现单根光纤上多个物理参数(温度和应变)或化学参数的同时测量;提高信号接收和处理系统的检测能力,提高系统的空间分辨率和测量不确定度;提高测量系统的测量范围,减少测量时间;研究新的传感机理。

4. 智能化光纤传感网

智能化光纤传感网是各类型光纤传感器以特定的拓扑结构相互连接组成的传感网,能够对被测区域实施大规模多点式多参量的精确测量,在大型建筑物的结构健康监测、航空航天等领域有诸多应用。智能化是指具备自动识别传感网故障、传感器故障以及自动恢复故障点工作等功能,并能够自动发出报警以及有系统上位机实时显示和控制的传感网。它由光纤传感器、连接光纤、控制节点等部分构成,节点分为路由节点和控制节点,连线负责将传感网中节点及传感器连接起来,在光纤传感网中连线即低损耗的光纤,也可以为分布式的传感光纤,传感网化的传感器有助于传感信息的传输、接收、共享。以上几点对于构建新一代智能化光纤[39-42]传感网都至关重要,国内外针对智能化光纤传感网开展了相关研究。

2007 年,Perez-Herrera 等提出了一种基于波分复用技术带有自愈功能的光纤双环形拓扑结构光纤光栅传感网,其结构如图 1-44 所示,系统通过传感网的内外环寻址各传感器,设置功率放大器及特殊光路结构保证内外环对传感器的功率贡献值相同,当内环故障发生时传感信号会从外环传出进入解调系统,从而不会导致

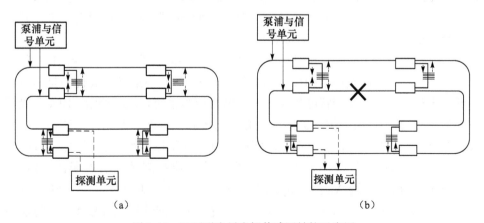

（a）　　　　　　　　　　　　　　（b）

图 1-44　双环形光纤光栅传感网结构示意图

整个传感网传感器的失效。其缺点是传感结构较为复杂,信噪比较低,不利于大规模传感网的使用。

2010 年,Peng 等提出了一种由星形与总线型相结合的传感网拓扑结构构成的新型光纤传感网[43],其针对 FBG 而设计,如图 1-45 所示。传感网内任意点的损坏或者故障都可以通过系统的自愈结构而化解,以保证传感器的顺利工作。此外,为了提高信噪比,在实验中使用了光纤环腔激光,该系统成功增强了传感网的可靠性和复用传感器的数量,美中不足的是传感器的类型比较单一。

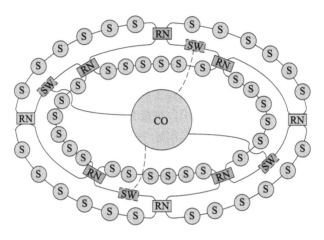

图 1-45　新型光纤光栅自愈传感网结构示意图

2011 年,Yeh 等提出了一种针对 FBG 传感器设计的可实现自愈(从传感器故障或光纤损坏中恢复工作)的长距离光纤传感网[44],系统中加入了 EDFA 和可调谐滤波器以筛选 FBG 反射回的中心波长实现谐振,达到长距离传感的目的,文献[44]中搭建了简化的实验并成功验证了其可行性,传感网中的传感器数量及其生存能力均得到了加强,系统结构如图 1-46 所示。

2007~2012 年,欧盟的 Schlüter 和 Urquhart 团队陆续发表了一系列文章,提出了多种光纤传感网拓扑结构以及相应的工作方式,其中最具代表性的是具有自诊断及多路保护的总线型智能化光纤传感网及控制系统,以及远距离 EDFA 光纤放大传感网,其中加载的传感器主要是光纤光栅和强度调制型光纤传感器。在大规模光纤传感网中,能够自动定位识别故障点位置是控制系统智能化的体现,也是传感网发展的趋势。Perez-Herrera 等根据系统控制信号在输入端、输出端的工作情况,提出了向量 $X_{j,m} = [x_{j,m}(T_1 \rightarrow R_1), x_{j,m}(T_1 \rightarrow R_2), x_{j,m}(T_1 \rightarrow R_3), x_{j,m}(T_4 \rightarrow R_2), x_{j,m}(T_4 \rightarrow R_3), x_{j,m}(T_4 \rightarrow R_4)]$,通过对传感网结构以及故障关联算法深入研究后发现,系统故障点和向量 $X_{j,m}$ 有一一对应的关系。该方法也适用于多处

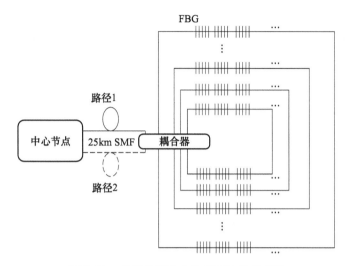

图 1-46　光纤光栅自愈传感网结构示意图

故障点时的计算。将六位的向量表达式以二进制换算成十进制数字,并存储在系统的内存中,控制系统便可以根据具体向量表达式自动故障定位,文献[45]~[51]在理论分析和实验的基础上讨论了方案的可行性并成功地进行了验证,这也为本书设计光纤自愈传感网提供了思路,其传感网结构、故障与向量对照表分别如图 1-47 和图 1-48 所示。

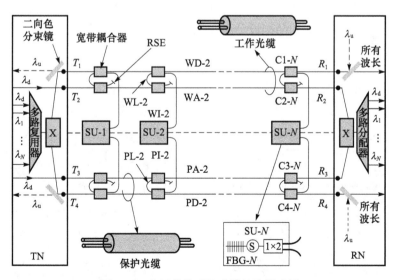

图 1-47　光纤总线型传感网结构示意图

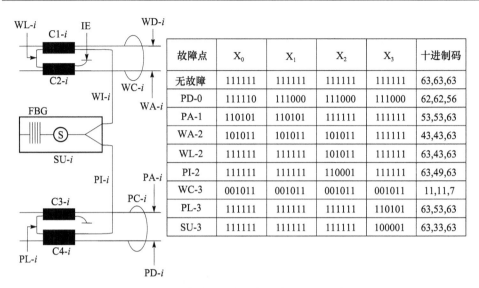

故障点	X_0	X_1	X_2	X_3	十进制码
无故障	111111	111111	111111	111111	63,63,63
PD-0	111110	111000	111000	111000	62,62,56
PA-1	110101	110101	111111	111111	53,53,63
WA-2	101011	101011	101011	111111	43,43,63
WL-2	111111	111111	101011	111111	63,43,63
PI-2	111111	111111	110001	111111	63,49,63
WC-3	001011	001011	001011	001011	11,11,7
PL-3	111111	111111	111111	110101	63,53,63
SU-3	111111	111111	111111	100001	63,33,63

图 1-48　传感网故障点与诊断向量对照表

　　上述复杂光纤传感网的故障定位及自诊断是通过传感网结构的巧妙设计和软硬件相互配合从而共同完成的。2014 年,Gu 等提出了可靠性较高的用于多点故障恢复的六边形光纤传感网[52]。对于一个范围较大的被测区域,该结构能够在其中划分出大量的被测区域,并且在每一个划分出的被测区域中由 FBG 传感器构成的环形子网进行监测工作。系统结构如图 1-49 所示,该系统的自愈能力是通过各区域环形子网互联互通的结构设计和在控制中心指示下的光开关实时切换功能而实现的。

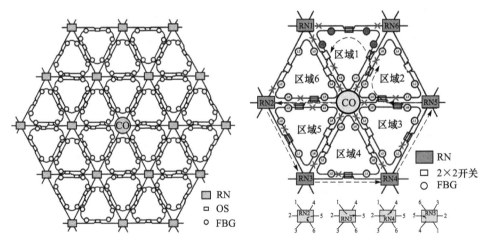

图 1-49　六边形光纤传感网结构示意图

以上研究大多集中在传感网拓扑结构的设计及传感器的组网技巧上,在传感器标准化、流程化制作及大规模扩容复用方面,美国的弗吉尼亚理工大学的研究人员 Wang 等[53]提出了一种基于波长扫描时分复用的极弱光纤光栅传感器系统,传感器间的低插入损耗及可忽略的串扰使得大规模扩容 FBG 传感器成为可能,其传感网中光纤光栅传感器数量达到 1000 个。Wang 等从理论和实验两方面讨论了传感网的复用能力以及传感器间的低串扰技术,并将传感网应用于温度测量当中,其系统结构和解调波形如图 1-50 所示[53]。

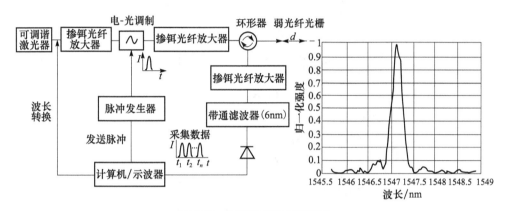

图 1-50　解调系统及传感信号

在国内方面,2013 年王明波等提出并构建了基于光纤 F-P 及光纤光栅传感器的串联组合结构的空分复用传感系统,并且实验中展示了对温度、压力参量的多点监测结构。实验结果说明,温度与应力的相互影响通过该串联结构可以有效制约,软件方面 FPGA 与 VB 能够搭建上位机界面达成上述参数的快速显示,该系统主要是为了解决温度和应力的交叉敏感,实现多参量多点的异构传感[54],但该多参量传感[55-59]结构及原理限制使得此方法无法扩展到其他传感器中广泛应用。2015 年,南京航空航天大学与信阳师范学院提出的基于粒子群优化算法和支持向量机的重构模型预测算法实现了在结构健康监测领域 FBG 传感网的自愈,并通过实验验证了该算法的突出优势及有效性[60]。大连理工大学的周智等根据仿生学提出了蜘蛛网型光纤自愈传感网用于大范围三维复杂结构的健康监测,通过对传感网结构及控制节点的设计实现传感器的正常感传及故障时的自愈能力,并在实验中加载布里渊应力传感器成功验证系统的可靠性,系统整体结构如图 1-51 所示。2014 年,张红霞等针对光纤传感网缺少量化评价其鲁棒性的现状提出了光纤传感网 OFSN 评估模型,并基于蒙特卡罗方法提出了鲁棒性误差估计改进了该方法的评价水平,以及运用支持向量机预测区域内的被测量,用实验结果和理论模拟值验证该鲁棒性评价方法的可行性。该模型可以对总线型、星形、环形等拓扑结构进行评价和建模[61,62]。2015 年,贾大功等提出了一种光纤光栅传感器的无源自愈传感网,该拓扑结构由一个星形子网和环形子网构成,该自愈光纤传感网结构如图 1-52 所示。文献[63]和[64]从理论上分析了当传感网发生多处故障时的自愈方式,并且从实验中验证了这种自愈能力,给出了通过观察解调信号推导传感器状态的量化方法,无源是指拓扑结构中不含任何中继放大或外界电信号,该特性在需要防电磁干扰等恶劣环境下显得尤为重要。

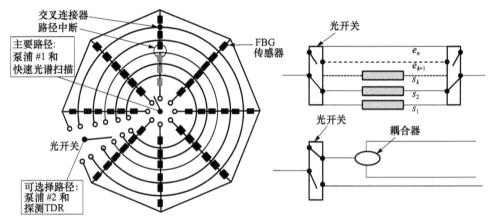

图 1-51　蜘蛛网型光纤自愈传感网结构图

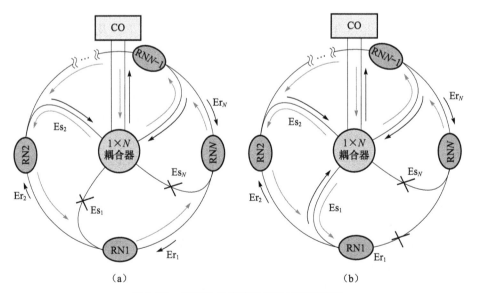

图 1-52　无源自愈传感网拓扑结构示意图

光纤传感网要求有较高的鲁棒性,以保证少数故障点发生后,传感网仍然能够维持一定的性能。对于光纤传感网,拓扑结构是网络的基本骨架,它反映了网络连接的结构关系。拓扑结构对一个网络的性能、可靠性、网络建设及管理成本等方面都会产生重要的影响,因此拓扑结构的设计在整个组网技术中占有十分重要的地位。随着波分复用、空分复用、时分复用等复用技术的发展,各种拓扑结构的实现成为可能。光纤传感网的基本拓扑结构[65]如图 1-53 所示。

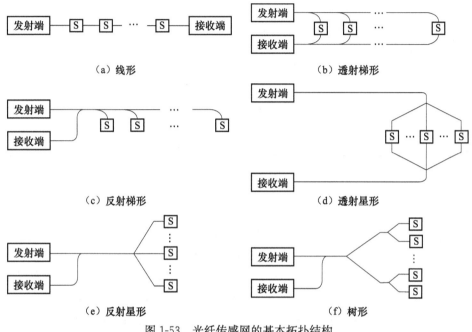

（a）线形　　　　　　　　　　　（b）透射梯形

（c）反射梯形　　　　　　　　　　（d）透射星形

（e）反射星形　　　　　　　　　　（f）树形

图 1-53　光纤传感网的基本拓扑结构
S 为光纤传感器

光纤传感网的拓扑结构需求取决于具体的应用,各拓扑结构的优缺点不同,应用范围也不同。然而,基本的拓扑结构都不具有抗损毁冗余度,致使传感网络的鲁棒性较低,所以,基本的拓扑结构只适合小型简单的光纤传感系统。鉴于对光纤传感网的理解,而非独立的测量器件,业界已经掀起了大规模、高可靠性光纤传感网的研究热潮,如何能够利用光纤传感器多路复用技术与新型拓扑结构相结合,从而设计出高鲁棒性的光纤传感网拓扑结构成为目前研究的热点。

1.5.2　光纤传感网的应用领域

光纤传感技术具有极优异的测量精度、可靠性和动态测量特性,而且本质安全,易于工程铺设,因此分布式光纤传感网在民用工程、航空航天、电力工业、石油化工、医疗等领域中都有着广泛的应用[66]。

1. 民用工程结构中的应用

分布式光纤传感技术广泛应用于民用工程结构如桥梁等建筑的安全检测、岩石变形测量、道路和场地测量以及周界安防监控中,可为监测交通工具的速度、载重及种类提供很重要的数据。这种传感器的测量精度可以达到几个微应变,具有很好的可靠性,可实现动态测量,采用分布式埋入还可以实现对整个建筑物健康状况的监测,从而防止工程及交通事故的发生。例如,采用光纤传感网对大型复合材料和混凝土结构进行监测。因为光纤传感器尺寸小,所以埋入复合材料中不影响材料的结构特性,并且耐腐蚀、耐高温、耐恶劣环境,单根光纤可复用大量的传感器,便于构成光纤传感网。典型应用实例有武汉阳逻大桥、白鹤梁题刻原址水下保护工程、武汉长江二桥、清江水布垭工程、武汉天兴洲大桥等项目。

2. 军事领域中的应用[67,68]

光纤传感器由于具有抗电磁干扰等优点,可以应用于电传感器不易使用的场合,在国防上,光纤传感器可用于水声探潜(光纤水听器)、光纤制导、姿态控制、航天航空器的结构损伤探测以及战场环境(电磁环境、生化环境等)的探测等。

3. 航空航天领域中的应用

在航空航天领域,飞行安全是人们十分关注的一个方面。光纤传感器具有体积小、质量轻、灵敏度高等优点。分布式光纤传感技术早在 1988 年就成功地在航空航天领域中用于无损检测,将光纤传感器埋入飞行器或者发射塔结构中,构成分布式智能传感网,可以对飞行器及发射塔的内部机械性能及外部环境进行实时监测,其中,波音公司在这方面进行了许多研究。目前可以使用分布式光纤传感技术实现飞机机翼、羽翼、稳定轴、支撑杆等处的应变及位移监测,以及电机、电路等连接部位运行温度的实时在线测量。

4. 船舶工业中的应用

光纤传感技术在船舶工业中也有着广泛应用,如船体关键位置的应变监测、损伤评估和超负荷条件下的早期报警。船舶的结构缺陷常常影响其安全性能,基于分布式光纤传感技术的大型结构健康监测系统可以实时监测船体的健康状态,从而预防事故的发生。目前已成功将光纤传感技术大规模用于船舶、潜艇损伤的实时检测。

5. 电力工业中的应用

电网规模迅速扩大和电压等级的不断提高,对电力设备的可靠性和安全运行提出了更高的要求,而高压检测技术却跟不上形势的发展,常规检测设备已不能满足当前的需要。凭借光纤传感器的抗电磁干扰能力强且本身电绝缘、长距离遥控方便等特性,在不适宜用电传感网的场合里通常用光纤传感网,目前分布式光纤传感器是一种较理想的检测技术,在高压电力系统的安全监控中有着重要应用。例如,利用分布式光纤传感可以实时监测长距离输电线路表面的温度,计算导体温度许用负载和载流量,进而为输电线路的故障监测和负荷管理提供全面而有效的解决方案,保障输电线路的安全,提高资产利用率,发现潜在故障,实现预防性维护。

6. 石油化工中的应用

泄漏是输油管道运行的主要故障,往往也会由此造成巨大损失。因而,输油管道泄漏检测是石油行业亟待解决的重要问题。利用铺设在管道附件的传感器,收集管道由于泄漏、附近机械施工和人为破坏等事件产生的压力和振动信号,进一步可以通过相关传感技术检测管道泄漏并进行定位。分布式光纤传感技术由于能够获得被测物理量沿空间和时间上的连续分布信息,非常适合用于长距离管道泄漏检测。另外,利用分布式光纤传感技术还可实时监测高压管道应变和弯曲状况。

7. 医疗领域中的应用

光纤传感器柔软、小巧、自由度大、绝缘、不受射频和微波干扰、测量精度高,在医学中的应用具有明显优势,例如,对人体血管等的探测、人体外科校正和超声波场测量等。光纤内窥镜使得检查人体的各个部位几乎都是可行的,且操作中不会引起患者的痛苦与不适,其中光纤血管镜已应用于人类的心导管检查中。光纤内窥镜不仅用于诊断,目前也正进入治疗领域中,如息肉切除手术等。微波加温治疗技术是当前治疗的有效途径,但微波加温治疗技术的温度难以把握,而光纤温度传感器可以实现对微波加温治疗技术有效温度的监测。另外,光纤温度传感器在癌症治疗方面的研究和应用正日益兴起。

8. 农业领域中的应用

利用光纤传感网监测农作物的生长、收获、存储等多个方面可以促进农业生产与管理的高产与低耗,使农业发展取得巨大的进步。光纤温度传感器、光纤湿度传感器及光纤二氧化碳传感器在农作物的生长过程中可以监测作物生长的温度、湿度和二氧化碳浓度。光纤传感器的监测信息实时反馈给管理中心,管理中心再去调用控制设备调节这些参数到合适值,从而构成光纤传感网,使农作物始终生长在适宜的环境中。粮食的储备环境也可通过光纤温度传感器和光纤湿度传感器进行监测,指导工作人员应何时对粮食进行翻晒。水果、蔬菜的储藏环境可以通过采用相应的光纤气体传感器测量乙烯、氧气、二氧化碳、氨气、氟利昂等气体的浓度进行监测,同样,将监测到的信息实时反馈到管理中心,利用光纤传感网进行实时监控。

光纤传感网用途广泛,涉及工业测控、政府工作、食品溯源、公共安全、智能家居、智能交通、医疗护理、智能消防、环境保护、水质监测等多个领域。目前城市管理、工业监控、公共安全、远程医疗、智能交通、智能家居、绿色农业和环境监测等行业均有光纤传感网的初步应用,某些领域已有成功的经验。

1.5.3　光纤传感网的发展趋势

1. 大容量和多参量式传感网

由于技术的发展和应用的要求,特别是物联网发展的需求,光纤传感网正在向大容量和多参数测量方向发展,此容量是指网络所能解调的传感器数量。主要的大容量光纤传感网[69]有基于瑞利散射的光纤传感网、基于拉曼散射的光纤传感网、基于布里渊散射的光纤传感网和基于 FBG 反射的光纤传感网[70]。同一种光纤传感器往往能测量两个以上的参数,如光纤温度-应变传感器等,这对物联网在信息综合方面的要求十分有利。

2. 新型拓扑结构

新型光纤传感网应具有更大规模、更高速、多参量和更高空间分辨率的特点,因此应结合多种传感技术实现,如波分、时分、空分混合复用等。同时,为研究高鲁棒性的光纤传感网的拓扑结构,许多新型结构的光纤传感网应运而生:在环形拓扑结构的基础上引入光开关,使得网络具有自愈功能,提高了鲁棒性,同时又采用光纤激光器克服光开关引入的噪声,可以复用数目可观的光纤传感器[45];同心双环拓扑结构,当外环正常工作时,内环保持低功耗,当外环发生故障时,光开关将光源信号引入内环,同时拉曼放大器开始工作,内环功率被放大,内环正常工作[47];混合星形-总线型-环形拓扑结构以及随后提出的基于三角形-星形的多点传感网[71,72],均通过增加大量远程节点和 2×2 光开关使得网络同时具有很高的鲁棒性和复用能力;基于耦合双环结构的低相干干涉传感网,与其前期提出的单环结构[73-78]相比,系统的复用能力与抗损坏冗余度均得到改善;一种新型大规模波分复用光纤传感网在遭遇故障时通过保护切换来恢复服务,具有容忍多个故障点的冗余度[48]。此外,Peng 等提出基于 FBG 的高可靠性大规模分层光纤传感网[79],Wei和 Sun 提出高可靠性 FBG 传感网[80],Peng 等提出具有自愈性的网状多点传感系统及其三维传感系统[81,82],在很大程度上提高了传感网络的复用能力及鲁棒性。

3. 传感器布设

在光纤传感器的封装和嵌入方面,需要根据具体的应用环境进行研究。例如,光纤传感器在高速铁路上的应用,由于铁路轨道和路基可能经常处于高温、高湿、高寒或高盐环境,或者处于沙尘环境,又通常需要连续测量,气象条件变化大,这就要求对其进行足够的防护,提高传感网络的可靠性。

4. 数据处理

改进信号处理技术可以实现大规模传感网络的快速测量,如以 DSP 为代表的高速实时信号处理技术、目标特征的提取技术以及分布式计算或云计算技术。

5. 功率均衡

假定从解调设备中发出的光信号在整个工作波长范围内功率密度是比较一致的,不同频率的光信号在光路的不同位置被反射回来,它们经过的光器件、连接器或熔接点的数量也不同,因此造成回传的不同信号的功率水平不同。在比较恶劣的情况下,某些传感器的旁瓣噪声甚至会超过其他传感器的有用信号,造成网络可以识别的传感器的数量下降,因此在工程组网时必须进行正确的功率均衡设计。

6. 光纤传感网与无线传感网的融合

我国幅员辽阔,经常有待监测的同种类型的大型设施分布在一个很大的区域的情况。在实际工程中,需要由若干个距离在 10km 以上的子网组成更大规模的网络,以便实现集中监测。光纤传感网尽管有利用光纤低损耗传输的特点可以实现长距离组网的优势,但在某些缺乏通信基础设施的地区,没有现成可用的光缆来实现子网的互通。在这种情况下,专门铺设光缆的成本是非常昂贵的,因此在子网之间通过无线链路进行互通有很强的实用性。

7. 网络、设备与器件标准

对于大量的组网应用,一个明确的网络标准是非常必要的,通过对网络接口、频谱划分、功率均衡、线路备份、器件和设备质量标准进行规范,可以保证各厂家产品的质量、互换性和工程的可靠性。目前还缺乏这样的网络规范,使得在实际工程中,各厂家产品的互通没有依据。一旦解决这个问题可以加速光纤光栅传感网的大规模推广应用。

第 2 章　光纤传感网的组网及拓扑结构

近年来,随着光纤传感技术中关键器件的发展及相关传感技术的日臻成熟,对光纤传感网络的研究日益深入和实用化,光纤传感网络的组网技术就是其中的一个研究方向。

2.1　光纤传感网的组网方法

光纤传感网的组网,主要是通过各种拓扑结构和复用技术等方法将光纤传感系统中的光源、传感单元、探测单元以及解调系统等关键部分融合在一起,使光纤传感系统更加高效、经济并便于维护。

2.1.1　光纤传感网组网时的简单结构

光纤传感器在组网时,特别是光纤光栅传感器在组网连接时,传感器间既可以采用串联方式连接,也可以采用并联方式连接[83]。

根据波分复用的原理,光纤光栅传感器在组网时可以将多只传感器串联在一起,通过一根光纤将整串传感器信号传递给光纤光栅解调仪,如图 2-1(a)所示。光纤光栅传感器串联的优势在于节省光缆,布线施工简单,避免过多的线缆影响原有结构体的力学性能。但是,大量传感器串联的缺点也是显而易见的,当某一处传感器或光缆出现故障时,会直接影响后续传感器的正常通信。为了避免此类问题,本节采用双端引出的方式,当有一点出现故障时,可将原来的整串传感器从故障点处分为独立的两串传感器进行测量,如图 2-1(b)所示。按照图 2-1(b)所示的施工方式基本可以解决光纤传感器串联中出现一个故障点的问题,大大提高了光纤传感网的可靠性。

光纤光栅传感器除了可以采用串联方式,还可以采用光纤分线器将多组传感器进行并联连接,甚至可以进行串联并联的混合连接。光纤传感器的这种灵活的连接方式大大方便了现场的施工布线,使光纤传感网的组网更容易实施。图 2-2为串并联混合式结构。

在进行光纤传感网组网时,传感器的分布形式并不仅仅限于串联和并联结构,而是会用到多种不同的拓扑形式。

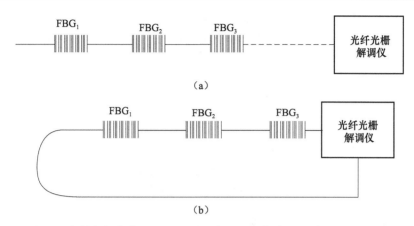

（a）

（b）

图 2-1　光纤光栅传感器(a)和改进型光纤光栅传感器(b)串联结构示意图

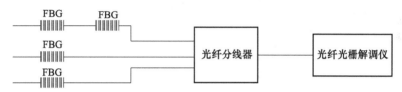

图 2-2　光纤光栅传感器串并联混合式结构

2.1.2　光纤传感网组网的复用技术

在大多数的实际应用场合,光纤传感技术都要借助于波分复用技术、时分复用技术、空分复用技术和光码分复用技术或者将这些技术进行组合来实现准分布式传感技术或者传感网络技术。下面主要基于 FBG 光纤传感网就几种复用技术原理进行介绍。

1. 时分复用 FBG 传感网

时分复用(TDM)技术是通过同一信道每个传感器的反射光谱在时域区分思想提出的,在串接复用情况下,从任何两个相邻的传感器上返回的布拉格信号在时间上是间隔开的,反射信号这种时域上的隔离特性,使得在同一根光纤上间隔一定距离复用相同或不同中心反射波长的多个 FBG 成为可能,分离出不同传感器的反射波长,从而避免了网络中各传感器抢夺有限频带资源的问题,其原理如图 2-3所示。

早期的 TDM 方案受解调技术的制约,整个传感系统的波长分辨率不高,光栅的高反射率也使得复用容量非常有限,这导致光纤光栅 TDM 系统一直停留在理论研究阶段[84]。经过多年的发展,已经开发出由脉冲光源、延时光纤和解调系统等组成的典型 TDM 工程结构。典型的时分复用传感网系统结构如图 2-4 所示。

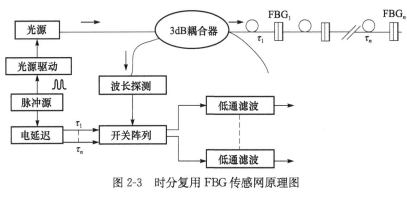

图 2-3　时分复用 FBG 传感网原理图

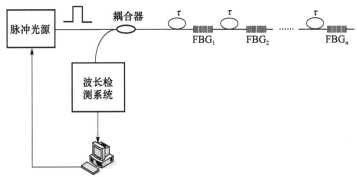

图 2-4　典型的时分复用传感网系统结构

在图 2-4 所示的结构中,脉冲光源由解调系统控制,产生周期性的脉冲光信号,在一个周期内,传感器 FBG_1、FBG_2、$\cdots$、FBG_n 分别反射回一个脉冲光信号。延时光纤实现各反射脉冲信号的时间分离,各 FBG 到达解调系统的时间分别为 τ、2τ、$\cdots$、$n\tau$。解调系统将不同的时间间隔与各 FBG 对应起来,从而实现时分复用。图 2-5 显示了一个周期内光源和 FBG 传感器的脉冲信号。

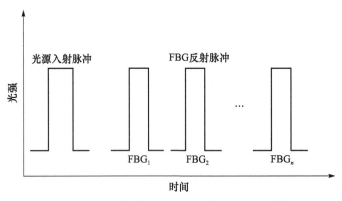

图 2-5　一个周期内光源和 FBG 传感器的脉冲信号

下面对 TMD 系统性能进行详细的分析与讨论。

1）理论模型

在 TDM 方案中，各传感器采用相同布拉格波长 λ_B 的 FBG，波长变化为 $\Delta\lambda$；传感器 FBG$_1$、FBG$_2$、$\cdots$、FBG$_n$ 通过延时光纤分别延时 τ、2τ、$\cdots$、$(n-1)\tau$，从而在不同的时刻内反射回脉冲波。从 FBG$_1$ 反射脉冲波到达波长检测系统开始计时，设第 i 个传感器 FBG$_i$ 到达解调系统的时间为 T_{FBG_i}，则

$$T_{\mathrm{FBG}_i} = (i-1)\tau, \quad i \geqslant 1 \tag{2-1}$$

由式（2-1）可知，T_{FBG_i} 是唯一的，每个 FBG$_i$ 对应一个的 T_{FBG_i}，因此通过 T_{FBG_i} 可以实现 TDM 方案。

$$\eta_B = \Delta\lambda/B \tag{2-2}$$

其中，η_B 为光源带宽利用率，$\Delta\lambda$ 为波长变化量，B 为脉冲光源发出带宽。由式（2-2）可知，η_B 与布拉格波长变化范围及带宽有关，在波长变化范围一定的条件下，光源带宽越窄，光源带宽利用率越高。

$$\eta_P = \sum_{i=1}^{N} P_{\mathrm{f}i}/P \tag{2-3}$$

其中，η_P 为功率利用率；$P_{\mathrm{f}i}$ 为 FBG$_i$ 的反射波功率；P 为脉冲波的功率。从式（2-3）可知，η_P 与 FBG 反射波功率、光源功率和 FBG 的数量规模有关，在光源功率和 FBG 反射波功率一定的条件下，光源功率利用率随着 FBG 数量 N 的增加而提高。

2）复用容量

由式（2-1）～式（2-3）可知，TDM 既有的时域编码特性不受光源带宽 B 限制，仅受光源功率 P 和 FBG$_i$ 反射功率 $P_{\mathrm{f}i}$ 的影响，令复用容量为 C，FBG$_i$ 平均反射功率为 $\Delta P_{\mathrm{f}i}$，则

$$C = P/\Delta P_{\mathrm{f}i} \tag{2-4}$$

由式（2-4）可知，若采用高功率光源和低反射率 FBG，复用的传感器数量将非常可观。但在实际系统中，FBG 复用数量受诸多因素限制：FBG 的反射率一般大于 -20dB，它们之间存在着较大的串扰，影响了传感器复用的数量；伴随着 FBG 数量规模的增加，最后一个 FBG$_n$ 发射回信息的时间 $(n-1)\tau$ 也会增加，系统的实时性将伴随复用规模的扩大而逐步变差。

2. 波分复用 FBG 传感网

FBG 传感网的波分复用（WDM）思想是利用宽带光源照射同一根光纤上多个中心反射波长不同的布拉格光栅，是 FBG 传感网络最直接的复用技术，也是构成各类复杂和大型网络的基本复用技术。图 2-6 为波分复用 FBG 传感网原理图。不同反射波长的 n 个 FBG 沿同一个光纤长度依次排列，分别放置在需要检测的 n

个部位。当这些部位的待测物理量发生变化时,各个FBG反射回来的波长编码信号就携带了相应部位的待测物理量的变化信息,通过接收端的波长探测系统进行解码,并分析布拉格波长位移情况,即可获得待测物理量的变化情况,从而实现对n个监测对象的实时、在线检测。

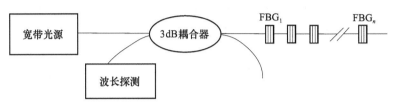

图 2-6　波分复用 FBG 传感网原理图

在此系统中,宽带光源照射进光纤光栅传感器序列,在宽带光源波长范围 λ_H 内,每一个布拉格波长由对应波长的 FBG 反射回来。当外界环境导致温度或应变变化时,各反射波在各自波长范围内变化,如图 2-7 所示。通过解调系统检测波长变化值可以实现对温度或应变等物理参数的感知,同时可根据 FBG 的波长范围寻址对应的 FBG 位置。

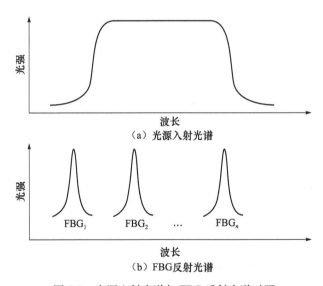

图 2-7　光源入射光谱与 FBG 反射光谱对照

系统的分辨率和工作速率与网络解码系统所采用的波长探测技术有关。WDM 网络属于串联拓扑结构,网络中 FBG 分别占据不同的频带资源,因此光源功率可以被充分利用,但利用效率低,又由于各 FBG 的带宽互不重叠,避免了串音现象,信噪比较高。

下面对 WDM 性能进行详细的分析和讨论。

1）理论模型

若宽带光源带宽为 B、功率为 P，FBG_1、FBG_2、$\cdots$、FBG_n 的布拉格波长分别为 λ_{B1}、λ_{B2}、$\cdots$、λ_{Bn}，在感知温度、应变和压力等参数变化的情况下，各传感器的波长变化量分别为 $\Delta\lambda_1$、$\Delta\lambda_2$、$\cdots$、$\Delta\lambda_n$。令第 i 个传感器 FBG_i 的波长变化范围为 $Range[FBG_i]$，则

$$Range[FBG_i] = \lambda_{Bi} \pm \Delta\lambda_i / 2 \qquad (2\text{-}5)$$

若 $\lambda_{B1} < \lambda_{B2} < \cdots < \lambda_{Bn}$，选择合适的布拉格波长 λ_{B1}、λ_{B2}、$\cdots$、λ_{Bn}，如果

$$(\lambda_{B1} \pm \Delta\lambda_1/2) < (\lambda_{B2} \pm \Delta\lambda_2/2) < \cdots < (\lambda_{Bn} \pm \Delta\lambda_n/2) \qquad (2\text{-}6)$$

$$(\lambda_{B1} - \Delta\lambda_1/2) < (\lambda \pm B/2) < (\lambda_{Bn} \pm \Delta\lambda_n/2) \qquad (2\text{-}7)$$

同时成立，则 $Range[FBG_i]$ 是唯一的。因此，WDM 只需选择合适的布拉格波长，使式（2-6）和式（2-7）同时满足，通过 $Range[FBG_i]$ 就可实现任一传感器 FBG_i 的位置寻址。

若

$$
\begin{aligned}
\lambda - B/2 &= \lambda_{B1} - \Delta\lambda_1 \\
\lambda_{B1} + \Delta\lambda_1 &= \lambda_{B2} - \Delta\lambda_2 \\
\lambda_{B2} + \Delta\lambda_2 &= \lambda_{B3} - \Delta\lambda_3 \\
&\vdots \\
\lambda_{Bn} + \Delta\lambda_n &= \lambda + B/2
\end{aligned}
\qquad (2\text{-}8)
$$

成立，则

$$\eta_B = 100\% \qquad (2\text{-}9)$$

其中，η_B 为光源带宽利用率。

实际上，η_B 不可能达到 100%，式（2-8）当然也不可能成立，但为了充分利用光源带宽和尽量多地复用 FBG，工程实践中将尽可能地降低传感器带宽间隔，使 η_B 尽可能地接近于 100%。因此，WDM 的光源带宽利用率应尽可能高。

2）复用容量

WDM 采用波长范围寻址，检波算法采用峰值检测（conventional peak detection, CPD）法，并且，CPD 法要求 $Range[FBG_i]$ 之间互不重叠。若传感网络复用容量为 C，FBG 的平均变化范围为 $\Delta\lambda$，当 $Range[FBG_i]$ 恰好互不重叠，即 $\eta_B = 100\%$ 时，则有

$$C = B/\Delta\lambda \qquad (2\text{-}10)$$

由式（2-10）可知，对于 $40\sim50nm$ 的光源带宽，当有 $\pm2nm$ 的波长变化范围时，FBG 的数量一般不会超过 30 个。

但是在波分复用 FBG 传感网络系统中，光栅传感器的复用数量受光源谱宽、光栅宽度、光源能量以及相邻光栅间距的影响，所以复用数量很有限，即波分复用

网络能复用的 FBG 传感器数量主要取决于光源带宽和待测物理参量的动态范围。例如,若光源带宽为 50nm,待测应变的变化范围为 $\pm 150\mu\varepsilon$,相应于各光栅间的中心波长间隔为 3nm,则该网络最多可复用 16 个传感器。

3. 空分复用 FBG 传感网

对于许多实际应用如航空领域,需要进行多点测量。网络中的 FBG 传感器要求能够相互独立地、可相互交换地工作,并能够在 FBG 传感器损坏时可替代,而不需要重新进行校准。这就需要网络中的所有传感器应具有相同的特征,这一点可通过在相同的条件下产生 FBG 来实现。独立工作和可相互交换性的实现对于波分复用和时分复用等串联拓扑结构是难以达到的,因此提出了基于并行拓扑结构的空分复用(SDM)FBG 传感网,其原理如图 2-8 所示。

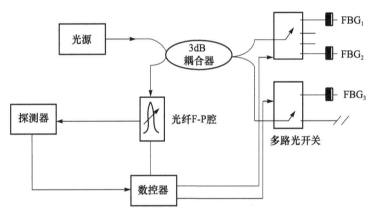

图 2-8　空分复用 FBG 传感网原理图

采用此复用结构,每个传感光栅都单独分配一个传输通道,每次仅有一个通道被选通,需测量哪个光栅的特性,将相应的通道接通即可。该复用结构一般由宽带光源、光开关和并行 FBG 阵列组成。当光源进入并行 FBG 阵列时,各布拉格波长的 FBG 的反射波通过光开关依次选通,分别占据一个光通道,再通过探测解调系统实现 FBG 的传感与复用。

下面对 SDM 性能进行详细的分析和讨论。

1) 理论模型

宽带光源发出带宽为 B、功率为 P 的光波,在 $1 \times N$ 光开关的扫描周期内,产生了 N 个光通道,分别为 C_1、C_2、C_3、$\cdots$、C_N。令第 i 个 FBG 所占据的通道为 C_{FBG_i},在光开关的作用下,有

$$C_{\text{FBG}_i} = C_i, \quad i = 1, 2, 3, \cdots, N \tag{2-11}$$

由式(2-11)可知,FBG 的 C_{FBG_i} 是唯一的,每个 FBG 对应一个 C_{FBG_i},因此通过

C_{FBG_i} 可实现 SDM 方案。光源的带宽利用率为

$$\eta_B = \Delta\lambda/B \tag{2-12}$$

其中，η_B 为光源带宽利用率；B 为宽带光源发出带宽；$\Delta\lambda$ 为波长变化量。

由式(2-12)可知，光源带宽利用率 η_B 仅与 FBG 反射波长变化范围和光源带宽有关。一般地，反射波长变化范围为 1nm，宽带光源带宽为 40nm，光源宽带利用率只有 1/40 左右。功率利用率为

$$\eta_P = \max\{P_{fi}\}/P \tag{2-13}$$

其中，η_P 为功率利用率；P_{fi} 为 FBG_i 的反射功率。

由式(2-13)可知，光源功率利用率 η_P 仅与光源功率和 FBG 最大反射功率有关，而光源功率一般远大于 FBG 反射功率，因此 SDM 方案的光源功率利用率也很低。

2）复用容量

由式(2-11)~式(2-13)可知，SDM 的复用容量不受光源带宽 B 和光源功率 P 的限制，在不考虑系统实时性的前提下，可以复用的传感器非常可观。但是随着通道数量 N 的增大，光开关扫描周期会变长，整个系统的采样速率也随之下降。因此，在保持传感监测实时性（保持一定采样速率）的前提下，SDM 可复用的传感器数量非常有限，一般不超过 32 个。

因此，空分复用网络的复用能力、分辨率和工作速率与采用的探测技术有很大的关系。Rao 等[85]提出的空分复用温度压力传感系统，能够实现对 32 个相同布拉格波长传感器的解调。这一方案成为空分复用的原型结构，它拥有空分复用方案并联拓扑结构的优点，由于采用此并行拓扑，各传感器相互独立工作，互不影响，因此串音效应很小，信噪比较高。同时，复用能力不受系统频带资源的限制，若采用合适的波长探测方案，如 CCD 并行探测技术，则网络规模可以很大，且采样速率高于串联拓扑网络。但此系统也存在空分复用普遍的缺点，如光源功率和带宽利用率不高、实时性较差。

4. 光码分复用 FBG 传感网

光码分复用（OCDMA）技术在原理上与电码分复用技术相似[86]。OCDMA 系统给每个用户分配一个唯一的光正交码的码字作为该用户的地址码。在发送端，对要发送的数据地址码进行正交编码，然后进行信道复用。在接收端，用与发送端相同的地址码进行光正交解码。OCDMA 系统通过光编码和光解码实现光信道的复用、解复用及信号交换，在光纤传感网络中具有极大的应用前景。它的技术优势在于提高了网络的容量和信噪比，改善了系统的性能，并且增强了网络的灵活性，同时降低了系统对同步的要求。OCDMA 系统的典型原理如图 2-9 所示。

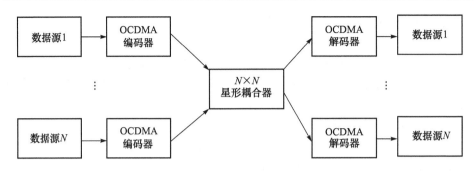

图 2-9　OCDMA 系统原理图

下面重点介绍光码分复用的编/解码技术(光码分复用关键技术及可调谐光脉冲生成技术)研究。

1) 匹配 FBG 可调滤波检测法

匹配 FBG 可调滤波检测[87]是指对于传感阵列中的每一个光栅,在接收端都有一个特性完全一致的光栅组成"传感-接收"匹配光栅对(即相同应变和温度下两者的布拉格波长相同),从接收光栅就可了解传感光栅的情况,完成对不同位置的光栅的编码。采用了这种方案的一种时分复用传感系统如图 2-10 所示,其中宽带光源调制为脉冲信号,G_{iS} 和 G_{iR}($i=1,2,3,4$)都是匹配光栅对。

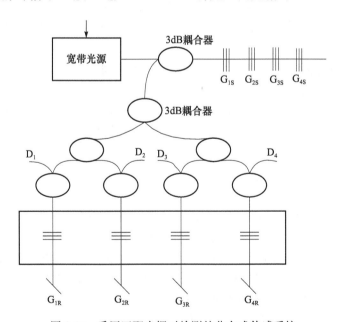

图 2-10　采用匹配光栅对检测的分布式传感系统

宽带脉冲信号耦合进传感阵列,各个光栅反射信号又经过各个耦合器送到接收光栅。接收光栅都平行固定在同一压电体上,当压电体受线性或正弦扫描电压驱动时,接收光栅都发生周期应变,若其幅度足够大就能保证每个周期中各光栅对匹配一次。如果某个接收光栅与相应传感光栅匹配,则会发生强烈反射,从而相应探测器接收到较强的光信号。事先测定每个接收光栅的布拉格波长与电压关系就可确定相应传感光栅布拉格波长的偏移。

这种检测方法避开了现场使用体积较大、价格昂贵的光谱分析仪,简单灵巧,分辨率较高,可快速确定多点应变情况,尤其适用于现场快速动态监测。但是此方法的不足在于到达接收端的光信号传输中分路太多时,会使系统的信噪比下降,而且每对光栅都需要自己的探测器,增加了系统的复杂度。也有人提出把接收光栅按顺序制作在同一根光纤上,这样只需要一个探测器,同时改进传统的反射式结构,而采用透射式结构,这样可以减小光功率损耗,提高系统的测量分辨率。

2) 可调光纤 F-P 滤波器检测法

图 2-11 为接收端使用可调光纤 F-P 滤波器(fiber Fabry-Perot filter,FFPF)检测的分布式传感器的方案[88]。宽带光源发出的光经过耦合器入射到传感光栅阵列后,被各光栅反射,又经耦合器送到 FFPF。可调 FFPF 工作在扫描状态,锯齿波扫描电压加在其中的压电元件上调节腔间隔,使其窄通带在一定范围内扫描,当它扫过某个布拉格波长时,则使相应传感光栅反射的光信号通过,经过光探测器后用一般的光谱仪就可观察分析。但是这样做分辨率不高,原因在于 FFPF 通带与 FBG 卷积作用时观察峰谱线展宽,影响了可探测的最小可分辨的布拉格波长偏移。为此,可以给 FFPF 同时再加上一个抖动电压,使探测器输出到混合器和低通滤波器装置,它们以抖动频率探测输出分量,可得到与光谱分量对应的响应,所得响应在每一个 FBG 的中心波长处都有零交点出现,这样就可以大大提高系统的分辨率。可调 FFPF 法成本中等,精度较高,最为适合在实用系统中采用,但是其重复性不是很好。

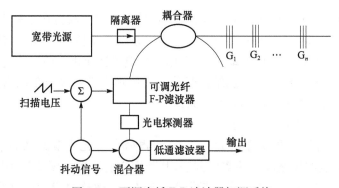

图 2-11 可调光纤 F-P 滤波器解调系统

余有龙等[89]提出用FFPF对传感光栅阵列进行波长扫描时,借助示波器和探测器对滤波光束的时序分布进行观察,从而对四个FBG组成的波长复用传感器阵列成功地进行了查询和解调。该方法可以避免文献[90]中系统因压电陶瓷磁滞而引起的系统误差。

3) 非平衡马赫-曾德尔干涉仪检测法

用非平衡马赫-曾德尔干涉仪来检测[91]的一种时分复用分布式传感系统如图2-12所示,宽带光源发出的光被调制成脉冲信号,经过耦合器入射到光栅阵列上,被反射后送到马赫-曾德尔干涉仪,通过非平衡马赫-曾德尔干涉仪把布拉格波长偏移转化为相位变化。非平衡马赫-曾德尔干涉仪的两臂有光程差(OPD=nd),当输入光波长发生变化 $\Delta\lambda$ 时,其输出相位变化为 $\Delta\phi(\lambda)=2\pi nd\Delta\lambda/\lambda$。为保证各传感光栅反射信号在输出端时域上可分离,光源脉冲宽度必须等于或小于光在任意两个光栅之间的来回时间,因此用时间门控制马赫-曾德尔的输出就可按顺序检测每一个光栅。包含在马赫-曾德尔输出的相位调制信号中的信息可用多种办法提取,图2-12为伪外差振荡技术。马赫-曾德尔干涉仪的一臂绕在压电圆筒上,在压电圆筒上加一个锯齿波电压,则它产生线性变化的相移,通过带通滤波器后信号输出形式为 $S(\lambda_j)=A\cos[\omega_0 t+\psi_j(\lambda_j)]$,其中 λ_j 是第 j 个光栅的布拉格波长。

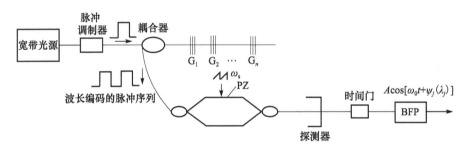

图 2-12　非平衡马赫-曾德尔干涉仪解调系统

马赫-曾德尔干涉检测的精度极高,Weis 等用此方案获得在频率大于 10Hz 的动态情形下应变分辨率为 $2\mu\varepsilon/Hz$。但是由于非平衡马赫-曾德尔干涉仪受环境干扰较大,这种方法仅适于检测动态应变(因为环境干扰变化缓慢),不适合检测静态应变。另外,这种检测方法只能结合时分复用技术来检测多个布拉格光栅的波长偏移,不适合采用波分复用的分布式系统。

4) 可调谐窄带光源检测法

Ball 等提出了一种采用经过定标的可调窄带激光光源来查询传感光栅阵列[92],从而确定布拉格波长的实用方法,其所用实验装置如图2-13所示。光源选用线宽很窄的 DBR 光纤激光器,其泵浦由激光二极管通过 WDM 耦合器提供,为避免受回波影响,在其输出端用了一个隔离器。DBR 光纤激光器固定在压电体上,当压电体受锯齿波或正弦波电压驱动时,激光波长在一定范围内扫描,当波长恰好为布拉格某个波长时,照射到传感光栅阵列上的光就会被相应光栅强烈反射。反射信号经过 3dB 耦合器后送到探测器,接上数字示波器就可画出布拉格光栅反射率与波长的函数关系曲线。为提高测量精度,可把反射信号与入射激光功率比较进行归一化,所用的激光功率通过一个图中未画出的 3dB 耦合器来测量。除了通过这种扫描方式测量光栅反射谱,也可通过加入简单的反馈回路以及在 PZT 上再加抖动电压,使激光波长精确锁定在某个光栅的峰值反射率的波长上,跟踪任何一个光栅的布拉格波长。

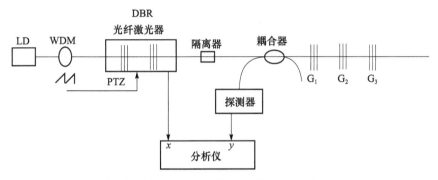

图 2-13　可调窄带激光光源解调系统

这种窄带激光光源/宽带检测的方案可以获得很高的信噪比,而且系统的分辨率也较高,实验所得最小波长分辨率约为 2.3pm,对应温度分辨率约为 0.2℃。同时,由于可事先对光源进行定标,避免了现场使用庞大昂贵的光谱仪,使得现场检测简单方便。只是由于目前 DBR 光纤激光器的稳定性及可调谐范围尚不够理想,在一定程度上限制了传感光栅的个数和使用范围。

5) 有源检测法

采用宽带光源的无源检测系统,布拉格波长的光仅占整个光谱的极小一部分,故其信噪比较低。改善系统信噪比的另一有效途径是采用有源检测[93],即把传感光栅作为光纤激光器的一个反射端,构成激光传感器,由于激光光信号强度高,系统的信噪比可大大提高。这类分布式传感器实际上是由光栅阵列充当反射端而构成复合腔,通过腔内使用可调滤波器或模式锁定的方法选择对应于各个光栅布拉格波长的激光波长。下面介绍两类典型的分布式激光传感器。

图 2-14 是一种腔内使用可调 F-P 滤波器来选择激射波长的激光传感器。腔内增益介质选用掺铒光纤,其所在的那段构成环形反射器,由于包含了两个隔离器,所以光只能单向行进。激光腔的另一端反射器由传感阵列中的任何一个光栅构成,这些光栅的布拉格波长各不相同,而且都处于掺铒光纤的增益带宽内

(1525～1565nm)。调节 F-P 滤波器,当其通带校准在某个布拉格波长上时,激光器就选择这个波长激射,所以通过选择激光波长,就可跟踪监测任何一个光栅的布拉格波长及其变化。激光由耦合器一端输出,用光谱仪就可观察分析,但这样做系统分辨率受限于光谱仪的波长分辨率,对于应变其分辨率约为 $\pm 25\mu\varepsilon$。

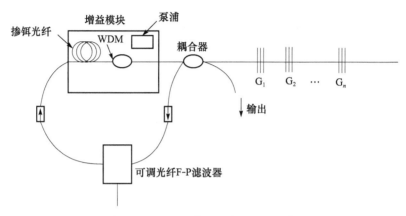

图 2-14　腔内置可调 F-P 滤波器的分布式激光传感器解调系统

图 2-15 为采用模式锁定的分布式激光传感器的方案,图中只画出了两个传感光栅的情况。腔内增益介质采用掺铒光纤或其他有源光纤,其泵浦光通过耦合器输入,MLM 为锁模调制器,两端反射器由反射镜(同时充当输出镜)和两个传感光栅的任何一个构成。假定反射镜与 FBG₁ 的距离为 L_0,两个 FBG 距离为 ΔL,若要激光模式锁定在某个布拉格波长上,锁模调制器的驱动频率必须为 $f_1 = c/(2nL_0)$ 或 $f_2 = c/[2n(L_0 + \Delta L)]$。当锁模调制器的驱动频率为 f_1 时,输出激光波长为 FBG₁ 的布拉格波长,驱动频率为 f_2 输出激光波长为 FBG₂ 的布拉格波长。这样,选择不同的驱动频率就可监测任何一个传感光栅。值得注意的是,锁模工作方式必须满足一个条件,即光纤增益和光栅反射率在两个布拉格波长上应大致相等。

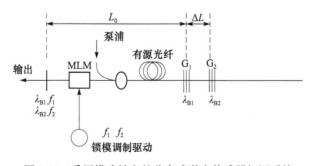

图 2-15　采用模式锁定的分布式激光传感器解调系统

只有这样,激射一种波长时才能抑制另一种波长。如果要推广到 n 个传感光栅的情形,还必须考虑系统内复合腔可能存在的谐波锁模,最基本的要求是必须满足 $f_n > f_1/2$,即第 n 个腔(由反射镜和第 n 个光栅构成)的模式间隔至少应大于第一个腔模式间隔的一半。

采用激光传感器,系统信噪比和分辨率都可很高,但是也必须注意所用光栅布拉格波长必须在增益带宽内,这在一定程度上限制了光栅的使用个数。另外,由于腔内一次只能存在一种激光波长,事实上此类方案并未实现波分复用。

2.1.3　光纤传感网组网时的其他技术

在光纤传感网进行组网时,除了使用拓扑结构和复用技术,有时还会用到其他相关技术,下面从解调系统的小型化和光纤激光器组网两方面进行介绍。

1. 光纤传感解调系统的小型化

针对光纤传感器解调系统通常使用较大的机箱或是利用专用计算机,小型化的光纤传感系统被提出,而且更便于光纤传感网的组网。其中,嵌入式光纤传感网就是典型的例子。开发基于数字信号处理器(DSP)的嵌入式 CAN 总线智能光纤传感器,并可以与测量不同物理量的光纤探头结合,组成一个测量多种物理量的 CAN 总线光纤传感网[94],如图 2-16 所示。

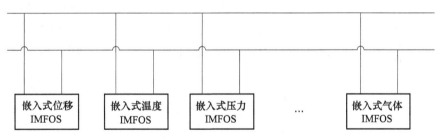

图 2-16　CAN 总线嵌入式智能光纤传感网

典型的嵌入式光纤传感器原理如图 2-17 所示。载波发生器产生的载波通过驱动器驱动光源发出交流调制光,经发射光纤照射到被测体上。当被测物理量变化时,其所对应的传感光纤感知信号变化并传输到探测器,探测器将光信号变换为微弱电信号,经过电路的放大、检相、滤波等处理后再通过除法器输出。两路解调信号的比值结果是传感器的输出信号。

该信号调理电路具有如下特点:采用载波调制解调放大系统,有效消除了直流漂移和环境杂散光的干扰;通过双路接收信号的参比,消除了光源光强波动的干扰。

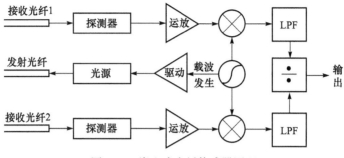

图 2-17　嵌入式光纤传感器原理

2. 光纤激光器在光纤传感网中的应用

一般的光纤传感网都是由无源器件构成的,而利用光纤环形内腔激光技术可以构成有源传感网。光纤环形内腔激光技术的主要特点是无需引入附加光源,通过腔内的掺杂光纤作为激光增益介质,区别于一般激光器的直线腔,该激光器的谐振腔为环形腔,而且整个激光腔都是由光纤构成的,更方便与光纤传感单元构成网络。下面介绍两种利用环形激光器的有源组网方法。

1) 基于光纤光栅的有源传感网[95]

图 2-18 中,受 1480nm 激光激发,掺铒光纤铒原子中的电子在不同能级间跃迁,释放波长在 1550nm 附近的光子,形成带宽约几十纳米的自发辐射。FBG 作为环形腔端镜时,辐射光经布拉格反射后借助耦合器,通过 F-P 滤波器和隔离器后经EDF 放大至 WDM 耦合器,形成闭合回路。这样,辐射光的每一次循环,其能量均

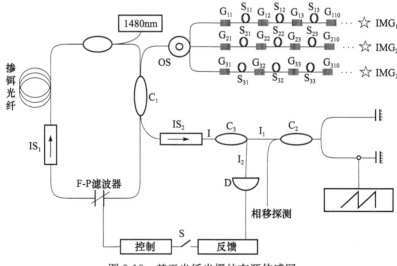

图 2-18　基于光纤光栅的有源传感网

得到加强。受压电陶瓷驱动,F-P 腔中内置的可旋转平行介质板的倾角发生变化,从而改变滤波器透过波长。波分复用光栅串作端镜,当滤波器透过波长与某一传感光栅的布拉格波长一致时,只要泵浦光强度超过阈值,对应腔中便建立相应的"环形振荡",以产生布拉格波长的激光输出。改变控制电压就可通过波长调节对传感光栅进行地址查询。用 1×N 光开关将信号在 N 个匹配光栅串间切换,则系统可查询光栅的数目将增至 N 倍,并成为空、波分复合复用传感系统。

应变通过对光栅常数的影响和弹光效应引起 FBG 反射波长 λ_{Bij} 发生漂移($\Delta\lambda_{Bij}$),对应的激光输出若用作非平衡扫描迈克耳孙干涉仪的光源,则波长漂移引起干涉仪输出的附加相移可表示为

$$\Delta\Phi_{ij} = -\frac{4\pi nL(1-P_e)}{\lambda_{Bij}}\varepsilon_{ij} \tag{2-14}$$

其中,ε_{ij} 为作用于第 i 行、第 j 列光栅上的待测应变,P_e 为光纤介质的有效弹光系数,L 为臂长差,n 为折射率。因此,通过观测相移值便可判断待测应变的大小,实现对传感信号的解调。

2)基于锁模光纤激光器的有源复用技术[96]

利用锁模光纤激光器对腔长敏感的特性,这里提出一种用于光纤环形内腔激光气体网络系统复用的方法。

图 2-19 给出了一个利用锁模光纤激光器进行多点光纤内腔激光气体传感测量的实验原理图。其中,实验中用两个传感器构成了两个腔。由于 LiNbO₃ 强度调制器是一个偏振相关的器件,所以在每个传感器前面加上了光纤偏振控制器,使得信号偏振态与调制器相匹配。

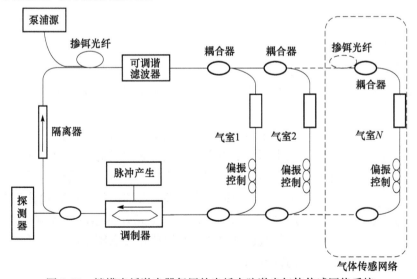

图 2-19　锁模光纤激光器复用的光纤内腔激光气体传感网络系统

脉冲发生器产生频率为 f_i 的较窄的方波脉冲：

$$f_i = N_i \frac{c}{nL_i} \qquad (2\text{-}15)$$

其中，L_i 为某个传感器所在通道的腔长；c/n 为光在光纤中的传播速度；N_i 为调制纵模的谐波数，一般用基频，即 $N_i = 1$。当某个频率与对应腔长互相匹配时，就会起振产生激光，而通过其他通道过来的光由于强度调制器的作用被衰减，输出信号中只有此通道的传感器信息。输出信号的大小与传感器中气体吸收有关。

2.2　光纤传感网的拓扑结构

拓扑是英文 topology 的音译，而拓扑学是数学中一个重要的、基础的分支学科，起初它是几何学的一个分支，研究几何图形在连续变形下保持不变的性质，后来发展为研究连续性现象的数学分支。目前，拓扑学的概念、理论和方法已经广泛地渗透到现代数学以及邻近学科的许多领域中，并且有了日益重要的应用，特别是在光纤传感网的应用过程中，有着更为突出的作用[97]。

光纤传感网的拓扑结构，则是借鉴了拓扑学中研究与大小、形状无关的点、线关系的方法，把光纤传感网中的传感元件抽象为一个点，把光纤抽象为一条线，由点和线组成的几何图形就是光纤传感网的拓扑结构。网络的拓扑结构反映出网中各实体的结构关系，是建设光纤传感网的第一步，是实现各种网络协议的基础，对光纤传感网的性能及可靠性有着重大的影响。根据光纤传感网的形式，其拓扑结构主要分为星形拓扑结构、环形拓扑结构、总线型拓扑结构、三角形拓扑结构、混合型拓扑结构[98]。

2.2.1　星形拓扑结构

星形拓扑结构是用一个节点作为中心节点，其他节点直接与中心节点相连构成的网络，如图 2-20 所示。中心节点一般为数据处理终端，常见的中心节点为集线器。

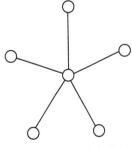

图 2-20　星形拓扑结构

星形拓扑结构的网络属于集中控制型光纤传感网，整个网络由中心节点执行集中式通行控制管理。每一个传感器的节点都将要发送的数据发送给中心节点，再由中心节点根据数据处理的反馈结果控制其他传感器。因此，中心节点相当复杂，是光纤传感网的控制中枢，而对其他边缘传感器的数据传输要求则不高。星形拓扑结构的特点如下。

优点：①控制简单。任何一边缘传感器只和中央节点相连接,因而中央节点对边缘节点的控制方法简单,致使访问协议也十分简单。易于传感网络监控、反馈和管理。②故障诊断和隔离容易。中央节点对连接光路可以逐一隔离进行故障检测和定位,单个连接点的故障只影响一个传感器设备,不会影响全网。③服务方便。中央节点可以方便地对各个边缘传感器提供服务和网络反馈控制。

缺点:①需要耗费大量的光缆,安装、维护的工作量也骤增。②中央节点负担重,形成"瓶颈",一旦发生故障,则全网受影响。③各站点的分布处理能力较低。

总体来说,星形拓扑结构相对简单,便于管理,建网容易。采用星形拓扑结构的局域网,一般使用双绞线或光纤作为传输介质,符合综合布线标准。

尽管星形拓扑结构的实施费用高于总线型拓扑结构,但是星形拓扑的优势却使其物超所值。每台设备通过各自的线缆连接到中心设备,因此某根光缆出现问题时只会影响到那根光缆对应的传感器,而网络的其他组件依然可正常运行。

下面列举一个星形拓扑结构的实例——无源星形拓扑结构光纤传感网。

图 2-21 是一般的无源星形拓扑结构示意图。为了使讨论结果与测量参量无关并且使之更具一般性,讨论时不考虑传感器的类型。图中,用 S_i 表示传感器的安放位置,每个传感器后接一个 FBG 作为该传感器的身份标识;采用 3dB 耦合器分配光功率。

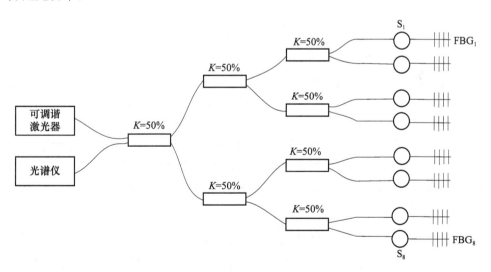

图 2-21　无源星形拓扑结构

对于传感器,需要考虑两种类型的损耗:附加损耗(SL_{EX})和传感器自身的损耗(SL_{MOD})。因此,当输入功率为 P_{IN} 时,网络中所有传感器的输出功率是相等的,即[99]

$$P_{OUT} = \frac{P_{IN}SL_{EX}SL_{MOD}\gamma^2}{N^2} \tag{2-16}$$

所以输入功率 P_{IN} 随传感器数目 N 的变化关系是

$$P_{IN} = \frac{P_{OUT}N^2}{SL_{EX}SL_{MOD}\gamma^2} \tag{2-17}$$

其中,γ 是附加损耗。接收机的灵敏度为 P_{MDP},令 $P_{OUT} = P_{MDP}$。这些参数的典型值如下:$P_{MDP} = -50dBm$,$SL_{EX} = 1dB$,$SL_{MOD} = 10dB$,$\gamma = 0.9$。

图 2-22 是根据这些值得到的所需光源的光功率随传感器数目的变化曲线。当光源功率 $P_{IN} = -10dBm$ 时,无源星形拓扑结构最多可复用 15 个传感器。

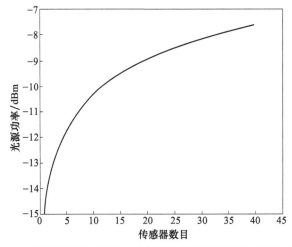

图 2-22　无源星形拓扑结构中光源功率随传感器数目的变化曲线

由此可以看出,一个无源的星形网络一般只能复用数十个传感器。因此,增加传感器数目的同时保持每个传感器有好的信号光功率成为一个复杂的任务,可用光放大器在传感网中作损耗补偿设备。从理论上讲,在分布式拓扑结构中使用光放大器可以将传感器的数目增大至几百个,同时还能使所有传感器保持很好的信噪比。

假设在光源后增加一个增益为 G 的前置放大器,则在前面的等式中,P_{IN} 应被 $P_{IN}G$ 替代。为了复用 N 个传感器,对于给定的 P_{MDP},所需要的增益值 G 可表示为[99]

$$G = \left(\frac{N}{\gamma}\right)^2 \frac{P_{MDP}}{P_{IN}SL_{EX}SL_{MOD}} \tag{2-18}$$

图 2-23 是仿真得到的最大可复用传感器数目随放大器增益 G 的变化曲线。由图可以看出,使用放大器极大地增加了可复用的传感器数目。

2.2.2　环形拓扑结构

环形拓扑结构由网络中若干节点通过点到点的链路首尾相连形成一个闭合的环,如图 2-24 所示。这种结构使光纤传感网中的光缆组成环形连接,信息在环路

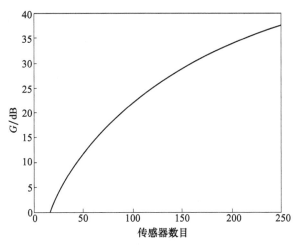

图 2-23　含有前置放大器的无源星形拓扑结构可复用的最大传感器数目

中沿着一个方向在各个节点间传输,信息从一个节点传
到另一个节点。

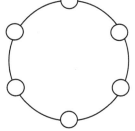

　　实际上,大多数情况下这种拓扑结构的网络不会真
的将所有传感器连接成物理上的环形,因为在实际组网
过程中由于地理位置的限制难以将环路两端进行物理
连接。

　　环形拓扑结构的特点:

　　(1) 实现非常简单,投资最小。从其网络结构示意图

图 2-24　环形拓扑结构

中可以看出,组成这个网络除了各工作站就是传输介质(光缆),以及一些连接器
材,没有价格昂贵的节点集中设备。但也正因为如此,这种网络所能实现的功能最
为简单。

　　(2) 维护困难。从其网络结构可以看到,整个网络各节点间是直接串联的,任
何一个节点出现故障都会造成整个网络的中断、瘫痪,维护起来非常不便。

　　(3) 扩展性能差。也是因为其环形结构,决定了它的扩展性能远不如星形拓
扑结构好,如果要添加或移动节点,就必须中断整个网络,在环的两端做好连接器
才能连接。

　　下面列举一个环形拓扑结构的实例——具有嵌入式环形拓扑结构的光纤传感
器网。

　　1) 嵌入式环形传感网的结构[100]

　　如果不同传感器在其各自的空间范围内只存在唯一的白光干涉信号,那么这
种基于干涉信号在光程扫描空间内分立而复用的技术称为空分复用技术[85]。基
于空分复用技术,可以构造载有分布式传感器的嵌入式环形结构,形成光纤传感

网,如图 2-25 所示。图中,a、b、c、d 为四个 2×2 的 3dB 单模光纤耦合器(其插入损耗分别为 α_a、α_b、α_c、α_d),e、f、g、h、i 表示多个由长度为 L_k 的光纤传感器首尾连接组成的串行传感器阵列,各阵列与耦合器 b、c、d 相连,组成嵌入式环形拓扑传感网络,即传感干涉仪。由光源发出的宽谱光,经过光隔离器和耦合器 b 射入环形传感网,并被 e、f、g、h、i 阵列中各个光纤传感器的前后端面所反射,形成一系列反射光信号。信号光再次经过耦合器 b 后进入参考干涉仪解调,当任意两个反射光信号光程差与参考干涉仪两臂所产生的光程差达到匹配时,白光干涉条纹出现主极大值。所以,当参考干涉仪的扫描镜进行光程扫描时,在空间域将得到一系列彼此分立的白光干涉峰值,它们与光纤传感器的长度一一对应。通过对传感器各自峰值的识别与位移跟踪,即可对物理量(如温度、应变等)进行测量与传感。

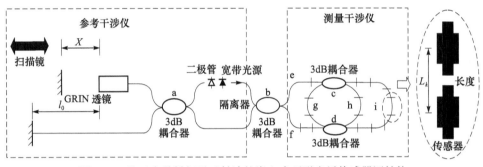

图 2-25　基于光学低相干反射计的嵌入式环形光纤传感器网结构

与连接单一传感器不同,光信号在环形网络中可以沿顺时针和逆时针两个方向传播,相应的传感器端面也就存在前、后两个方向的反射信号,如图 2-26 所示。假设 e、f、g、h、i 中的串行阵列连接传感器数量分别为 m、n、o、p、q 个,不失一般性,

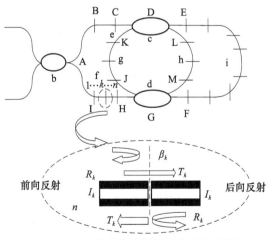

图 2-26　网络中传感器信号分析示意图

对于阵列 f 中首尾串接的多个光纤传感器,长度分别为 L_1、L_2、$\cdots$、L_n,并存在 $n+1$ 个反射端面;对于阵列中第 k 个反射端面,反射率为 R_k、透射率为 T_k、插入损耗为 β_k;耦合器和传感器阵列首尾位置分别用端点字母 A、B、C、D、E、F、G、H、I 表示。

虽然嵌入式环形网络中的反射端面众多,反射信号纷繁复杂,但按照传感器安放位置和信号光路径区分,存在一定的对称性。分析可知,只要对 e(或 f)阵列的前向反射信号、e(或 f,或 g)阵列的后向反射信号、h(或 i)的前向(或后向)反射信号三种情况进行区分即可。采用光程追踪方法,并结合对称性条件,可得 e~i 各阵列中任意光纤传感器 k 的交流振幅极大值。

2) 嵌入式环形传感网的性能分析

首先,环形网络采用双端口问询,增加了入射光功率,特别是对于串联式复用结构阵列末端的传感器效果尤其明显,使传感器信号输出的幅度得以增加,其具体幅值大小与布设位置有关。

其次,环形拓扑结构的光纤传感网与其他形式的网络相比,在相同输入光功率的前提下,双端口问询的方式相当于将两个串联阵列进行串行连接,增大了传感器信号输出,增加了传感器的连接个数,使连接的传感器的数目增加 1 倍以上,具有更强的带载能力,从而增强了解调系统的多路复用能力。

再次,嵌入式环形传感网中传感器的布设位置和数量对网络的信号输出特性均产生影响,通过定义不同的信号识别条件,可以优化网络的带载特性。

最后,嵌入式环形传感网与单环结构相比,信号光具有多个通路,可以改善传感器或者连接线缆的局部损坏对传感网的影响,当阵列中个别传感器出现失效时,环形结构断裂为两个串联式复用阵列。由于采用了双端口问询技术,减轻或者避免了传感阵列系统整体失效的问题,提高了传感器阵列的抗毁坏能力,更适用于智能结构和无损检测中对多点分布式光纤传感系统的高带载能力、高可靠性的需求。

2.2.3 总线型拓扑结构

总线型拓扑结构是指各工作站和服务器均挂在一条总线上,所有设备都直接与总线相连,如图 2-27 所示。它一般采用光缆作为总线型传输介质,各工作站地位平等,无中心节点控制,公用总线上的信息串行传递,其传递方向总是从发送信息的节点开始向两端扩散,如同广播电台发射的信息一样。各节点在接收信息时都进行地址检查,看是否与自己的工作站地址相符,若相符则接收网上的信息。

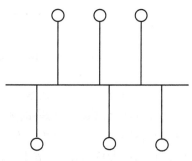

图 2-27 总线型拓扑结构示意图

总线型拓扑结构的特点：

（1）组网费用低。从图 2-27 中可以看出，这样的结构根本不需要另外的连接设备，是直接通过一条总线进行连接，所以组网费用较低。

（2）这种网络因为各节点共用总线带宽，所以信息在传输速度上会随着接入网络的传感器的增多而下降。

（3）网络扩展较灵活。需要扩展用户时只需要添加一个接线器即可，但所能连接的传感器数量有限。

（4）维护较容易。单个节点失效不影响整个传感网络的正常工作。但是如果总线一断，则整个网络或者相应主干网段就中断。

（5）一次仅能一个端传感器发送数据，其他端传感器必须等到获得发送权才能发送数据。

对于站点不多或各个站点相距不是很远、对实时性要求不高的网络，采用总线型拓扑还是比较适合的。

下面列举总线型拓扑结构的实例——采用波分复用的总线型系统。

1）总线型拓扑结构[101]

传统的总线型拓扑结构是运用最广泛的复用拓扑结构之一，主要是因为它布线简单，成本低。

图 2-28 是一种总线型拓扑结构示意图。用可调谐激光器作为光源，光谱仪作为接收机。$S_1 \sim S_4$ 是传感器放置的位置，每个传感器后分别置一个不同的 FBG 作为传感器的身份标识。可调谐激光器发出的光进入总线经过耦合器分配到各传感器及光纤光栅，传感器及光栅反馈的信号再通过耦合器进入光谱仪进行分析。

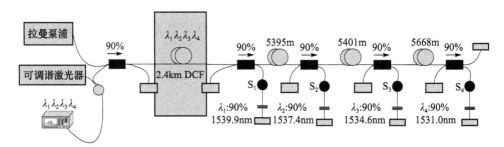

图 2-28　采用波分复用及分布式拉曼放大的总线型拓扑结构

这种简单的结构存在很多缺点，例如，由于光功率随着总线的传输而逐渐减弱，所以每个传感器上功率的大小是有差异的，这就限制了在一定的信噪比下可复用的传感器数目。一种解决方法是使用光学放大器，如掺铒光纤放大器（EDFA），但是它们一般价格昂贵，成本太高。另外，这种结构的可靠性差、难以扩展。

2）双总线型拓扑结构[102]

传统的总线型光纤传感网络多采用波分复用技术,系统规模增大时,测量精度明显下降,且光源与传感器串联在同一根光纤上,信噪比低、可靠性差、难以扩展,限制了光纤传感器的复用能力。如图 2-29 所示,双总线型采用梯形结构,光源与传感器并联在两根彼此独立的光纤之间,其中与光源连接的总线将可调谐激光器光源发出的光通过耦合器分配到各传感器;而与光谱仪连接的总线的作用是将各传感器及布拉格光栅反射的信号合成一束后送入光谱仪进行分析。

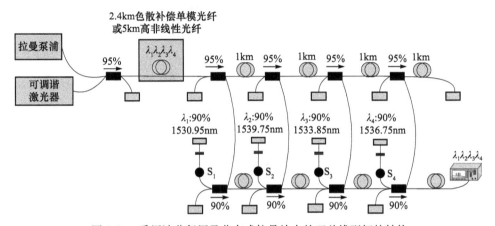

图 2-29　采用波分复用及分布式拉曼放大的双总线型拓扑结构

为了实现传感器之间的功率均衡,采用拉曼放大,同时也引入了放大的自发辐射(ASE)噪声,双总线型结构将发射信号与反射信号分开,降低了进入光谱仪的ASE 噪声,从而提高了系统的信噪比。另外,它还可以通过 EDFA 等放大器实现级联,如图 2-30 所示,这种新型结构不仅更大程度地提高了传感器的复用能力,而且减少了系统所需波长的数目(四种波长实现了八个传感器的复用),从而减小了光源的复杂性。

2.2.4　三角形拓扑结构[21]

三角形拓扑结构就是在三个节点之间的任何一个都可以直接传递信息给另外两个节点,这种结构在实际应用过程中又出现了多种改进的扩展和嵌套的形式。三角形传感网结构简单,扩展性高,自愈性强,自相似性结构简化了光信号的问询解调过程,其基本结构如图 2-31 所示。

三角形拓扑结构的特点:

(1) 低成本。在光纤上复用数量巨大的传感器,就实现了昂贵终端设备的共享,如光源、探测器或滤波器,也减小了光缆尺寸和重量,有效降低了传感器成本。

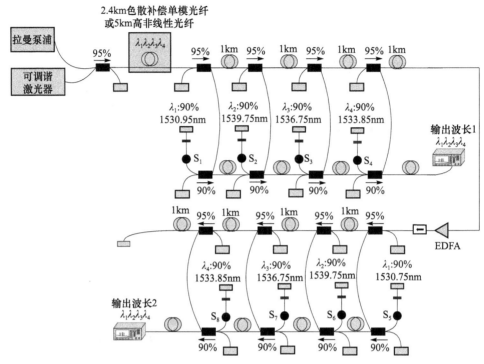

图 2-30　利用 EDFA 实现级联的示意图

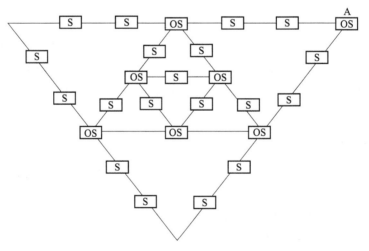

图 2-31　扩展度为 3 的三角形拓扑结构

OS 指光开关,S 指传感器,标记为 A 的 OS 是主开关

（2）完整性。在许多传感器应用领域中，被测对象呈一定范围的场分布，如温度场、应力场、浓度场、速度场等，因此单一节点的分立式传感器在性价比上不占优势，如果将呈一定空间分布的传感器耦合到一根或多根光纤上，组成三角形拓扑结构，通过波长检测技术和编码寻址获得被测参量大小和空间分布，从而较完整地描述整个被测场的分布特征，构成准分布式传感网络。

（3）自愈性。三角形拓扑结构网络分布式自治模型，能最大范围地感知对象及其信息，实时调整传感器网络组成，实现资源的动态配置以及基于快速预警和冗余资源的网络自愈合与自保护机制。

下面列举一个三角形拓扑结构实例。

（1）中心三角形的设计。等边三角形的每条边都至少串联 1 个传感器，在最外层三角形中的顶点处连接一个 2×2 的光开关，称为主开关，用于传递光源、传感器和解调系统间的光信号，并实现自愈性，定义其扩展度为 1。

（2）三角形结构第 1 次扩展。作中心三角形的外接三角形，构成内外两层，内层三角形的每个顶点上各连接一个 2×2 的光开关，称为从开关，用于实现自愈，定义其扩展度为 2。

（3）三角形结构第 $i-1$ 次扩展。按（2）的方法，逐次扩展。

三角形结构的第 $i-1$ 次扩展可得到内外共 i 层，第 i 层三角形每条边上各有 2^{i-1} 个传感器，整个三角形光纤传感网共有 $\sum\limits_{s=1}^{i} 2^{s-1}$ 个传感器；内层三角形中，每层三角形的每个顶点处都有 1 个从开关，共有 $3(i-1)$ 个从开关；在最外层三角形的某个顶点处有一个主开关，定义其扩展度为 i。

在实际研究中，采用 FBG 作为光纤传感器，光开关人为控制验证扩展度 $i=2$ 的自愈性。实验结构如图 2-32 所示。

外接大三角形的一个顶点上有一个 2×2 的光开关 SW_1，是三角形网络的主开关。中心三角形的每个顶点上各连接一个 2×2 的光开关（$SW_2 \sim SW_4$），是从开关。$FBG_1 \sim FBG_9$ 是中心波长不同的 FBG 传感器。光源从主开关 SW_1 进入三角形网络，受应力或温度调制后，携带传感信息的光经 FBG 反射并再次通过主开关进入系统解调。

图 2-33 是网络中有一个故障点时自愈性的示意图，其中图 2-33（a）为网络中无故障时所有开关的状态及信号传输路径示意图，图 2-33（b）为网络中出现故障点后二次采集时所有开关的状态及信号传输路径示意图。初始情况下，主开关 SW_1、从开关 SW_2 和 SW_3 都是平行态，SW_4 为交叉态。此时，光源出射光经 SW_1 进入网络，依次经过 SW_1、FBG_7、SW_3、FBG_4、FBG_5、SW_2、FBG_6、FBG_8、SW_4、FBG_3、SW_3、FBG_1、SW_2、FBG_2、SW_4、FBG_9，被温度或应力场调制后的光信号被 FBG 反射，再经 SW_1 进入解调系统，此时能采集到 9 个 FBG 反射谱。当 FBG_1 与 SW_2 间出现故

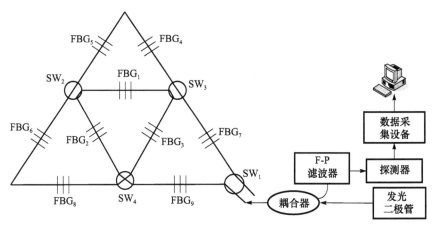

图 2-32　三角形光纤传感网实验结构

障时,按前述路径光信号只能到达 FBG$_1$ 处,FBG$_2$ 和 FBG$_9$ 无法传感,解调系统只能采集到 7 个反射谱,据此可判断出需要切换 SW$_1$ 状态再采集一次。此时光信号由 SW$_1$ 经过 FBG$_9$、SW$_4$、FBG$_2$、SW$_2$,解调系统能采集到 FBG$_9$ 和 FBG$_2$ 的反射谱,如图 2-34 所示。综合两次采集结果得到所有传感信号。

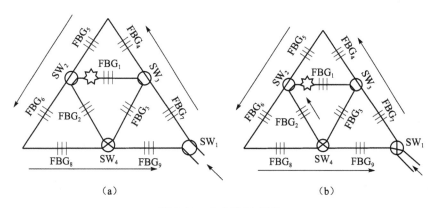

（a）　　　　　　　　　　　　　　（b）

图 2-33　自愈性示意图

采用 SLD 和 ASE 光源分别进行了实验,采集光谱如图 2-34 所示,其中图 2-34（a）和（c）为 SW$_1$ 平行态光谱,图 2-34（b）和（d）为 SW$_1$ 交叉态光谱,图 2-34（e）~（h）分别为修正光源谱形后的结果,谱型抖动的消除也验证了修正方法的有效性。该三角形拓扑结构自愈性高,存活能力强,适于环境恶劣的实际应用场合。光源谱型修正后,不同 FBG 反射谱幅值相差较大,其主要影响因素是光开关引入的衰减及级联时靠后光栅反射能量小。

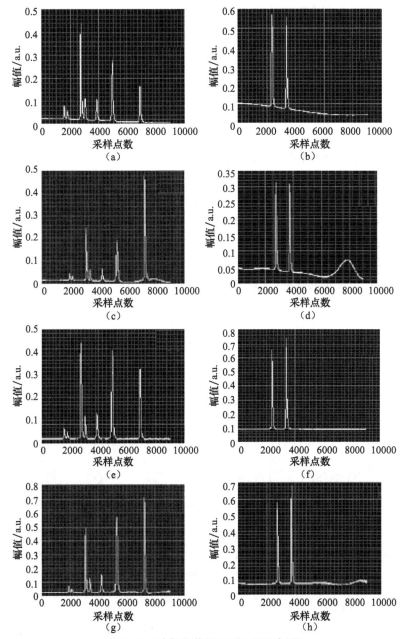

图 2-34　采集光谱(SLD 和 ASE 光源)

2.2.5　混合型拓扑结构

混合型拓扑结构,顾名思义就是两种或两种以上的拓扑结构同时使用,共同构成各种光纤传感网。这种网络能够同时兼顾每种拓扑结构的优点,因而在实际应用中越来越广泛。混合型拓扑结构具有如下特点。

优点：①应用广泛。主要是因为它解决了单一类型拓扑结构的不足，满足了大型光纤传感组网的实际需求。②扩展灵活。主要是因为它继承了星形拓扑结构的优点。③速度较快。

缺点：①具有总线型拓扑结构的网络速率会随着用户的增多而下降的弱点。②较难维护。整个网络结合了多种形式的拓扑结构，使得整体结构非常复杂，因而不易维护。

下面列举混合型拓扑结构的实例。

1）混合星形-环形拓扑结构[103]

一般的网络拓扑结构，如星形、环形、树形等，不能够起到保护传感网的作用。如何提高网络的可靠性以及网络在环境事故中的存活能力成为光纤传感网在实际应用中的关键问题。

图 2-35 所示的结构将星形与环形拓扑结构混合，巧妙地用环形子网克服了星形拓扑结构可靠性差的缺点，实现了自愈功能。

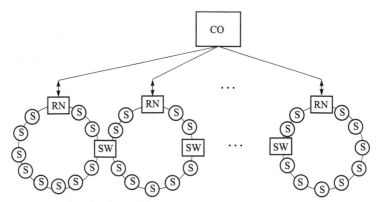

图 2-35　混合星形-环形拓扑结构的示意图

该结构的上层结构是一个星形结构，下层结构是由一系列如锁链般连接的环形结构组成的。环形子网之间通过一个 2×2 光开关（SW）连接，S 是传感器，CO 是中央处理器，提供光源并分析从传感网反射回来的信号。节点 RN 的结构如图 2-36 所

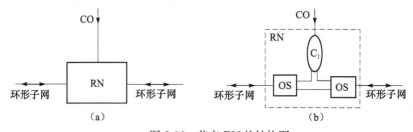

图 2-36　节点 RN 的结构图

示,每个 RN 包含两个 1×2 光开关(optical switch,OS)和一个 1×2 耦合器(C_1)。RN 的作用是在 CO 与环形子网之间传递信号,并在故障发生时实现自愈的功能。

当系统中出现一个或多个故障点时,SW 和 RN 中的光开关可以为所有的传感器选择不同的路径,使它们反射的光信号能顺利返回 CO 中。这样即使故障发生,也能保证每个传感器的信号都不丢失。图 2-37 所示的实验装置图说明当故障发生时该结构是如何实现自愈功能的。

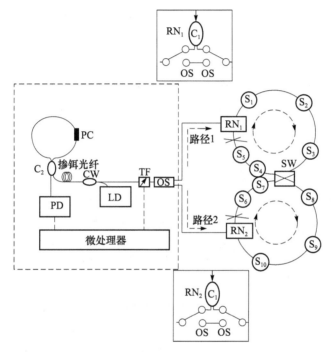

图 2-37　混合星形-环形拓扑结构的实验装置图

如图 2-37 所示,当系统中出现两个故障点时,控制 RN 中的开关及 SW 至图中的状态,此时传感器 S_1、S_2、S_3、S_6 和 S_7 的光信号通过路径 1 传输及反馈至 CO,而 S_4、S_5、S_8、S_9 和 S_{10} 的光信号在路径 2 中传输。这样就能够保证所有的传感器的信号都不丢失。

这种结构的缺点是其中有很多光开关,光开关的使用会引入额外损耗,从而大大降低系统的信噪比,因此必须采取一定的措施提高信噪比。

2) 混合星形-总线型-环形拓扑结构[71]

图 2-38 是混合星形-总线型-环形的扩展结构,在自愈性的基础上,通过增加总线型子网,提高了传感器的复用能力。因此,该结构更适合大规模、多点测量的智能结构。

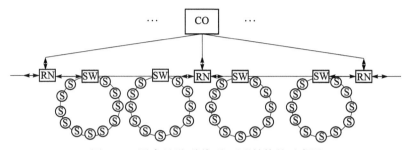

图 2-38　混合星形-总线型-环形结构的示意图

3）双环形拓扑结构[45]

图 2-39 为双环形拓扑结构。95:5 耦合器形成内环和外环的骨架,它们之间通过 1km 的普通单模光纤连接,形成环路。内环和外环通过 90:10 耦合器连接,从而可以区分是内环还是外环发生了故障。1×2 光开关实现光源信号在内外环之间的切换。

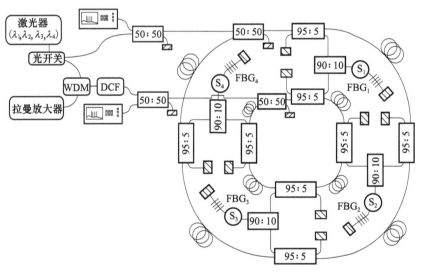

图 2-39　双环形传感网的实验装置图

当正常工作时,拉曼放大器不工作,外环分的信号功率高,正常工作;内环分的功率十分低,保持低功耗。当外环出现故障时,开关将信号光引入内环,同时拉曼放大器开始工作,内环的功率被放大,内环正常工作。这样设计既节省了能量,又能在线路故障时维持正常的传感功能。

2.2.6　可自愈光纤传感网拓扑结构

图 2-40 是光纤传感网拓扑结构的示意图,它由光源及接收机、选择节点

(branch node,BN)、两个传感子层Ⅰ和Ⅱ组成。每个 BN 都分别和两个传感子层相连,每个传感子层都是一个独立的环路结构,它可以是星形、总线型、环形或者更复杂的网络结构。

BN 的组成如图 2-41 所示,它是由一个 3dB 耦合器和两个 1×1 光开关构成的。3dB 耦合器将光源发出的光功率平均地分配给两个通道,1×1 光开关控制其所在光路的通断。BN 的作用就是选择光源到传感子层Ⅰ和Ⅱ之间的路径。

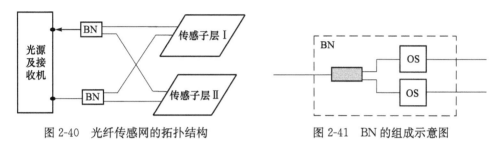

图 2-40　光纤传感网的拓扑结构　　　　　图 2-41　BN 的组成示意图

当整个传感网正常工作时,BN 中的开关状态如图 2-42 所示,此时两个传感子层相互独立工作,每个传感子层分别通过两个 BN 中的耦合器传输和反馈信号;当结构中发生故障时,如传输光纤断裂,此时控制 BN 中的开关切换到如图 2-43 所示的状态,两个传感子层的功率就由同一个 3dB 耦合器分配,这样传感网就能维持正常的传感功能,并且使它仍然保持三维的结构。

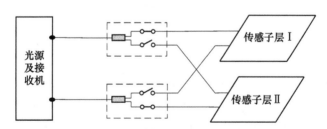

图 2-42　传感网正常工作时 BN 的连接方式

光纤光栅阵列是在一根光纤中连续写入多个光栅构成的,将光纤光栅阵列与光复用技术相结合,可实现多点、分布式的传感功能。本节将采用最简单的光纤布拉格光栅传感阵列作为传感子层,具体讨论所提出的光纤传感网的拓扑结构。

图 2-44 为采用波分复用技术的光纤光栅分布式传感阵列的传感网示意图。$FBG_1 \sim FBG_4$ 形成的传感阵列作为传感子层Ⅰ,$FBG_5 \sim FBG_8$ 形成的传感阵列作为传感子层Ⅱ。宽带光源发出的光通过耦合器分别入射到两个光纤光栅传感阵列,传感阵列所反馈的信号经过耦合器进入解调系统进行解调分析。系统正常工作时 BN 的状态如图 2-44 所示,此时两个传感阵列相对独立地工作。

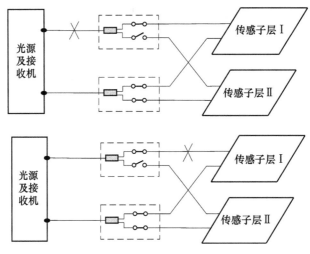

图 2-43   传感网出现故障时 BN 的连接方式

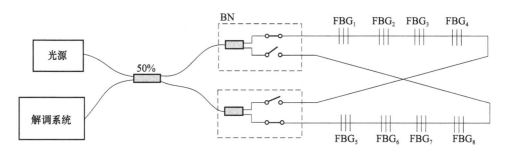

图 2-44   采用波分复用技术的光纤光栅分布式传感阵列的传感网

当该系统发生意外出现故障时,如光源至传感子层的连接断开,如图 2-45 所示,此时切换 BN 中开关的状态,BN 就为本来会丢失传感信号的 $FBG_1 \sim FBG_4$ 选择一条备用路径 1,通过路径 1 这些 FBG 就重新建立了与光源和解调系统之间的通路,系统恢复正常工作,实现传感功能。

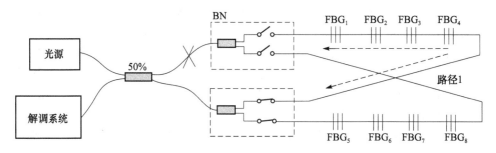

图 2-45   光源至传感子层故障时 BN 的连接方式及备用路径示意图

如果是传感阵列中出现了故障,如光栅与光栅之间的连接断开或是某个光栅出现故障,如图 2-46 所示,以 FBG_2 和 FBG_3 之间的连接断开为例,切换 BN 中开关的状态至图中所示,这样 FBG_1 和 FBG_2 的信号在路径 1 中传输,本来会丢失传感信号的 FBG_3 和 FBG_4 的信号通过路径 2 传输,没有出现故障的传感阵列即 $FBG_5 \sim FBG_8$ 中的信号沿着路径 3 传输,这样就能保证所有光纤光栅的传感信号都不丢失。

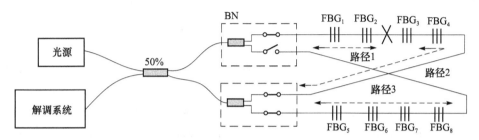

图 2-46　光栅传感阵列故障时 BN 的连接方式及备用路径示意图

通过以上分析可以得出,无论是光纤光栅传感阵列与光源和解调系统之间出现故障,还是传感阵列本身出现故障,这种结构都具有自愈性,能保证正常工作,然而这种自愈性也是付出了一定代价的。由于光纤光栅传感阵列包含大量传感光栅,所以必须保证能"寻址"每一个光栅,即根据独立变化的布拉格波长确认每一个光栅,才能确定诸多传感元件中哪个传感元件附近被测物理量发生了变化。为此要求各个光栅的布拉格波长 λ_i 及工作范围 $\Delta\lambda_i$ 互不重叠[104],图 2-47 是传感阵列中 n 个 FBG 中心波长工作范围示意图[105]。

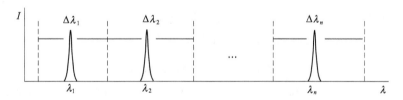

图 2-47　传感阵列中 n 个 FBG 中心波长工作范围示意图[105]

另外,采用波分复用技术的光纤光栅传感系统可靠性强,而且对于光信号的检测简单可行,但缺点是光源的带宽和光纤光栅的工作波长范围限制了其传感系统中传感点的数目。一般的宽带光源可允许的传感点数为几个到几十个之间。对于本节所提出的采用波分复用技术的光纤光栅分布式传感阵列的传感网,由于自愈性所需导致两个传感子层有交叉互联,这就要求系统中各个 FBG 的布拉格波长都不同,才能分辨出哪个光纤光栅附近被测物理量发生了变化。

以上原因极大地限制了该结构中光栅传感器的数目,使其不适合大规模的实际应用。要解决这个问题可以采用其他光纤光栅复用技术或者使用其他类型的光纤传感器、拓扑结构来增加传感器的复用能力。

前面简单介绍了几种光纤传感网的拓扑结构,它们都是在基本拓扑结构的基础上融入了自己的创新点,再不断地改进和发展,从而更加适应实际需求。几种结构都有各自的优缺点,要根据它们的特点选择其应用的范围。

总体来说,无源的总线型拓扑结构存在功率不均衡的问题,这就限制了该结构可以复用的传感器数目。在结构中使用光放大器可以解决这个问题,但是放大器会引入一些噪声,降低信噪比。尽管如此,总线型仍然是应用最广泛的复用结构之一,因为它结构简单、成本低,特别适合 WDM 的复用方式,适合小规模、较少点的测量。双总线型采用梯形结构,提高了系统的信噪比,使之适合较大规模、较高精度的测量。然而,这两种总线型结构都没有自愈性,可靠性差。直接单向传感阵列的出现解决了这一问题,但是也付出了成本高、结构复杂的代价。

两种混合型结构虽然都有自愈性、可靠性高等优点,但是由于结构中包含大量的开关,这就增加了额外损耗,从而导致信噪比较低。为了提高信噪比,可采用线形腔光纤激光器。混合星形-环形结构中,环形子网间的波分复用情况比较复杂,限制了复用能力。混合星形-总线型-环形结构增加了总线型子网,并用一个 TDM 信号控制 2×2 光开关,提高了多点传感的容量,因此它更适合大规模、多点测量的智能结构。

双环形结构可靠性较高,复用能力较强,但是这种结构需要使用两台光谱仪,由于光谱仪价格昂贵,降低了这种结构的实用性。在不增加结构复杂性的情况下,普通星形结构中每个传感器功率均衡,所以它比一般的总线型结构有更好的信噪比。星形结构想要增加信道的数目就要引入更多的耦合器,增加了损耗,导致其扩展性差,所以星形结构比较适合小范围内的传感测量。

通过表 2-1,可以更直观地比较这几种拓扑结构。

表 2-1　几种拓扑结构的比较

结构类型	优点	缺点	自愈性	应用范围
总线型	结构简单、成本低、信噪比低	可靠性差、难扩展	无	小规模、较少点测量
双总线型	信噪比高、可扩展	可靠性差	无	较大规模、较高精度
直接单向传感阵列	可靠性高	结构复杂、成本高	有	大范围、多点测量
星形-环形	可靠性高	信噪比低、难扩展	有	小范围、较多点测量
星形-总线型-环形	可靠性高、易扩展	结构复杂、信噪比低	有	大规模、多点测量
双环形	可靠性较高、可扩展	成本高	有	小范围测量
星形	功率均衡、信噪比较高	可靠性差、难扩展	无	小规模、较少点测量

2.3　光纤传感网的网络体系结构

光纤传感网是由大量的密集部署在监控区域的智能传感节点构成的一种网络应用系统。传感网络节点通常散布于待监测地域,各节点具备数据收集和将数据路由到接收器的功能。根据以上特点,光纤传感网需要根据对网络的具体需求设计适应自身特点的网络体系结构[106],为网络提供统一的技术规范,使其能够满足具体的需求。

网络体系结构是一个网络系统的总体结构,包括描述协议和通信机制的设计原则,这些原则用以确保网络中实际使用的协议和算法的一致性和连贯性,同时在此基础上实现标准化以方便开发和使用。

基于星形拓扑结构,借鉴无线传感器网的网络体系结构的分簇思想,本节将光纤无源传感网划分为三个不同规模的网络,分别是传感单元末梢网、局部传感网、骨干通信网。采用层次型光纤无源传感网,簇内传感单元彼此短距离通信,簇与簇之间通过汇聚节点通信,使网络拓扑结构更便于管理,可以对网络变化做出快速反应,具有较好的扩展性,适合大规模网络,更容易克服传感单元移动带来的问题。另外,还可以增强网络的自愈性、容错性和抗毁性。

2.3.1　物理体系结构

光纤传感网系统架构如图 2-48 所示,系统中通常包括传感器节点(sensor

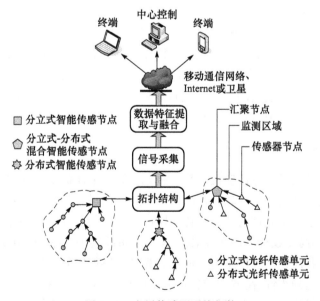

图 2-48　光纤传感网系统架构

node)、汇聚节点(sink node)和管理节点(manager node)。大量传感器节点随机部署在监测区域(sensor field)内部或附近。具有通信能力与计算能力的微小传感器网节点,通过自组织的方式构成能够根据环境自主完成指定任务的分布式智能化网络系统,并以协作的方式实现感知、采集和处理网络覆盖区域内的信息,再通过多跳后路由到汇聚节点,最后通过互联网或者卫星到达数据处理中心管理节点。用户通过管理节点沿着相反的方向对传感器网络进行配置和管理,发布监测任务以及收集监测数据。

1) 传感器节点

光纤传感网是由大量的传感器节点组成的网络系统,网络中的传感单元主要可分为分立式光纤传感单元和分布式光纤传感单元两类。分立式光纤传感单元可分为光强度调制、光频率调制、光波长调制、光相位调制和偏振调制五种类型,其中最常用的光纤传感单元主要有相位调制型光纤干涉仪和波长调制型光纤布拉格光栅(FBG)、光纤 F-P 滤波器;分布式光纤传感单元主要包括基于光纤背向散射的光时域反射技术的分布式光纤传感单元以及基于长距离干涉技术的分布式光纤传感单元。

2) 汇聚节点

汇聚节点处理能力和通信能力相对较强,它连接传感网络与信号采集、处理和传输等外部网络,实现两种协议栈的转换,同时发布管理节点的监测任务,并把收集的数据转发到外部网络上。汇聚节点既可以是一个具有增强功能的传感器节点,具有数据处理分析能力,也可以是没有监测功能仅带有通信接口的设备。

3) 管理节点

管理节点即用户节点,用户通过管理节点对传感网络进行配置和管理,发布监测任务以及收集监测数据。分布在监测区的传感器节点以自组织的方式构成网络,采集数据之后以多跳中继方式将数据传回汇聚节点,由汇聚节点将收集到的数据通过互联网或移动通信网络传送到远程监控中心进行处理。在这个过程中,传感器节点既充当感知节点,又充当转发数据的路由器。

2.3.2　软件体系结构

对于每一类光纤传感网应用系统,在设计和实现时需要开发的不仅是在应用服务器上的业务逻辑部分的软件,除此之外,还必须设计处理分布系统特有功能的软件。光纤传感网中间件将使光纤传感网应用业务的开发者集于设计与应用有关的部分,从而简化设计和维护工作。采用中间件实现技术,利用软件构件化、产品化能够扩展和简化光纤传感网的应用。光纤传感网中间件的开发将会使光纤传感网在应用中达到柔性、高效的数据传输路径和局部化的目标,同时使整个网络在应用中达到最优化。在一般光纤传感网应用系统中,管理和信息安全纵向贯穿于各个层次的技术架构,最底层是光纤传感网基础设施层,逐渐向上展开的是应用支撑层、应用业务层、具体的应用领域,如军事、环境、大型结构和商业等。光纤传感网中间件和平台软件在光纤传感网应用系统架构中的位置如图 2-49 所示。

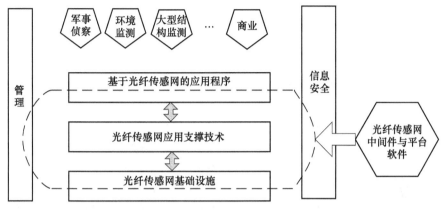

图 2-49　光纤传感网应用系统架构

光纤传感网应用支撑技术、光纤传感网基础设施和基于光纤传感网的应用程序的一部分共性功能以及管理、信息安全等部分组成了光纤传感网络中间件和平台软件。其基本含义是应用支撑层支持应用业务层为各个应用领域服务,提供所需的各种通用服务,在这一层中核心的是中间件软件,管理和信息安全是贯穿各个层次的保障。光纤传感网中间件和平台软件体系结构主要分为四个层次,分别是网络适配层、基础软件层、应用开发层和应用业务适配层,其中网络适配层和基础软件层组成光纤传感网络节点嵌入式软件(部署在光纤传感网节点中)的体系结构,应用开发层和基础软件层组成光纤传感网应用支撑结构(支持应用业务的开发与实现)。

在网络适配层中,网络适配器是对光纤传感网底层(光纤传感网基础设施、光纤传感操作系统)的封装;基础软件层包含光纤传感网各种中间件,这些中间件构成光纤传感网平台软件的公共基础,并提供了高度的灵活性、模块性和可移植性;网络中间件用于完成光纤传感网接入服务、网络生成服务、网络自愈合服务、网络连通性服务等;配置中间件用于完成光纤传感网的各种配置工作,如路由配置、拓扑结构的调整等;功能中间件用于完成光纤传感网各种应用业务的共性功能,提供各种功能框架接口;管理中间件为光纤传感网应用业务实现各种管理功能,如目录服务、资源管理、能量管理、生命周期管理;安全中间件为光纤传感网应用业务实现各种安全功能,如安全管理、安全监控、安全审计。

光纤传感网中间件和平台软件采用层次化、模块化的体系结构,使其更加适应光纤传感网应用系统的要求,并用自身的复杂换取应用开发的简单,而中间件技术能够更简单明了地满足应用的需要。一方面,中间件提供满足光纤传感网个性化应用的解决方案,形成一种特别适用的支撑环境;另一方面,中间件通过整合,使光纤传感网应用只需面对一个可以解决问题的软件平台,因而以光纤传感网中间件和平台软件的灵活性、可扩展性保证了光纤传感网络安全性,提高了光纤传感网数据管理能力和能量效率,降低了应用开发的复杂性。

2.3.3　通信体系结构

光纤传感网的实现需要自组织网络技术,相对于一般意义上的自组织网络,光纤传感网具有以下特色,需要在体系结构的设计中特殊考虑。

(1) 光纤传感网中的节点数目众多,这就对传感网络的可扩展性提出了要求。由于传感节点数目多、开销大,传感网络通常不具备全球唯一的地址标识,这使得传感网络的网络层和传输层相对于一般网络有很大的简化。

(2) 自组织传感网络最大的特点就是能量受限,传感节点受环境的限制,通常由电量有限且不可更换的电池供电,所以在考虑传感网络体系结构以及各层协议设计时,节能是设计的主要考虑目标之一。

(3) 由于传感网络应用的环境的特殊性、光纤信道不稳定以及能源受限的特点,传感网络节点受损的概率远大于传统网络节点,因此自组织网络的鲁棒性保障是必需的,以保证部分传感网络的损坏不会影响全局任务的进行。

(4) 传感节点高密度部署,网络拓扑结构变化快,对于拓扑结构的维护也提出了挑战。

根据以上特性分析,传感网络需要根据用户对网络的需求设计适应自身特点的网络体系结构,为网络协议和算法的标准化提供统一的技术规范,使其能够满足用户的需求。光纤传感网通信体系结构可分为横向的通信协议层和纵向的网络管理面。通信协议层可以划分为物理层、数据链路层、网络层、传输层、应用层。网络管理面可以划分为能耗管理面、移动性管理面、任务管理面,管理面的存在主要是用于协调不同层次的功能以期在能耗管理、移动性管理和任务管理方面获得综合考虑的最优设计。

1. 通信协议层

1) 物理层

在计算机网络中,物理层考虑的是如何才能连接各种计算机的传输介质上传输数据的比特流。国际标准化组织对开放系统互联(open system interconnection, OSI)参考模型中物理层的定义为:物理层是指建立、维护和释放数据链路实体之间的二进制比特传输的物理连接,提供机械、电气、功能和规程的特性。从定义可以看出,物理层的特点是负责在物理连接上传输二进制比特流,并提供为建立维护和释放物理连接所需要的机械、电气和规程的特性。

光纤传感网中物理设备和传输光纤种类非常多,而通信手段也有许多不同的方式。物理层的作用正是要尽可能地屏蔽这些差异,使其在上面的数据链路层感觉不到这些差异,从而使数据链路层只需要考虑如何完成本层的协议和服务,而不必考虑网络具体的传输介质是什么。用于物理层的协议也常被称为物理层规程。

在 OSI 参考模型中,物理层处于最底层,是整个开放系统的基础,向下直接与物理传输介质相连。物理层的协议是各种网络设备进行互联时必须遵守的底层协议。设立物理层的目的是实现两个网络设备之间的二进制比特流的透明传输,它负责在主机之间传输数据位,为在物理介质上传输的比特流建立规则,以及设计采用何种传送技术在传输介质上发送数据。物理层对数据链路层屏蔽物理传输介质的特性,以便对高层协议能有最大的透明性,但它还需要定义数据链路层所使用的访问方法。

2) 数据链路层

数据链路层协议用于建立可靠的点到点或点到多点通信链路,主要包括媒体访问控制(media access control,MAC)和差错控制等。MAC 有调度和随机访问两类通用方式:基于调度策略,根据通信资源尺度划分方式的不同,包括时分多址(time division multiple access,TDMA)、频分多址(frequency division multiple access,FDMA)和码分多址(code division multiple access,CDMA)等;基于随机访问机制,有时隙和非时隙协议,以及载波监听多路访问(carrier sense multiple access,CSMA)等。CSMA 在 IEEE 802.11 中得到广泛使用,它允许资源的概率共享,可有效利用网络带宽,但是因为每个成功传输可发生在任何一个时隙内,要求收发器始终处于工作状态来监听信道,会造成较大的能量浪费。无线传感器网络典型 MAC 协议包括:参考 802.H 协议思想的 SMAC 和 TMAC、基于 TDMA 的 TRAMA,以及基于同步码采样(preamble-sampling)的 WiseMAC 和 BMAC 等。算法大都在不影响通信性能的条件下,通过尽可能多地关闭接收模块,减少空闲监听(idle-listening)来节约节点能量。

SMAC 假设传感器网络可容忍一定程度的通信延迟,设计目标是在减少节点能量消耗的同时具备良好的可扩展性和冲突避免能力。其主要机制包括:低占空比的周期性侦听/睡眠工作方式使节点尽可能地处于睡眠状态来降低节点能耗;邻居节点基于协商的一致性睡眠调度机制形成虚拟簇减少节点的空闲侦听时间;通过流量自适应的侦听机制减少消息在网络中的传输时延;采用带内信令减少重传和避免侦听不必要的数据;通过消息分割和突发传递机制减少控制消息的开销和数据的传递时延等。SMAC 中每个节点可独立且周期性地进入睡眠或侦听状态,如图 2-50 所示。在侦听状态下侦听信道的状态,判断是否需要发送或接收数据,并采用流量自适应侦听机制,减少周期性睡眠导致的累加通信时延。

图 2-50　SMAC 的周期性睡眠机制

3）网络层

传感网络节点高密度地分布于待测环境及其周围，在传感网络发送节点和接收节点之间需要特殊的多跳光纤路由协议。光纤传感网的路由算法在设计时需要特别考虑能耗的问题。基于节能的路由算法有若干种，如最大有效功率（PA）路由算法、最小能耗路由算法、基于最小跳数的路由算法、基于最大最小有效功率节点的路由算法等。传感网络的网络层通常根据以下原则进行设计：

（1）能量有效性是必须考虑的关键问题；

（2）多数光纤传感网以数据为中心；

（3）理想的传感网络采用基于属性的寻址和位置感知方式；

（4）数据聚集仅在不妨碍传感网络节点的协作效应时是有效的；

（5）路由协议易与其他网络，如 Internet 相结合。

这些原则可以指导光纤传感网路由协议的设计。由于网络寿命取决于节点转发信息的能耗，传输层协议必须是能量有效的。

在传感网络中人们只关心某个区域的某个观测指标的值，而不会关心具体某个节点的观测数据。而传统网络传送的数据是和节点的物理地址联系起来的，以数据为中心的特点要求传感网络能够脱离传统网络的寻址过程，快速有效地组织起各个节点的信息并融合提取出有用信息直接传送给用户。

4）传输层

传感网络模式的协作性质具有超越传统传感方式的优势，包括更高的精度、更大的覆盖范围以及能够提取局部特征。然而，这些潜在优势的实现依赖于光纤传感网实体，即光纤传感器节点与汇聚节点间有效、可靠的通信。因此，一种可靠的传输机制是必需的。

一般地，传输层应完成以下主要目标：

（1）采用多路技术和分离技术作为应用层和网络层的桥梁；

（2）根据应用层的特定可靠性需求在源节点和汇聚节点间提供带有误差控制机制的数据传递服务；

（3）通过流动和拥塞机制调节注入网络的信息量。

为了在光纤传感网中实现这些目标，需要对传输层的功能进行修改。传感器节点的能量、处理能力和硬件的限制对设计传输层协议带来了更多的约束。例如，广泛采用的基于传输控制协议（TCP）的常规 End-to-End 机制，基于转发的误差控制机制和基于窗口、渐加、倍减拥塞控制机制在光纤传感网领域是不可行的，这样会导致稀缺资源的浪费。传输层协议的设计原理主要是由传感器节点的约束和特定应用决定的。

5）应用层

应用层包括一系列基于监测任务的应用层软件。与传输层类似，应用层研究也相对较少。应用层的传感管理协议、任务分配和数据广播协议以及传感器查询和数据分发协议是传感网络应用层需要解决的三个潜在问题。

（1）传感器管理协议：光纤传感网有很多不同的应用领域，当前一些项目需要通过网络，如 Internet 进行访问，应用层管理协议使传感网络管理应用能够更方便地使用较低层的软硬件，系统管理通过采用传感器管理协议（SMP）与传感网络进行交互。传感网络与其他很多网络不同，其节点没有全局 ID，而且一般缺少基础设施，因此 SMP 需要采用基于属性的命名和基于位置的选址对节点进行访问。

（2）任务分配和数据广播协议：传感网络的一种重要操作方式是"兴趣"分发。用户向传感器节点、节点的子集或整个网络发送其感"兴趣"的内容，此"兴趣"内容可能与观察对象的某种属性相关，或者与一个触发事件相关。另一种方式是对可用数据进行广播。传感器节点将可用的数据广播给用户，而用户可以查询其感兴趣的数据。应用层协议为用户软件提供了"兴趣"分发的有效接口，对较低层操作如路由十分有用。

（3）传感器查询和数据分发协议：传感器查询和数据分发协议（sensor query and data dissemination protocol，SQDDP）为用户应用提供了问题查询、查询响应和搜集答复的接口。这些查询一般不向特定节点发送，而是采用基于属性或位置的命名。例如，"感知温度超过 70℃ 的节点位置"是基于属性的查询，而"区域 A 内节点的感知温度"是基于位置命名的查询。传感器查询和任务语言（sensor query and tasking language，SQTL）提供了更多的服务种类。SQDDP 提供了问题查询、查询响应和搜集答复的接口，其他类型的协议对传感网络的应用也是必要的，如定位和时钟同步协议。定位协议使传感器节点确定其位置，而时钟同步协议为传感器节点提供了统一的时间。

2. 传感网络管理面

传感网络管理面主要是对传感器节点自身的管理和用户对传感器网络的管理，包括拓扑控制、服务质量管理、能量管理、安全管理、移动管理、网络管理等。

（1）拓扑控制。一些传感器节点为了节约能量会在某些时刻进入睡眠状态，这会导致网络的拓扑结构不断变化，从而需要通过拓扑结构控制技术管理各节点状态的转换，使网络保持畅通，数据能够有效传输。拓扑控制利用数据链路层、路由层完成拓扑生成，反过来又为它们提供基础信息支持，优化 MAC 协议和路由协议，降低能耗。

（2）服务质量管理。服务质量管理在各协议层设计队列管理、优先级机制或者带宽预留等机制，并对特定应用的数据给予特别处理。它是网络与用户之间以及网络上互相通信的用户之间关于信息传输与共享的质量约定。为了满足用户的要求，传感器网络必须能够为用户提供足够的资源，以及用户可接受的性能工作。

（3）能量管理。在传感网络中电源、光源的能量是各个节点最宝贵的资源。为了使传感网络的使用时间尽可能长，需要合理、有效地控制节点对能量的使用。每个协议层次中都要增加能量控制代码，并提供给操作系统进行能量分配决策。

（4）安全管理。由于节点的随机部署、网络拓扑的动态性和无线信道的不稳定，传统的安全机制无法在传感网络中使用，因而需要设计新型的传感网络安全机制，采用如扩频通信、接入认证/鉴权、数字水印和数据加密等技术。

（5）移动管理。在某些传感网络的应用环境中，节点可以移动，移动管理用来监测和控制节点的移动，维护到汇聚节点的路由，还可以使传感器节点跟踪其邻居。

（6）网络管理。网络管理是对传感网络上的设备和传输系统进行有效监视、控制、诊断和测试所采用的技术和方法。它要求协议各层嵌入各种信息接口，并定时收集协议运行状态和流量信息，协调控制网络中各个协议组件的运行。

3. 服务和管理支撑技术

该部分基于通信协议，提供多项网络服务，如时间同步、跨层优化、高服务质量（quality of service，QoS）保证、能量管理、自适应控制与定位技术等。

（1）时间同步。高性能传感网络的时间同步分为两个层面，即通信层面的同步和控制层面的同步。前者要求各节点始终同步；后者建立在通信层面同步基础上，要求控制回路中各传感单元、执行单元和控制单元动作同步。由于传感单元和控制单元往往都采用周期性的工作方式，所以各节点的工作周期需要与控制周期（或采样周期）保持一致。同时，由于控制命令需要经过一段随机延迟到达执行单元，需要设定执行单元的动作时间点，保证控制算法的准确性，因此执行单元动作也需与设定值同步。此外，在同一周期内，需要根据不同任务调度各节点的工作时间，很多现有算法假设即时通信而忽视了这一点。控制单元在周期性决策时，需要准确知道传感单元的测量时刻（否则，会由于对象动态变化而使测量值失去意义）和执行单元的动作调整时刻，因此，一般在控制周期开始时传感单元同步进行测量，执行器也同步动作，而控制算法则在控制周期中间进行。

（2）跨层优化。跨层交互是在协议栈的各层中间互相交换信息，并相应地调整各层次中协议的网络功能，从而使传感网络整体性能得到提高。采用跨层优化方法交换信息不仅仅在相邻层次上进行，还可以在任意层之间进行。例如，应用层的业务流具有不同的 QoS 要求，网络层可根据该要求为应用层数据流提供不同的路由方法;传输层可以利用 MAC 层测量得到的延迟带宽信息,从而得到路径的可用带宽信息,为调整数据的发送速率以防止网络发生拥塞提供支持;MAC 层可利用物理层测量得到的节点信道占用情况调整数据发送时间,以避免数据发送冲突。跨层优化设计方法并没有否定传统的分层设计方案,而是在各层之间共享信息,使各层的协议可根据网络约束条件和网络运行状态,从整体上进行联合优化设计,达到对传感网络有限资源的高效分配和使用,提高网络的整体性能。

(3) 高 QoS 保证。对于高性能传感网络,其感知和处理的是海量的多元数据业务,每种业务有其自身的 QoS 要求。例如,控制平面的控制信息,需要的主要 QoS 指标是延迟和可靠性,而一般周期性监控的标量数据流的 QoS 要求是"尽力而为"的延迟容忍、可靠性容忍,因此这两者需要网络分配不同的资源进行区别对待。QoS 保证实质上就是用户、网络和节点的 QoS 信息的交互模型,需要将用户感知、网络感知和节点感知的 QoS 指标进行映射,采用跨层优化机制,决定最优的 QoS 保障机制。例如,用户感知的延迟需要网络感知的排队延迟、发送延迟、传播延迟,从而需要节点感知的计算能力、采样频率、收发速率等指标。

(4) 能量管理。对于电池供电的节点,能量管理模块能够实时监测节点剩余能量,为上层协议与算法提供依据(如能量感知的路由协议算法),并在能量到达一定阈值时报警并终止部分工作以转入节能模式。随着无线充电技术的发展,研究者已开发出一些可充电的节点,此时,能量模块需要实时感知充电能源的状态,合理调度充放电时序,以达到延长网络寿命的目的。对于集中式控制形式,由于控制器的关键性,其能量模块需要能够保持控制器稳定工作,避免低供电造成控制性能的急速下降。

(5) 其他。在某些应用场合,各节点还需要引入自适应机制以应对可能的变化。例如,在分布式网络结构中,当新节点加入时,需要已有节点能发现该节点,并将其纳入控制回路中。定位技术为节点提供自身或邻居位置信息,对某些需要节点位置的应用,如桥梁结构变化监测、管道泄漏监测等是非常重要的,可服务于拓扑控制、路由、目标跟踪。

第3章 光纤传感网鲁棒性评估

鲁棒性是英文 robustness 的音译，是描述系统健壮与否的参量，表明系统抵抗外部干扰或破坏的能力。网络结构鲁棒性是网络科学中一个十分重要的方面，在控制系统中也是重要的研究分支。在分析网络拓扑结构的鲁棒性时，研究人员最关注的是当受到来自环境影响而导致的随机故障，或者当遭到蓄意的攻击破坏时，网络能否生存下来并且维持网络原有的功能。光纤传感网在日渐向大规模发展的同时也要兼顾网络的鲁棒性，即网络抵抗外部干扰和内部不确定性因素影响而能保持稳定工作的能力。提高传感网的复用能力必定在一定程度上增加网络的复杂性，其鲁棒性就会降低。当由于环境干扰或人为破坏等因素造成传感器的节点和连接光纤损坏时，就会影响整个传感网络的性能，严重时甚至使整个网络瘫痪。因此，盲目地扩容将导致大规模光纤传感网比简单的光纤传感系统更加脆弱。如何在网络的大容量与高鲁棒性之间寻求一个平衡点是需要深入研究的问题。

本章首先建立一种针对光纤传感网的鲁棒性评估模型及量化指标。将光纤传感网对整个监测区域的覆盖率的数学期望定义为光纤传感网的鲁棒性，由此建立光纤传感网的通用鲁棒性评估模型，实现鲁棒性定量且直观的评估。在此基础上详细说明线形、环形、星形以及总线型这四种基本拓扑结构的鲁棒性计算过程，给出这四种拓扑结构的鲁棒性表达式。然后，利用支持向量机和蒙特卡罗方法，从模拟和实验两方面研究鲁棒性评估模型中衰减系数、阈值、传感器个数、拓扑结构及监测区域等因素对传感网鲁棒性的影响。最后，完成模型的实验验证并将该评估模型应用到几种具体的实例中，验证模型的有效性和正确性。

3.1 光纤传感网的鲁棒性评估模型

现有的分立式光纤传感监测手段，是将单个光纤传感器安置在对应的待测点的位置，对该点的各种参量（温度、应变等）进行监测。这样，一个光纤传感器只能对单纯的一个点进行监测，要想实现对一个区域的监测，就要使用相当多的传感器且只能进行准分布式的区域监测。然而实际上，对于由多个传感器组成的传感系统，如果利用多传感器的协同感知，结合适当的处理算法（如支持向量机、神经网络等），就能从多个传感器的感知信息中提取出任意被测点的待测参量的信息，即仅使用较少数目的传感器，实现对一个区域的连续分布式监测功能。

3.1.1　支持向量机学习方法[107,108]

支持向量机(support vector machine,SVM)是一种监督式学习的方法,广泛应用于统计分类和回归分析中。SVM 的原始算法是由 Vapnik 发明的,而目前标准的支持向量机的化身(软边界)是由 Vapnik 和 Cortes 在 1995 年提出的[109],属于一般化的线性分类器,也可认为是 Tikhonov 规范化(Tikhonov regularization)方法的一个特例。更正式地说,SVM 可以在高维或无限维空间中构造一个或一组超平面用于分类、回归或者其他任务。直观地讲,一个成功的分类必须要最小化经验误差与最大化几何边缘区,因为一般较大的边缘会减小分类器的泛化误差。SVM 的理论基础是统计学习理论中的 VC(Vapnik-Chervonenkis)维理论和结构风险最小原理,它具有泛化性能好、全局最优及稀疏解等特点,已成功应用于多个领域,包括自动控制、模式识别、电力系统、文本分类及信号处理等方面。此外,SVM 在天气、水文、自然灾害以及股票走势的预测方面具有较大的应用潜力。

在使用 SVM 解决分类或者回归问题时,为了使结果更为准确,就必须要对 SVM 中的两个关键参数,即惩罚系数 c 和核函数系数 g 进行寻优。一般结合交叉验证(cross validation,CV)的思想,使用网格搜索算法和启发式算法来寻找最佳参数 c 和 g,其中启发式算法又包括遗传算法参数寻优和粒子群优化算法参数寻优。下面主要对网格搜索法及遗传算法进行详细介绍。

1. 网格搜索法

网格搜索(grid search)法是一种较为基本的最优化算法,它在 N 个参数组成的 N 维空间中按一定的间隔划分为均匀分布的格点,并逐个计算目标函数的值,选取其中最优的一个格点作为最优解。网格搜索法应用于 SVM 的 c 和 g 参数优化时,在 c 和 g 的二维参数空间中划分二维网格。对每一个格点 (c_n, g_n),使用 SVM 的交叉验证模式计算方差,把方差最小的一个格点参数组合作为最优的 c 和 g 参数值。在寻优过程中同时须尽量保持 c 较小,因为如果惩罚参数 c 过大,容易导致过学习,使 SVM 的泛化能力降低,即对训练集以外的数据进行预测时,效果较差,因此如果多个格点具有相同或相近的方差,优先选取 c 较小者。为兼顾全局搜索精度和速度,可以采用多级搜索的方法,即先在全局内以较大步进精度搜索一次,下一次在最优格点附近的小区域内细化搜索。SVM 返回参数包括准确率 accuracy(分类)、平均平方误差 MSE(回归)、平方相关系数 r_2(回归),除了方差,准确率与相关系数也可作为优化程度的判定标准。在 MATLAB 中针对某组数据使用 SVM 并采用网格搜索法寻优的示例结果如图 3-1 所示。

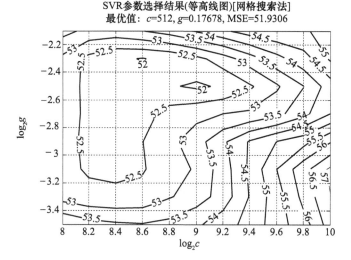

图 3-1　网格搜索法寻优的结果

图 3-1 为一系列等高线,找出 MSE 最低的那条等高线并求出此时 c、g 值即所求的最优 c、g 值,图中最小的 MSE 为 51.9306,最优 c、g 值分别为 512、0.17678。

2. 遗传算法

遗传算法(genetic algorithm,GA)最初是由美国 Michigan 大学的 Holland 教授提出的。近年来,遗传算法得到了迅速的发展,已广泛应用于函数优化、自动控制、图像处理、人工智能、电力系统控制、故障诊断以及人工生命等多种领域。遗传算法是受达尔文的进化论的启发,借鉴生物进化过程而提出的一种启发式搜索算法。由于遗传算法不受问题性质的限制,以结构对象为操作对象,能处理一些传统优化算法难以解决的复杂问题。遗传算法能够有效地利用全局信息并且具有内在易于实现的隐含并行性,强调概率化的寻优方法,搜索空间和搜索方向也可采取自适应技术动态地调整,避开了对确定搜索规则的要求。

遗传算法的基本流程如图 3-2 所示:首先将问题抽象成一个生物进化的过程,产生代表问题潜在解集的初始种群,初始种群由一定数目的个体组成,然后按照适者生存和优胜劣汰的进化法则,通过复制、交叉、变异等操作产生下一代个体,并逐代淘汰掉适应度函数值低的个体,增加适应度函数值高的个体,这样经过 N 代的进化后,存活下来的都是适应度很高的个体。末代种群中适应度最高的那个个体经过解码,就可以作为问题的近似最优解。在 MATLAB 中针对某组数据使用 SVM 并采用遗传算法寻优的示例结果如图 3-3 所示。

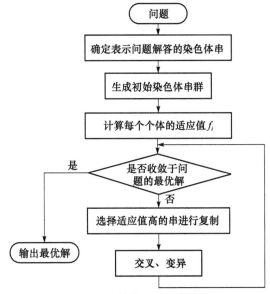

图 3-2　遗传算法的基本流程

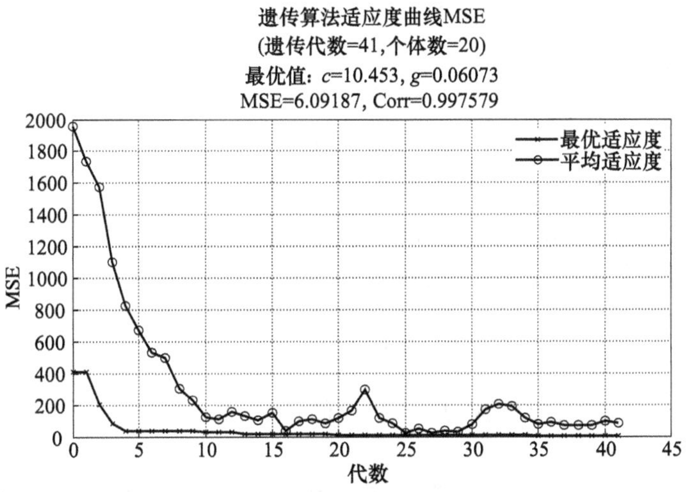

遗传算法适应度曲线MSE
(遗传代数=41,个体数=20)
最优值: c=10.453, g=0.06073
MSE=6.09187, Corr=0.997579

图 3-3　遗传算法寻优的结果

图 3-3 中每代的个体数为 20,遗传了 41 代之后即满足终止条件,所得最小 MSE 为 6.09187,最优 c 值为 10.453,最优 g 值为 0.06073。

3.1.2　光纤传感网鲁棒性评估模型建立

1. 光纤传感器的感知模型

对于由多个分立式光纤传感器组成的传感系统,如果利用多传感器的协同感知,结合支持向量机,就能实现对一个区域的连续分布式监测。在这种区域监测中,光纤传感器可以被认为是与无线传感器类似的概率感知模型,即传感器的监测能力随着监测距离的增加而表现出不确定性,传感器的监测模型可以表示为概率形式:

$$f(\vec{r}) = e^{-\alpha \cdot |\vec{r} - \vec{r}_s|} \tag{3-1}$$

其中,$\vec{r}$ 和 $\vec{r}_s$ 分别是待测点 Q 和传感器的位置坐标;α 是衰减系数,体现的是传感器在某特定监测环境下的感知能力,α 值越大说明随着监测距离的增加,传感器监测能力下降得越快。

这一模型在实际中的意义在于,距离较近的两个点其物理量往往具有一定程度的相关性。例如,在温度测量中,距离较近的两点的温度比较接近,因而,知道某一个点的物理量的测量值,可以在一定程度上估计附近位置的该物理量的值。但是随着距离的增加,这种相关性减弱,这一估计的误差也会变大,导致估计准确的概率降低。

2. 传感网监测能力的评估指标

考虑由 n 个光纤传感器($S_1, S_2, \cdots, S_n$)组成的光纤传感网 W,根据光传输路径上是否有故障点发生,每个传感器都有两种可能的工作状态:正常或失效(忽略传感器自身失效的情况),即

$$S_i = \begin{cases} 1, & \text{传感器工作} \\ 0, & \text{传感器失效} \end{cases}, \quad i = 1, 2, \cdots, n \tag{3-2}$$

因此,可以用所有 n 个传感器工作状态的组合来表示传感网 W 的状态,分别表示为 $\vec{W}_k = (S_n, S_{n-1}, \cdots, S_2, S_1)$,$k$ 是每种状态的编号,为了简便将($S_n, S_{n-1}, \cdots, S_1$)这一 n 位二进制数转换为一个十进制数,即 k:

$$k = 1 + \sum_{i=1}^{n} S_i \cdot 2^{i-1} \tag{3-3}$$

k 是从 1 到 2^n 之间的任意整数,共 2^n 种取值,每一个 k 值都对应着网络 W 的一个工作状态,反之亦然。

在网络 W 中,由于 n 个传感器协同作用,监测区域内的任意一点 Q 同时被 n 个传感器监测,W 在待测点 Q 处的监测能力可以表示为

$$C_k(\vec{r}) = \sum_{i=1}^{n} f_i(\vec{r}) \cdot S_i = \sum_{i=1}^{n} e^{-\alpha \cdot |\vec{r} - \vec{r}_i|} \cdot S_i \tag{3-4}$$

式(3-4)给出了网络在 k 工作状态下对整个监测区域中每一个位置的监测能力 $C_k(\vec{r})$,为了方便评估传感网的整体性能,需要从中提出一个参数来定量地评估网络的传感性能。

定义阈值函数 $H_k(\vec{r})$ 的表达式如下:

$$H_k(\vec{r}) = \begin{cases} 1, & C_k(\vec{r}) \geqslant \gamma \\ 0, & C_k(\vec{r}) < \gamma \end{cases} \tag{3-5}$$

$H_k(\vec{r})$ 表示如果 $C_k(\vec{r})$ 在 Q 点的值低于阈值 γ，则认为传感网 W 在 Q 点的监测能力太低，对 Q 点的监测信息是无效的，网络 W 不能实现对 Q 点的监测功能，并将 Q 点称为传感网 W 的一个"盲点"。反之，如果 $C_k(\vec{r})$ 在 Q 点的值高于 γ，则认为 Q 点能被有效地监测，称 Q 点被网络 W 覆盖。

为了定量地评价传感网 W 在状态 $\vec{W_k}$ 下对整个监测区域的监测能力，定义函数 $A_k(\vec{r})$ 作为传感网 W 性能的评估指标，其表达式如下：

$$A_k(\vec{r}) = \frac{\displaystyle\int_R H_k(\vec{r})\,\mathrm{d}\vec{r}}{\displaystyle\int_R \mathrm{d}\vec{r}} \tag{3-6}$$

其中，R 是所有 $\vec{r}$ 的集合，即整个监测区域。$A_k(\vec{r})$ 的物理意义是传感网 W 在状态 $\vec{W_k}$ 下对整个监测区域的覆盖率，即状态 $\vec{W_k}$ 下有效监测的区域面积与监测区域总面积的比值。

3. 鲁棒性评估模型的建立

前面已经定义了在每一种可能的工作状态下，网络 W 对整个监测区域的监测能力的评估指标 $A_k(\vec{r})$。在每一种工作状态下，该参数的值都不相同，因而，每一种状态发生的概率也会显著地影响网络的整体表现。针对每一种拓扑结构，各工作状态发生的概率都不相同。总体来说，冗余度比较高的传感网，网络中较多传感器工作的概率比较高。例如，相同数目的传感器，如果采用环形拓扑结构连接，那么相对于线形拓扑结构组网，其所有传感器都正常工作的概率明显较高。这是因为环形拓扑结构能够容忍环中出现一个连接断点，而不会影响到任何一个传感器正常工作。相反地，若线形拓扑结构中出现一个断点，则断点之后的所有传感器都将失效。其他影响各工作状态发生概率的因素如光纤和传感器本身的品质、工作环境的恶劣程度等，由于涉及因素较多，情况较为复杂，在模型中暂不考虑。

假设网络 W 中状态 $\vec{W_k}$ 发生的概率记为 $P(\vec{W_k})$，定义光纤传感网的"鲁棒性"为传感网 W 对监测区域 R 的覆盖率的数学期望，其数学表达式如下：

$$U = \sum_{k=1}^{2^n} A_k(\vec{r}) \cdot P(\vec{W_k}) \tag{3-7}$$

从上述定义可以看出，鲁棒性 U 的值在 $0 \sim 1$ 范围内变化。覆盖率 $A_k(\vec{r})$ 与监测区域的面积、正常工作状态的传感器的模型和安装位置有关，状态 $\vec{W_k}$ 发生的概率 $P(\vec{W_k})$ 与传感网的拓扑结构及光纤连接断点发生的概率有关。该鲁棒性评估模型可以作为一个定量的标准来衡量一个光纤传感网是否足够鲁棒以满足实际应用需求,也可以用于评估不同网络拓扑结构的鲁棒性差异的大小。另外,该模型也可作为设计光纤传感网时寻求最优传感器密度、拓扑结构和安装方案的参考。

3.1.3 基本拓扑结构的光纤传感网鲁棒性表达式

以上述所提出的光纤传感网的通用鲁棒性评估模型为基础,下面分别详细地讨论线形、环形、星形及总线型四种基本拓扑结构的网络状态发生的概率,并推导出这四种拓扑结构的鲁棒性计算表达式,通过这些推导也可以对鲁棒性数值的计算过程有更为具体的认识。

线形拓扑结构的连线方式如图 3-4 所示,图中 $S_1 \sim S_n$ 是光纤传感器,$F_0 \sim F_n$ 是连接光纤。在线形拓扑结构下,n 个传感器组网需要 $n+1$ 根连接光纤。假设所有的光纤传感器都是后向反射型,不考虑如传感器的功率均衡、网络容限等其他问题,传感器按照离光源由近及远依次编号为 S_1、S_2、S_3、$\cdots$、S_n,光纤也按照同样的规则编号为 F_0、F_1、F_2、$\cdots$、F_n,其中 F_0 是连接光源和耦合器的光纤。

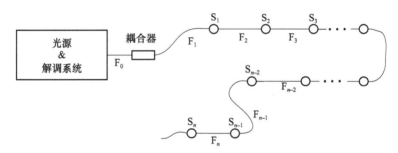

图 3-4　线形拓扑传感网示意图

设光纤 $F_j(j=0,1,2,\cdots,n)$ 保持完好的概率为 p_j,p_j 可以用 F_j 的长度表示,即
$$p_j = (1-p)^{L_j} \tag{3-8}$$
其中,L_j 是光纤 F_j 的长度,p 是单位长度的光纤断开的概率。由于线形拓扑结构的特性,如果其中有一个传感器失效,那么其后的传感器也必然是失效状态,所以线形拓扑网络总共只有 $n+1$ 种可能的网络状态,将这些状态记为 $W_l(l=0,1,2,\cdots,n)$,W_l 表示 $S_1,S_2,\cdots,S_l$ 这 l 个最靠近光源的传感器正常工作的网络状态。结合线形拓扑结构的示意图,容易推出 W_l 发生的概率为

$$P(W_l) = \begin{cases} 1-p_0 p_1, & l=0 \\ (1-p_{l+1})\prod_{j=0}^{l} p_j, & l=1,2,\cdots,n-1 \\ \prod_{j=0}^{n} p_j, & l=n \end{cases} \tag{3-9}$$

根据式(3-3),可以得出 k 和 l 之间的关系表达式,即 $k=1+\sum\limits_{i=1}^{l} 1 \cdot 2^{i-1}=2^l$。因此, n 个传感器的线形拓扑网络的鲁棒性为

$$U_{\text{Line}} = \sum_{l=0}^{n} A_{2^l} \cdot P(W_l) \tag{3-10}$$

环形拓扑结构的连线方式如图 3-5 所示, n 个传感器组成的环形拓扑结构需要 $n+1$ 根连接光纤,其中,传感器和光纤的编号方式与线形拓扑相同。与线形拓扑结构相比,环形拓扑结构多了一根连接 S_n 和耦合器的光纤 F_{n+1},形成一个环形结构,因此环形拓扑具有冗余的传输路径。

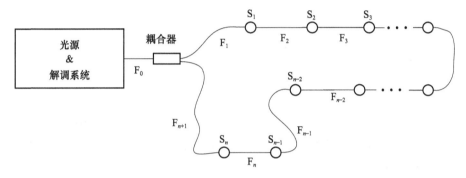

图 3-5　环形拓扑传感网示意图

在环形拓扑中,由于所有的光纤保持完好,或者 F_0 完好而其他光纤中只有一根断开,都能使网络工作在 $\vec{W}_{2^n}$ 状态,这种情况发生的概率如下:

$$P(\vec{W}_{2^n}) = \left(1 + \sum_{t=1}^{n+1} \frac{1-p_t}{p_t}\right) \prod_{j=0}^{n+1} p_j \tag{3-11}$$

由于环形拓扑的特点,如果有两个传感器 S_h 和 S_l 失效,那么编号在 h 和 l 之间的传感器也必然失效,所以有传感器失效的网络状态可以归纳为 $W_{h,l}$, $1 \leqslant h \leqslant l \leqslant n$,即传感器 S_h、S_{h+1}、S_{h+2}、$\cdots$、S_l 均失效,其他传感器正常工作,此时, $W_{h,l}$ 发生的概率为

$$P(W_{h,l}) = \begin{cases} (1-p_h)(1-p_{l+1})\prod\limits_{j=0}^{h-1} p_j \prod\limits_{j=l+2}^{n+1} p_j, & 1 \leqslant h \leqslant l < n \\ (1-p_0) + p_0(1-p_1)(1-p_{n+1}), & h=1, l=n \\ (1-p_h)(1-p_{n+1})\prod\limits_{j=0}^{h-1} p_j, & 1 < h \leqslant l = n \end{cases} \tag{3-12}$$

根据前述的 $\vec{W}_k$ 的编号方式, $W_{h,l}$ 等同于状态 $\vec{W}_k$, $k=2^n - \sum\limits_{i=h}^{l} 2^{i-1}=2^n+2^{h-1}-2^l$。

因此，n 个传感器的环形拓扑网络的鲁棒性为

$$U_{\text{Loop}} = A_{2^n} P(\vec{W}_{2^n}) + \sum_{1 \leqslant h \leqslant l \leqslant n} A_{2^n + 2^{h-1} - 2^l} \cdot P(W_{h,l})$$

$$= A_{2^n} \left(1 + \sum_{t=1}^{n+1} \frac{1-p_t}{p_t} \right) \prod_{j=0}^{n+1} p_j + \sum_{1 \leqslant h \leqslant l \leqslant n} A_{2^n + 2^{h-1} - 2^l} \cdot P(W_{h,l}) \quad (3\text{-}13)$$

星形拓扑结构的连线方式如图 3-6 所示，n 个传感器组成的星形拓扑结构需要 $n+1$ 根连接光纤。n 个传感器分别命名为 S_1、S_2、S_3、$\cdots$、S_n，连接光源与星形耦合器的光纤记为 F_0，连接星形耦合器和传感器 $S_i (i=1,2,3,\cdots,n)$ 的光纤记为 F_i。与线形和环形拓扑结构不同，星形网络中可能发生的网络状态集合包括前面一般讨论中所有的 2^n 种状态，$\vec{W}_k$ 发生的概率为

$$P(\vec{W}_k) = \begin{cases} (1-p_0) + p_0 \prod_{i=1}^{n} (1-p_i), & k=1 \\ p_0 \prod_{i=1}^{n} p_i^{S_i} (1-p_i)^{1-S_i}, & 2 \leqslant k \leqslant 2^n \end{cases} \quad (3\text{-}14)$$

其中，S_i 值通过 k 值获取，即把 $k-1$ 化为 n 位二进制数（不足 n 位则在左边补 0，补足 n 位），然后该二进制数从右到左第 i 位的数值即 S_i。因此，n 个传感器的星形拓扑网络的鲁棒性为

$$U_{\text{Star}} = \sum_{k=1}^{2^n} A_k \cdot P(\vec{W}_k) \quad (3\text{-}15)$$

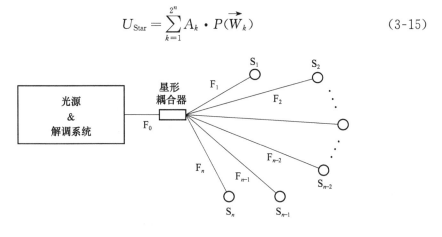

图 3-6　星形拓扑传感网示意图

总线型拓扑结构的连线方式如图 3-7 所示，n 个传感器组成的总线型拓扑结构需要 $2n+1$ 根连接光纤。为了简便，图中只画出第一个耦合器而省略了其他耦合器。按照传感器所在分支在总线上的分支点离光源从近到远依次编号为 S_1、S_2、S_3、$\cdots$、S_n。连接光源到第一个耦合器的光纤记为 F_0，连接第一个耦合器

和 S_1 所在分支的分支点的光纤记为 F_1，连接传感器 $S_i(i=1,2,3,\cdots,n)$ 到总线的光纤记为 F_{2i}，连接 S_{i-1} 与 $S_i(i=2,3,\cdots,n)$ 所在两个分支的分支点的光纤编号记为 F_{2i-1}。

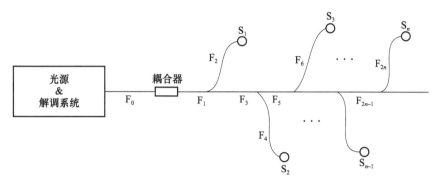

图 3-7　总线型拓扑传感网示意图

与星形网络类似，总线型网络中可能发生的网络状态集合包括所有的 2^n 种，其概率表达式如下：

$$P(\vec{W_k}) = \begin{cases} (1-p_0)+p_0 f(1), & k=1 \\ f(m+1)p_0 \prod\limits_{i=1}^{m} p_{2i-1} p_{2i}^{S_i}(1-p_{2i})^{1-S_i}, & k=2,3,4,\cdots,2^n \end{cases} \quad (3\text{-}16)$$

其中，$m=\max(i\cdot S_i),i=1,2,3,\cdots,n$，即 m 是所有正常工作的传感器中编号最大者。由 k 值获取 S_i 值的方法与前面所述相同。式(3-16)中的函数 $f(l)$ 表示 S_l、S_{l+1}、S_{l+2}、$\cdots$、S_n 这 $n-l+1$ 个传感器都失效的概率。$f(l)$ 的递推形式为

$$f(l) = \begin{cases} (1-p_{2l-1})+p_{2l-1}(1-p_{2l})f(l+1), & l=1,2,3,\cdots,n-1 \\ (1-p_{2n-1})+p_{2n-1}(1-p_{2n}), & l=n \end{cases} \quad (3\text{-}17)$$

$f(l)$ 的通项公式也可写为

$$f(l) = \begin{cases} (1-p_{2l-1})+\sum\limits_{i=l+1}^{n}\left[(1-p_{2i-1})\prod\limits_{j=l}^{i-1} p_{2j-1}(1-p_{2j})\right]+\prod\limits_{j=l}^{n} p_{2j-1}(1-p_{2j}), \\ \hspace{6cm} l=1,2,3,\cdots,n-1 \\ (1-p_{2n-1})+p_{2n-1}(1-p_{2n}), \hspace{2cm} l=n \end{cases}$$

$$(3\text{-}18)$$

将式(3-18)代入式(3-16)，得

$$P(\overrightarrow{W_k}) = \begin{cases} (1-p_0) + p_0 \Bigg\{ (1-p_1) + \sum_{i=2}^{n} \Big[(1-p_{2i-1}) \prod_{j=l}^{i-1} p_{2j-1}(1-p_{2j}) \Big] \\ \qquad + \prod_{j=l}^{n} p_{2j-1}(1-p_{2j}) \Bigg\}, \qquad\qquad k=1 \\[2mm] p_0 \prod_{i=1}^{m} p_{2i-1}^{S_i}(1-p_{2i})^{1-S_i} \Bigg\{ (1-p_{2h+1}) \\ \qquad + \sum_{i=h+2}^{n} \Big[(1-p_{2i-1}) \prod_{j=l}^{i-1} p_{2j-1}(1-p_{2j}) \Big] \\ \qquad + \prod_{j=h+1}^{n} p_{2j-1}(1-p_{2j}) \Bigg\}, \qquad\quad 2 \leqslant k \leqslant 2^{n-2} \\[2mm] [(1-p_{2n-1}) + p_{2n-1}(1-p_{2n})] p_0 \prod_{i=1}^{n-1} p_{2i-1}^{S_i}(1-p_{2i})^{1-S_i}, \\ \qquad\qquad 2^{n-2} \leqslant k \leqslant 2^{n-1}, \text{即 } h=n-1 \\[2mm] p_0 \prod_{i=1}^{n} p_{2i-1}^{S_i}(1-p_{2i})^{1-S_i}, \qquad 2^{n-1}+1 \leqslant k \leqslant 2^n, \text{即 } h=n \end{cases}$$

$$(3-19)$$

因此，n 个传感器的总线型拓扑网络的鲁棒性为

$$U_{\text{Bus}} = \sum_{k=1}^{2^n} A_k \cdot P(\overrightarrow{W_k}) \tag{3-20}$$

　　由此，给出了线形、环形、星形及总线型四种基本拓扑结构鲁棒性的详细表达式，根据这几个表达式很容易求出由基本拓扑结构构成的光纤传感网的鲁棒性。此外，根据对这几个表达式的叠加和扩展，能够计算出多层次、多拓扑、大容量、混合复杂光纤传感网的鲁棒性数值，这对建设下一代新型智能光纤传感网具有重要意义。

3.2　鲁棒性影响因素分析

3.2.1　衰减系数 α、阈值 γ 及传感器数目 N 的影响

　　由于光纤传感网鲁棒性模型的衰减系数 α 以及函数 $H_k(\vec{r})$ 中的阈值 γ 均对网络 W 的覆盖率 $A_k(\vec{r})$ 有影响，所以进一步对鲁棒性也有影响。

　　为了探讨这两个参数与鲁棒性之间的定量关系，模拟监测区域为 $1\text{m} \times 1\text{m}$ 的正方形区域，n 个（n 从 1 到 N 逐个增加）传感器随机地摆放在监测区域内，采用蒙特卡罗方法，计算监测区域内定点取样的 2500 个点的覆盖率 A_k 作为整个监测区域覆盖率 $A_k(\vec{r})$ 的估计值。为了消除传感器随机摆放引起结果的随机性，重复该

模拟实验 100 次,取这 100 次实验 A_k 的平均值作为网络状态 k 下的覆盖率。设 1cm 光纤完好的概率为 0.999,计算时按照两个传感器之间的直线距离作为连接光纤的长度。模拟时假设所有的传感器都是后向反射型传感器,并且不考虑传感器的功率均衡、网络容限等其他因素。

图 3-8 是传感器以线形拓扑结构连接时,在不同阈值 γ、不同衰减系数 α 下,传感器的数目与鲁棒性的关系图。由图中可以看出,鲁棒性先是随着传感器个数的增加呈指数增长趋势,但是在传感器密度较大时,鲁棒性稳定在一个极限值不再明显增加。这是因为传感器数目较少时,由于新增传感器导致的协同作用,传感网的监测有效区域迅速增大,鲁棒性也迅速增长,但当传感器较密集时,新加入的传感器与已有传感器的有效监测区域重叠较严重,且光纤总长度已经较长,断开概率较

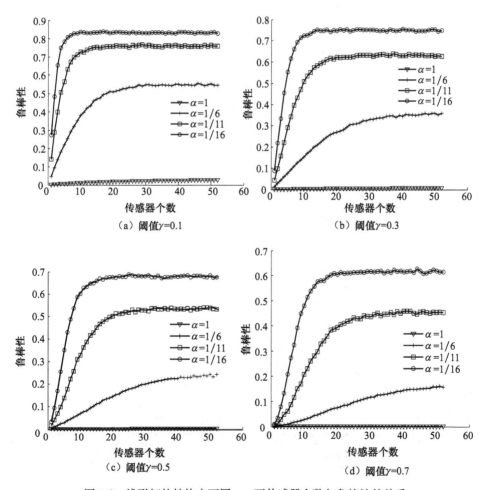

图 3-8　线形拓扑结构中不同 α、γ 下传感器个数与鲁棒性的关系

大,新增传感器能有效发挥其作用的概率较低,所以鲁棒性几乎不再增加。另外,可以明显看到,降低阈值 γ 和衰减系数 α 会提高网络的鲁棒性,这是因为较小的 γ 意味着更大的区域面积被判定为有效监测面积,较小的 α 表示网络在每个点有更高的监测能力,两种情况均提高了网络的覆盖率,因而可以提高传感网鲁棒性。然而,注意到图中有一条曲线有明显不同,即如果衰减系数 α 太高($\alpha=1/6$、$\alpha=1$),即使是传感器的数量增加到十分大,网络的鲁棒性也会保持在一个很低的水平且几乎不增加,这说明假如传感器的监测能力随着距离增加衰减得太快,增加传感器的数目也不能有效地提高鲁棒性。

在相同的模拟环境下,对环形拓扑结构做相同的模拟实验,结果如图 3-9 所示。由图可得,环形拓扑结构中,传感器数目与鲁棒性的关系曲线变化趋势与线形拓扑结构完全相同,区别仅在于环形拓扑结构中的鲁棒性趋于的极限值要大于线

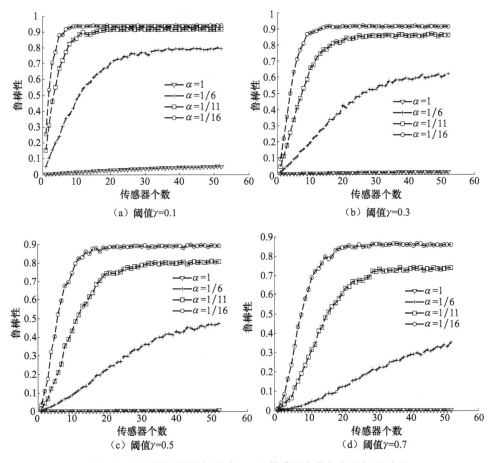

图 3-9　环形拓扑结构中不同 α、γ 下传感器个数与鲁棒性的关系

形拓扑结构,这是由于环形拓扑网络中有冗余的传输路径,传感网络的鲁棒性较高。

3.2.2　监测区域的影响

拓扑结构是光纤传感网的基本骨架,对一个网络的性能、建设及管理成本等方面有着重要的影响。传感网络的拓扑结构会通过影响网络状态 $\vec{W}_k$ 发生的概率,继而影响网络鲁棒性。为对应于实际中的油罐、飞机机翼的监测情形,对四种不同的基本拓扑结构在矩形监测区域下的鲁棒性进行模拟研究,模拟环境与 3.2.1 节相同。监测区域为 1m×1m 的正方形区域,n 个传感器随机摆放且分别连接成线形、环形、星形、总线型拓扑结构。设阈值 $\gamma=0.5$,衰减系数 $\alpha=1/16$,1cm 光纤完好的概率为 0.999,星形拓扑结构中的星形耦合器位于矩形监测区域的中心位置,总线型拓扑结构的总线沿着矩形监测区域的中线延伸。重复实验 100 次取平均值,结果如图 3-10 所示,对于每种拓扑结构,与 3.2.1 节分析相同,鲁棒性先是快速增大然后趋于平稳。将四种拓扑结构相比可以发现,当传感器个数增加到一定程度后,星形拓扑具有最优的鲁棒性但只比环形和总线型拓扑稍高,线形拓扑结构的鲁棒性要明显低于其他三种拓扑结构,因为即使网络中出现一个断点,对线形拓扑网络的冲击也是极大的。然而,尽管模拟的结果是星形拓扑结构的鲁棒性最高,但是在实际应用中,星形网络的传感器容限还受限于星形耦合器的复用能力。因此,在实际情况中设计一个传感网络时要综合考虑不同网络拓扑结构的各种优势和劣势。

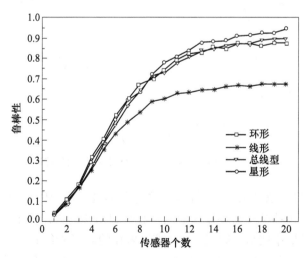

图 3-10　矩形监测区域中不同拓扑结构的鲁棒性

另外一个模拟研究不同拓扑结构在条形监测区域下的鲁棒性,对应于实际应用中桥梁、隧道的监测。监测区域由 $n(1\sim20)$ 个 20cm×20cm 的小正方形排列组成,如图 3-11 所示。

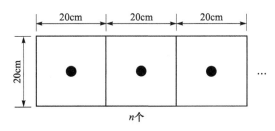

图 3-11　条形监测区域的构成方式

把 $n(1\sim20)$ 个 20cm×20cm 的小正方形排成直线,组成宽度为 20cm、长度为 $n×20$cm 的长条形监测区域,在每个小正方形的中心放置一个传感器。设衰减系数 $\alpha=1/9$,阈值 $\gamma=0.5$,1cm 光纤完好的概率为 0.999,星形拓扑结构中的星形耦合器位于矩形监测区域的中心位置,总线型拓扑结构的支线光纤设为长 5cm。每次蒙特卡罗实验都在每个小正方形中选取 100 个样本点计算覆盖率 $A_k(\vec{r})$ 的近似值,其模拟结果如图 3-12 所示。

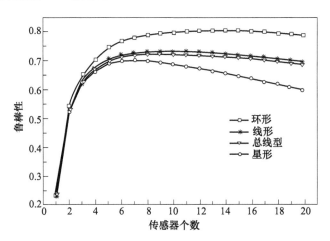

图 3-12　条形监测区域中不同拓扑结构的鲁棒性

从图 3-12 的模拟结果可以看出,在这种监测区域下,环形拓扑结构具有最高的鲁棒性而星形拓扑结构的鲁棒性最低。总线型拓扑的鲁棒性十分接近线形拓扑的鲁棒性但是稍低于线形,这是因为总线型拓扑的总线光纤长度与线形拓扑的长度相同,并且总线型拓扑的支线光纤非常短(5cm)。然而,这是忽略了传感器自身失效的情况所得到的结论,与线形拓扑不同,在总线型拓扑中,某个传感器失效不会影响其他传感器正常工作,所以若是考虑传感器自身失效的概率,总线型网络的鲁棒性应高于线形网络的鲁棒性。此外,当传感器的数目增大到一定程度后,每种拓扑结构的鲁棒性都有下降的趋势,其中又以星形拓扑结构的鲁棒性下降得最快,这说明在条形监测环境下,星形拓扑结构的确不是一个明智的选择。

3.3　鲁棒性评估模型的应用

为了使读者更加了解光纤传感网鲁棒性评估模型的具体使用过程,本节将该评估模型应用到几种拓扑结构中,包括线形、环形、星形、总线型基本拓扑结构及国外学者 Montserrat 等提出的同心双环拓扑结构,计算出它们鲁棒性的值,并引入蒙特卡罗方法对其误差进行分析,从而定量且直观地比较各拓扑结构之间鲁棒性的差异。

3.3.1　蒙特卡罗方法的误差分析

1. 蒙特卡罗方法概述

蒙特卡罗方法(Monte Carlo method)或者称蒙特卡罗实验(Monte Carlo experiment),是一类基于重复随机抽样实验的数值计算方法,它通常用于数学和物理系统中的计算机模拟。由于电子计算机提供了一种低成本的大样本随机抽样实验的方法,蒙特卡罗方法随着电子计算机的发明与发展得到了广泛的应用。蒙特卡罗方法非常适用于由确定性算法无法计算出精确解的情况,这种方法也经常用于补充完善理论推导。蒙特卡罗方法能够模拟多个耦合自由度的系统,如流体、无序材料、强耦合固体以及蜂窝结构。该方法也常被用于模拟具有不确定性投入的模型,如计算商业风险。在数学领域,蒙特卡罗方法的应用更为广泛,如评估多维复杂边界条件的定积分。此外,蒙特卡罗方法在空间探索、石油勘探、金融工程、宏观经济学、生物医学以及计算物理学等领域应用广泛。

在蒙特卡罗方法发明以前,人们使用仿真来测试确定性问题,而对于模拟中的不确定性因素则使用统计抽样来进行评估。蒙特卡罗方法完全颠覆了这种思想,用概率模型来解决确定性的问题。早期的一个蒙特卡罗方法的变种可以在"蒲丰投针实验"中初见端倪,其中 π 的值可以通过向地板上平行放置的条形木板上投掷针的实验估计出来。Enrico Fermi 在 20 世纪 30 年代首次尝试用蒙特卡罗方法研究种子扩散的问题,但他并没有发表相关的研究。40 年代,John von Neumann、Stanislaw Ulam 和 Nicholas Metropolis 在洛斯阿拉莫斯国家实验室研究核武器项目(曼哈顿计划)时,发明了蒙特卡罗方法。以蒙特卡罗命名,是因为 Ulam 的叔叔经常在著名的蒙特卡罗赌场输光自己的钱,而蒙特卡罗方法正是以概率为基础的方法。蒙特卡罗方法不尽相同,但都遵循特定的模式,即首先定义一个可能的输入域,然后在这个域内随机生成服从某种概率分布的输入值,对这些输入值执行确定性的计算,最后整合计算结果。

蒙特卡罗方法的基本思想是:首先将所求解的问题转化为某种随机分布的特征数,如某随机事件发生的概率或者某随机变量的期望值;然后进行大量的随机抽样实验,计算该随机事件发生的频率,或某个抽样的平均值,以随机事件发生的频率估计其发生的概率,或者以抽样的平均值估算随机变量的期望值,并将其作为问题的解,即

$$\langle g \rangle = \int_0^\infty g(r) f(r) \mathrm{d}r \qquad (3\text{-}21)$$

其中,$f(r)$是分布密度函数,$g(r)$是随机变量。

通过大量实验,得到 N 个样本值 $r_1, r_2, \cdots, r_N$,将相应的 N 个随机变量的值 $g(r_1), g(r_2), \cdots, g(r_N)$ 的算术平均值 $\bar{g}_N = \frac{1}{N} \sum_{i=1}^{N} g(r_i)$ 作为该积分的估计值。

2. 误差分析

蒙特卡罗方法的基础是概率与统计理论中的大数定律和中心极限定理。大数定律反映了大量随机数之和的性质。如果函数 h 在$[a, b]$区间,以均匀的概率分布密度随机地选取 n 个数 $u_1, \cdots, u_i, \cdots, u_n$,对每个 u_i 计算出函数值 $h(u_i)$,根据大数定律,这些函数值之和除以 n 所得的值将收敛于函数 h 的期望值,即

$$\lim_{n \to \infty} \frac{1}{n} \sum_{i=1}^{n} h(u_i) \equiv \lim_{n \to \infty} I_n = \frac{1}{b-a} \int_a^b h(u) \mathrm{d}u \equiv I \qquad (3\text{-}22)$$

大数定律表明:如果抽取的随机样本足够多,那么通过蒙特卡罗方法计算得到的积分的估计值总是收敛于该积分的正确值。若要研究收敛的程度,并作出各种误差分析,则要用到中心极限定理。

中心极限定理说明了当抽样数 n 有限且足够大时蒙特卡罗估计值的分布情况。中心极限定理指出:无论随机变量的分布如何,它的若干个独立随机变量抽样值之和总是满足正态分布。假设有一个随机变量 η,它满足分布密度函数 $f(x)$,如果将 n 个满足分布密度函数 $f(x)$ 的独立随机数相加,即 $R_n = \eta_1 + \eta_2 + \cdots + \eta_n$,则 R_n 满足高斯分布,高斯分布可以用给定的期望值 μ 和方差 σ^2 完全确定下来,通常用 $N(\mu, \sigma^2)$ 来表示:

$$N(\mu, \sigma^2) = \frac{1}{\sigma \sqrt{2\pi}} \exp[-(x-\mu)^2 / (2\sigma^2)] \qquad (3\text{-}23)$$

根据中心极限定理可以给出蒙特卡罗估计值的偏差。

下面采用蒙特卡罗方法,分析使用光纤传感网的鲁棒性评估模型计算鲁棒性数值时的误差。

在计算传感网的鲁棒性数值时,由于网络的覆盖率表达式为

$$A_k(\vec{r}) = \frac{\int_R H_k(\vec{r}) \mathrm{d}\vec{r}}{\int_R \mathrm{d}\vec{r}} \tag{3-24}$$

该公式不能用解析方法求得,但可以用蒙特卡罗方法计算其估计值。每一次蒙特卡罗实验都是抽取监测区域内的一个点,判断该样本点处的 $C_k(\vec{r})$ 是否大于阈值 γ。用蒙特卡罗的估计值 A_e 代替覆盖率 $A_k(\vec{r})$:

$$A_e = \frac{1}{N} \sum_{i=1}^{N} H_k(\vec{r}_i) \tag{3-25}$$

其中, $H_k(\vec{r}_i) = \begin{cases} 1, & C_k(\vec{r}_i) \geqslant \gamma \\ 0, & C_k(\vec{r}_i) < \gamma \end{cases}$; $\vec{r}_i$ 是第 i 个传感器的位置; N 是样本数,即蒙特卡罗的实验次数。 $H_k(\vec{r}_i)$ 服从二项分布 $B(N, A_r)$, A_r 是 $A_k(\vec{r})$ 的真实值,所以均值和方差为 $\mu = A_r, \sigma^2 = A_r(1 - A_r)$。当 N 非常大时(计算时实验次数为 $N = 2500$),根据中心极限定理:

$$\frac{\sum_{i=1}^{N} H_k(\vec{r}_i) - NA_r}{\sqrt{NA_r(1 - A_r)}} \sim N(0,1) \tag{3-26}$$

可以得到

$$P\left\{-z_{\alpha/2} < \frac{NA_e - NA_r}{\sqrt{NA_r(1 - A_r)}} < z_{\alpha/2}\right\} = 1 - \alpha \tag{3-27}$$

这个公式可以改写为

$$P\{(N + z_{\alpha/2}^2)A_r^2 - (2NA_e + z_{\alpha/2}^2)A_r + NA_e^2 < 0\} \approx 1 - \alpha \tag{3-28}$$

得

$$P\{p_1 < A_e < p_2\} = 1 - \alpha \tag{3-29}$$

其中, $p_1 = \frac{-b - \sqrt{b^2 - 4ac}}{2a}$, $p_2 = \frac{-b - \sqrt{b^2 + 4ac}}{2a}$, $a = N + z_{\alpha/2}^2$, $b = -(2NA_e + z_{\alpha/2}^2)$, $c = NA_e^2$。当 N 非常大时,置信区间几乎是对称的,因此在置信水平 $1 - \alpha$ 下, A_e 的误差可以表示为

$$\delta = \frac{\sqrt{b^2 - 4ac}}{2a} \tag{3-30}$$

又因为鲁棒性的表达式为 $U = \sum_{k=1}^{2^n} A_k(\vec{r}) \cdot P(\vec{W}_k)$,所以鲁棒性数值的误差可以表

示为

$$\delta_U = \left\{ \sum_k \left[P(\vec{W_k}) \cdot \delta_k \right]^2 \right\}^{1/2} \tag{3-31}$$

3.3.2　基本拓扑结构的鲁棒性计算

1. 基本环境的设置

为了检验鲁棒性评估模型的有效性，将该评估模型应用到四个传感器组成的简单传感系统中，传感器分别连接成线形、环形、星形、总线型四种基本拓扑结构，计算并比较这几种拓扑结构的鲁棒性数值。

四个 FBG 传感器（S_1、S_2、S_3、S_4），每一个传感器都可能有工作或者失效两种状态：

$$S_i = \begin{cases} 1, & \text{传感器工作} \\ 0, & \text{传感器失效} \end{cases}, \quad i = 1, 2, 3, 4$$

该网络的工作状态用 $\vec{W_k} = (S_1, S_2, S_3, S_4)$，$k = 1 + \sum\limits_{i=1}^{4} S_i \cdot 2^{i-1}$ 表示，共有 $2^4 = 16$ 种情况，其中 k 的取值从 1 到 16，每一个 k 值均唯一对应一种传感系统的工作状态组合，k 与 $\vec{W_k}$ 的对应关系如表 3-1 所示。

表 3-1　k 和 $\vec{W_k}$ 取值的对应关系

k	$\vec{W_k}$			
	S_4	S_3	S_2	S_1
1	0	0	0	0
2	0	0	0	1
3	0	0	1	0
4	0	0	1	1
⋮	⋮	⋮	⋮	⋮
16	1	1	1	1

假设监测区域为 $1\text{m} \times 1\text{m}$ 的正方形区域，将监测区域平均分成四个 $0.5\text{m} \times 0.5\text{m}$ 的小正方形，在每个小正方形的中心放置一个传感器。假设传感器之间都以最短的直线距离连接，1cm 光纤完好的概率是 0.999。$A_k(\vec{r})$ 的值采用蒙特卡罗方法计算，每次蒙特卡罗实验都在监测区域内随机选取 2500 个样本点。阈值 γ 取为 0.8，衰减系数取值为 0.04，在这些模拟环境下，下面分别计算各拓扑结构的鲁棒性数值。

2. 鲁棒性的计算

1）线形拓扑结构

由于线形拓扑结构的特殊性，此网络中四个传感器的工作状态的组合只有五种，编号为 $W_l(l=0,1,2,3,4)$，W_l 表示网络中有 l 个传感器工作的情况，工作的 l 个传感器必然是最靠近光源的 l 个传感器。根据如前所述的 $\overrightarrow{W}_k$ 编号方式，W_l 状态等同于 $\overrightarrow{W}_k$ $\left(k=1+\sum\limits_{i=1}^{l}2^{i-1}=2^l\right)$，即 $\overrightarrow{W}_{2^l}$。根据线形拓扑结构鲁棒性的表达式，W_l 发生的概率及计算出的覆盖率 A_k 值如表 3-2 所示。

表 3-2　线形拓扑结构计算出的参数值

W_l	$\overrightarrow{W}_k$	S_4	S_3	S_2	S_1	$P(W_l)$	A_k
W_0	$\overrightarrow{W}_1$	0	0	0	0	0.0952	0
W_1	$\overrightarrow{W}_2$	0	0	0	1	0.0441	0.0092
W_2	$\overrightarrow{W}_4$	0	0	1	1	0.0420	0.0707
W_3	$\overrightarrow{W}_8$	0	0	1	1	0.0399	0.2661
W_4	$\overrightarrow{W}_{16}$	1	1	1	1	0.7787	0.5525

根据误差分析，可以计算出在置信水平 $1-\alpha=0.99$ 下，线形拓扑结构的鲁棒性数值为

$$U_{\text{Line}}=\sum_{l=0}^{4}A_{2^l}\cdot P(W_l)=0.4442\pm1.99\times10^{-4} \tag{3-32}$$

2）环形拓扑结构

对应于环形拓扑结构的一般分析，网络中所有的光纤完好、或者 F_0 完好但其他光纤中有一根断开，都能保证所有传感器处于工作状态 $\overrightarrow{W}_{16}$，此种工作状态发生的概率为

$$P(\overrightarrow{W}_{16})=\left(1+\sum_{b=1}^{5}\frac{1-p_b}{p_b}\right)\prod_{j=0}^{5}p_j \tag{3-33}$$

根据环形拓扑结构的一般表达式，工作状态 $W_{h,l}$ 发生的概率可以表示为

$$P(W_{h,l})=\begin{cases}(1-p_h)(1-p_{l+1})\prod\limits_{j=0}^{h-1}p_j\prod\limits_{j=l+2}^{5}p_j, & 1\leqslant h\leqslant l<4 \\ (1-p_0)+p_0(1-p_1)(1-p_5), & h=1,l=4 \\ (1-p_h)(1-p_5)\prod\limits_{j=0}^{h-1}p_j, & 1<h\leqslant l=4\end{cases} \tag{3-34}$$

如前所述，状态 $W_{h,l}$ 表示网络中编号为 $h,h+1,h+2,\cdots,l$ 的传感器处于失效

状态,其他传感器处于正常工作状态。$W_{h,l}$ 状态等同于状态 $\vec{W}_k\left(k=2^4-\sum\limits_{i=h}^{l}2^{i-1}=2^4+2^{h-1}-2^l\right)$,即 $\vec{W}_{2^4+2^{h-1}-2^l}$,各状态发生的概率及计算出的覆盖率 A_k 值如表 3-3 所示。

表 3-3　环形拓扑结构计算出的参数值

$W_{h,l}$	$\vec{W}_k$	S_4	S_3	S_2	S_1	$P(W_{h,l})$	A_k
$W_{1,1}$	$\vec{W}_{15}$	1	1	1	0	0.001012	0.266052
$W_{1,2}$	$\vec{W}_{13}$	1	1	0	0	0.001064	0.070742
$W_{1,3}$	$\vec{W}_9$	1	0	0	0	0.001118	0.009227
$W_{1,4}$	$\vec{W}_1$	0	0	0	0	0.049375	0
$W_{2,2}$	$\vec{W}_{14}$	1	1	0	1	0.002049	0.266052
$W_{2,3}$	$\vec{W}_{10}$	1	0	0	1	0.002154	0.03614
$W_{2,4}$	$\vec{W}_2$	0	0	0	1	0.001118	0.009227
$W_{3,3}$	$\vec{W}_{12}$	1	0	1	1	0.002049	0.266052
$W_{3,4}$	$\vec{W}_4$	0	0	1	1	0.001064	0.070742
$W_{4,4}$	$\vec{W}_8$	0	1	1	1	0.001012	0.266052
—	$\vec{W}_{16}$	1	1	1	1	0.927986	0.55248

由此可以计算出,在置信水平 $1-\alpha=0.99$ 下,环形拓扑结构的鲁棒性数值为

$$U_{\text{Loop}}=A_{16}P(\vec{W}_{16})+\sum_{1\leqslant h\leqslant l\leqslant 4}A_{2^4+2^{h-1}-2^l}\cdot P(W_{h,l})$$
$$=0.5101\pm 2.40\times 10^{-4} \tag{3-35}$$

3) 星形拓扑结构

对于星形拓扑结构,将星形耦合器置于四个传感器的中心。星形拓扑结构中可能发生的工作状态包括所有的 $2^4=16$ 种,根据一般表达式,工作状态 $\vec{W}_k$ 发生的概率为

$$P(\vec{W}_k)=\begin{cases}(1-p_0)+p_0\prod\limits_{j=1}^{4}(1-p_j), & k=1 \\ p_0\prod\limits_{j=1}^{4}p_j^{S_j}(1-p_j)^{1-S_j}, & 2\leqslant k\leqslant 16\end{cases} \tag{3-36}$$

各状态发生的概率及计算出的覆盖率 A_k 值如表 3-4 所示。

表 3-4　星形拓扑结构计算出的参数值

$\vec{W}_k$	S_4	S_3	S_2	S_1	$P(W_l)$	A_k
$\vec{W}_1$	0	0	0	0	0.048815073	0
$\vec{W}_2$	0	0	0	1	0.000282385	0.00922722

续表

$\vec{W}_k$	S_4	S_3	S_2	S_1	$P(W_l)$	A_k
$\vec{W}_3$	0	0	1	0	0.000282385	0.00922722
$\vec{W}_4$	0	0	1	1	0.003851999	0.070742022
$\vec{W}_5$	0	1	0	0	0.000282385	0.00922722
$\vec{W}_6$	0	1	0	1	0.003851999	0.070742022
$\vec{W}_7$	0	1	1	0	0.003851999	0.036139946
$\vec{W}_8$	0	1	1	1	0.052544957	0.266051519
$\vec{W}_9$	1	0	0	0	0.000282385	0.00922722
$\vec{W}_{10}$	1	0	0	1	0.003851999	0.036139946
$\vec{W}_{11}$	1	0	1	0	0.003851999	0.070742022
$\vec{W}_{12}$	1	0	1	1	0.052544957	0.266051519
$\vec{W}_{13}$	1	1	0	0	0.003851999	0.070742022
$\vec{W}_{14}$	1	1	0	1	0.052544957	0.266051519
$\vec{W}_{15}$	1	1	1	0	0.052544957	0.266051519
$\vec{W}_{16}$	1	1	1	1	0.716763568	0.552479815

由此可以计算出，在置信水平 $1-\alpha=0.99$ 下，星形拓扑结构的鲁棒性数值为

$$U_{\text{Star}} = \sum_{k=1}^{16} A_k \cdot P(\vec{W}_k) = 0.4574 \pm 1.85 \times 10^{-4} \tag{3-37}$$

4）总线型拓扑结构

总线型拓扑结构中，假设总线沿着监测区域的中线穿过。总线型拓扑结构中可能发生的工作状态包括所有的 $2^4=16$ 种，根据一般表达式，工作状态 $\vec{W}_k$ 发生的概率为

$$P(\vec{W}_k) = \begin{cases} (1-p_0) + p_0 f(1), & k=1 \\ f(m+1)p_0 \prod_{i=1}^{m} p_{2i-1} p_{2i}^{S_i}(1-p_{2i})^{1-S_i}, & k=2,3,4,\cdots,16 \end{cases} \tag{3-38}$$

其中

$$f(l) = \begin{cases} (1-p_{2l-1}) + \sum_{i=l+1}^{n} \left[(1-p_{2i-1}) \prod_{j=l}^{i-1} p_{2j-1}(1-p_{2j}) \right] + \prod_{j=l}^{n} p_{2j-1}(1-p_{2j}), \\ \qquad\qquad\qquad\qquad\qquad\qquad\qquad\qquad\qquad 1 \leqslant l \leqslant n-1 \\ (1-p_{2n-1}) + p_{2n-1}(1-p_{2n}), \\ \qquad\qquad\qquad\qquad\qquad\qquad\qquad\qquad\qquad l=n \end{cases}$$

$$\tag{3-39}$$

其中，$m = \max(i \cdot S_i)$，$i=1,2,3,4$，即 h 为所有正常工作的传感器的编号中最大者。根据给出的 f 函数通项公式，各状态发生的概率及计算出的覆盖率 A_k 值如表 3-5 所示。

表 3-5　总线型拓扑结构计算出的参数值

$\vec{W}_k$	S_4	S_3	S_2	S_1	$P(W_l)$	A_k
$\vec{W}_1$	0	0	0	0	0.04882303	0
$\vec{W}_2$	0	0	0	1	0.001131499	0.00922722
$\vec{W}_3$	0	0	1	0	0.001131499	0.00922722
$\vec{W}_4$	0	0	1	1	0.044673932	0.070742022
$\vec{W}_5$	0	1	0	0	1.33×10^{-5}	0.00922722
$\vec{W}_6$	0	1	0	1	0.000525167	0.070742022
$\vec{W}_7$	0	1	1	0	0.000525167	0.036139946
$\vec{W}_8$	0	1	1	1	0.020734693	0.266051519
$\vec{W}_9$	1	0	0	0	1.33×10^{-5}	0.00922722
$\vec{W}_{10}$	1	0	0	1	0.000525167	0.036139946
$\vec{W}_{11}$	1	0	1	0	0.000525167	0.070742022
$\vec{W}_{12}$	1	0	1	1	0.020734693	0.266051519
$\vec{W}_{13}$	1	1	0	0	0.000525167	0.070742022
$\vec{W}_{14}$	1	1	0	1	0.020734693	0.266051519
$\vec{W}_{15}$	1	1	1	0	0.020734693	0.266051519
$\vec{W}_{16}$	1	1	1	1	0.818648829	0.552479815

可以计算出,在置信水平 $1-\alpha=0.99$ 下,总线型拓扑结构的鲁棒性数值为

$$U_{\text{Bus}} = \sum_{k=1}^{16} A_k \cdot P(\vec{W}_k) = 0.4533 \pm 2.10 \times 10^{-4} \qquad (3\text{-}40)$$

将四种拓扑结构的鲁棒性数值统计在表 3-6 中。

表 3-6　四种拓扑结构的鲁棒性数值

拓扑结构	线形	环形	星形	总线型
鲁棒性	0.4442	0.5101	0.4574	0.4533
误差	1.99×10^{-4}	2.40×10^{-4}	1.85×10^{-4}	2.10×10^{-4}

由表 3-6 可以看出,在此种模拟环境下,环形拓扑结构的鲁棒性稍优于其他拓扑结构,线形拓扑的鲁棒性数值最低,星形与线形拓扑的鲁棒性相差不大。

5) 双环拓扑结构网络

由上述分析可知,环形拓扑结构相对于线形拓扑结构,由于冗余光路径的引入,显著地提高了传感网的鲁棒性。然而,环形拓扑结构的抗损毁冗余度也有限,只能承受一个链接光纤的断点,所以当网络规模进一步增大或传感器的数目进一步增加时,普通的环形拓扑网络结构已经不能满足对网络高鲁棒性的要求,具有更

高抗损毁冗余度的网络拓扑结构成为必要。Montserrat 等提出的同心双环拓扑结构正是这样一种高冗余度、高鲁棒性的结构。

如图 3-13 所示,分光比为 95:5 的宽带定向耦合器形成内环和外环的骨架,由 1km 的普通单模光纤连成环路,光纤传感器通过 90:10 的光耦合器分别与外环和内环连接,1×2 光开关的作用是实现光源信号在内外环间的切换。当正常工作时,拉曼放大器不工作,外环分得的信号功率高,内环分得的功率十分低,保持低功耗,接收器能接收到来自内外环的两组传感信号,通常选择一组进行处理,另外一组舍弃;当外环出现故障时,开关将光源信号引入内环,同时拉曼放大器开始工作,内环的功率被放大,内环正常工作。这样设计既节省了能量,又能在线路出现故障时维持正常的传感功能。

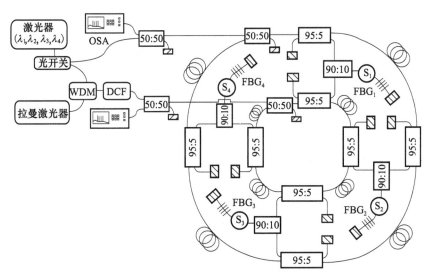

图 3-13 双环形拓扑结构的实验装置[45]

WDM-波分复用器;OSA-光谱分析仪;DCF-色散补偿光纤

针对这种双环结构,将鲁棒性评估模型应用到双环结构之中,计算其鲁棒性数值,其中模拟环境及参数取值与四种基本拓扑结构相同,1cm 光纤完好的概率是 0.999,每次蒙特卡罗实验都在监测区域内随机选取 2500 个样本点,阈值 γ 取为 0.8,衰减系数取值为 0.04。相对于前面提到的四种基本拓扑结构,该网络结构较为复杂,本节采用 MATLAB 编程计算各网络状态发生的概率,进而计算出该传感网的鲁棒性,其程序流程图如图 3-14 所示。

首先根据输入参数(包括单位长度光纤的断开概率、传感器布放位置、光纤连接方式等)计算出每根光纤的断开概率;枚举网络工作状态时,对每根光纤和传感器进行了编号,根据网络的拓扑结构,定义专用的函数,使用逻辑运算来根据光纤

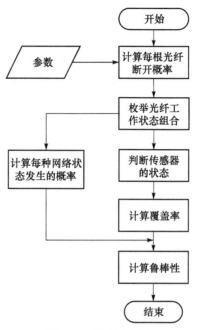

图 3-14　程序流程图

状态组合决定每一个传感器能否正常工作;使用蒙特卡罗实验,计算每个采样点的监测能力,结合有效监测判断阈值,统计出监测有效的采样点所占比例,可以得出整个区域的覆盖率;同时,计算出该网络工作状态发生的概率。由此可以得到网络覆盖率的概率分布,网络覆盖率的数学期望即鲁棒性,计算结果如表 3-7 所示。

表 3-7　双环形拓扑结构计算出的参数值

$\vec{W}_k$	S_4	S_3	S_2	S_1	$P(W_l)$	A_k
$\vec{W}_1$	0	0	0	0	0.000000497271609	0
$\vec{W}_2$	0	0	0	1	0.000015959799061	0.00922722
$\vec{W}_3$	0	0	1	0	0.000000472321026	0.00922722
$\vec{W}_4$	0	0	1	1	0.000069135490314	0.070742022
$\vec{W}_5$	0	1	0	0	0.000007966751813	0.00922722
$\vec{W}_6$	0	1	0	1	0.000033862703472	0.070742022
$\vec{W}_7$	0	1	1	0	0.000053815374610	0.036139946
$\vec{W}_8$	0	1	1	1	0.010070019930848	0.266051519
$\vec{W}_9$	1	0	0	0	0.000013908776738	0.00922722
$\vec{W}_{10}$	1	0	0	1	0.000058655490262	0.036139946
$\vec{W}_{11}$	1	0	1	0	0.000026468582667	0.070742022

续表

$\vec{W}_k$	S_4	S_3	S_2	S_1	$P(W_l)$	A_k
$\vec{W}_{12}$	1	0	1	1	0.003253892836155	0.266051519
$\vec{W}_{13}$	1	1	0	0	0.000037197099456	0.070742022
$\vec{W}_{14}$	1	1	0	1	0.001866854017337	0.266051519
$\vec{W}_{15}$	1	1	1	0	0.003322269852266	0.266051519
$\vec{W}_{16}$	1	1	1	1	0.981169023702366	0.552479815

可以计算出,在置信水平 $1-\alpha=0.99$ 下,双环形拓扑结构的鲁棒性数值为 $0.5472\pm1.76\times10^{-4}$。可以看出,双环形拓扑结构比单环拓扑的鲁棒性更高。由表 3-7 可以看出,除了网络状态 $\vec{W}_{16}$,其他状态发生的概率都非常低,$\vec{W}_{16}$ 发生的概率接近于 1,这说明双环形拓扑结构的冗余度非常高,几乎总能保持所有的传感器都处于正常工作的状态,进而也就具有较高的鲁棒性。

3.3.3　鲁棒性评估实验

将鲁棒性评估模型应用于基于光纤光栅传感器(FBG)的用于热源监控的光纤传感网,搭建鲁棒性评估实验平台,利用光纤传感网鲁棒性评估模型对实际组建光纤传感网进行指导,系统结构如图 3-15 所示。实验总体思想是:当对铝板上某一点进行点加热时,利用 8 个 FBG 组建的光纤传感网实现对 $1m\times1m$ 铝板的整体温度变化进行监测,同时利用光纤传感网鲁棒性模型对该传感网的鲁棒性进行计算及检测,将该模型与实际应用相结合,作为设计光纤传感网时寻求最优传感器密度、拓扑结构和安装方案的参考。

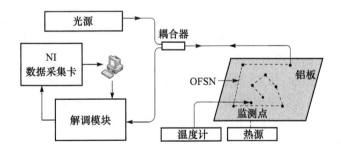

图 3-15　鲁棒性评估实验系统结构图

如图 3-15 所示,系统由一个 ASE 宽带光源、光隔离器、Micron Optics 公司的可调光纤 F-P 滤波器、EOS 的 IGA-010-TE2-H 型光电探测器(PD)、NI 公司的 USB-6251 数据采集卡和一台计算机组成。其中 ASE 光源的带宽为 $1525\sim1567nm$,可调 F-P 滤波器的工作范围为 $1520\sim1570nm$,3dB 带宽为 10.7pm。

FBG 传感器反射的不同波长光信号经可调 F-P 滤波器后由光电探测器接收。光电探测器将输入光信号转换成电信号,并由 USB-6251 采集卡采集。

在实验过程中,用热风枪作为热源在实验点所在位置的铝板的背面对实验点进行加热,与此同时,在实验点的所在位置用温度计测量实验点的真实加热温度。热风枪的温度、风力、枪口与铝板之间的距离均可调,通过调节这三者可以形成不同的温度。温度仪的量程为 $-50 \sim 1300$℃,在 $-50 \sim 199$℃ 的测量范围内,测量精度为 0.1℃,在 $200 \sim 1300$℃ 的测量范围内,测量精度为 1℃。用记号笔将铝板的横、纵边平均分为 10 等份,加上铝板的边界,共有 100 个交点。以铝板的左下角为原点 (0,0),建立直角坐标系。

1. 参数实验

1) 阈值实验

阈值是鲁棒性评估中一个重要的参数,它由传感网对物理量的测量精度决定。在阈值实验开始之前,首先利用 MATLAB 仿真实验环境,在仿真中模拟热源对实验点加热,并按照之后实验布设 FBG 传感器的位置,在模拟中逐个增加传感器,利用鲁棒性模型计算不同传感器个数下传感网的鲁棒性数值,以确定能够有效监测 $1m \times 1m$ 的区域的传感器的个数。结果表明,至少需要 4 个传感器才能对 $1m \times 1m$ 的区域进行完全监测。因此,选用四个 FBG 和一个参考 FBG 来取得实验所需阈值。在之前所述的坐标系下,这四个中心波长分别为 1558.05nm、1543.88nm、1531.02nm 和 1553.89nm 的 FBG 传感器分别被放置在 (80,20)、(80,80)、(20,80) 和 (20,20),参考 FBG 中心波长为 1533nm 放置在远离实验台的位置,以确保其不受实验加热影响。阈值实验的实验点选在 (50,50) 处,在热风枪对其加热的同时,FBG 传感网通过测量不同位置的温度情况来预测 (50,50) 的温度变化,而被放置在 (50,50) 上的温度计则用来测量其真实的温度变化。采集 25 组数据,每组数据包括四个 FBG 传感器的中心波长的漂移量及 (50,50) 点的温度值,并利用 SVM 对采集的数据进行处理。从 25 组数据中随机选取 20 组数据用于训练 SVM,另外 5 组数据用于检测。用检测标准差的倒数来表示传感网的监测能力,即 $f = 1/\sqrt{MSE}$(MSE 为均方差)。由实验得到的阈值为 $\gamma = 0.81$。

2) 衰减系数实验

衰减系数是鲁棒性评估的另一个重要参数,它由传感网中光纤传感器的种类决定,由于本实验中传感器均是 FBG 传感器,所以衰减系数也均相同。由式 (3-1) 可知,选择一个 FBG 传感器作为衰减系数实验传感器,将传感器放置在 (65,50) 处,利用热风枪对 (50,50) 点加热,温度从 40.8℃ 升高到 130.0℃。采集 45 组数据,随机选择 35 组来训练 SVM,其余 10 组用于检测。与阈值实验相同,$f = 1/\sqrt{MSE}$。FBG 与实验点之间的距离为 $d = 15cm$。由式 (3-1) 可知,$\alpha = 0.0386$。

2. 鲁棒性实验

实验中选用 8 个 FBG 传感器来构建 FBG 传感网,其中心波长分别是 1558.05nm、1543.88nm、1531.02nm、1553.89nm、1545.91nm、1547.98nm、1551.85nm 和 1555.97nm。另选中心波长为 1533nm 的 FBG 作为参考 FBG,参考 FBG 远离实验台。在实验中,选择了 16 个实验点进行加热实验,实验点及 FBG 的布设位置如图 3-16 所示。

本节分别对线形、环形、星形和总线型四种不同拓扑结构的光纤传感网进行鲁棒性实验。四种拓扑结构的鲁棒性实验是分开的,每种结构的实验过程相同。在每种拓扑结构鲁棒性实验过程中,FBG 传感器及实验点的位置保持不变。每次实验均是用热风枪分别对 16 个实验点进行加热,每个实验点采集 25 组数据。

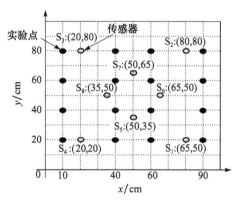

图 3-16　鲁棒性实验 FBG 传感器(灰色)及实验点(黑色)位置

实验选用 SVM 作为数据处理工具,数据处理过程与参数实验数据处理过程相同。因此,在每种拓扑结构鲁棒性实验中,都可以得到传感网监测能力数值 $f_i = 1/\sqrt{\mathrm{MSE}}$($i=1,2,\cdots,16$)。将这些监测能力数值分别与阈值实验得到的 $\gamma=0.81$ 进行比较,若 $f_i>\gamma$,则认为光纤传感网能够有效监测该实验点;若 $f_i<\gamma$,则认为传感网不能有效监测该实验点。将 16 个点中能够被传感网有效监测的点的数量在总监测点中所占比例近似为传感网实验的覆盖率。因此,覆盖率可以表示为 0,1/16,2/16,$\cdots$,1。

1cm 光纤完好的概率为 0.999,根据式(3-8),在实验和模型计算中 L_j 均取 1m,即 $p_j=0.905$。根据式(3-9)分别计算传感网不同工作状态出现的概率。为了体现传感网中传感器数量对鲁棒性的影响,在每种拓扑结构下,每次实验结束后取走传感网中的一个传感器,然后再次进行加热实验,实验过程与 8 个 FBG 的实验过程相同,传感器取走的顺序为 S_8、S_7、S_6、S_5、S_4、S_3、S_2、S_1。

图 3-17 分别为四种拓扑结构光纤传感网的鲁棒性实验结果与其仿真结果的比较结果。鲁棒性仿真中的衰减系数及阈值求取过程与参数实验过程相同,结果表明,无论是哪种拓扑结构,随着传感器数量的增加,实验鲁棒性与仿真鲁棒性的总体趋势基本相同。

图 3-18 为四种拓扑结构的实验鲁棒性比较结果,实验具体过程如图 3-19 所示。

由此可以看出,光纤传感网鲁棒性计算模型能够作为设计光纤传感网时寻求最优传感器密度、布设位置、拓扑结构和安装方案的参考,具有一定的实用价值。

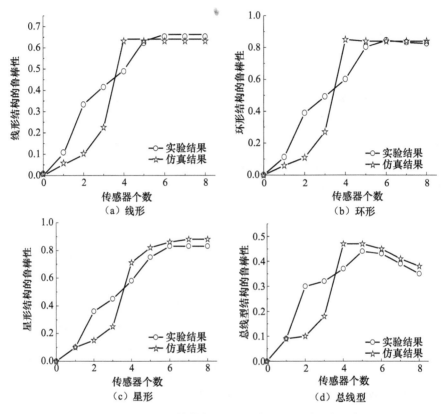

图 3-17　四种拓扑结构鲁棒性实验结果与仿真结果比较

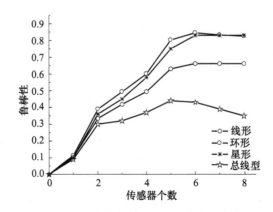

图 3-18　四种拓扑结构的实验鲁棒性比较结果

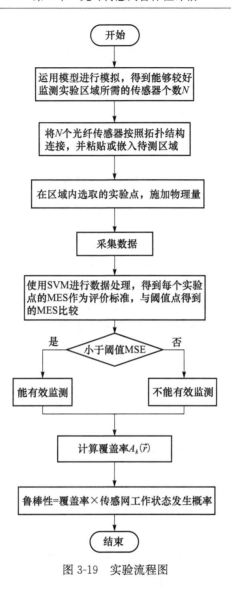

图 3-19　实验流程图

3.4　光纤传感网中传感器的优化布设

在网络科学和结构健康检测中,传感器优化布设是改善传感网络总体性能的常用手段,是网络研究中的一个重要领域。清华大学王雪等[110]提出了一种基于并行微粒群算法寻优传感器位置,从而实现无线传感网的动态重组方法;Cheng等[111]提出了一种基于中继器的传感器布设优化方法,当某一中继器负责的传感器要工作时,该中继器会发射一个特定功率来唤醒其负责的传感器;Tasker 实验组[112]从模态时域分析入手得到模态扰动的估计值,通过估计值的估计方差来确定监测网中传感器布设的适当位置;曹宗杰等[113]利用奇异值单元灵敏度提出了一种压电传感器优化布设方法;Shih 等[114]提出了一种基于二阶线性系统的可控性/可观性贡献及频率响应函数来优化布设传感器的方法。目前针对光纤传感网中传感器优化布设的研究大多采用某一具体结构,以结构本身为主体进行优化布设,本节从光纤传感网鲁棒性出发,以鲁棒性数学模型为基础,进行光纤传感网中传感器的优化布设,研究传感器间距优化计算方法及布设理论,介绍一维及二维光纤传感网中传感器的优化布设方法研究。

3.4.1　光纤传感网中传感器优化布设理论研究

根据传感网络鲁棒性模型,覆盖率作为传感网鲁棒性评估的重要组成部分,其主要是由传感网中传感器分布间距决定的,因此分析传感器的优化布设主要探讨的是传感器之间的间距范围及最优间距,通过分析光纤传感网传感器的分布间距来优化传感网的鲁棒性,实现传感器的优化布设,因此本节进行光纤传感网中间距范围和最优间距的分析[115]。

1. 一维光纤传感网中传感器间距范围

假设一个光纤传感器 S 位于坐标原点(0,0)上,而监测点 T 位于(x,y),由于传感器自身损坏的概率很低,所以在进行传感器间距优化时不考虑其自损坏这一情况。针对单个传感器的监测距离:

$$f = e^{-\alpha|\vec{r}_t - \vec{r}_s|} = e^{-\alpha\sqrt{x^2+y^2}} \tag{3-41}$$

其中,$\vec{r}_t$ 和 $\vec{r}_s$ 分别代表监测点和传感器的矢径;(x,y)为监测点 T 的坐标;α 为传感器 S 的衰减系数。

由评估模型中阈值函数的定义,若传感器 S 能够有效监测点 T,则

$$f = e^{-\alpha\sqrt{x^2+y^2}} \geqslant \gamma \tag{3-42}$$

设单个传感器的有效监测距离为 d_s,由式(3-42)则有

$$d_s = \sqrt{x^2 + y^2} = -\ln(\gamma/\alpha) \tag{3-43}$$

当传感网中包含两个同种类型的传感器时,其衰减系数均为 α,设传感器 1 位于(0,0)点,传感器 2 位于(x,y)。为了得到这两个传感器能够协作工作的最大间距,取两传感器所在直线的中点作为评估点 A 来评价两传感器监测能力随传感器间距增加的变化情况,评估点 A 的坐标为$(x/2,y/2)$。若两传感器对 A 的监测能力刚好等于阈值 γ,则说明两传感器达到了其最大间距 d_{max},因此根据传感网总体

监测能力公式:

$$f(\vec{r}_t) = 1 - \prod_{i=1}^{n}(1 - e^{-\alpha_i|\vec{r}_t - \vec{r}_i|} \times W_i) \tag{3-44}$$

通过式(3-44)有

$$\begin{cases} f = 1 - \prod_{i=1,2}(1 - e^{-\alpha|\vec{r} - \vec{r}_i|} \times W_i) \\ f = \gamma \end{cases} \tag{3-45}$$

设两传感器均能正常工作,则 $W_1 = W_2 = 1$,可得最大间距为

$$d_{max} = \sqrt{x^2 + y^2} = -2\ln[(1 - \sqrt{1-\gamma})/\alpha] \tag{3-46}$$

图 3-20 为 200cm×200cm 监测区域内两传感器的监测能力分布情况,设衰减系数 $\alpha = 0.0386$,阈值 $\gamma = 0.4$,则 $d_{max} = 76$cm,以区域中心为原点建立坐标系,两传感器坐标分别为(−38,0)及(38,0)。在监测区域内,若两传感器对于某一点的协同监测能力大于阈值,则视该点为有效监测点,如图中菱形方块点;否则不能监测,如图中其他形状的点。从图中可以看出,当两传感器间距刚好为 d_{max} 时,中点刚好能被这两传感器同时监测。

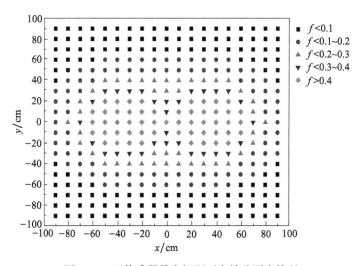

图 3-20　两传感器最大间距下有效监测点情况

如果传感网中两传感器间距过小,则网络中的传感器有效监测区域会出现重叠,导致网络中传感器的浪费,增大项目的实际开销。由此本节提出一个传感器最小间距 d_{min} 来避免这一浪费。由式(3-43)可知,单个传感器监测范围为 $d_s = -\ln(\gamma/\alpha)$,若不考虑两传感器的相互作用,则其最小间距可以为

$$d_{min} = 2d_s = -2\ln(\gamma/\alpha) \tag{3-47}$$

因此,传感网中两相邻同种类型传感器的间距为 $d_{(i-1)i} \in [d_{min}, d_{max}]$。由式(3-44)及式(3-47)可知,传感器间距范围由鲁棒性评估模型中的衰减系数 α 及阈值 γ 决定。图 3-21 为在相同监测区域内,当衰减系数 $\alpha = 0.0386$、阈值 γ 分别为 0.3 和 0.5 时,两传感器能够监测点的数量随两传感器间距增大的变化情况。不同的阈值下传感器间距范围并不相同,$\alpha = 0.0386$、$\gamma = 0.3$ 时两传感器间距范围为 $62\text{cm} \leqslant d \leqslant 93\text{cm}$;$\alpha = 0.0386$、$\gamma = 0.5$ 时,$35\text{cm} \leqslant d \leqslant 63\text{cm}$。

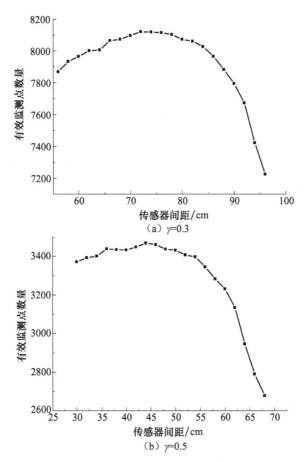

图 3-21　衰减系数 $\alpha = 0.0386$ 时不同阈值下有效监测点
数量与传感器间距的关系

图 3-22 为在相同监测区域内,当阈值一定即 $\gamma = 0.4$、衰减系数 α 分别为 0.03 和 0.045 时,两传感器在监测区域内能够监测点的数量随两传感器间距增大的变化情况。当 $\alpha = 0.03$、$\gamma = 0.4$ 时两传感器间距范围为 $61\text{cm} \leqslant d \leqslant 99\text{cm}$;当 $\alpha = 0.045$、$\gamma = 0.4$ 时,$40\text{cm} \leqslant d \leqslant 66\text{cm}$。

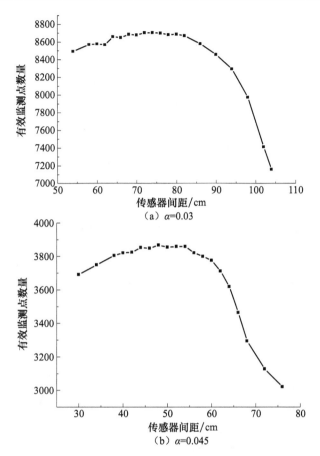

（a）α=0.03

（b）α=0.045

图 3-22　阈值 γ=0.4 时不同衰减系数下有效监测点数量与传感器间距的关系

对于一维光纤传感网,传感器在组网时多是排布在一条直线上。这类传感网适用于带状监测区域,监测区域的宽度由网络中传感器的监测能力决定。一维光纤传感网的研究是二维及更复杂的光纤传感网理论研究的基础。在长度 $L=400$cm、宽度 $D=50$cm 的监测区域内布设一维线形光纤传感网,网络中传感器均匀分布,如图 3-23 所示。

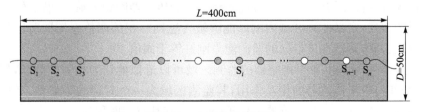

图 3-23　一维光纤传感网

　　将这一区域等分成规格为 $1cm \times 1cm$ 的小正方形,采集每个小正方形的顶点作为监测点,总点数为 20451,选取温度作为监测物理量。若传感网中传感器均为 FBG 传感器,则衰减系数 $\alpha = 0.0386$,设阈值 $\gamma = 0.4$,由式(3-46)及式(3-47)得 $d_{max} = 76cm$,$d_{min} = 46cm$,$d_{(i-1)i} \in [46cm, 76cm]$,这里不考虑功率均衡、网络容限等问题。为强调传感器距离对鲁棒性的影响,传感网中连接光纤长度均为 1m,设 1cm 长的光纤正常传输光信号的概率为 0.999,则每根连接光纤能够正常传输光信号的概率为 0.905。图 3-24 为一维传感网鲁棒性及网络中传感器数量随传感网中相邻两传感器的间距增加的变化情况。结果表明,当监测面积固定时,传感器数量随相邻传感器间距的增大而减少,而网络鲁棒性首先随着间距的增加而增大,当传感器间距增大到一定程度时,鲁棒性达到最优随后呈下降趋势,当传感器间距超过传感器间距范围的最大值时,传感网鲁棒性快速衰减。

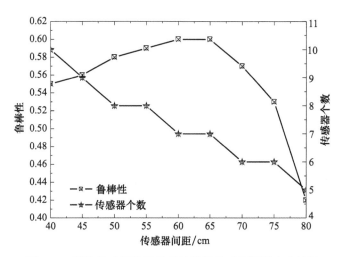

图 3-24　网络传感器数量及鲁棒性随传感器间距变化情况

2. 一维光纤传感网中传感器最优间距

　　由图 3-24 可知,当光纤传感网中相邻传感器间距增大到一定程度时,传感网具有最优鲁棒性,因此定义具有最优鲁棒性时的传感器间距为最优间距 d_{opt}。为方便之后的叙述,定义监测区域内刚好能够被传感网中相邻两传感器同时监测的点为阈值点(两传感器在该点处的监测能力刚好等于阈值 γ)。

　　由式(3-43)可知,单个传感器的监测区域可以近似地认为是一个圆形,但是两个传感器时,由于传感器的相互作用,其监测区域为一个对称的不规整二维区域,设传感器 1 位于 $(x_1, 0)$,传感器 2 位于 $(x_2, 0)$,则其监测面积为

$$\int 1-(1-e^{-\alpha\sqrt{(x-x_1)^2+(y-y_1)^2}})(1-e^{-\alpha\sqrt{(x-x_2)^2+(y-y_2)^2}}) \geqslant \gamma$$

$$\& \ 1-(1-e^{-\alpha\sqrt{(x+\Delta x-x_1)^2+(y+\Delta y-y_1)^2}})(1-e^{-\alpha\sqrt{(x+\Delta x-x_2)^2+(y+\Delta y-y_2)^2}}) < \gamma dl$$

$$(3\text{-}48)$$

这一面积积分很难用数值求解的方法进行求解,因此将求解面积问题变换成讨论不同方向上阈值点坐标变化快慢的情况。图 3-25 为两传感器的有效监测区域随两传感器间距从 20cm 增加到 70cm 的变化情况。图中不同线型的曲线代表不同传感器距离下的监测区域,每条曲线均是由在该传感器距离下的阈值点组成的。

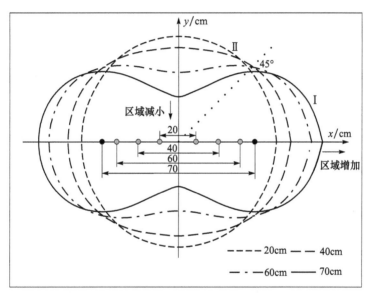

图 3-25　有效监测区域随传感器间距变化情况

若两传感器均位于 x 轴上,且将两传感器的中垂线设置为 y 轴,如图 3-25 所示,传感器的有效监测区域是对称的,由此可以仅分析位于第一象限内的监测区域,其他三个象限内的区域变化情况与第一象限内的变化情况基本相同。由图 3-25 可知,第一象限内的有效监测区域曲线两两相交于 45°方向附近,由此在 45°方向上作一条过原点的直线,这一直线作为监测区域面积由增到减的过渡线,其将监测范围分为两个区域:区域 I 是从 x 轴到 45°线;区域 II 是从 45°线到 y 轴。随着传感器间距的不断增加,区域 I 内的监测面积不断增大,而相反区域 II 内的监测面积不断缩减,其中 x 轴和 y 轴上两传感器能够监测最远距离的变化分别是监测区域内随传感器间距增大而增加或减少最为剧烈的两个方向。最初,当相邻两传感器距离从 20cm 开始增加时,y 轴上监测区域的缩减量小于 x 轴上监测区域的增加量,两传感器的监测区域面积增加。随着传感器间距的不断增大，y 轴上监测区域的缩减会不断加剧，而 x 轴上监测区域的增加会减缓。一旦两坐标轴上的监测区域变化趋势相同，则监测区域面积不再扩大，开始呈现一个下滑的趋势。当 x 轴上监测区域的增加量等于 y 轴上监测区域的缩减量时，两传感器的监测区域达到最大，而这时的传感器间距即之前所定义的最优间距 d_{opt}。虽然采用这种方法取代两传感器监测面积的直接数值求解，但事实上 y 轴上监测区域的缩减量及 x 轴上监测区域的增加量均是未知量。如果选择 y 轴作为 x 轴上两传感器的评估方向，则能够用两传感器在 y 轴上的监测阈值点的移动量代替沿 y 轴方向的监测区域面积缩减量，但沿 x 轴的监测区域面积增加量仍为未知量，这也为求取最优间距 d_{opt} 带来了新的麻烦。由于两传感器沿着 x 轴移动，当传感器移动一极小的距离时，这一移动距离可以近似为沿 x 轴的监测区域面积的增加量。

假设 x 轴上有两个传感器，传感器 1 位于 $(x_1, 0)$，沿 x 轴向远离传感器 1 的方向移动传感器 2，直到两传感器的监测区域达到最大。将两传感器监测区域与两传感器的中垂线的交点设为点 P，若当监测区域面积达到最大时，传感器 2 的坐标为 $(x_2, 0)$ $(x_2 < x_1)$，则 P 点此时坐标为 (x_p, y)，$x_p = x_2 + d$，$d = (x_1 - x_2)/2$。由式 (3-45) 可知，当传感器数量 $n = 2$ 时，两传感器在 P 点的监测能力为

$$f = 1 - (1 - e^{-\alpha \sqrt{(x_1 - x_p)^2 + y^2}})(1 - e^{-\alpha \sqrt{(x_2 - x_p)^2 + y^2}}) \tag{3-49}$$

将式 (3-49) 分别对 d 和 y 进行求导得

$$f_d = -2\alpha(d^2 + y^2)^{-\frac{1}{2}} \cdot d \cdot e^{-\alpha \sqrt{d^2 + y^2}}(1 - e^{-\alpha \sqrt{d^2 + y^2}}) \tag{3-50}$$

$$f_y = -2\alpha(d^2 + y^2)^{-\frac{1}{2}} \cdot y \cdot e^{-\alpha \sqrt{d^2 + y^2}}(1 - e^{-\alpha \sqrt{d^2 + y^2}}) \tag{3-51}$$

其中，f_d 为两传感器在 x 轴上的微小移动量；f_y 为两传感器监测面积在 y 轴上的缩减量。令 $f_d = f_y$ 可得 $y = d$，代入式 (3-49) 得

$$d_{opt} = 2d = -\sqrt{2} \ln[(1 - \sqrt{1 - \gamma})/\alpha] \tag{3-52}$$

与传感器间距范围相同，传感器最优间距的大小也由鲁棒性数学模型中衰减系数及阈值决定。图 3-26 为传感器最优间距与两参数之间的关系，图 3-26(a) 为当阈值一定时最优间距随衰减系数的变化情况；图 3-26(b) 为当衰减系数一定时最优间距随阈值的变化情况。由图可见，随着两参数的增加，传感器间的最优间距逐渐减小。

表 3-8 为当阈值 $\gamma = 0.4$、衰减系数 $\alpha = 0.0386$ 时，两传感器能够监测的有效监测点的数量统计情况。由于 $\gamma = 0.4$、$\alpha = 0.0386$，则由式 (3-46)、式 (3-47) 及式 (3-52) 可知，传感器间距范围为 $[46cm, 76cm]$，最优间距 $d_{opt} = 55cm$。

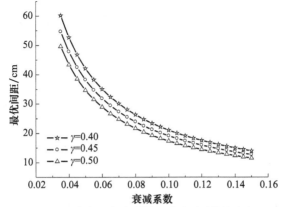

（a）阈值一定时最优间距与衰减系数的关系

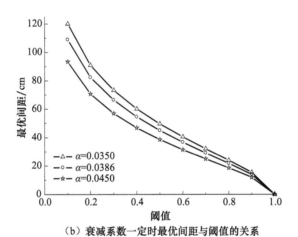

（b）衰减系数一定时最优间距与阈值的关系

图 3-26   最优间距与鲁棒性参数的关系

表 3-8   两传感器在间距范围内有效监测点数量统计

传感器间距/cm	监测点个数	传感器间距/cm	监测点个数	传感器间距/cm	监测点个数
45	5178	54	5231	63	5230
46	5179	55	5260	64	5205
47	5188	56	5259	65	5200
48	5213	57	5257	66	5183
49	5202	58	5243	67	5180
50	5205	59	5254	68	5161
51	5242	60	5255	69	5138
52	5239	61	5256	70	5123
53	5236	62	5252	71	5092

传感器间距/cm	监测点个数	传感器间距/cm	监测点个数	传感器间距/cm	监测点个数
72	5043	74	4939	76	4805
73	4998	75	4892	77	4718

由表 3-8 可知,当两传感器间距在最优间距附近时,其能够监测到的点的数量最多,由于在求取两传感器最优间距的过程中采用了近似的手法来处理 x 轴上的增加量及 y 轴的缩减量,则在布设传感器时,只要在最优间距附近,传感网的监测面积就能够达到优化程度。

图 3-27 为传感网鲁棒性随传感器间距增加的变化情况。模拟中的传感网布设及监测点选取与图 3-23 所示传感网鲁棒性模拟相同。

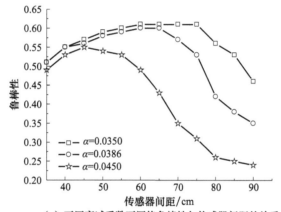

（a）不同衰减系数下网络鲁棒性与传感器间距的关系

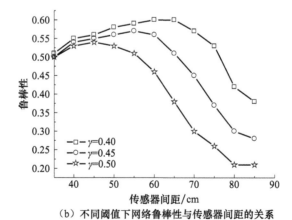

（b）不同阈值下网络鲁棒性与传感器间距的关系

图 3-27　光纤传感网鲁棒性与传感器间距的关系

如图 3-27 所示,在进行鲁棒性模拟时,无论衰减系数及阈值选取何值,鲁棒性总体趋势都是经历一个先增长后下降的过程,随着相邻两传感器间距从最小间距 d_{min} 增大到最优间距 d_{opt},网络鲁棒性呈现上升趋势;当相邻两传感器间距从最优间距 d_{opt} 增大到传感器最大间距 d_{max} 时,网络鲁棒性呈现下降趋势。在不同衰减系数及不同阈值下,相邻传感器的最优间距并不相同,其中阈值代表传感网对于所监测物理量的精度,衰减系数代表传感网中所选传感器类型及其所要监测的物理量,相同种类的传感器在监测同一种物理量时,其衰减系数相同,但若同种类型传感器监测不同种物理量,则其衰减系数也会有所不同。

3.4.2　一维光纤传感网中传感器优化布设

对于一维光纤传感网,其传感器多是置于一条直线上,此类传感网络适用于带状监测区域,其宽度由网络中传感器类型决定,若网络中单个传感器的监测能力较强,即其监测能力随传感距离增大衰减较缓,则网络能够监测的区域宽度就较大。

1. 第一种优化布设方法

假设带状区域长度为 L,传感器个数为 m,若用 S_i 代表传感网络中第 i 个传感器,则第一种一维光纤传感网布设方法如图 3-28 所示。

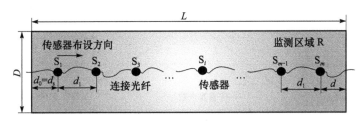

图 3-28　第一种一维光纤传感网布设方法

在此区域内,将传感器布设在区域中心线上,网络以线形拓扑结构连接成网,传感器种类相同,即衰减系数相同。

实验中,单个传感器的监测范围是以 d_s 为半径、以传感器为圆心的圆形区域。首先布设传感器 S_1,并认为 S_1 的监测范围符合单个传感器监测情况,故将 S_1 布设在距其最近的监测区域边缘为 d_s 处,如图 3-28 所示,即 S_1 与区域 R 左边缘间距为 $d_0 = d_s$。在固定传感器 S_1 之后,从这一传感器开始从左向右沿监测区域中心线布设传感器 $S_2 \sim S_m$,其相邻两传感器间距均为 d_1。由第 2 章可知,在传感器间距的计算过程中存在最优间距 d_{opt} 能够使传感网络鲁棒性达到最优。因此,在第一种布设方法中,令从 S_1 开始的相邻两传感器间距均为 d_{opt},即 $d_1 = d_{opt}$。

因此,基于理论分析可以得到一维传感网中除传感器 S_1 以外其他传感器的数

量 m 为

$$m=\begin{cases}[N]+1=\left[-\dfrac{L\alpha+\ln\gamma}{\sqrt{2}\ln(1-\sqrt{1-\gamma})}\right]+1, & 0<d<d_s \\[4mm] [N]+2=\left[-\dfrac{L\alpha+\ln\gamma}{\sqrt{2}\ln(1-\sqrt{1-\gamma})}\right]+2, & d_s\leqslant d<d_{opt}\end{cases} \quad (3\text{-}53)$$

其中，α 为传感网中传感器衰减系数；γ 为传感网阈值。

　　为计算该传感网鲁棒性情况，令监测区域长度 $L=400\sim900\text{cm}$，而宽度 D 不变，比较不同监测区域下其鲁棒性情况。在模拟过程中监测区域的宽度设为 $D=60\text{cm}$，在监测区域内选取的实验点个数为 $L\times D$ 个。令衰减系数 $\alpha=0.0386$，阈值 $\gamma=0.4$。设传感网中相邻传感器的连接光纤长度为 1m，1cm 长光纤正常传输光信号的概率设为 0.999，则连接光纤的概率为 0.905。一维传感网鲁棒性随监测区域长度增加的变化情况如图 3-29 所示，图中还给出了在不同监测区域长度下传感网所需传感器个数。

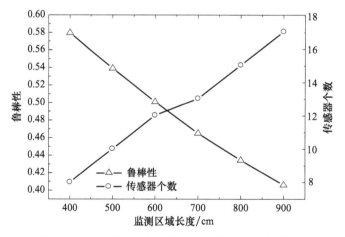

图 3-29　第一种布设方法传感网鲁棒性及传感器数量
随监测区域长度增加的变化情况

　　由图 3-29 可以看出，当监测区域的长度不断增加时，虽然传感网上的传感器数量在不断增加，但其鲁棒性呈下降趋势。这主要是因为在模拟布设传感网时，选用的是线形拓扑结构，随着传感网规模的不断扩展，监测区域不断增大，线形拓扑结构易损坏的特性就逐渐呈现出来。在本次模拟过程中，监测区域的面积也在不断扩展，监测点个数也随着传感器数量的增加而增加，因此图 3-29 所示的鲁棒性呈现下降的趋势。

　　在布设传感网初期设定从 S_1 开始的相邻两传感器间距 $d_1=d_{opt}$，现考虑若传感器间距不是最优间距，按照这种布设方法布设的传感网鲁棒性会如何变化。

假设监测区域长度 $L=500$cm，宽度 $D=60$cm，$\alpha=0.0386$，$\gamma=0.4$，由式（3-43）、式（3-46）和式（3-47）可得 $d_0=d_s=23$cm，$d_1\in[46$cm，76cm]，则传感网鲁棒性变化如图 3-30 所示。

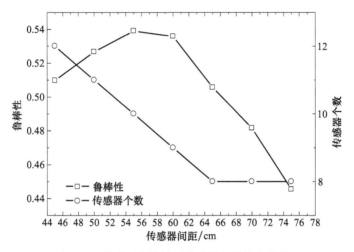

图 3-30　传感网鲁棒性随传感器间距的变化情况

从图 3-30 中可以看出，随着一维光纤传感网中相邻两传感器间距的增大，传感网鲁棒性经历了一个先增加后减少的过程。其中当 $d_1=d_{opt}$ 时，网络鲁棒性最大，可见在第一种网络布设方法中，应使 $S_1\sim S_m$ 相邻两传感器间距 $d_1=d_{opt}$。

2. 第二种优化布设方法

图 3-31 为第二种布设方法，其区域与第一种一致，布设方法的第一步是在监测区域的两个边缘布设传感器 S_1 及 S_m。传感器 S_1 和 S_m 对于区域边缘的监测均符合单个传感器传感情况，则两传感器与距其最近的区域边缘的距离 d_0 均为单个传感器所能监测的距离 d_s，即 $d_0=d_s$。之后，分别从 S_1 和 S_m 两边向中间布设传感器，相邻两个传感器间距为 $d_1=d_{opt}$。

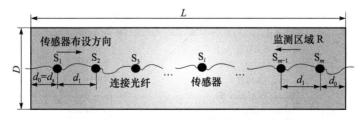

图 3-31　第二种一维光纤传感网布设方法

因此，传感器的数量 m 为

$$m=[N]+3=\left[-\frac{L\alpha+2\ln\gamma}{\sqrt{2}\ln(1-\sqrt{1-\gamma})}-1\right]+3 \qquad (3\text{-}54)$$

与第一种布设方法鲁棒性分析相同,其一维传感网鲁棒性及网络所需传感器个数随监测区域长度增加的变化情况如图 3-32 所示。

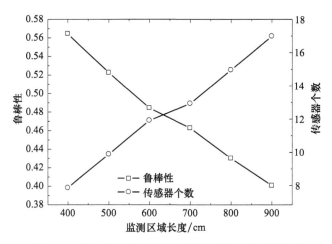

图 3-32　第二种布设方法传感网鲁棒性及传感器数量
随监测区域长度增加的变化情况

图 3-32 中鲁棒性趋势与用第一种方法布设的传感网鲁棒性走势相同。可以看出,在监测区域长度相同的情况下,第一种布设方法与第二种布设方法所需传感器数量相同。当监测区域长度 $L=500\text{cm}$、宽度 $D=60\text{cm}$ 时,第二种布设方法中传感网鲁棒性随传感器间距增大的变化情况如图 3-33 所示。

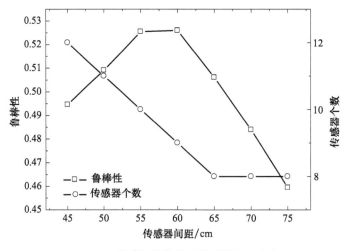

图 3-33　传感网鲁棒性随传感器间距变化

3. 第三种优化布设方法——均匀分布一维光纤传感网

传感器均匀布设是光纤传感网中传感器优化布设中较为常用的网络布设方法,其区域传感网结构如图 3-34 所示。

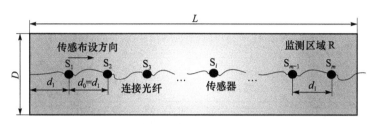

图 3-34 均匀分布的一维光纤传感网

其区域与第一种方法相一致,布设方法为设定相邻两传感器间距为 d_1,均匀分布的光纤传感网第一个传感器距监测区域边缘的距离 d_0 与相邻两传感器间距 d_1 相同,即 $d_0 = d_1$。在计算相邻两传感器间距时不再按照最优间距进行计算,首先确定监测区域长度及在该长度下前两种布设方法中所需传感器数量 m,在此基础上计算均匀分布下相邻两传感器距离。则网络鲁棒性随监测区域长度增加的变化情况如图 3-35 所示。

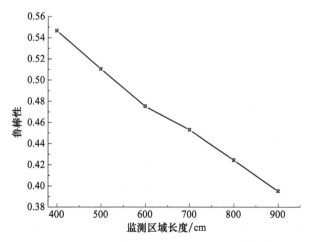

图 3-35 均匀分布的一维光纤传感网鲁棒性
随监测区域长度增加的变化情况

当监测区域长度 $L = 500\text{cm}$、宽度 $D = 60\text{cm}$ 时,第三种布设方法中传感网鲁棒性及传感器个数随传感器间距增大的变化情况如图 3-36 所示。

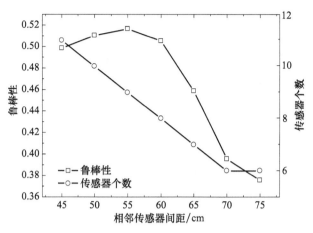

图 3-36　传感网鲁棒性随相邻传感器间距的变化情况

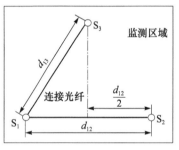

图 3-37　监测区域内二维
传感器分布情况

3.4.3　二维光纤传感网中传感器优化布设

在一维光纤传感网中传感器间距优化的基础上,本节进行二维传感网的优化布设探讨研究,由于二维传感网情况较为复杂,仅进行二维区域内对称的三个传感器间距范围的分析,如图 3-37 所示。

由一维光纤传感网中传感器最大间距的求取过程可知,当两个传感器间距达到最大间距时,两传感器的中点刚好能被两传感器同时监测,其监测能力等于阈值 γ。若两传感器间距大于最大间距,则两传感器不能对其中心点进行有效监测。假设两传感器的衰减系数为 0.038、阈值为 0.04,则两传感器的最大间距为 $d_{max}=76\text{cm}$。图 3-38(a)中传感器 S_1 及 S_2 的间距为 78cm,选取传感器 S_1 和 S_2 的中点作为评价点(evaluation point)。现考虑若在两传感器的中垂线上增加一个传感器 S_3,传感器 S_1 及 S_2 的最大监测距离将会发生变化,如图 3-38(b)所示。

由图 3-38 可知,沿传感器 S_1 和 S_2 的中垂线上布设的传感器 S_3 距 S_1、S_2 及评价点的距离均大于传感器最大间距。但由于传感器 S_3 的加入,本来不能被监测到的评价点重新能够被传感器 S_1 和 S_2 监测,这说明传感器 S_1、S_2、S_3 之间相互影响。为求得传感器 S_3 距 S_1 和 S_2 的最远间距,即在该距离下传感器 S_3 不再影响 S_1 和 S_2 对其中点的监测。现以传感器 S_1 和 S_2 所在直线作为 x 轴,传感器 S_1 和 S_2 的中垂线作为 y 轴,传感器 S_1 和 S_2 的中点为原点,也是作为三个传感器监测能力的

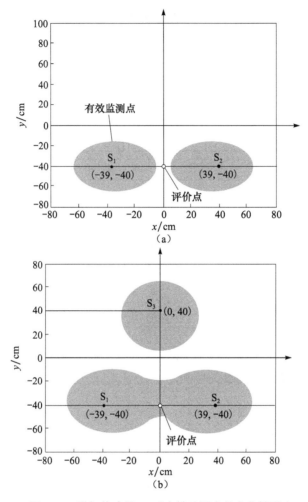

图 3-38　增加传感器 S₃ 后有效监测点的变化情况

评价点。设传感器 S₁、S₂、S₃ 的坐标分别为 $(-x,0)$、$(x,0)$ 及 $(0,y)$，由式(3-44)可得

$$\begin{cases} f = 1 - (1 - \mathrm{e}^{-\alpha\sqrt{x^2}})(1 - \mathrm{e}^{-\alpha\sqrt{x^2}})(1 - \mathrm{e}^{-\alpha\sqrt{y^2}}) \\ f = \gamma \end{cases} \tag{3-55}$$

其中，α 为传感器的衰减系数；γ 为阈值。则传感器 S₃ 距评价点的最大间距为

$$y = -\dfrac{\ln\left[1 - \dfrac{1-\gamma}{(1-\mathrm{e}^{-\alpha x})^2}\right]}{\alpha} \tag{3-56}$$

当 $x=39\mathrm{cm}$ 时，可得 $y \approx 122\mathrm{cm}$，在图 3-38 的模拟条件基础上将传感器 S₃ 沿 y 轴向上移动到 $(0,83)$ 处，则此时三个传感器的监测情况如图 3-39 所示，当传感器

S_3 位于(0,83)时,其对评价点的影响基本消失。

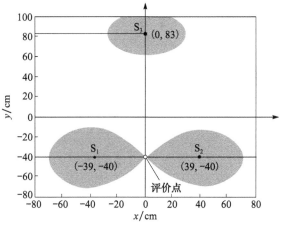

图 3-39　传感器 S_3 最大间距

令 $x=y$,代入式(3-56),可得

$$x=y=-\frac{\ln(1-\sqrt[3]{1-\gamma})}{\alpha} \tag{3-57}$$

将 $\alpha=0.0386$、$\gamma=0.4$ 代入式(3-57)得 $x=y=48$cm,仍以传感器 S_1 和 S_2 中点作为评价点,则其监测情况如图 3-40 所示。

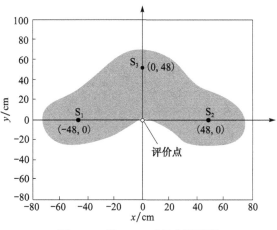

图 3-40　当 $x=y$ 时的监测情况

　　虽然图 3-40 中传感器 S_1 和 S_2 中点处于刚好能够被有效监测的状态,但与两个传感器最大间距情况比较,显然在三个传感器二维分布中,仅选取一个评价点并不能满足二维传感网中相邻传感器最大间距的求取。由此分别选取传感器 S_1 和 S_2 的中点 P_{12}、传感器 S_1 和 S_3 的中点 P_{13}、传感器 S_2 和 S_3 的中点 P_{23} 作为评价点。

由于传感器 S_1、S_2、S_3 的坐标分别为 $(x,0)$、$(-x,0)$、$(0,y)$，P_{12}、P_{13}、P_{23} 的坐标分别为 $(0,0)$、$(-x/2,y/2)$、$(x/2,y/2)$。根据式(3-44)可得到这三点作为评价点时相邻传感器的最大间距为

$$\begin{cases} x=y,f=\gamma \\ f=1-(1-\mathrm{e}^{-\alpha\sqrt{(x/2)^2+(y/2)^2}})(1-\mathrm{e}^{-\alpha\sqrt{(3x/2)^2+(y/2)^2}})(1-\mathrm{e}^{-\alpha\sqrt{(x/2)^2+(y/2)^2}}) \end{cases}$$

$$(3\text{-}58)$$

式(3-58)很难给出类似于一维光纤传感网中相邻传感器最大间距的关于 x 的简练的表达式，但利用 MATLAB 等数值求解软件通过数值代入的方法能够得到式(3-58)中 x 及 y 的值。令 $\alpha=0.0386$、$\gamma=0.4$，则 $x=y\approx56\mathrm{cm}$，图 3-41(a)为此种情况下监测情况；图 3-41(b)为 $x=y=57\mathrm{cm}$ 时三传感器的监测情况。

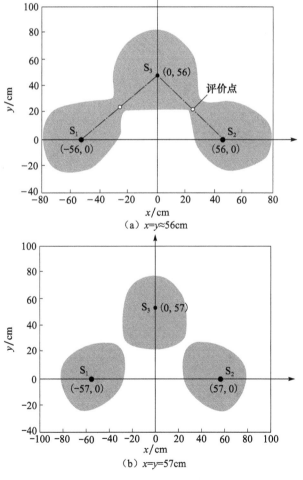

（a）$x=y\approx56\mathrm{cm}$

（b）$x=y=57\mathrm{cm}$

图 3-41　最大间距临界监测情况

　　由图 3-41 可知,当 $x=y>56\mathrm{cm}$ 时,三个传感器的相互影响基本消失,可以认为此时为二维空间中传感器最大间距的一种情况。二维光纤传感网情况较一维网络要复杂很多,这里仅是列举了一种情况下最大间距的求解方法,对于不同的传感器放置位置有着不同的评价标准,但其求解过程与一维网络中传感器间距的求解过程相类似。

第4章　光纤传感网编码和扩容

光纤传感网的编码主要基于相关复用技术以及相应感知单元编码技术,利用传感单元的传输信息,通过寻址解调方法等获得被测量在空间和时间上的分布信息,从而实现传感解调和信息重现。光纤传感网的扩容是分立式光纤传感网和分布式光纤传感网的混合组合,充分发挥各自单元的优势,融合多种拓扑结构,组建多类型、多参量、大容量、多拓扑的结构。

4.1　分立式光纤传感网的复用

分立式光纤传感网主要包括光纤光栅传感网以及光纤 F-P 传感网,下面将对这两类光纤传感网的复用技术进行详细介绍。

4.1.1　光纤光栅传感网复用技术

光纤光栅的复用是在光复用技术的基础上发展起来的,其工作机理是在单根光纤上通过光物理参量的选用与匹配,形成多种组合形式,建构多个或多类传感器,实现多点分立式监测。基于反射波的自身特性和光纤传输特点,在共用一套光源和信号处理系统的基础上,光纤光栅的复用包括波分复用、时分复用、空分复用、频分复用等技术。在第 2 章中已经对各复用技术进行过理论分析和讨论,同时也谈论到相关复用技术的优缺点,这里不再赘述,本节主要讨论 FBG 传感网复用技术的改进。

目前,光纤光栅传感复用系统主要由光源系统、FBG 传感器系统和解调系统组成[84],如图 4-1 所示。

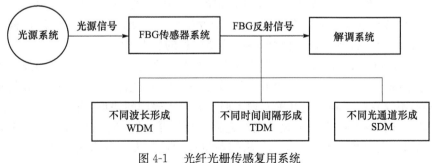

图 4-1　光纤光栅传感复用系统

各复用技术都有着各自的限制,无法满足现代大规模和准分布式传感网的要求。为了突破 WDM、TDM 和 SDM 的固有限制,研究者通常采用两种方法改进光纤布拉格光栅传感系统:一是通过组合复用,将 WDM、TDM 和 SDM 集成使用;二是通过改进复用系统结构,即改进光源系统、FBGS 系统和解调系统。

1. 混合复用 FBG 传感网

分立式光纤传感网复用的方式多种多样,有波分复用、时分复用、空分复用、频分复用等。但单一的复用组网技术只能利用其某一方面的资源,网络资源的利用率不高,同时单一复用组网技术受器件本身的限制,容量很小,难以满足大规模传感网的需要。近年来,研究者提出各种各样的组网方式。

1) 波分、空分混合复用光纤传感网

波分、空分混合复用传感网结构示意图如图 4-2 所示,其基本思路是将全部 FBG 传感器分成若干部分,不同空间采用空分复用的方法进行分配,同一区域内不同 FBG 传感器之间采用波分复用方式进行解调和寻址。即对于不同波长的 FBG 采用波分复用串联成一路,然后各路采用空分复用并联。

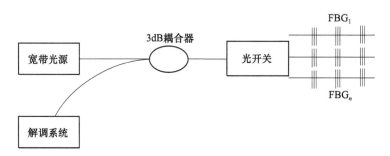

图 4-2 波分、空分混合复用光纤传感网

波分、空分复用技术采用光开关来实现复用解调和传感信息的采集,如时间优先或等级优先等信息的采集规则无法根据需要设定,而在大规模分布式传感系统和复杂系统中对传感智能化的要求往往很高。当因环境影响使得某一路光通道中的 FBG 传感器的反射波长发生漂移时,未发生变化的 FBG 传感器的通道被选通而被解调系统进行解调,这时就会引起传感信息的丢失[116]。

如图 4-3 所示,武汉理工大学提出了一种典型的基于波分、空分复用技术的光纤传感系统[117]。此方案是利用 F-P 滤波器来实现多通道分布式光纤光栅传感系统解调,不仅克服了利用光开关实现多通道分布式解调的缺点,而且实现了四路并行解调。该传感系统大大扩大了光纤光栅复用容量,能实时同步监测上百个外界被测信号。其基本工作方式如下:超辐射发光二极管发出的宽带光通过F-P滤波器,不同的扫描电压对应不同中心波长的窄带光通过 F-P 滤波器,F-P 滤波器的透射光再对各通道的传感光栅同步扫描。当 F-P 滤波器透射峰的中心波长与传感光栅反射峰的中心波长相等时,各 PIN 管的光电转换电压达到最大值。在扫描电压的每个周期内,通过各 PIN 管的电压信号都为不同传感光栅反射峰所对应的电压尖峰脉冲序列。这四个通道对应的电压尖峰脉冲序列再分别经过放大、滤波后传输到信号采集系统,再经过计算机进行信号处理和标定计算,最终解调出被测信号。实践证明,该方案能对四通道分布式光栅传感系统并行、实时、高精度(pm 级)波长解调,并且性能稳定。

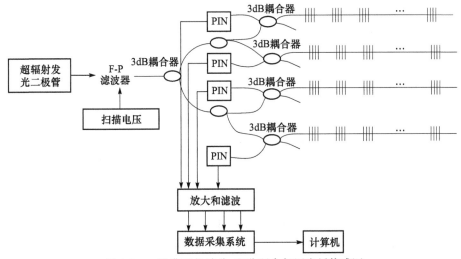

图 4-3　一种典型的波分、空分混合复用光纤传感网

2) 波分、时分混合复用光纤传感网

图 4-4 为波分、时分混合复用光纤传感网结构示意图,该系统由 n 路 FBG 传感阵列组成,每一路 FBG 传感器采用波分复用方法进行寻址和解调。每一路都设有一段长度分别为 L_1、L_2、$\cdots$、L_n 的光纤用来延迟时间,以便采用时分复用方法来区别不同路中相同波长的 FBG 传感器。

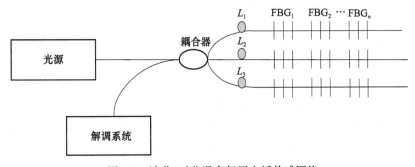

图 4-4　波分、时分混合复用光纤传感网络

波分、时分混合复用光纤传感网的特点是阵列容易扩充,但为达到复用目的使用的延迟光纤,使得较大规模的传感阵列需要较长的解调时间。

以下是燕山大学提出的一种基于波分、时分复用技术的光纤传感网,将同一宽谱光源先利用阵列波导光栅(arrayed waveguide grating,AWG)进行波分复用,然后对波分复用的每一信道再进行时分复用,使复用光栅传感器的数目得以显著提高,提高了带宽利用率,实现了超大容量传感[118],其传感网络结构如图 4-5 所示。

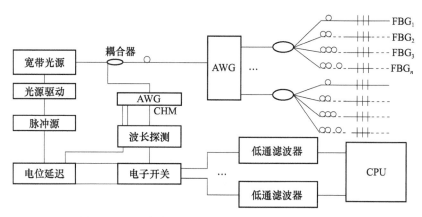

图 4-5　基于波分、时分混合复用的光纤传感网示意图

该传感网络的波分复用利用 AWG 实现复合/解复合。AWG 实际上是一个在相邻信道存在一个固定的光程差的阵列波导光栅,从而形成阶梯光栅实现波分解/复合,具有设计灵活、滤波特性好、性能长期稳定、高重复性、高可靠性、低插入损耗、低串扰、易于与光纤有效耦合以及与半导体器件集成能力强等优点。

时分复用部分采用树状拓扑结构,选择这种拓扑结构是因为它可以在同一信道采用不同类型的传感器。同串联的拓扑结构相比,当反射的光谱在一定程度上发生重叠时,可以避免多反射和光谱阴影的影响。例如,在发射宽谱光谱持续时间以及宽带光源发射光谱的重复周期(即宽带光源发出光谱到解调系统解调结束的时间)的期间内,不会在光纤中出现光波的叠加而产生驻波和拍频等现象。

该传感网络利用了光信号在频率和时域上的信息,使传感网络具有了寻址和解调数百个光栅信号的潜在能力。该网络可实现超大容量传感,提高带宽利用率,降低成本,具有很好的应用前景。

3) 空分、时分混合复用光纤传感网

图 4-6 为空分、时分混合复用系统结构示意图,将全部 FBG 传感器分成若干部分,同一路上的 FBG 传感器采用时分复用技术进行解调和寻址,不同路的 FBG 传感器利用空分复用技术通过光开关的通断来区分。

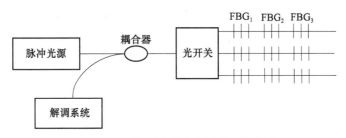

图 4-6　空分、时分混合复用光纤传感网

哈尔滨工业大学光电子技术研究所提出了一种有效的空分、时分复用光纤传感网。借助光开关和电子开关的控制以及非平衡迈克耳孙干涉仪解调技术，对光纤光栅传感器阵列进行了高精度的空分、时分复合复用传感研究[119]。

该系统的基本原理如下：脉冲宽带信号经光栅串反射后进入一臂长差为 L 的非平衡迈克耳孙扫描干涉仪，输出光强为

$$I = \sum_{i=1}^{m} I_i \big[1 + k_i \cos(\omega_0 t + \Delta\psi_i) \big] \tag{4-1}$$

其中，m 为呈等光程分布的光栅的数目；I_i 取决于光栅 i 的反射光强，并与光路中的损耗有关；k_i 与条纹的可见度有关；ω_0 为干涉仪扫描角频率。i 光栅处的应变 ε_i 通过波长漂移引起的相移为

$$\Delta\psi_i = -\frac{4\pi n L}{\lambda_i}(1 - P_e)\varepsilon_i \tag{4-2}$$

其中，n 为折射率，λ_i 为该光栅的布拉格波长，P_e 为光纤介质的有效弹光系数。干涉仪虽无法直接给出所需应变信息，但若光源单一脉冲产生独立分布的 m 个反射脉冲，且不同光源脉冲对应的反射信号不会重叠，引入程控选择开关使得来自 i 光栅的信号通导，其他均被阻隔，滤掉载频信号，用相位计观测相位变化便可监测该光栅处的应变信息。$1 \times N$ 的光开关可按需要使光信号在 N 个匹配光栅串间切换，则系统可查询光栅的数目将增至 N 倍，并成为空分、时分复合复用传感系统。

图 4-7 为该光纤光栅混合复用传感网络的结构示意图。并列着的三个匹配光栅串中相邻光栅的间距为 51.75m，其布拉格波长由左至右分别为 1552.84nm、1555.54nm、1557.79nm、1558.65nm 及 1562.44nm，各光栅的长度均为 1cm，带宽约为 0.2nm。脉冲宽带光源的平均输出功率为 0.75mW，插入损耗约为 1dB 的 1×3 光开关将之注入任一光栅串，反射后由环形器耦合进入端镜反射率均接近 90% 的非平衡全光纤扫描迈克耳孙干涉仪，L 为 3.2mm，M_2 所在的短臂缠绕在一压电陶瓷（PZT）上，探测器将消光比为 0.3 的干涉输出转换为电信号，放大后由电子开关选择通导。锯齿波驱动信号的频率为 80Hz，占空比接近于 1。

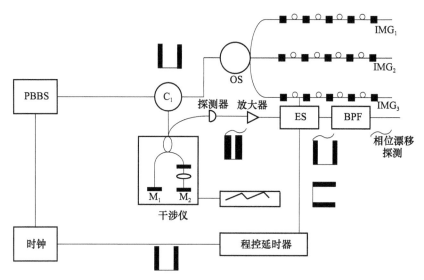

图 4-7　空分、时分混合复用光纤光栅传感网

100kHz 的时钟信号控制系统运作，其占空比为 0.025，幅值为 4V，直流电平为 −1.5V；其触发延时信号发生器，与时钟信号同频、脉宽为 400ns 的延时信号用来控制电子开关。延时量编程可控，以确保被测信号到达时开关处于通导状态。设置延时量为 56ns、556ns、1056ns、1556ns 及 2056ns 时开关分别只对来自 G_{i1}、G_{i2}、G_{i3}、G_{i4} 及 G_{i5}($i=1,2,3$) 光栅的信号通导。G_{i1}($i=1,2,3$) 通导对应的延时量不为 0，这是由两信号沿两个方向传至开关位置的时程差不为 0 导致的。

2. 改进 FBG 传感系统

FBG 传感系统的布拉格光栅选择性地反射特定波长光信号，如果修改布拉格光栅参量，将可改变光信号的反射波波长 λ_B 和反射波功率 P_{fi}。目前已有通过改进 FBG 传感系统的布拉格光栅提高复用性能的报道，其主导思想是多光栅编码复用和弱光栅复用。

1）多光栅编码复用

MGCM 是用多个光栅来表示一个传感器，多个 Range[FBG_i] 共同决定一个光栅传感器，可有效提高复用容量。近年来，武汉理工大学提出了一种大容量光栅编码复用技术，大大提升了复用容量[120,121]，其基本原理如图 4-8 所示。

编码式光纤光栅温度传感监测系统以同一位置的两个光栅组成的编码式光纤光栅为传感探头，用两个光栅对某一位置的温度进行测量，使用的是二维编码技术，能够很好地解决光纤光栅传感网容量不足的问题。例如，如果系统同时使用 1330nm 系列和 1550nm 系列的光栅探头，每个系列占用带宽 30nm，使用一维传感

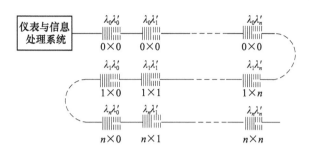

图 4-8　大容量光栅编码复用技术

技术,则系统只能布点 30 个(15+15);如果改为使用以编码式光纤光栅为传感探头的二维编码测量技术,例如,可以把 1300nm 系列的光纤光栅作为个位码,1550nm 的光纤光栅作为十位码,在个位码上有 15 种波长可供选择。在十位码上也有 15 种波长可供选择。根据乘法原理,系统可布探测点为 15×15=225。由此可见,系统容量的增长是非常显著的。编码式光纤光栅以两个光栅的布拉格中心波长对所测点的位置和温度进行编码。两个光栅处于同一位置,当所测点的温度发生变化时,两个光栅的布拉格中心波长同步变化,这类似于转码。因而,处于光纤同一位置的两个光栅温度感应的同步性,成为该技术能否成功应用的关键。

　　Choi 等[122]提出了一种光谱标记法提升混合复用系统容量,如图 4-9 所示,在光纤预定的传感器同一位置写入两个不同的布拉格波长光栅,由于各个相邻光栅谱间距各不相同,每个传感器的两个光栅间的波长间距互不相同,使得通过不同波长间距编码实现传感器的寻址。一个持续的宽带光源进入 FBG 阵列,反射谱包含阵列中所有光栅的反射峰值。同时,测量得到的光谱与一个参考谱进行对比,来识别有扰动的传感器,相应的峰值漂移给出了传感信号信息。如图 4-9 所示,每一个传感器都是一个复合布拉格双光栅。

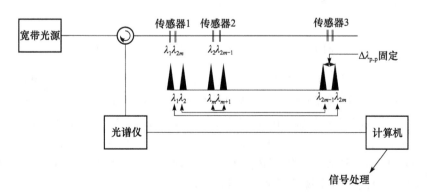

图 4-9　基于相等谱编码间距的光谱标记复用系统

该方式能够识别的标记光谱可以表达如下：

$$n = NC_M = \frac{N!}{M!(N-M)!}, \quad M \leqslant \frac{N}{2} \tag{4-3}$$

其中，N 是阵列中的布拉格波长（谱码）数目，M 是每个传感器复用光栅的复合重数。

这种编码方式简单、成本低，但随着复用传感器的增加，所需谱宽也要进一步增加。随后，Choi 等[123]又对上述方法进行了改进，使用相同波长间距的光栅，进一步扩大了复用容量。

2）弱光栅复用

弱光栅复用是指降低光栅反射波功率 P_{fi}，从而有效提高 TDM 的复用容量，而且低反射率光栅在很大程度上降低了各光栅传感器之间的串扰，从而提高复用性能。

目前，光纤光栅传感系统一般采用高反射率（反射率≥－20dB）光栅传感器，较大的 P_{fi} 限制了复用容量 C，并且高反射率会导致光栅传感器之间出现严重的串扰现象。因此，弱光栅复用成为发展方向。

Dai 等[124]提出了一种新型 TDM 结构健康监控系统，通过使用半导体光放大器（semiconductor optical amplifier，SOA）和环形腔放大低反射率光栅传感器信号，可复用 100 个以上的传感器，如图 4-10 所示。其中，SOA 在传感网络中作为放大器，由脉冲发生器驱动产生一个短脉冲信号，各弱光栅传感器反射回小部分信号，通过延时光纤 L 实现延时，从而实现大容量 TDM 传感系统。

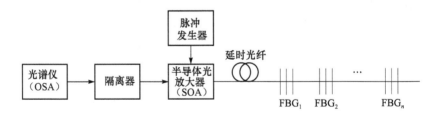

图 4-10　Dai 等提出的弱光栅时分复用传感系统

Wang 等[125]报道了一种基于超低反射率光栅（反射率＜－30dB）的时分复用结构（图 4-11），弱光栅间极小的串扰可使复用点数提高到 1000 个以上，通过时分复用结构，能同时测量串联链路上的全部传感器。在图 4-11 所示的复用系统中，可调激光器经过光电调制器发出短脉冲光信号，射入弱光栅序列，反射回不同时间间隔的短脉冲，通过光电二极管转换为电信号，两个 EDFA 用来放大光信号功率，通过不同的时间间隔实现各 FBG 传感器的分离。

3）改进光源系统提升光纤传感网容量

光源系统为光纤传感光栅提供一定功率 P 和带宽 B 的光波。改进光源系统，

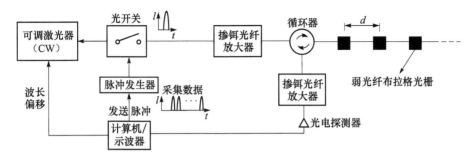

图 4-11 Wang 等提出的弱光栅时分复用传感系统

可导致光源带宽、功率以及光波形式的改进。

目前,已有通过功率增强型光源(power enhanced light source,PELS)和调制型光源(modulated light source,MLS)而改进复用方案的报道。

(1)功率增强型光源。PELS 主要用于提高 TDM 系统复用容量或提高 SDM 复用通道数,见图 4-12。对于 TDM 系统,由式 $C = P/P_t$ 可知:光源功率 P 变大可提高 TDM 的复用容量 C;对于 SDM 系统,典型的 SDM 系统是使用光开关分别选通不同光路,对光源功率要求不高。但对于改进的 SDM 系统,光源同时入射到所有光通道,增强光源功率时,可有效提高 SDM 通道数。

图 4-12 PELS 改进复用系统

Chan 等[126,127]提出将可调激光器光源用于 TDM 系统(图 4-13),来提高 TDM 系统的实用性。

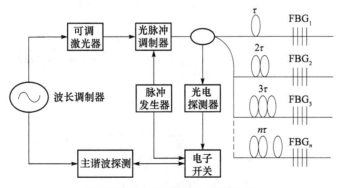

图 4-13 可调激光器时分复用系统

在图 4-13 所示系统中,可调激光器发出高功率窄带光源,由光脉冲调制器和脉冲发生器调制成短脉冲信号,入射到树状拓扑结构的 FBG 传感器中,反射脉冲信号通过光电探测器转换成电信号供探测系统处理,通过不同时延的延时光纤实现不同的时间间隔寻址。可调激光器在一定程度上增强了 TDM 系统的光源功率,有效提高了复用容量。

吴薇等[128]提出了自主研发的可调谐窄带光源用于波分复用系统(图 4-14),可将传感通道数增加到 32,大大提高了复用容量。在图 4-14 中,可调谐窄带光源主要由 SOA 和 F-P 滤波器组成,SOA 输出光功率相比于传统宽带光源显著提高,可调谐窄带光源输出光谱周期性变化的高功率光信号,周期性扫描各通道 FBG 传感器,每通道内 FBG 传感器通过 WDM 实现寻址,各通道通过 SDM 完成寻址。基于 SOA 的可调谐窄带光源有效地提高了光功率,增加了复用通道数目。

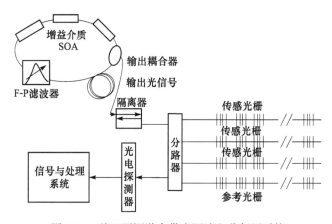

图 4-14　基于可调谐窄带光源波空分复用系统

(2) 调制型光源。MLS 是指对光源光信号参数(光强、频率等)进行调制,经各 FBG 反射后,解调出调制信号,实现各传感器的寻址,如图 4-15 所示。

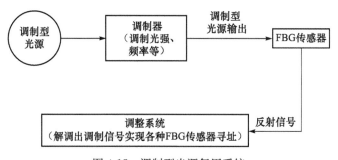

图 4-15　调制型光源复用系统

Koo 等[129]报道了一种基于码分多址(code division multiple access,CDMA)的密集 WDM 复用系统,如图 4-16 所示。即使在各个传感器布拉格波长重叠的情况下,这种光源调制型复用方案依然可以从复用信号中分离出传感信号,突破了布拉格光栅动态变化范围的限制,增大了复用容量。图 4-16 中,通过伪随机序列(PRBS)调制可调激光器,输出一组脉宽不等的脉冲光源,入射到 FBG 传感器,反射布拉格信号通过光电探测器转换为电信号,解调系统再通过自相关算法分离出各个传感器信号。对两个布拉格波长相隔 0.3nm 的 FBG 传感器进行实验,成功分离出两个 FBG 传感器,理论上可实现单根光纤上超过 100 个 FBG 传感器的寻址。

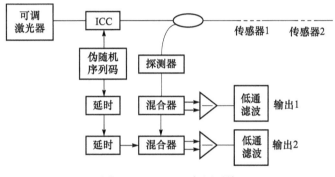

图 4-16　CDMA 复用系统

Chan 等[130]提出了 FMCW 技术,FMCW 技术是指对宽带光源的光强度进行调制,使各个传感器信号在频域内分离并使用可调光滤波器解调出传感信号,从而实现复用,如图 4-17 所示。

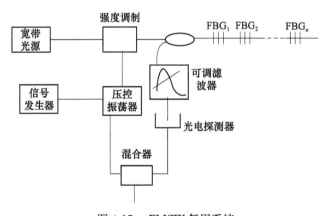

图 4-17　FMCW 复用系统

图 4-17 中,宽带光源由压控振荡器和信号发生器调制成锯齿波或三角波信号,入射到 FBG 传感器序列,反射信号经过可调光滤波器和光电二极管后与压控

振荡器的参考信号混合,输出信号通过解调系统分离出各 FBG 传感器。通过对 6 个压力传感系统进行实验,串扰限制在−30dB,并获得了 $2\mu\varepsilon$ 的分辨率和较高的信噪比,将 FMCW 技术用于 FBG 传感系统,结合 WDM 技术,可实现超过 100 个传感器的寻址。

Breglio 等[131]提出了一种啁啾脉冲频率调制技术,通过对激光脉冲光强进行调制,在不增加系统结构复杂性的前提下,提高了传感复用容量,其系统结构如图 4-18 所示。图中,超辐射发光二极管光源经过强度调制后输出激光脉冲束,入射到 FBG 传感器序列,反射信号通过线性滤波器到达信号采集系统,通过自适应滤波分离各 FBG 传感器。通过实验验证了 FBG 传感器寻址的理论,理论上可实现单根光纤上超过 50 个 FBG 传感器的寻址。

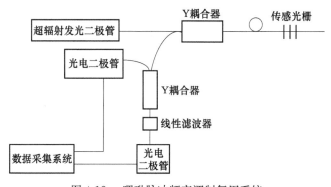

图 4-18　啁啾脉冲频率调制复用系统

4) 改进解调系统提升混合复用光纤传感网容量

对于光纤光栅复用系统,解调系统不仅直接影响整个系统的检测精度、分辨率和成本等,而且会影响复用网络的容量和性能。常用的 FBG 解调方法主要有匹配光栅滤波法、非平衡 MZ 干涉解调法和 F-P 滤波解调法等。目前应用最为广泛的是 F-P 滤波解调法,其稳定性高,实用性好,已有大量工程应用。但 F-P 滤波器解调系统一般采用 CPD 检波法,当反射信号较弱或者反射信号波长变化范围重叠时,系统的解调精度则会大大降低。因此,CPD 检波法要求布拉格光栅反射波长变化范围 Range[FBG$_i$]不能重叠,使各 FBG 反射波长平均变化范围 $\Delta\lambda$ 较大,由波分复用容量计算公式:

$$C = B/\Delta\lambda \qquad (4\text{-}4)$$

可知,当 $\Delta\lambda$ 较大时,复用容量 C 受到较大限制,因此 CPD 检波法大大限制了复用容量。改进解调系统主要是指发展先进的检波算法,来达到提高复用系统性能的目的。大量研究者开始提出先进的检波算法,试图在光栅反射波长范围重叠时仍能准确地分离出波长值,大大缩短了波长范围值 Range[FBG$_i$]。由式(4-4)还可知,Range[FBG$_i$]变小时,$\Delta\lambda$ 变小,复用容量 C 变大。因此,先进的检波算法可大大提高传感系统的复用性能。

Chan 等[132,133]提出了通过遗传算法(GA)和模拟退火技术(SA)提高波分复用网络的复用容量。当各传感光栅的频谱部分重叠甚至完全重叠,即各 Range[FBG$_i$]部分重叠或完全相同时,通过 GA 和 SA 依然能够精确、快速分离出波长漂移值。GA 主要通过选择、翻转和突变三个过程来实现 FBG 传感器的谱分离;SA 是一个自由导数优化方法,像固体退火一样解决一些组合优化问题,相比于 GA,SA 的运行速度更快。按照图 4-19 建立实验平台,并对两个布拉格波长近似相同的并行光栅传感器进行了实验,成功地检测并分离出了传感信号。

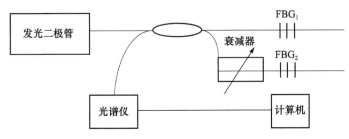

图 4-19　GA 和 SA 检波法实验系统

4.1.2　光纤法布里-珀罗传感网复用技术

目前对光纤 F-P 传感器,已经在温度、应变、压力及磁场等应用方面进行了广泛的研究[134]。在这些实际应用中,如果一套系统只能检测一个传感头的状态,即单点测量,往往测量成本比较高,因此复用技术成为光纤传感网实用化发展的研究热点之一。

光纤 F-P 传感器的复用技术则是在同时存在两个及两个以上光纤 F-P 传感器的条件下,解调计算出复用的多个传感器的信息。从复用的方式来看,常用的光纤 F-P 传感器的复用技术主要有波分复用、时分复用、相干复用、频分复用等,以下分别介绍各复用技术及其优缺点。

1. 光纤 F-P 传感网络复用技术

1) 波分复用技术

波分复用技术是指在同一光纤中多个波长共同传输,对于波长调制解调型光纤 F-P 传感系统,采用不同中心波长的宽带光源的光分别传到不同传感头,返回的光信号通过同一个光谱分析仪同时检测。光纤 F-P 传感器波分复用有三种类型:基于强度解调的波分复用、基于相位解调的波分复用以及基于频域解调的波分复用。

（1）基于强度解调型光纤 F-P 传感器的波分复用。强度解调型的光纤 F-P 传感器是指通过传感器输出的光强与腔长之间的相互对应关系来实现解调，其复用不能通过信号的强度信息实现，要通过信号的波长特征来进行复用解调。其原理与结构如图 4-20 所示。

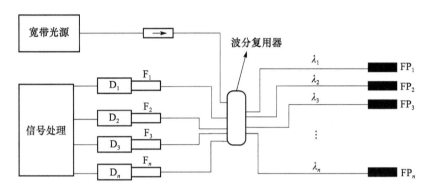

图 4-20　基于强度解调型光纤 F-P 传感器波分复用系统

从复用结构来看，它属于并联复用，与标准的强度解调系统的差异主要是将其中的单色光源变为宽带光源，将普通分束器改为波分复用器，并在各接收器前面加上单色滤波器 F。该复用系统可以复用的数量较多，但是基于强度解调的方法测量精度低，测量范围小。

（2）基于相位解调型光纤 F-P 传感器的波分复用。相位解调型光纤 F-P 传感器是利用相位与腔长之间对应关系，解调出腔长。其原理与结构如图 4-21 所示[135]。

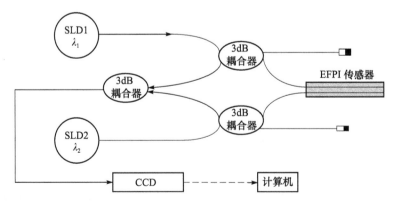

图 4-21　基于相位解调型光纤 F-P 传感器波分复用系统

两宽带光源发出的光经耦合器和 EFPI 传感器反射回来合成一束，然后进行信号光谱分析，解调出腔长，但可以看到，当两波长相距很小时，两传感器之间的串扰较大,相互之间会产生影响,测量精度比较低,而且复用效果与能力都不是很高。

（3）基于频域解调型光纤 F-P 传感器的波分复用。基于频域解调型光纤 F-P 传感器波分复用技术系统原理如图 4-22 所示[136],对于 n 通道的复用系统,由 n 个传感器通道和 1 个偏振低相干干涉解调仪构成。系统中各通道对应于中心波长各异的 LED 光源。对于每个传感器通道,光源发出的光通过 3dB 耦合器注入传感器,传感器反射回来的光信号包含了与外界待测压力有关的光程差信息。各通道反射光信号经过 $n \times 1$ 合束器之后,入射到偏振低相干干涉解调仪中。在解调仪中,光依次通过透镜、起偏器、双折射光楔、检偏器,最终被线阵 CCD 相机接收。双折射光楔将光程差转化成沿着线阵 CCD 像元方向呈空间分布,当传感器反射光信号所携带的光程差信息与双折射光楔产生的光程差相等时,对应的线阵 CCD 像元位置处出现低相干干涉条纹。各通道传感器产生的干涉条纹在线阵 CCD 上叠加后,通过数据采集卡传输到计算机。

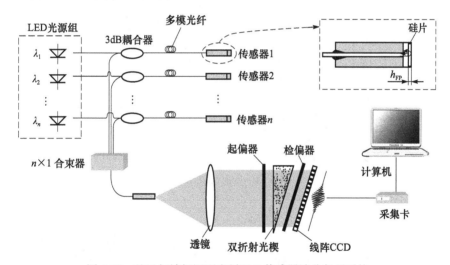

图 4-22　基于频域解调型光纤 F-P 传感器波分复用系统

以三通道复用为例进行说明,图 4-23(a)所示光谱的光源分别注入三个通道传感器中,在线阵 CCD 上接收到三个传感器叠加干涉信号,如图 4-23(b)所示。三个传感器信号叠加后各传感器信号相互干扰而导致无法解调。而由于各传感器对应的光源光谱差异,其对应低相干干涉信号的频谱相互独立,如图 4-23(c)所示。针对每个传感器对应频谱构造理想带通滤波器,将滤波之后的频谱信息通过傅里叶逆变换,还原得到各通道独立的低相干干涉条纹,如图 4-23(d)所示,成功实现了各传感器信号从叠加信号中剥离。

在此基础上,对各剥离出来的信号进行分析处理,即可实现各传感器压力测量结果,如图 4-24(a)所示。各个传感器的测量误差如图 4-24(b)所示,压力测量精度

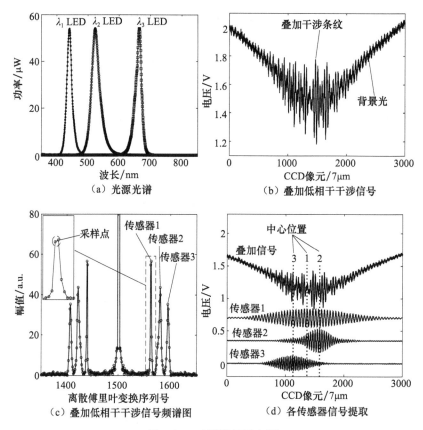

（a）光源光谱

（b）叠加低相干干涉信号

（c）叠加低相干干涉信号频谱图

（d）各传感器信号提取

图 4-23　三通道复用实例

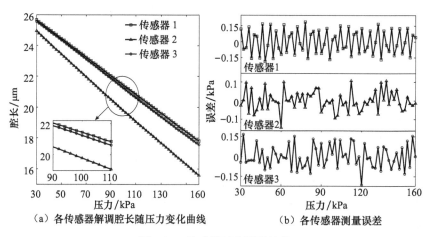

（a）各传感器解调腔长随压力变化曲线

（b）各传感器测量误差

图 4-24　传感器压力测量结果

达到 0.16%F.S.,实验结果表明,实现了三通道传感器的高精度同时传感解调。理论上,传感器的复用数量取决于光源带宽与 CCD 光谱响应带宽,通过使用合适的光学器件可实现最大 30 个传感器复用。

2) 时分复用技术

反射型光纤 F-P 传感器适合用一个脉冲光源进行时分复用,其原理和系统结构如图 4-25(a)和(b)所示。

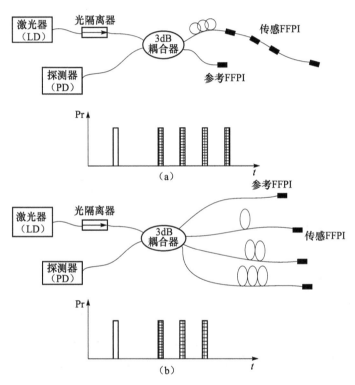

图 4-25 光纤 F-P 传感器时分复用系统

在该系统中,发送装置与接收装置之间可以设置不同长度的光纤延迟线,或者在一段光纤不同位置处放置光纤传感器,这样对激光脉冲,探测器在不同时间接收每个传感器的反射脉冲,再对信号进行数字处理。在脉冲间隔之间调整激光器的直流偏置电流可以使干涉仪输出的同相和正交信号有很高的灵敏度。同时复用的还有一个参考 FFPI 传感器,它可以用于纠正激光器波长的摆动和漂移。该复用方法的缺点是光强度解调受激光器强度漂移及定标、判向等问题的困扰,强度解调法的解调精度较低。另外,该方法在传感器数量较大时,系统较为复杂,信噪比急剧下降,加大了信号检测的难度。

3）相干复用技术

相干复用系统结构如图 4-26 所示。相干复用要求使用一个参考干涉仪，参考干涉仪的腔长小于光源的相干长度，保证发生干涉的基本要求。光源发出的光在进行探测接收时分别被传感干涉仪和参考干涉仪反射或透射。改变参考干涉仪的腔长进行扫描，对每个传感干涉仪都会观察到一个最大的条纹峰值。例如，Singh 等[137]用石英卤灯作为光源，迈克耳孙干涉仪作为参考干涉仪，在一根单模光纤上串行复用了 6 个 EFPI 应变传感器。而 Kaddu 等[138]用多模激光器作为光源，串行和并行复用了两个 IFPI 应变传感器。相干复用的缺点是随着传感数目的增大，信噪比急剧恶化，难以实现大量的相干复用。

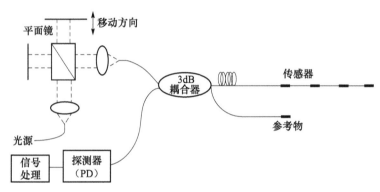

图 4-26　光纤 F-P 传感器的相干复用系统

4）频分复用技术

频分复用技术是将光纤 F-P 传感器的测量结果通过傅里叶变换，转化到频域中监测，从而实现复用。光纤 F-P 传感器的频分复用系统结构如图 4-27 所示。光源发出的光经耦合器之后传给两个不同初始腔长的 F-P 传感头，不同腔长的传感

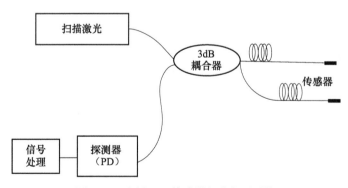

图 4-27　光纤 F-P 传感器频分复用系统

头返回不同傅里叶峰值光谱分布,当作用在传感头上的外界信号发生变化时,通过监测每个传感头的傅里叶峰值变化情况,实现复用测量。该复用技术采用一套光源和光谱仪即可实现多路传感复用,是比较实用的光纤 F-P 传感器复用技术。

频分复用技术允许将多个腔长相隔较近但不同的 IFPI 传感器进行复用,Farahi 等[139]使用了一个半导体激光器作为光源,激光器由锯齿波电流驱动,目的是使激光器频率产生线性啁啾。适当地选择传感器的腔长,使腔长值是与啁啾率成比例的基本长度的整数倍,可以使 IFPI 传感器信号的频率变化与锯齿波频率呈线性关系,用一个带通电滤波器就可以将其解复用。该方法可以复用的传感器数量有限,而且系统复杂,测量精度较低。

2. 光纤 F-P 传感网的混合复用技术

由于受诸多因素的影响,光纤 F-P 传感器与光纤光栅相比具有更大的复用难度,目前的研究主要集中于光纤光栅传感网络的扩容,对于光纤 F-P 传感网的研究相对较少,因此近年来光纤 F-P 传感网扩容报道十分有限。

一种提升光纤 F-P 传感网络容量的好方法是将多种复用技术混合使用,以融合各种复用技术的优点,并且提升光纤 F-P 传感网络的容量。例如,将波分复用与空分复用技术结合起来提升传感网络容量。在每一个波长通道上用空分复用的方法复用 10 个以上的光纤 F-P 传感器。这种思想原则上可以使复合传感器容量扩充到 100 以上,因此大大降低了整个传感系统的成本。并且混合复用技术的使用还兼容了波分复用和空分复用技术的优点,如空分复用的大容量、波分复用对于宽带光源每部分光功率的充分使用。

如图 4-28 所示,在波分复用信道的波长域中排列着两个不同腔长的光纤 F-P 传感器。研究显示,反映两列传感器的两组信号分别位于两个不同的波长窗口,因此可以通过同样的方式进行解调。由于光纤 F-P 传感器的干涉数目受到腔长的限制,所以该装置中光谱分析仪(OSA)显得特别重要。OSA 的精确度直接决定了传

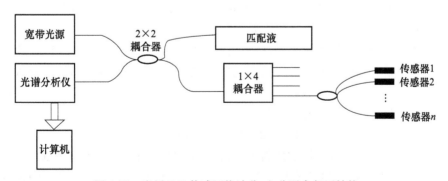

图 4-28　光纤 F-P 传感网络波分、空分混合复用结构

感的精度,并且当 OSA 的精确度达到 1pm 时,光纤 F-P 传感器可以达到很高的精度。研究表明,该光纤 F-P 传感网充分利用了波分复用和空分复用各自的优点,可以使光纤 F-P 传感网的容量扩充到 1000 个以上。

近年来,为了克服光纤 F-P 传感器复用技术的困难,发展了多种多样的复用传感系统。研究者提出各种光纤 F-P 传感器结构,将光纤光栅与 F-P 腔结合起来,其中包括一种啁啾光纤光栅 F-P 传感器波分、频分复用系统。

光纤光栅 F-P 传感器是一种使用光纤光栅形成 F-P 腔的本征型光纤 F-P 传感器,与传统的非本征型光纤 F-P 传感器相比,其具有反射损耗小、腔长长、复用容量高等优点。但是由于光纤布拉格光栅带宽太窄,在其带宽内可能观察不到或只能观察到很少数量的条纹。因此,利用双啁啾光纤光栅(CFBG)来制作本征型 F-P 传感器,其由两个中心波长和带宽相同的啁啾光纤光栅串联构成,在啁啾光纤光栅带宽内形成干涉条纹。该传感器还可以很自然地实现波分复用,将波分复用与空间频分复用技术结合起来。在不同的波长范围实现具有不同腔长的光纤光栅 F-P 传感器的空间频分复用,可以大大提高传感器的复用数量。

双啁啾光纤光栅 F-P 传感器结构如图 4-29 所示。

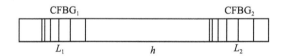

图 4-29　双啁啾光纤光栅 F-P 传感器结构

为了简化分析,假定两个光纤光栅是完全相同的,光纤光栅 F-P 腔的反射系数为

$$r_{\text{F-P}} = \frac{r_{\text{g}} + r_{\text{g}}\exp(-j\Phi_{\text{F-P}})}{1 + r_{\text{g}}^2\exp(-j\Phi_{\text{F-P}})} \tag{4-5}$$

虽然两个光纤光栅不可能完全相同,但微小的差别并不影响干涉信号的产生,只要它们的带宽具有重叠部分,就能在重叠部分形成干涉条纹。为克服啁啾光纤光栅反射光谱的边瓣对光纤光栅 F-P 腔传感性能的影响以及方便后面频分复用快速傅里叶变换(FFT)算法的实现,一般采用弱反射率(反射率为 5%~8%)的光栅构成光纤光栅 F-P 腔。对于弱反射率光栅,理论上分析其光谱特性,可取近似

$$r_{\text{F-P}}(\lambda) \approx r_{\text{g}}(\lambda)[1 + \exp(-j\Phi_{\text{F-P}})] \tag{4-6}$$

此时,$L_{\text{F-P}} \approx L_{\text{g}} + h$,光纤光栅 F-P 腔的反射率可以表示为

$$R_{\text{F-P}} = 2R_{\text{g}}(\lambda)(1 + \cos\Phi_{\text{F-P}}) \tag{4-7}$$

其中,$R_{\text{g}} = |r_{\text{g}}|^2$ 为光纤光栅的反射率。由式(4-7)可以看出,在不考虑 $R_{\text{g}}(\lambda)$ 的情况下,光纤光栅 F-P 腔的光谱近似余弦分布。除去 $R_{\text{g}}(\lambda)$ 后,在其干涉谱中任取余弦分布的两个峰值点波长 λ_1 和 λ_2,由此可以计算出腔长为

$$L_{\text{F-P}} = \frac{m\lambda_1\lambda_2}{2n\mid\lambda_1-\lambda_2\mid} \tag{4-8}$$

其中，m 表示两个峰值之间的干涉条纹数目。另外，由于弱反射率光纤光栅 F-P 腔的干涉谱呈余弦分布，还可以通过快速傅里叶变换方法来计算腔长：

$$L_{\text{F-P}} = \frac{k}{2nN\delta V} \tag{4-9}$$

其中，k 为快速傅里叶变换极大值下标，N 为快速傅里叶变换点数。

　　外界环境（如应变等）改变时，光纤光栅 F-P 传感器腔长将随之发生变化，用光谱仪接收到光纤光栅 F-P 传感器的干涉谱后，可计算出其在不同环境下的腔长，进而通过腔长的变化量得到需要测量的环境参数变化。

　　啁啾光纤光栅 F-P 传感器波分、频分复用系统的结构见图 4-30，从宽带光源发出的光经 $2\times M$ 耦合器后进入光纤光栅 F-P 传感器阵列，从传感器阵列反射回来的信号再通过耦合器进入光谱分析仪，然后通过计算机进行数据采集和处理。传感头为图 4-29 所示的双啁啾光纤光栅 F-P 传感器，构成传感器的两个啁啾光纤光栅中心波长及带宽均相同，其典型的干涉谱如图 4-31 所示（腔长约为 3mm）。

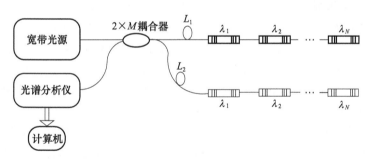

图 4-30　啁啾光纤光栅 F-P 传感器波分、频分复用系统

　　由式（4-7）可知，光纤光栅 F-P 传感器干涉谱呈余弦分布，可以通过傅里叶变换得到传感器腔长（式（4-9））。另外，由于具有不同腔长的传感器的干涉信号的周期不同，这样对于叠加在一起的多个不同腔长的光纤光栅 F-P 传感器信号可以通过傅里叶变换进行解调。

　　光纤光栅 F-P 传感器还可以实现波分复用，由图 4-31 可以看出，使用的啁啾光纤光栅带宽（定义为反射谱±1级零点间距）为 7～8nm，假如使用 80nm 的宽带光源，并假设构成光纤光栅 F-P 腔

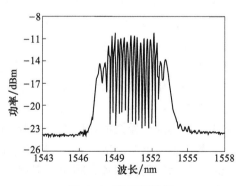

图 4-31　典型干涉谱

的啁啾光纤光栅中心波长间隔为 10nm，此时在波长域可以复用 8 个传感器。将波分和空间频分两种复用方法结合起来，在每个带宽内实现具有不同腔长的光纤光栅 F-P 传感器的空间频分复用，理论上可以复用的传感器数量将达到 50×8＝400 个。因此，该系统具有很大的复用潜力。

波分、频分复用系统中传感器的分布方式为：在耦合器的每条支路上串联中心波长不同、腔长相同或接近的一组传感器，实现波分复用；耦合器的任意两个支路上的传感器具有不同的腔长，实现空间频分复用。需要注意的是，必须避免中心波长相同的传感器串联在一起，因为串联在一起的中心波长相同的传感器中，任意两个啁啾光纤光栅都可以构成一个 F-P 腔，这样会产生非常大的串扰。

4.2　分布式光纤传感网的编码

4.2.1　分布式光纤传感网的光频域反射编码基本原理与种类

分布式光纤传感网是利用一根光纤作为延伸的传感元件，集传感与传输于一体，其测试距离通常可达数十公里甚至上百公里，可连续测量光纤沿线的多种外部参量。它消除了传统分立式传感网难以避免的传感"盲区"，从根本上突破了复用单元数量的限制。分布式传感技术除了具有光纤传感器的优点，还有大容量、高分辨率、长距离、便于构成智能型网络等独特的优势[135-142]，使之可广泛应用于民生、国防安全等多个领域中，如光纤通信网络、航空航天、周界安全、电力线路、大型基础设施（桥梁、管道、隧道等）结构健康等领域。

分布式光纤传感器从 20 世纪 70 年代末期发展至今，主要分为准分布式光纤传感器（QDOFS）和全分布式光纤传感器（DOFS）。全分布式为连续测量法，整个光纤长度上的任一点都是敏感点，属于"海量"测量，理论上传感距离任意长，空间分辨率任意小，检测没有盲区，并具有光纤的不受电磁干扰、灵敏度高、可靠性高、耐腐蚀、体积小等诸多优点，因此成为目前国内外研究的热点[84]。全分布式光纤传感是分布式光纤传感的一个重要分支，利用光纤的应力敏感特性，连续实时地监测作用于光纤上的应力、压力或光纤附近的振动，满足许多特殊环境的要求，具有多方面的应用前景和重大的经济效益。

光在光纤中传输会发生散射，包括由光纤中折射率的变化引起的瑞利散射、光学声子引起的拉曼散射和声学声子引起的布里渊散射三种类型，如图 4-32 所示。

基于不同类型的散射光，分布式传感编码技术可以分为三类：利用瑞利散射的光时域反射编码技术和光频域反射编码技术、利用布里渊散射的布里渊散射光反射编码技术和布里渊散射光分析编码技术，以及利用拉曼散射光的拉曼散射反射编码技术。

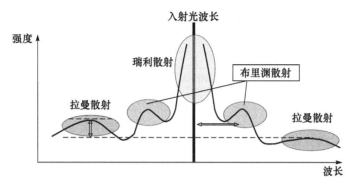

图 4-32　光纤中背向散射种类

4.2.2　光时域反射编码技术

光时域反射仪(OTDR)是基于测量背向瑞利散射光信号的实用化测量仪器。利用 OTDR 可以方便地从单端对光纤进行非破坏性的测量,能连续显示整个光纤线路的损耗随相对距离的变化。OTDR 测试是通过将发射光脉冲注入光纤中,如图 4-33 所示,当光脉冲在光纤内传输时,由于光纤本身的性质、连接器、接合点、弯曲或其他类似的情况而产生散射、反射,其中一部分散射光和反射光经过同样的路径延时返回 OTDR 中,OTDR 根据发射信号到返回信号所用的时间,得到相应的位置信息。

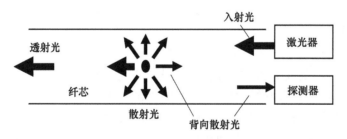

图 4-33　光时域反射编码技术原理

基于布里渊散射光时域反射仪(BOTDR)的分布式光纤传感器是布里渊散射和 OTDR 探测技术相结合构成的分布式应变传感器,原理如图 4-34 所示。探测器接收的是背向布里渊散射光,相对于入射光脉冲会发生频移。当光纤的温度和应变发生变化时,光纤纤芯的折射率和声速会发生相应的变化,从而导致布里渊频移的改变。通过检测布里渊频移的变化量就可获知温度和应变的变化量,同时,通过测定该散射光的回波时间就可确定散射点的位置。

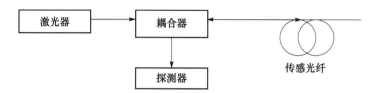

图 4-34　布里渊散射光时域反射原理

1）布里渊散射光编码技术

（1）布里渊散射光编码技术原理。基于 BOTDA 技术的传感器原理如图 4-35 所示。处于光纤两端的可调谐激光器分别将一脉冲光（泵浦光）与一连续光（探测光）注入传感光纤,当泵浦光与探测光的频差与光纤中某区域的布里渊频移相等时,在该区域就会产生布里渊放大（受激布里渊）效应,两光束相互之间发生能量转移。由于布里渊频移与温度、应变存在线性关系,所以对两激光器的频率进行连续调节的同时,通过检测从光纤一端耦合出来的连续光的光功率,就可确定光纤各小段区域上能量转移达到最大时所对应的频率差,从而得到温度、应变信息,实现分布式测量,且测量精度较高。

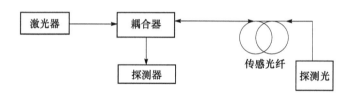

图 4-35　基于 BOTDA 技术的传感器原理

（2）BOTDA 方面的有关进展[141]。鲍晓毅等在 BOTDA 技术研究中做了大量有价值的工作,其在 2005 年提出了一种基于现象学模型的信号处理方法来改善空间分辨率,通过布里渊增益谱与脉冲频谱的卷积修改瞬态布里渊增益谱,考虑漏光作用使基于稳态 SBS 方程的解析解适用于瞬态域分析。该模型能精确地从测量到的谱中反卷积出应变谱,从而达到精确的应变测量[142]。2007 年,其采用考虑了脉冲信号消光比（ER）的信号处理技术使空间分辨率提高[143],并对系统偏压控制进行了完善[144]。2008 年,提出使用一对不同宽度脉冲的布里渊光时域分析（different pulse pair Brillouin optical time domain analysis,DPP-BOTDA）方法,在几公里长的光纤中,使用较低的泵浦光和探测光功率达到了厘米量级的空间分辨率[145]。鲍晓毅等的研究小组在该领域的理论、实验和应用等方面都取得了丰硕的成果,已开展了通过微波电光调制和色散控制提高测量精度的研究,实现了空间分辨率 1m～10cm,测试长度超过 12km,测温精度 0.25～0.8℃[146]。

Alahbabi 等[147]利用在线拉曼放大技术实现了测试长度为 150km、空间分辨率为 50m、温度分辨率为 5.2℃ 的传感。Martin-Lopez 等[148]采用二阶拉曼放大实现了测试长度为 100km、空间分辨率为 2m 的传感。Soto 等[149]采用复杂的脉冲编码技术实现了空间分辨率为 1m、测试长度为 50km、温度/应变测试灵敏度为 2.2℃/44με 的传感。

2）拉曼散射反射编码技术

拉曼散射反射的原理是入射光波的一个光子被一个分子散射成另一个低频光子，同时分子完成两个振动态之间的跃迁。反射回入射端的反射光中，有一种称为拉曼散射光，该拉曼散射光含有两种成分：斯托克斯光和反斯托克斯光。其中斯托克斯光与温度无关，而反斯托克斯光的强度会随温度变化。

目前利用分布式拉曼放大和编码技术实现了测试长度为 30km、空间分辨率为 17m、温度测试分辨率为 5℃ 的传感[150]。

4.2.3　光频域反射编码技术

光频域反射编码技术进行编码是将不同位置的反射点对应的拍频值当做编码值，由于反射点位置与拍频呈线性关系，反射点位置也就与拍频呈线性关系。

光频域反射方法采用外差干涉技术，对高相干光源进行高速和线性扫描波长，利用信号反射光（瑞利散射、各种类型光栅反射、F-P 传感器反射、微结构光纤传感器反射等），与本振信号（参考光）相干。由于两者的光程不同，干涉端实际是不同频率的两臂光进行干涉，形成拍频。由于反射点位置与拍频（编码值）呈线性关系，所以通过探测不同的拍频信号，即可利用傅里叶变换得到不同拍频（编码值）与反射点位置的对应关系。由于拍频对应编码，这样傅里叶变换即对反射点位置进行解码，如图 4-36 所示。

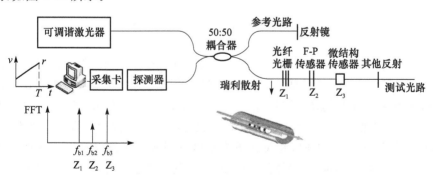

图 4-36　分布式光纤传感网光频域反射编码

1. 光频域反射编码方法的工作原理和关键技术

1）光频域反射方法发展现状

光频域反射方法最早于 1981 年由 Eickhoff 等提出[151]，其基本原理与微波领域中调频连续波技术类似,具体如下:光源为发射波长线性调谐连续光的激光器,分为两束,其中一束作为参考光,另一束作为测试光发射到待测光纤中,光纤中瑞利散射或菲涅耳反射光返回与参考光发生拍频干涉。此时,信号频率大小与反射光的位置呈正比关系,以此方法对反射光位置进行编码。利用傅里叶变换将原始波长(光频)域转到距离域后,此信号就是光纤中各个位置的反射光强,即解码的过程。从光频域反射原理可以看出,其空间分辨率与频谱分析精度有关,而与探测器带宽无关,这样可以获得非常高(微米级)的空间分辨率[152]。此外,由于光频域反射中使用了相干探测技术,其灵敏度较传统光时域反射有较大提高[153]。

　　光频域反射编码技术首先被应用到分布式光纤测量领域,即光纤通信系统中的光纤与光器件监测中[154-165]。特别是美国 LUNA Technology 公司基于光频域反射原理研发的 OBR4600 产品,其测试距离达到 2km,空间分辨率达到 1mm,可以高精度地定位光纤链路中的微弯、熔接点、损耗点、法兰盘等特征位置,如图 4-37 所示。

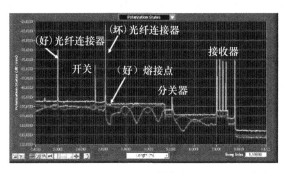

图 4-37　利用 OBR4600 实现高精度定位光纤链路中的
微弯、熔接点、损耗点、法兰盘等特征位置

　　光频域反射编码技术在光纤链路监测中空间分辨率很高,但是测试距离还比较短,限制了其应用。目前研究人员已经在长距离光频域反射上取得了一定的成果,如 Froggatt 等[163]提出了相位补偿算法拓展测试距离;Geng 等[164]采用超窄带光纤激光器实现了 100km 测试长度的光频域反射系统,但没有提及空间分辨率;Tsuji 等[165,166]采用一种新型相位无关光频域反射实现了测试长度为 30km、空间分辨率为 5m 的光频域反射系统;Fan 等[167-175]利用单边带外调制技术和相位噪声补偿技术实现了一种测试距离达 40km、空间分辨率达 5cm 的光频域反射系统。尽管光频域反射测试距离有较大幅度的提高,但对于一些特殊应用场合如超长距离光缆监控等领域,还不能满足要求,迫切需要研发新方法拓展光频域反射的测试距离,同时在较长距离上保证较高的空间分辨率和灵敏度。

2）光外差探测原理[176]

光频域反射编码系统结构如图 4-36 所示,其主要由线性调频光源、迈克耳孙干涉仪以及光电探测部分等组成。其工作原理基于光外差探测原理。

光频域反射编码的核心是采用可调谐光源实现对光频进行线性调谐。光源发出的光被耦合器分为两束,一束进入参考臂后被反射镜反射回耦合器,作为本振参考光,另一束光进入测试臂。由于测试臂的待测光纤中存在瑞利散射、各种类型光栅反射、F-P 传感器反射、微结构光纤传感器反射等,将一部分光作为测试光返回耦合器中,此时在耦合器中本振参考光与测试光发生干涉。这里干涉并不是等频干涉而是拍频干涉。拍频干涉即差频干涉,这是由于参考臂很短、测试臂很长,本振参考光与测试光携带的光频是不同的,所以产生的干涉是拍频干涉。

如图 4-36 所示,光源输出的是一束线性调频的激光,经分光镜分为两束:一束经固定反射镜,再经分光器射向光电探测器,其光程 Z_L 是固定的,设其 t 时刻到达光电探测器的频率为 V_L,这束光称为参考光;另一束注入光纤,由于光纤存在瑞利散射、各种类型光栅反射、F-P 传感器反射、微结构光纤传感器反射等,其中有一部分反射光沿着光纤向注入端返回,并经分光镜射向光电探测器,这束光称为信号光,其光程 Z_S 因散射点位置的变化而不同,设距光注入端 $Z_S/2$ 处的瑞利背向散射光在 t 时刻到达光电探测器的光频率为 V_S,由于这两束光满足相干条件,在光敏面必然发生混频现象。设参考光和信号光的电场分别为

$$e_L(t) = E_L \cos(\omega_L t + \phi_L) \tag{4-10}$$

$$e_S(t) = E_S \cos(\omega_S t + \phi_S) \tag{4-11}$$

因为光电探测器的平方率特性,其输出光电流为

$$i \propto \overline{[e_S + e_L]^2} \tag{4-12}$$

将式(4-10)和式(4-11)代入式(4-12)并展开得

$$i \propto \overline{E_S^2 \cos^2(\omega_S t + \phi_S)}$$
$$+ \overline{E_L^2 \cos^2(\omega_L t + \phi_L)}$$
$$+ \overline{E_S E_L \cos[(\omega_S - \omega_L)t + (\phi_S - \phi_L)]}$$
$$+ \overline{E_S E_L \cos[(\omega_S + \omega_L)t + (\phi_S + \phi_L)]} \tag{4-13}$$

式中有四项,相应于四个频率成分,由于 ω_S 和 ω_L 都是极高的频率,前两项为直流项,第四项和频项($\omega_S + \omega_L$)频率太高,光电探测器根本不响应,第三项中频项 $\omega_{IF} = \omega_S - \omega_L$ 相对是一个慢变化的功率分量,如果 $f_{IF} = V_S - V_L = \omega_{IF}/(2\pi)$ 小于光电探测器的截止响应频率,那么光电探测器就有相应的光电流输出。这个光电流经过有限带宽的中频放大器,滤去直流项,最后只剩下中频交流分量

$$i_{IF} \propto E_S E_L \cos[(\omega_S - \omega_L)t + (\phi_S - \phi_L)] \tag{4-14}$$

光外差探测是一种全息探测技术[177],同时光外差探测有着以下几个优良的

性能。

（1）转换增益高。设光电探测器的负载电阻为 R_L，光外差探测的中频电流输出对应的电功率为

$$P_{IF} = i_{IF}^2 R_L \tag{4-15}$$

由于信号光功率与参考光功率可表示为

$$P_S \propto \frac{1}{2} E_S^2, \quad P_L = \frac{1}{2} E_L^2 \tag{4-16}$$

并将式(4-14)代入式(4-15)，可得

$$P_{IF} \propto 2 P_S P_L^2 \tag{4-17}$$

而如果直接探测光纤的瑞利背向散射光的光功率，则其输出功率为

$$P_{OS} = i_S^2 R_L \propto P_S^2 R_L \tag{4-18}$$

将两者所给的输出功率比较，可得到光外差探测的转换增益为

$$G = P_{IF}/P_{OS} = 2 P_L/P_S \tag{4-19}$$

因为参考光的光功率比较大，达到几十毫瓦量级，而光纤的瑞利背向散射的光功率非常小，即信号光为微弱光信号，所以 G 的数值非常大。也就是说，光外差探测表现出十分高的转换增益，其灵敏度远高于直接探测的灵敏度。

（2）滤波性能良好。在光外差探测中，只有在中频 f_{IF} 频带内的杂散光才可以进入系统，其他杂光所形成的噪声均可被滤除，即光外差探测系统可以具有较窄的接收带宽，从而对背景光有很好的滤波性能，所以光外差探测系统中不需要外加光谱滤光片，其效果甚至比加滤光片的直接探测系统要好得多，因此光外差探测系统对背景光有很好的滤波性能。

（3）探测范围广。光外差探测不仅可以探测振幅和强度调制的光信号，还可以探测频率调制及相位调制的光信号，这是光外差探测的突出优点。

（4）输出信噪比良好。假如入射到光电探测器上的光场中不仅存在信号光波，还存在着背景光波，其对应的功率为 P_b，则输出信噪比为

$$\frac{P_S}{P_N} = \frac{4K^2 P_S P_L P_L}{4K^2 P_b P_L P_L} = \frac{P_S}{P_b} = \frac{E_S}{E_b} \tag{4-20}$$

即光外差探测的输出信噪比等于信号光波与背景光波振幅的比值，输出信噪比等于输入信噪比，输出信噪比没有任何损失。

但是要注意一点，当本振光功率足够大时，本振光产生的散粒噪声远大于其他噪声，而且随着本振功率的增大，其所产生的散粒噪声也随之增大，从而使光外差探测系统的信噪比降低，因此在实际的光外差探测系统中要合理选择本振光功率的大小，以便得到最佳信噪比和较大的中频转换增益。

3）光频域反射编码方法的工作原理

根据光外差探测原理，中频分量 f_{IF} 的光电流中包含了信号光与参考光的光波

振幅信息。光强 I 正比于光波振幅 E 的平方,参考光与信号光的光强可分别表示为

$$I_L \propto E_L^2 \tag{4-21}$$

$$I_S \propto E_S^2 \tag{4-22}$$

当激光器的输出光强 I_0 稳定时,参考光的光强 I_L 与信号光的光强 I_S 也可表示为

$$I_L = \kappa \cdot \xi \cdot I_0 \tag{4-23}$$

$$I_S = \eta \cdot (1-\kappa) \cdot I_0 \cdot \exp(-\alpha Z_S) \tag{4-24}$$

其中,κ 为分光镜的分光比,ξ 为参考臂的固定反射镜的反射率,η 为瑞利背向散射系数,α 为光纤的衰减系数。

因此,参考光与信号光光波振幅可表示为

$$E_L \propto \sqrt{\kappa \cdot \xi \cdot I_0} \tag{4-25}$$

$$E_S \propto \sqrt{\eta \cdot (1-\kappa) \cdot I_0} \cdot \exp\left(-\frac{\alpha Z_S}{2}\right) \tag{4-26}$$

将上面两个公式代入式(4-14)中,可得到 i_{IF} 与 α 的关系为

$$i_{IF} \propto \sqrt{\eta\kappa(1-\kappa)\xi} \cdot I_0 \exp\left(-\frac{\alpha Z_S}{2}\right) \cos[(\omega_S - \omega_L)t + (\phi_S - \phi_L)] \tag{4-27}$$

由于 κ、ξ 和 η 都为固定值,将待测光纤的两点 a 和 b 的光电流平均值相比,得到如下公式:

$$\frac{i_a}{i_b} = \exp\left[-\frac{\alpha(Z_a - Z_b)}{2}\right] \tag{4-28}$$

其中,i_a 为待测光纤 a 点对应的中频分量的光电流平均值,i_b 为待测光纤 b 点对应的中频分量的光电流平均值,$Z_b/2$ 为 a 点距光源注入端的距离,$Z_b/2$ 为 b 点距光源注入端的距离。根据式(4-28)和测得的光电流平均值 i_a 与 i_b,就可以计算出光纤的衰减系数 α:

$$\alpha = \frac{2\ln\dfrac{i_a}{i_b}}{Z_a - Z_b} \tag{4-29}$$

从而就达到了测量光纤损耗的目的。而中频分量 f_{IF} 的大小与光源扫频速率 γ、光纤群折射率 n、光速 c 和光程差 Z 有关,其计算公式如下:

$$f_{IF} = \frac{Z \cdot \gamma \cdot n}{c} \tag{4-30}$$

在已知光源扫频速率 γ、光纤群折射率 n 和光速 c 的情况下,根据探测得到的中频分量 f_{IF} 的大小,即可求出光程差 Z:

$$Z = \frac{c \cdot f_{IF}}{\gamma \cdot n} \tag{4-31}$$

在设定参考臂的光程差为 0 时，$Z/2$ 即中频分量 f_{IF} 所对应的光纤产生背向散射光的具体位置。由此便可将频域信息映射到空间域，这个过程就是对分布式光纤传感系统的解码过程。

光频域反射系统的动态范围计算公式为

$$R = 10\lg \frac{P_{\max}}{P_{\min}} \qquad\qquad (4\text{-}32)$$

其中，$P_{\max}$ 为待测光纤始端的背向散射光所对应的中频光电流大小，$P_{\min}$ 为系统接收机的灵敏度。

4）光频域反射编码方法的关键技术

光频域反射编码系统的关键技术主要包括线性扫频光源、外差探测光路、光接收机以及信号处理单元等。

（1）线性扫频光源的要求。光外差探测要求信号光和参考光必须具有相同的模式结构，这意味着所用的激光器应单频基模运转。另外，光外差探测是一种相干探测方法，因此光源要有相当大的相干长度，光源的相干长度又与光源的线宽有关。当光源的线宽越窄时，其相干长度就越大。而且窄带光源也有利于进行线性扫频调制，所以窄带也是对光频域反射系统光源进行设计时需要重点考虑的问题。因此，光频域反射编码系统所需要的光源应为线性扫频窄带单纵模激光器。

（2）光频域反射编码系统对光路和光接收机的要求。光路和光接收机部分对于光频域反射编码系统的高分辨率设计也起到很重要的作用。

系统是通过测量计算瑞利散射中的背向散射光，达到检测光纤损耗目的的。当光源的功率过高时，将引起受激布里渊散射，这明显不利于系统的高分辨率测量。因此，光源的光功率不宜太高，而一般待测光纤的长度都较长，即测量距离较大，这就要求光频域反射系统光路部分的耦合损耗要尽可能低。同时，光路需要满足光外差探测的要求，即：

① 光路需要保证信号光和参考光在光混频面上相互重合；

② 信号光和参考光的能流矢量尽可能地保持同一方向；

③ 有效的光混频还要求两光波必须同偏振，因此光路必须对光束的偏振态进行控制。

光路采用的是光纤迈克耳孙干涉仪，所使用的器件都为光纤器件，它可以很好地满足光外差探测的条件①和②。光路设计部分的主要工作为：选择合适的器件实现迈克耳孙干涉仪的功能，同时要尽量降低光功率的耦合损耗，并对光束的偏振态进行控制。

光频域反射编码系统光接收机部分是由光电探测模块和频谱分析仪组成的。接收机带宽是光接收机部分较为重要的一个参数，其选择将直接影响整个系统的空间分辨率。受光源的线性度与接收机本身性能的影响,接收机带宽是不可能无限小的。因此,选择合适的接收机带宽也是高分辨率光频域反射编码系统设计和实验的关键部分之一。

光外差探测方法良好的转换增益,使得光频域反射编码系统对光接收机灵敏度的要求没有光时域反射那样高。但在对超远距离的待测光纤进行测量时,光源光功率需要考虑到光接收机灵敏度的影响。

(3)光频域反射编码系统对信号处理部分的要求。在不使用频谱分析仪的情况下,光频域反射编码系统需要考虑对信号处理单元的设计。信号处理单元将光电探测模块探测到的时域信号转化到频域,并提取出光频域反射系统所需要的相关信息,包括中频分量 f_{IF} 的大小以及相应的中频光电流值。

在光频域反射编码系统的关键技术中,光路部分所使用的技术已相当成熟,而光接收机部分所使用的器件也较为普遍。线性扫频窄带单纵模光源对光频域反射编码系统的性能有着很大的影响,是光频域反射编码系统最为关键的技术之一。在不考虑整机集成的情况下,光频域反射编码系统可以采用频谱仪对信号的中频分量 f_{IF} 进行测量。但是出于对光频域反射编码系统整机集成化、商业化的考虑,信号处理单元也是需要着重研究的部分。

2. 基于光频域反射编码技术的分布式光纤传感应用情况

1)基于瑞利散射的分布式光纤传感器编码

光纤中最强的散射方式是瑞利散射,约是入射光的 -45dB,瑞利散射是光纤的一种固有特性,在光纤的拉纤阶段,二氧化硅由熔融态转变为凝固态的过程中形成了不均匀性,该不均匀性导致了纤芯折射率在微观上的随机起伏变化。实验和理论证明,瑞利散射系数的温度灵敏度对于玻璃成分的光纤极其微弱,因此基于瑞利散射的全固光纤的温度分布系统难以实现,其温度分辨率很低。然而,在某些液体中,基于瑞利散射的全固光纤的温度灵敏度却很高,如在苯中,其温度灵敏度高达 0.033dB/K。

1982 年,Hartog 和 Pague 利用液芯光纤瑞利散射系数随温度变换明显的特点,研制出液芯光纤分布式温度传感器,并于次年演示了第一个使用液体纤芯的分布式光纤温度传感系统,该系统能在 1s 内对 100m 光纤取得 1m 的空间分辨率和 1K 的测温精度。但是由于液芯光纤系统在制作和使用上很不方便,液体本身固有的冰点、沸点特性也导致了测温范围的有限,加上液芯光纤的寿命比较短,所以这种液芯光纤系统运用不多。

2)基于光频域反射编码拉曼散射技术的分布式光纤传感器编码

基于光频域拉曼散射技术的分布式光纤温度传感器以拉曼散射和光频域反射编码为基础,根据拉曼散射效应原理,用网络分析仪来分析频域信号,从而确定光纤的复基带传输函数来进行温度的分布式测量。

电光调制器对光源发出的单色光，以不同的频率连续地进行正弦强度调制，假设被等距调制的基频为 f_0 的激光进入待测光纤，输入的光功率为

$$P_0(t) = \overline{P}_0 + A_0(\omega_{\mathrm{m}})\cos[\omega_{\mathrm{m}}t + \phi_0(\omega_{\mathrm{m}})] \tag{4-33}$$

其中，$\overline{P}_0$ 为平均值，$A_0(\omega_{\mathrm{m}})$ 为振幅，$\phi_0(\omega_{\mathrm{m}})$ 为初始相位，t 为进入光纤的运行时间。

耦合器将背向散射光耦合进入滤波器，分别滤出斯托克斯光和反斯托克斯光，光功率分别为

$$P_{\mathrm{s}}(t) = \overline{P}_{\mathrm{s}} + A_{\mathrm{s}}(\omega_{\mathrm{m}})\cos[\omega_{\mathrm{m}}t + \phi_{\mathrm{s}}(\omega_{\mathrm{m}})] \tag{4-34}$$

$$P_{\mathrm{rs}}(t) = \overline{P}_{\mathrm{rs}} + A_{\mathrm{rs}}(\omega_{\mathrm{m}})\cos[\omega_{\mathrm{m}}t + \phi_{\mathrm{rs}}(\omega_{\mathrm{m}})] \tag{4-35}$$

同样，$\overline{P}_{\mathrm{s}}$ 和 $\overline{P}_{\mathrm{rs}}$ 为平均值；$A_{\mathrm{s}}(\omega_{\mathrm{m}})$ 和 $A_{\mathrm{rs}}(\omega_{\mathrm{m}})$ 为振幅；$\phi_{\mathrm{s}}(\omega_{\mathrm{m}})$ 和 $\phi_{\mathrm{rs}}(\omega_{\mathrm{m}})$ 为初始相位，表示受不同频率的调制影响。将探测到的斯托克斯和反斯托克斯光送入网络分析仪，可以分别得到离散频率的复传输函数：

$$H_{\mathrm{s}}(\omega_{\mathrm{m}}) = \frac{A_{\mathrm{s}}(\omega_{\mathrm{m}})}{A_0(\omega_{\mathrm{m}})}\exp[\mathrm{j}\phi_{\mathrm{s}}(\omega_{\mathrm{m}}) - \mathrm{j}\phi_0(\omega_{\mathrm{m}})] \tag{4-36}$$

$$H_{\mathrm{rs}}(\omega_{\mathrm{m}}) = \frac{A_{\mathrm{rs}}(\omega_{\mathrm{m}})}{A_0(\omega_{\mathrm{m}})}\exp[\mathrm{j}\phi_{\mathrm{rs}}(\omega_{\mathrm{m}}) - \mathrm{j}\phi_0(\omega_{\mathrm{m}})] \tag{4-37}$$

再利用数字信号处理中的离散快速傅里叶逆变换（IFFT）就可以得到离散的时域单位脉冲响应为

$$h_{\mathrm{s}}(t_i) = \mathrm{IFFT}[H_{\mathrm{s}}(\omega_{\mathrm{m}})] \tag{4-38}$$

$$h_{\mathrm{rs}}(t_i) = \mathrm{IFFT}[H_{\mathrm{rs}}(\omega_{\mathrm{m}})] \tag{4-39}$$

其中，$t_i = i \cdot \Delta t (i = 1, 2, 3, 5, 6, 7, \cdots)$，表示以 Δt 为步长在时间轴上的第 i 个时间点，而 Δt 就表示时间分辨率。时间轴上 t_i 点所对应的信号在空间上对应于待测光纤上轴向 z_i 位置的信号，根据光在光纤中的传输过程可以得出

$$t_i = \frac{z_i}{c/n} \times 2 = \frac{2 \cdot z_i \cdot n}{c} \tag{4-40}$$

则通过上述过程分析可知，传感器探测信号最终可以由式（4-41）给出：

$$h(z_i) = \frac{\mathrm{Re}[h_{\mathrm{s}}(2 \cdot z_i \cdot n/c)]}{\mathrm{Re}[h_{\mathrm{rs}}(2 \cdot z_i \cdot n/c)]}\exp\{[\alpha_{\mathrm{p}}(\lambda_{\mathrm{s}}) - \alpha_{\mathrm{p}}(\lambda_{\mathrm{rs}})] \cdot z_i\} \tag{4-41}$$

3）基于光频域反射的布里渊散射型分布式光纤传感器编码

基于 BOFDA 的分布式光纤传感器和拉曼散射原理相近似，也是通过网络分析仪测出光纤的复基带传输函数，然后从复基带传输函数的幅值和相位来提取所携带的温度信息，从而得到温度的分布式测量，其系统原理如图 4-38 所示。

在光纤始端注入一个窄带的泵浦激光信号，在传感光纤的另一端 $z = L$ 处，探测光首先经过频率可调的光电强度调制器，对于每一个调制频率值，在探测器上都

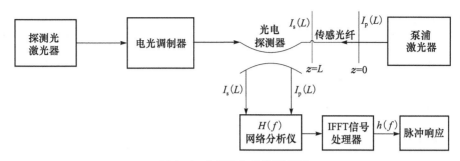

图 4-38　BOFDA 系统原理图

能测得一个对应频率的探测光 $I_a(L)$ 和泵浦光 $I_b(L)$，再将探测器的输出信号送入网络分析仪中，得到光纤复基带传输函数：

$$H(j\omega) = \frac{I_b(j\omega_m)}{I_s(j\omega_m)} = \frac{FFT[I_b(L)]|\omega_m}{FFT[I_s(L)]|\omega_m} \tag{4-42}$$

把经过网络分析仪得到的数字信号送入信号处理器中进行傅里叶逆变换，得到系统的单位脉冲响应为

$$h(t) = \frac{1}{2\pi} \int_{-\infty}^{\infty} H(j\omega) \exp(j\omega t) d\omega \tag{4-43}$$

而根据光在光纤中的传输可得

$$t = \frac{z}{c/n} \cdot 2 = 2nz/c \tag{4-44}$$

把时间 t 的表达式(4-44)代入式(4-43)可得到空间脉冲响应函数，当探测光的调制频率与布里渊散射频移相等时，在光纤中就会产生布里渊增益效应，根据频移与温度的关系以及脉冲响应函数的幅值，便可计算出受干扰温度点的温度大小，并根据空间脉冲响应函数的位置关系来得到受干扰温度点的位置。

4.3　混合式光纤传感网的系统结构与扩容

混合式双层光纤智能传感网分为终端节点层和传感网络层双层结构。终端节点层产生调制信号，生成光谱，将光谱进行波长转换并拓宽，对光码分多址信号进行解码，解调并实时显示。传感网络层包含 n 个传感网络子层，进行光码分多址编码并回传给波长路由器，再传给接收器。子层中分立式和分布式传感单元或传感器混合组网。纵向上，增加波长路由器，扩展子层数目；横向上，子层中传感单元或传感器选择多种拓扑结构，实现传感单元或传感器数目扩展，具有双向扩展性。混合式双层网络协同工作，在计算机上实时显示解调信息。

4.3.1　混合式光纤传感网的系统结构[178]

混合式双层光纤智能传感网将整个智能传感网分为终端节点层和传感网络层

双层结构。

终端节点层包括计算机、调制模块、光源模块、波长转换模块(包括向上波长转换器和向下波长转换器)、波分复用模块(包括两个波分复用器、接收模块、解码器模块和解调模块)。终端节点层的主要作用是产生调制信号,生成光谱信号,将光谱信号进行波长转换,经由波分复用将光谱拓宽,对光码分多址信号进行解码,解调信号并实时显示。

传感网络层包含 n 个传感网络子层,n 为大于等于 2 的任意整数,根据网络需要自行取值,每一个传感网络子层都有一个固定的波长路由器,接收终端节点层传送来的波长信号,并传送给所在传感网络子层的传感单元或者传感器。这里传感单元是指分布式传感单元,分布式传感单元中包括单一的传感器,也包括下一级分布式传感单元,如此递进。

传感网络层的主要作用是感应物理量、化学量和生物量,进行光码分多址的编码并回传给波长路由器,再由波长路由器传输给终端节点层的接收模块。每一个传感网络子层中每一级传感单元或者传感器的代号由本层的波长路由器代号和数字进行标识,不同级数用不同位数的数字标识,即波长路由器字母代号+第一级。

双向可扩展性的混合式双层光纤智能传感网的结构如图 4-39 所示。图中,F_1 为终端节点层,1 是计算机终端,2 是调制模块,3 是光源模块,4 是向上波长转换器,5 是向下波长转换器,6 是第一波分复用器,7 是接收模块,8 是第二波分复用器,9 是解码器,10 是解调模块。

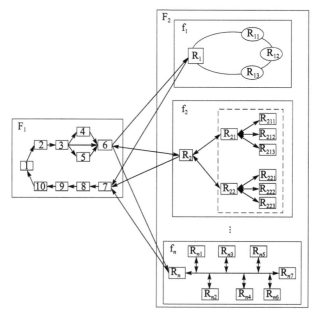

图 4-39　双向可扩展性的混合式双层光纤智能传感网的结构

　　终端节点层 F_1 的计算机通过控制调制模块来控制光源模块输出激光,输出的激光经过向上波长转换器和向下波长转换器的波长转换后,与光源模块本身的光谱进行波分复用,复用后光谱大大展宽,图 4-40 为扩展后的光谱图。

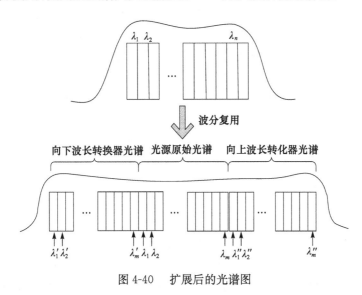

图 4-40　扩展后的光谱图

　　扩展后的光谱经第一波分复用器波分复用后传送到 n 个波长路由器 R_1、R_2、$\cdots$、R_n,再由 n 个波长路由器传送到 n 个传感网络子层 f_1、f_2、$\cdots$、f_n 中不同的 m 个传感器或者传感单元。接收模块接收来自 n 个传感网络子层的传感信号,第二波分复用器将各路传感信号进行波分复用,并将复用后的信号传送给解码器进行正交互相关解码。经过解码后的信号送至解调模块,解调出各个传感器位置及测量信息并传送到计算机,实时显示各个传感器的位置和传感器测量的物理量、化学量和生物量信息。计算机终端可以在某一物理量、化学量和生物量信息超过某设定阈值时发出提醒或警告,以便工作人员排除隐患,防患于未然。

　　传感网络层 F_2 包括 n 个传感网络子层 f_1、f_2、$\cdots$、f_n。在传感网络子层 f_1 中,有 R_{11}、R_{12}、$\cdots$、R_{1m} 等 m 个分布式传感单元或者传感器,每个传感单元包括 L 个传感器和编码器,L 为大于等于 2 的任意整数,根据网络需要自行取值。传感网络子层 f_2 中包含 m 个分立式传感单元或者传感器 R_{211}、R_{212}、$\cdots$、R_{21m},每个传感单元包括 L 个传感器和编码器,L 为大于等于 2 的任意整数,根据网络需要自行取值。不同传感网络子层中传感单元的数目可以相同也可以不同,传感单元中 L 的取值可以相同也可以不同。R_2 作为这一传感网络子层总的波长路由器,由它将信号分发到下一级波长路由器以及收集从下级波长路由器传回来的传感信号,这样一直路由到最后一级的传感器,最后一级的传感器包含传感器和编码器两个部分,每一级的传感器的数目为大于等于 2 的任意整数,根据网络需要自行取值。每一个传感器可以感应不同的物理量、化学量和生物量,编码器对每一个传感器进行编码并传输。各个传感单元或者传感器按照特定拓扑结构有序地组合在一起,每一个传感单元内部的 L 个传感器也按照一定的拓扑结构有机组合,整个传感网络子层中的传感器形成了灵活的拓扑结构,能够连接多种类型、多参量的多个传感器,大大扩展了传感网容量,增强了系统的自愈性和智能性,为传感网的横向扩展打下了基础。多个处于传感网末端的传感器的测量信息以及编码信息,通过光纤和波长路由器返回终端节点层。这样就构成了终端节点层和传感网络层的双层网络结构,两层网络协同工作,共同构成了混合式光纤智能传感网结构。其中,终端节点层的光源为窄带、宽光谱、波长快速可调谐的新型梳状暗调谐激光光源,能够实现宽光谱范围内高分辨率的较小光谱噪声的光谱调谐。

4.3.2　混合式光纤传感网的扩容

混合式双层光纤智能传感网利用波长转换技术,引入向上和向下波长转换器。全光波长转换器可以高效、可靠、简单地将信号光从一个波长转化到另一个波长,再经过波分复用器复用,从而使传感网络的可用光谱范围大大扩展,为每一传感网络子层传感器的数目扩展提供了条件,系统容量大大提高,实现波长的再利用,解决波长竞争问题,使网络管理更为灵活、简便和合理。

混合式双层光纤智能传感网将以新型光子晶体光纤传感器、基于光微流体理论的生物光纤传感器、基于光谱吸收的气体传感器为代表的分立式传感器,以及以基于布里渊效应的光纤传感网、基于非线性光学效应融合原理的光纤拉曼传感网、基于宽光谱动态干涉效应的分布式光纤扰动及定位传感网为代表的分布式传感单元中不同类型和不同功能的传感器和传感单元进行混合组网,形成具有多种复用结构的双层网络系统。该传感网络不仅充分利用传感系统的光谱资源,而且在此基础之上采用全光波长转换技术,使得可用光谱范围加宽,使扩容成为可能。此外,采用多种复用方式相结合的复用方式,实现了多类型、多参量、长距离传感,同时融合多种拓扑结构,将各个传感器和传感单元有机地组合在一起。

该智能传感网具有双向可扩展性。传感网络层中包含 n 个传感网络子层,每个传感网络子层中又包含不同种类的传感器或传感单元;在纵向上,能够增加固定的波长路由器,扩展传感网络子层的数目;在横向上,每一个传感网络子层内的传感器或传感单元的布设可以有多种形式。采用三维正交码对每个传感器编码,接入灵活,能够实现传感器或传感单元数目和拓扑结构的扩展,具有双向可扩展性,大大提高了系统容量。传感网络层中传感器的拓扑结构,因为每一个形状既相互独立,独自成网,又可以相互嵌入,形成复合式的拓扑结构,可以连接更多的传感器,可接入灵活,为横向扩展奠定了基础。充分发挥网络扩容和局部结构优化特性,进一步增强了光纤传感网的大容量、自愈性、抗毁性等能力。

　　此混合式双层光纤智能传感网将分布式和分立式传感单元混合组网,避免了单一类型传感单元组网的缺点,各取所长,充分发挥了分立式和分布式传感系统各自的优势,优化了网络结构,提高了网络的性能。基于波分复用与光码分多址技术相结合的复用方式,实现了传感网的双向可扩展性。波分复用技术实现了在同一根光纤中传输多个波长,光码分多址技术通过三维编解码系统,实现对某一个波长的定位和恢复,通过两者的结合,不仅大大提高了混合式光纤传感网的复用能力和传感容量,实现了网络纵向和横向上的可扩展性,而且由于码序列的正交性,解码的准确性和灵活,避免了光纤传感网中各传感器间的相互影响以及多种外部参量对多种光纤传感器的交叉影响,使光纤传感网中各传感单元能可靠协调地工作。

　　总之,到目前为止,光纤传感网的扩容问题已经成为光纤传感领域一个亟待解决的问题,混合式光纤传感网融合了分立式与分布式光纤传感网的优点,大大提升了光纤传感网的容量。

第5章　光纤传感网的数据处理

光纤传感网由不同光学原理的多类型光纤传感单元组成,同时所包含的传感单元数量庞大,这些数量庞大的各种光纤传感单元将产生大量的传感信息。传感信息由光纤传感网中各个位置处的多种外部参量产生,包含外部参量的位置、类型、大小、频率等多种信息,它们相互交织,以十分复杂的方式混叠在一起。因此,对光纤传感网中的数据进行处理,智能并可靠地分辨出光纤传感网所检测到的各种外部参量是光纤传感网可靠高效工作的基础。

5.1　光纤传感网的信号去噪

拉曼散射传感系统可以在一根光纤上同时监测多点的温度,并可以利用光时域反射技术对温度场进行空间定位。自发拉曼散射系统的主要缺点是其散射光信号很弱,约为入射光的 10^{-9},信噪比低,测量的信息几乎完全淹没在噪声中。如此弱的信噪比使得温度信号的测量和处理变得很困难,限制了系统的性能指标[128]。所以,如何对微弱的检测信号进行有效处理成为分布式光纤温度传感系统的一个重要问题,特别是在高精度、大范围分布式测量中,数据处理技术是影响系统实用性的关键。为了有效地从噪声中提取出有用信号,就要根据分布式光纤传感系统的特点,研究噪声的来源和性质,分析噪声产生的原因和规律以及噪声的传播途径,有针对性地采取有效措施抑制噪声,采用相应的解决方案。

随着光纤温度采集系统越来越广泛的应用,用户对系统的空间分辨率、测量时间和测量精度都有了更高的要求,而且出于对系统成本、体积、实时性和运行稳定性等方面的考虑,采用大规模集成电路和嵌入式系统构建光纤温度传感系统已经成为分布式光纤温度传感器的数据采集处理系统的发展趋势。

信号采集处理系统的优劣对光纤拉曼温度传感器性能有很大的影响,具体体现在测温精度、测量时间和空间分辨率这三个指标上。这三个性能指标也在很大程度上决定了分布式光纤温度传感器的性能。通过信号处理方法,如增加测量次数并进行累加可以改善系统的信噪比,信噪比的改善程度正比于累加次数的均方根[134],这时测温精度及测量时间与采样累加次数密切相关。也可以根据系统特点采用其他方法,如控制带宽、降低温度等抑制系统的噪声。

5.1.1　传感信号处理算法

光纤拉曼温度传感信号有如下几个特点。

（1）信噪比低。拉曼散射的信号强度比入射光强度要小 80～90dB，且反斯托克斯光的强度比斯托克斯光的强度要小。同时，由于系统各种噪声的影响，如电压波动、半导体热噪声、散粒噪声等，这些噪声的幅值和相位是随机的，脉冲的形状也不尽相同，这些噪声的幅度均远大于被测信号的强度，有效信号完全被淹没在噪声中，使得信噪比很低，从而导致有效信号的提取比较困难。

（2）噪声类型中白噪声占主要成分。在分布式光纤温度传感系统中，需要处理的绝大多数是随机噪声，随机噪声是一种前后独立的平稳随机过程，在任何时候其幅度、波形及相位都是随机的，可以把它们看成白噪声，并且噪声分布在整个频率范围内。

（3）背向散射的信号强度随着距离增加而减弱。由于脉冲光在光纤中传输的过程中发生了散射和吸收，所以不可避免地存在能量损耗。因此，在整根传感光纤中，光纤拉曼散射光的强度近端强、远端弱，而光纤远近端的噪声大小是一样的，如图 5-1 所示的背向散射光相对强度与距离的关系。

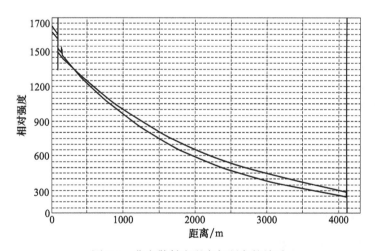

图 5-1　背向散射光强度与距离的关系

从测量信号特点来看，被检测信号非常微弱。首先信号的幅值很小，其次噪声完全淹没了信号。只有在有效抑制噪声的条件下，并对微弱信号的幅值进行放大才能提取出有用信号。因此，对信号进行处理的主要目的是消除噪声的干扰，提高信噪比。

从实际应用的角度来看，对光纤温度传感器的数据处理要求数据处理的速度快。以 30km 温度传感器系统为例,若空间分辨率要达到 1m,每次采样至少要采集 3×10^4 个数据,由于温度信号淹没在噪声中,需要对信号进行有效的数据处理,其中不仅测量系统处理的数据量大,而且对大量的数据处理需要一定的时间。然而,在实际应用环境中,对温度采集的实时性要求比较高,所以为光纤温度传感器构建高速数据采集和处理系统是非常重要的。

在技术路线上,早期数据采集处理由瞬态记录仪和微型计算机完成,这种结构的数据采集系统在采集和数据处理速度上都很难达到实际的要求。当前基于集成电路技术的发展,主要采用高速数据采集卡、应用嵌入式系统。一种方法是采用"硬采集、软处理"的方式,即数据的采集在底层完成,对测量数据的处理、显示、报警等在上位机完成,这种做法采用的是通用的数据采集卡,有大量的种类可供选择;另一种方法是采用"硬采集、硬处理"的方式,其优点是对数据的处理由硬件完成,可以应用流水线等技术,从而可大大提高数据的处理速度,使温度数据的采集具有了很好的实时性。但是,由于采用的数据处理算法的不同,市场上没有通用的带有硬件算法处理功能的数据采集卡,这无疑增大了开发难度。第一种方法适用于对系统实时性要求不高的使用环境,而第二种方法显然是更实用的。

综上所述,对光纤拉曼散射温度信号的采集,就是采集光纤的斯托克斯和反斯托克斯拉曼散射两路信号。由于信号自身的特点,需要对信号进行同步的高速、高精度采样,并对采样数据进行高速信号处理以保证系统的实时性。无论采用何种技术路线,根据信号特点选择合适的数据处理算法对提高计算效率、获得更好的信噪比都是至关重要的。目前,常用的数据处理算法为累加平均算法,其对抑制系统的白噪声有较明显的效果。

近年来,其他处理算法也越来越多地应用在光纤温度传感系统中,如递推式平均算法、指数加权平均算法、小波变换、自适应滤波和人工神经网络等,也取得较好的结果。但是由于系统实时性的要求和开发难度的原因,目前还没有见到实际产品的应用。下面对其中几种算法做简单介绍[179]。

1. 线性累加平均算法

在光纤分布式测量中,通过对每一个点(由 Δz 确定)进行多次测量并平均计算,提高信噪比,得到测量的反斯托克斯和斯托克斯数据。

设在长度为 L 的传感光纤上,根据采样率确定的测量点数目为 m,则第 i 次测量的数据集合为 $X_i = \{x_{i1}, x_{i2}, \cdots, x_{ij}, \cdots, x_{im}\}$。其中,$x_{ij}$ 表示空间距离为 $j/2f_s \cdot v$、长度为 Δz 的反斯托克斯信号(或斯托克斯信号)光强。如果每次测量共发射了 n 个激光脉冲,则测量信号可以写为

$$\begin{bmatrix} X_1 \\ \vdots \\ X_i \\ \vdots \\ X_n \end{bmatrix} = \begin{bmatrix} x_{11} & x_{12} & \cdots & x_{1j} & \cdots & x_{1m} \\ \vdots & \vdots & & \vdots & & \vdots \\ x_{i1} & x_{i2} & \cdots & x_{ij} & \cdots & x_{im} \\ \vdots & \vdots & & \vdots & & \vdots \\ x_{n1} & x_{n2} & \cdots & x_{nj} & \cdots & x_{nm} \end{bmatrix} \tag{5-1}$$

其中，x_{ij} 表示测量的第 i 个激光脉冲在第 j 个测量点的信号光强。计算机对这些测量数据（双通道，包括反斯托克斯信号和斯托克斯信号）存储并累加处理，消除噪声，获得测量的微弱信号。因为被测信号为确定性的信号，所以多次平均计算后仍然为信号本身，而干扰噪声为随机噪声，多次平均后其有效值会大为减少，从而提高信噪比。

设被测量信号为

$$x(t) = s(t) + n(t) \tag{5-2}$$

其中，$s(t)$ 为有用信号，$n(t)$ 为干扰噪声，则第 i 次测量第 j 个测量点的测量信号为 x_{ij} 可以表示为

$$x_{ij}(t) = x(t_i + j \cdot T_s) = s(t_i + j \cdot T_s) + n(t_i + j \cdot T_s) \tag{5-3}$$

其中，t_i 是第 i 个取样周期中开始取样的时刻。因为 $s(t)$ 是确定性信号，而且温度变化缓慢，所以对于不同的采样周期 i，第 j 个测量点的取样值基本相同，可以用 s_j 来表示；而噪声 $n(t)$ 是随机信号，其数值既取决于 i，又取决于 j，所以式（5-3）可以写为

$$x_{ij} = s_j + n_{ij} \tag{5-4}$$

当测量 n 次后，则数字式累加平均的计算过程可以表示为

$$\bar{x}_{nj} = \frac{1}{n} \sum_{i=1}^{n} x_{ij} \tag{5-5}$$

对传感光纤所有点的累加结果可以写为向量形式：

$$\overline{X} = [\overline{X}_1 + \overline{X}_2 + \cdots + \overline{X}_j + \cdots + \overline{X}_m] \tag{5-6}$$

其中，省略了测量计算次数 n。

设噪声为高斯分布零均值白噪声，n_{ij} 的有效值（均方根值）为 σ_n。对于单次取样（无累加计算），$x_{ij} = s_j + n_{ij}$，其有用信号数值为 s_{ij}，则平均处理之前的信噪比为

$$\mathrm{SNR}_i = s_j / \sigma_n \tag{5-7}$$

进行 n 次累加计算，根据式（5-4）和式（5-5），则有

$$\sum_{i=1}^{n} x_{ij} = \sum_{i=1}^{n} s_j + \sum_{i=1}^{n} n_{ij} \tag{5-8}$$

由于 s_j 为确定性信号，n 次累加后幅度会增加 n 倍。而噪声 n_{ij} 的幅度变化是随机的，累加的过程不是简单的幅度相加，而要从其统计量的角度来考虑。则取样

累加后噪声的均方值为

$$\overline{n_j^2} = E\big[n_{1j} + n_{2j} + \cdots + n_{ij} + \cdots + n_{nj}\big]^2 = E\Big[\sum_{i=1}^{n} n_{ij}^2\Big] + 2E\Big[\sum_{i=1}^{n-1} \sum_{l=i+1}^{n-1} n_{ij} n_{lj}\Big]$$

$$(5\text{-}9)$$

其中，右侧第一项表示噪声的各次取样值平方和的数学期望值，第二项表示噪声在不同时刻的取样值两两相乘之和的数学期望值。只要信号周期 T 足够大，则不同时刻的噪声取样值 n_{ij} 互不相关，其乘积的数学期望值为零，即式(5-9)右侧第二项为零，则有

$$\overline{n_j^2} = E\Big[\sum_{i=1}^{n} n_{ij}^2\Big] = n\sigma_n^2 \tag{5-10}$$

所以，累加后噪声信号的有效值为

$$\sigma_{n0} = (\overline{n_j^2})^{1/2} = \sqrt{n}\,\sigma_n \tag{5-11}$$

累加后有用信号的有效值为

$$\sum_{i=1}^{n} s_j = n s_j \tag{5-12}$$

则 n 次累加后输出信号的信噪比为

$$\mathrm{SNR}_0 = \frac{n s_j}{\sqrt{n}\,\sigma_n} = \frac{\sqrt{n}\, s_j}{\sigma_n} \tag{5-13}$$

根据式(5-12)和式(5-13)，可得信噪比改善为

$$\mathrm{SNIR} = \frac{\mathrm{SNR}_0}{\mathrm{SNR}_l} = \sqrt{n} \tag{5-14}$$

式(5-14)说明，当噪声主要为白噪声时，n 次不同时刻取样值的累积平均可以使信噪比改善 $\sqrt{n}$ 倍，即 $\sqrt{n}$ 法则。式(5-14)所表示的累加平均过程是一种线性累加平均过程，每个取样数据在累加中的权重都一样。这是一种批量算法，采集完 n 个数据后，再由计算机计算其平均值。这种算法的缺点是计算量较大，需要做 n 次累加和一次除法才能得到一个平均结果，所以获得结果的频次较低。根据式(5-14)对于噪声为白噪声的情况，平均过程能够实现的信噪改善比为 $\sqrt{n}$ 。

2. 递推式平均算法

线性累加平均过程的计算存储数据量较大，占用系统资源，增加了系统运算的时间。为了增加获得平均结果的频次，可以在每次取样数据到来时，利用上次的平均结果做更新运算，以获得新的平均结果。用 $\bar{x}_{(n-1)}$ 表示时刻 $n-1$ 前 $n-1$ 个数据的平均结果，$\bar{x}_n$ 表示时刻 n 的平均结果，x_n 表示时刻 n 的取样值，由式(5-5)可得

$$\bar{x}_{nj} = \frac{1}{n}\sum_{i=1}^{n} x_{ij} = \frac{n-1}{n} \cdot \frac{1}{n-1}\sum_{i=1}^{n-1} x_{ij} + \frac{1}{n} \cdot x_{nj} = \frac{n-1}{n} \cdot \bar{x}_{(n-1)j} + \frac{x_{nj}}{n}$$

$$(5\text{-}15)$$

利用这种递推式平均算法,当每个取样数据到来后,可以利用新数据对上次的平均结果进行更新,这样相对于每个取样数据,都会得到一个平均结果。随着一个个取样数据的到来,平均结果的信噪比越来越高,被测信号的波形逐渐清晰。

由式(5-15)可以得到

$$\bar{x}_{nj} = \bar{x}_{(n-1)j} + \frac{x_{nj} - \bar{x}_{(n-1)j}}{n} \tag{5-16}$$

可见,每次递推的过程都是对上次的运算结果附加一个修正量,修正量的大小取决于新的取样数据与上次平均结果的差值以及平均次数 n。随着时间的推移,平均次数 n 越来越大,式(5-16)右侧第二项所表示的修正量会越来越小,则新数据的作用也越来越小。数字电路和计算机中的数据都有一定的字长和范围,当 n 大到一定程度后,该修正量会趋向于零,此后继续取样和递推都不会对信噪比的改善起作用,平均结果稳定不变。如果被测信号波形发生了变化,平均结果也不能跟踪这种变化,所以该算法不适于对时变信号进行处理。

3. 指数加权平均算法

在式(5-16)中,如令 $\alpha = (n-1)/n$,为保持系统精度,有 $n \gg 1$,所以有

$$\bar{x}_{nj} = \alpha \cdot \bar{x}_{(n-1)j} + (1-\alpha) \cdot x_{nj} \tag{5-17}$$

由于式(5-17)由式(5-16)得出,所以它也是在每次取样数据到来时,根据新数据对上次的平均结果进行修正后得到本次的平均结果。参数 α 决定了递推更新过程中新数据和原平均结果各起多大作用,所以算法的特性对 α 的依赖性很大。将式(5-17)展开并整理,有

$$
\begin{aligned}
\bar{x}_{nj} &= \alpha \cdot \left[\alpha \cdot \bar{x}_{(n-2)j} + (1-\alpha) \cdot x_{(n-1)j} \right] + (1-\alpha) \cdot x_{nj} \\
&= \alpha^2 \cdot \bar{x}_{(n-2)j} + \alpha \cdot (1-\alpha) \cdot x_{(n-1)j} + (1-\alpha) \cdot x_{nj} \\
&= \alpha^2 \cdot \left[\alpha \cdot \bar{x}_{(n-3)j} + (1-\alpha) \cdot x_{(n-2)j} \right] + \alpha \cdot (1-\alpha) \cdot x_{(n-1)j} + (1-\alpha) \cdot x_{nj} \\
&= \alpha^3 \cdot \bar{x}_{(n-3)j} + \alpha^2 \cdot (1-\alpha) \cdot x_{(n-2)j} + \alpha \cdot (1-\alpha) \cdot x_{(n-1)j} + (1-\alpha) \cdot x_{nj} \\
&= \cdots \\
&= \alpha^{n-1} \cdot \bar{x}_{1j} + \alpha^{n-2} \cdot (1-\alpha) \cdot x_{2j} + \cdots + \alpha \cdot (1-\alpha) \cdot x_{(n-1)j} + (1-\alpha) \cdot x_{nj} \\
&= (\alpha^{n-1} \cdot x_{1j} + \alpha^{n-2} \cdot x_{2j} + \cdots + \alpha \cdot x_{(n-1)j} + x_{nj}) \\
&\quad - \alpha \cdot (\alpha^{n-1} \cdot x_{1j} + \alpha^{n-2} \cdot x_{2j} + \cdots + \alpha \cdot x_{(n-1)j} + x_{nj}) \\
&= \sum_{i=1}^{n} \alpha^{n-i} \cdot x_{ij} - \alpha \cdot \sum_{i=1}^{n} \alpha^{n-i} \cdot x_{ij} \\
&= (1-\alpha) \cdot \sum_{i=1}^{n} \alpha^{n-1} \cdot x_{ij} \tag{5-18}
\end{aligned}
$$

由式(5-18)可见,平均过程是把每个取样数据乘以一个指数函数,再进行累加,所以这种指数加权平均,数据的序号 i 越大,权重越大。因此,在平均结果中,新数据比旧数据起的作用要大,最新的数据权重为 1。

在实际应用中,数字式平均算法一般是以大规模可编程器件及存储器为核心实现多种平均模式及其他数字信号处理功能,在算法设计时应充分考虑系统实时性和测量精度要求。在以下光纤拉曼温度传感器的数据采集系统设计实例中,提供了线性累加平均算法的具体实现。

5.1.2 拉曼散射传感信号的采集和处理技术

下面结合具体的设计实例,给出一个 ROTDR 数据采集系统的开发实例来具体说明数据采集系统的构建方法。

此系统的设计目标是实现对 30km 数据采集卡的温度数据采集和处理,采用"硬采集、硬处理"的方式。本书的数据采集系统的采样速率设计目标为最大125Mbit/s,采用实时累加平均的数据处理方法。系统的硬件结构如图 5-2 所示。

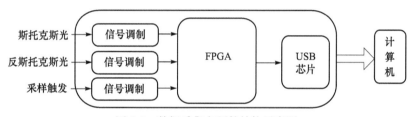

图 5-2　数据采集卡硬件结构示意图

了解系统设计是非常重要的一个环节,明确系统的要求就能够快速选择所需器件。对于分布式光纤温度传感器的数据采集系统,其性能参数如表 5-1 所示。

表 5-1　数据采集系统性能参数

输入通道	2
输入模拟带宽	$0\sim125\mathrm{MHz}$
输入阻抗	50Ω
输入信号幅值	$0\sim1\mathrm{V}$
触发方式	外触发、内触发可选
采样速率	单个通道 $20\sim200\mathrm{MS/s}$ 可调,步长 $1\mathrm{MS/s}$
A/D 转换器分辨率	12bit
累加次数	$0\sim65536$ 次可调

1. 信号处理电路的设计

在这种中频(100MHz)采样系统中,A/D 转换前端信号处理电路的设计是非常重要的。在信号处理电路的设计上,主要考虑系统的模拟带宽、输入阻抗、输入信号等技术指标。信号处理电路中主要解决三个问题:滤波、阻抗匹配和差分转换。本例中选择 AD8318 作为前端器件。由于数据采集卡的技术要求中对信号输入带宽的范围要求比较宽,所以采用简单的 RC 滤波。并且对输入阻抗进行简单处理,其信号调理电路如图 5-3 所示。

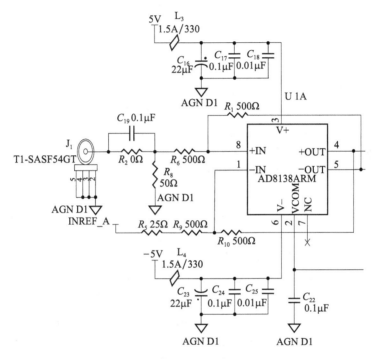

图 5-3 　信号调理电路原理图

差分输入方式相对单端输入方式有很多优点。首先,抗干扰能力强,因为两根差分走线之间耦合得很好,当外界存在噪声干扰时,输入信号几乎同时被耦合到两条线上,而接收端关注的只是两个信号的差值,所以外界的共模噪声可以被完全抵消。其次,能有效抑制电磁干扰,同样地,由于两个信号的极性相反,它们对外辐射的电磁场可以相互抵消,耦合得越紧密,泄漏到外界的电磁能量越少。当前输入信号为单端输入时,而为了达到 A/D 转换的最佳性能,要采用差分输入的方式使信号接入 A/D 转换器,所以用 AD8138 实现单端到差分的转变。

AD8318 作为一个高速器件对 PCB 布线非常敏感,在工程实践中有下面几个部分需要特别注意。首先,在器件周围需要布设尽可能多的地平面。但是,在高速运放的两个输入端应与地平面保持至少几毫米的距离,对于多层线路板,内层和底层的地平面也应去除。这样做可以减小引脚的寄生电容,保持不同频率信号的增益平稳度。

其次,每一个电源引脚都应加两种旁路电容,即高频旁路电容 $0.01 \sim 0.1 \mu F$ 和低频旁路电容。为了减少寄生效应的影响,差分信号线应尽量离得近,做到"短"且"直"。

根据采样速度和转换分辨率,本例选择 AD9433 作为 A/D 转换及采样器件。AD9433 器件是一个不带缓冲或开关电容型 A/D 转换器,因此输入阻抗是时变的,随模拟输入的频率而改变。为确定器件的输入阻抗,可参考 AD9433 的产品说明。借助产品说明找到 110MHz 跟踪模式下测得的阻抗即可。在本例中,A/D 转换器内部输入负载等效于一个 $6.9k\Omega$ 差分电阻与一个 4pF 电容的并联。最好与 A/D 转换器的追踪模式相匹配,因为此时 A/D 转换器正在采样。在选择 A/D 转换器时,最好选择缓冲型 A/D 转换器,因为非缓冲型 A/D 转换器或开关电容型 A/D 转换器具有时变输入阻抗,在高频数据的情况下更难设计。如果使用非缓冲型 A/D 转换器,任何情况下都应以跟踪模式进行输入匹配。虽然缓冲型 A/D 转换器比非缓冲型 A/D 转换器的功耗大,但缓冲型 A/D 转换器往往更容易设计。本例中选择的 AD9433,在使用过程中功耗过大,单片功耗达到了 1.3W。目前市场上已经出现了性能更好、功耗达到了毫瓦级的 A/D 采样芯片,如 AD9246 等,在设计时可以参考使用。在实际工程中仍然要注意 PCB 布线的问题,除了通常的阻抗匹配,对于 AD9433 这样一个功耗大的器件,要适当地留出散热孔位以确保其稳定工作,必要时可以加散热片或者风扇等散热措施。

本例的设计要求采样速率为最大 125MHz,但是随着分布式光纤温度传感器测量距离的增加和空间分辨率的提高,需要更大采样速率的数据采集卡。随着采样速率的提升,电路设计、逻辑设计和 PCB 设计都面临着更大的挑战。为了获得更大的采样速度,就要使用采样速度更高的 A/D 采样芯片,或者采取其他类似等效采样的方法。在数据采集中使用多个 A/D 转换器,所使用的采样时钟频率相同,设为 f_s,但是在相位上彼此相差 $2\pi/N$(其中 N 为并行 A/D 转换器的个数)。假设所有的 A/D 转换器都在时钟的上升沿进行采样,那么在一个时钟周期内,各个 A/D 转换器轮流进行一次采样,等价的结果便是采样速率提高到 $N \times f_s$。以 $N = 4$ 为例,四个 A/D 转换器的时钟频率相同,相位差为 $90°$,如图 5-4 所示。四路 A/D 转换分别使用时钟 1、时钟 2、时钟 3 和时钟 4,得到序列 1、序列 2、序列 3 和序列 4。将四路数据进行综合的结果便得到采样序列。可见虽然时钟频率不变,但实际的采样频率为原来的 4 倍,由此可以类推到多路 A/D 转换并行工作的应用。多路时钟的产生视系统对采样时间间隔要求而定,简单的多路时钟可由计数器产生,如果需要精密控制采样间隔,则可以借助锁相环来实现时钟的设计。通过这种设计,可以使多个 A/D 转换器并行工作,解决了 A/D 转换速度和精度的矛盾,实现高的空间分辨率和温度分辨率的测量。但是这种设计是以增加硬件电路的复杂性和成本为代价的,在实际系统设计时应结合具体情况选用。

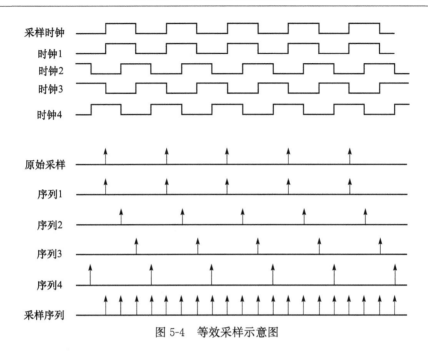

图 5-4   等效采样示意图

2. FPGA 器件的选型

FPGA 器件从开发的角度来看相对于其他 ASIC 产品具有自身的特点。FPGA 的生产厂家比较少,全球主要有四家公司的 FPGA 产品有广泛的应用。而每家公司都有自己的技术特点和擅长的领域,这就导致了其开发环境和开发手段存在着一定差异。每个公司的产品都有不同的系列,随着集成电路工艺的发展,FPGA 产品的更新非常快。以 Altera 公司为例,现在的产品线上并存了从 28nm、40nm、60nm、65nm、90nm 到 130nm 工艺的产品。虽然产品更新得非常快,但几乎所有公司的新产品都存在着软件更新不完善的缺点。所以,在选型时应尽量选择已经得到广泛应用的成熟产品。对于产品本身,在设计时要考虑到产品的升级所带来的兼容性问题,尽量选择不同型号的产品都使用的器件封装。所以,FPGA 器件的选型中应着重遵循三个原则:尽量选择成熟的产品系列,尽量选择兼容性好的封装,尽量和以前产品选择同一个公司的产品。而在确定了产品的系列后,在具体的型号选择中,应本着性能与成本并重的原则来选择具体器件。

对于分布式光纤温度传感器的数据采集系统,决定 FPGA 型号的瓶颈在于其内部存储空间的大小。首先来看设计的要求,对两路 12bit、100Mbit/s 的 A/D 转换进行触发采样。具体的采样时序如图 5-5 所示,以外触发采样为例,每次外触发两路 A/D 转换即对外部信号进行一个采集深度的采样。对于光纤温度传感系统,如果设计目标为 30km,空间分辨率为 1m,那么采集深度至少为 30×10^4,即每次外触发信号使能后,A/D转换器要对外部输入信号进行 30×10^4 次采样。对于每次采样的结果,要进行相应的数据处理,以提高其信噪比。本例选择的数据处理算法为线性数据累加平均算法,具体实现方法为将一个采集深度内每次的采样结果按次序相加,当累加次数结束后,向 USB 输出累加结果。输出数据用 FIFO 隔开,这样做的好处是在仿真调试时可以通过观察 OUT_FIFO 的数据来确定具体问题是出现在前端采样部分的逻辑还是后段累加部分的逻辑,同时便于将逻辑分块,方便一个研发团队内多个成员协同工作。但是,这样做的缺点就是耗费了 FPGA 芯片内部珍贵的 RAM 资源。当 RAM 资源紧张时,不建议采取这种做法。

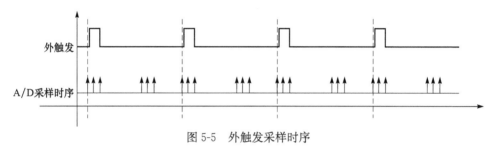

图 5-5　外触发采样时序

每一路 A/D 采样的分辨率为 12bit,需要对每次采样的结果做最大 65536 次的累加,那么单点累加结果需要 28bit 的存储空间。另外,采集深度为 3×10^4,所以在累加过程中需要 $28bit\times3\times10^4=840kbit$ 的 RAM 作为累加寄存器。除此之外,尽管 IN_FIFO 和 OUT_FIFO 并不需要太大的存储空间,但还是需要分配 IN_FIFO 和 OUT_FIFO 的存储空间。两路采集就一共需要 1680kbit 的 RAM 存储。FPGA 内部的 RAM 是非常稀缺的资源,而且有较大容量 RAM 的芯片,其价格也非常高,然而其能够达到很高的读写速度,也可以降低开发难度和 PCB 面积。在实际的系统设计时,如果对成本要求非常严格,还是建议采用外部高速 RAM 作为累加缓冲区。

系统对 USB 传输部分的速度要求并不高。以对 30km 的光纤进行数据采集,累加 65536 次为例,每次数据采集需要传输 210KB 的数据。由于每次累加的时间较长(以 10kHz 的激光脉冲触发频率为例,累加 10K 次大概需要 10s 左右的时间),USB 传输即使采用 USB1.1 接口(约 1MB/s 的传输速度),也可以在带宽比较宽裕的情况下实现数据传输。本例选择 USB2.0 芯片 CY68013。

3. 累加算法的具体实现

在所有提到的算法中,线性累加平均算法是最容易实现的,而且在实际应用中,该算法的降噪效果也是非常明显的。下面介绍该算法用 Verilog 语言实现的过程。

如图 5-6 所示,该模块完成的工作如下:检测当前的采样是否是首次采样,如果是首次采样则将采样数据直接存储到累加缓冲区中,否则,将采集到的 A/D 转换数据与对应的累加缓冲区中存储的数据进行累加,直至最后一次打入 IN_FIFO。数据累加模块检测到有数据输入时,即从 IN_FIFO 中取数据进行累加,当累加次数达到预设累加次数时,将累加结果打入 OUT_FIFO 中。USB_SEND 检测到 OUT_FIFO 中为非空时,即读取其中的数据送至 FPGA 芯片外部的 USB 传输芯片,将数据通过 USB 传输至计算机,这样就完成了一次数据采集。由于两路 A/D 采样在时序上是同步的,所以两路 A/D 采样和一路 A/D 采样的实现过程是一样的,只不过在最后的采样数据输出至 USB 芯片时,把两路 32bit 的数据分四次沿 FPGA 到 USB 的 16bit 的并行总线写入 USB 芯片。累加算法的实现流程如图 5-7 所示。

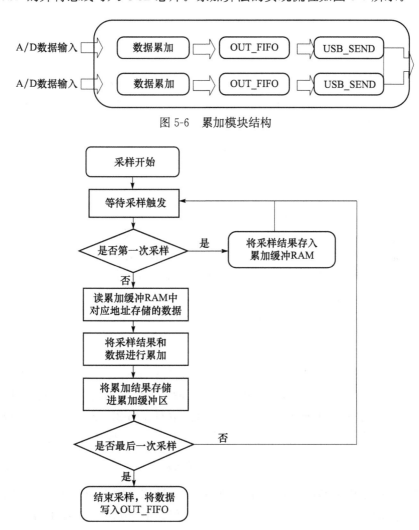

图 5-6　累加模块结构

图 5-7　累加算法实现流程

5.2　光纤传感网的数据特征提取

　　光纤传感网将各种不同的信息转化为随时间变化的光信号,经光电转换、隔直放大、A/D采样、解调等一系列预处理后,待分析和识别的各通道信号本质上就是一个一维数组,其原始形式中包含着待识别信号的物理特征。要实现对不同类信号的自动识别,必须通过信号分析从这种原始形式中提取出可被计算机识别的各类信号相互区别的特征,即特征提取[180]。特征提取是指从模式中提取出一系列能够反映信号本身特征的参数向量,并用某一种数学结构来对特征参数进行表达[181]。

5.2.1　基于功率谱分析的信号特征提取

　　傅里叶变换是经典的频谱分析工具[182],把信号分解为一系列正弦波的叠加,其实质是对信号 $f(t)$ 与基函数 $\{e^{-j\omega t}\}$ 作内积,将时域信号投影到频域空间,从另一个角度进行分析,其数学过程表示为

$$F(\omega)=\int_{-\infty}^{\infty}f(t)e^{-j\omega t}\,dt=\langle f(t),e^{-j\omega t}\rangle \tag{5-19}$$

相应的功率谱为

$$P(\omega)=\int_{-\infty}^{\infty}\mid f(t)\mid^2 dt=\frac{1}{2\pi}\int_{-\infty}^{\infty}\mid F(\omega)\mid^2 d\omega \tag{5-20}$$

　　快速傅里叶变换(FFT)是基于傅里叶变换原理的快速离散傅里叶变换算法,通过重新分组排序,其利用时间序列与频谱序列的转换矩阵的周期性及对称性,大大减少了傅里叶变换的运算量,适合利用计算机对信号进行实时变换及分析。FFT算法的数学过程可表示为

$$\begin{cases}X(k)=G(k)+H(k)W_N^k\\ X\left(k+\dfrac{N}{2}\right)=G(k)-H(k)W_N^k\end{cases},\quad k=0,\cdots,\frac{N}{2}-1 \tag{5-21}$$

其中, $W_N^k=e^{-j2k\pi/N}$,满足周期性 $W_N^k=W_N^{k+mN}$ 及对称性 $I=I_0(1+\cos\Phi)$; $G(k)$ 和 $H(k)$ 分别为偶序列和奇序列的离散傅里叶变换。按照奇偶序列不断向下分解,获得单项序列 x_k ,其离散傅里叶变换就是本身 x_k ,此时再按照式(5-21)反向合成,即可得整个序列的FFT。获得FFT序列 $X(k)$ 后,可直接采用式(5-22)计算功率谱:

$$S_X(k)=\frac{1}{N}\mid X(k)\mid^2 \tag{5-22}$$

　　傅里叶变换作为经典谱分析方法,原理简单,计算量较小,便于实现,可以方便地通过不同的频谱分布实现不同信号的区分。但是由于傅里叶变换原理上是一种全局变换,所以多用于平稳信号的分析,对于复杂的时变信号的分析应用受到局

限。实际上,当信号持续时间远远超过每帧处理的信号长度,且各帧内信号波形基本稳定时,可以认为信号分布参数基本稳定,将其近似为平稳信号采用傅里叶变换进行频谱分析。

在实时处理中,只能对定长度的数据进行分析,这种截取一段信号的处理方式相当于对完整的信号进行加窗。对加窗的信号进行傅里叶变换,其功率谱为信号的真实谱与窗谱的卷积。由于窗谱宽度有限,并且存在旁瓣,频谱分辨率降低,并且能量发生"泄漏",所以基于傅里叶变换的经典谱分析方法获得的功率谱并不十分理想。基于参数模型的现代谱分析方法,按照特定的参数模型,假设序列外的数据与序列内的数据具有相同的分布参数,通过已知序列数据推出序列外的数据,较好地解决了频率分辨率和能量泄漏的问题,可获得连续谱图,使信号的特征更加便于提取[183]。

自回归(auto regressive, AR)模型采用线性方程进行参数估计,模型简单,计算量较小,适合实时处理,应用最为广泛。早期理论证明,对于广义平稳序列 $\{x_k\}$,可以采用如下无限阶自回归模型表示[184]:

$$x_k = n_k - \sum_{i=1}^{\infty} a_i x_{k-1} \tag{5-23}$$

其中,n_k 是均值为 0、方差为 σ^2 的白噪声,a_i 为 p 阶预测误差滤波系数。实际处理中,对式(5-23)中的求和项仅取有限的 p 项,此时 σ^2 和 a_i 可按照如下 Yule-Walker 方程确定:

$$\sum_{i=0}^{p} a_i R_x(m-i) = \begin{cases} \sigma^2, & m=0 \\ 0, & m=1,2,\cdots,p \end{cases} \tag{5-24}$$

其中,$R_x(i) = \sum_{n=0}^{N-i-1} x_{n+i} x_i (i=0,1,\cdots,p)$ 为序列 $\{x_k\}$ 的自相关函数的 $p+1$ 个估计,满足 $R_x(i) = R_x(-i)$。为了保证求解参数过程中的自相关估计有意义,要求序列长度必须满足 $N > 2p$。对式(5-24)整理并做 z 变换,得

$$X(z) = N(z)/\Phi_p(z) \tag{5-25}$$

其中,$\Phi_p(z) = 1 + \sum_{i=1}^{p} a_i z^{-i}$ 为 p 阶自回归算子。令 $z = \exp(\mathrm{j}2\pi f \Delta t)$,$x_k$ 的功率谱 $S_N(k) = \sigma^2/f_s$,$f_s = 1/\Delta t$ 为采样频率,于是序列的功率谱可表示为

$$S_X(k) = \frac{S_N(k)}{|\Phi_p(z)|^2} = \frac{\sigma^2 \Delta t}{\left|1 + \sum_{i=1}^{p} a_i \exp(-\mathrm{j}2\pi k \Delta t)\right|^2} \tag{5-26}$$

目前,光纤 F-P 传感器具有结构简单、测量精度高、动态范围大和抗电磁干扰强等优点,是目前应用最广泛的光纤传感器之一。被测物理量作用到光纤 F-P 传感器上会导致 F-P 腔长发生改变,通过低相干干涉解调系统进行光程差扫描,当 F-P 腔长引起的光程差和扫描光程差相等时,会在相应的位置产生明显的低相干

干涉条纹,通过探测干涉条纹的位置信息或者相位进行腔长解调,这就是光纤 F-P 传感的基本原理。

　　基于阈值设置定位波峰序号的任意极值解调方法就是应用傅里叶变换进行特征提取的方法之一[185]。基于阈值设置定位波峰序号的任意极值解调方法,通过在傅里叶变换滤波后的干涉条纹中设置一个合适的上限阈值或下限阈值,并保证在任何一个随机大气压力下高于上限阈值的干涉波峰数目始终保持不变,或低于下限阈值的干涉波谷的数目保持不变,定义高于上限阈值的干涉波峰或低于下限阈值的干涉波谷为有效波峰或波谷,并对有效波峰按照从左到右的顺序依次编号为 Peak1、Peak2、…、Peak$m$,或对有效波谷按照从左到右的顺序依次编号为 Trough1、Trough2、…、Trough$n$,如图 5-8 所示。

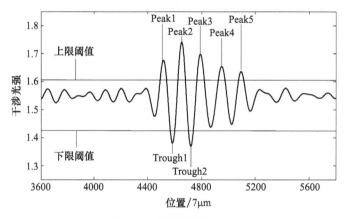

图 5-8　阈值设置示意图

　　在进行大气压力解调时,首先对原始干涉信号进行傅里叶变换滤波,滤波后的干涉条纹非常平滑,可以直接利用极值搜索法进行峰值探测;然后,将高于上限阈值的极大值位置保存在数组 $P(m)$ 中,将低于下限阈值的极小值位置保存在数组 $Q(n)$ 中,其中效的极大值和极小值的数目 m 和 n 始终保持不变;解调时,始终追踪一个特定编号的有效极值位置即可。这种基于阈值设置定位波峰序号的任意极值解调方法,通过设置合适的阈值实现波峰序号的定位,并通过极值搜索法进行峰值探测,方法简单有效。

　　本节进行相应的实验以验证方法的可行性,实验中,控制大气压力从 60kPa 以 1kPa 为间隔单调递增到 200kPa,设置上限阈值和下限阈值分别为 1.61 和 1.435 能够保证高于上限阈值的有效波峰数目始终为 5 和低于下限阈值的有效波谷数目始终为 2。

　　图 5-9(a)为利用傅里叶变换包络提取法提取干涉包络并进行极大值搜索得到的包络峰值位置随大气压力的变化曲线,在干涉条纹畸变比较严重的情况下,包络

曲线的局部线性度很差；图 5-9（b）为利用阈值设置法定位的五个干涉波峰的峰值位置随大气压力的变化曲线，其中峰值位置直接通过最大值搜索法获得，两个干涉波谷的谷值位置随大气压力的变化曲线与波峰类似。从图 5-9（b）可以看出，利用阈值设置法可以准确定位波峰序列，定位结果中没有出现误判现象；此外，还可以看出，在干涉条纹畸变比较明显的情况下，任意一个极值位置仍能够与大气压力呈现非常好的线性关系，相对于包络曲线有显著的改善，从而说明任意极值位置法具有很好的通用性。

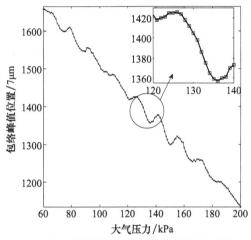

（a）包络峰值位置随大气压力的变化曲线

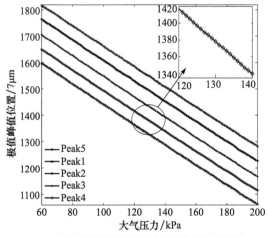

（b）任意极值位置随大气压力的变化曲线

图 5-9　包络峰值位置和任意极值位置
随大气压力的变化曲线

图 5-10(a)和(b)分别为利用包络法和任意极值位置法对序号为 Peak2 的有效波峰进行大气压力解调得到的解调误差,包络法的最大解调误差约为 2.5kPa,利用 Peak2 的峰值位置的最大解调误差约为 0.35kPa。从解调误差结果可以看出,无论干涉条纹是否发生畸变,追踪单个干涉波峰都能够实现较高的解调精度,相比于包络法能够提高接近 1 个数量级。

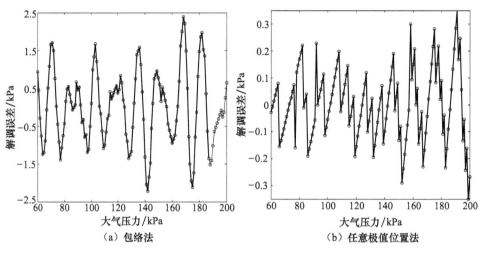

图 5-10　解调误差曲线

表 5-2 为利用包络峰值和各个有效极大值位置进行解调的线性度和解调误差详细对比表。可以看出,任意极值位置法相对于包络法在线性度和解调精度方面都有明显的改善,各个有效峰值之间的差异较小,同样可以利用任意一个极值进行高精度解调。

表 5-2　线性度和解调误差对比表

方法		线性度	最大解调误差/kPa	
			正误差	负误差
任意极值位置法	Peak1	−0.9999637	0.43588	−0.41079
	Peak2	−0.9999639	0.36056	−0.35011
	Peak3	−0.9999598	0.41345	−0.38958
	Peak4	−0.9999626	0.60559	−0.47209
	Peak5	−0.9999604	0.43063	−0.47039
包络法		−0.9996681	2.39031	−2.22042

本节也进行了稳定性分析实验,实验中随机选取四个大气压力,分别为 73.4kPa、93.7kPa、163.1kPa 和 194.4kPa,在每个随机大气压力下,连续采集 100 帧干涉信号,帧采样间隔为 50ms。通过标准方差来分析包络峰值位置和各个有效

波峰的峰值位置的波动情况,表 5-3 为详细的标准方差对比表。可以看出,单个干涉波峰的峰值位置的波动相对于包络峰值位置的波动性要小得多,具有更高的稳定性。

表 5-3 稳定性对比表

大气压力/kPa			73.4	93.7	163.1	194.4
标准方差	任意极值位置法	Peak1	0.141	0.197	0.161	0.229
		Peak2	0.265	0.256	0.239	0.100
		Peak3	0.197	0.100	0.156	0.107
		Peak4	0.100	0.273	0.284	0.152
		Peak5	0.498	0.256	0.193	0.245
	包络法		2.110	2.480	1.705	2.139

5.2.2 基于时频分析的信号特征提取

时频分析是一种新兴的现代信号处理方法。小波分析作为一种常用的线性时频分析方法,在许多领域得到了广泛的应用[181]。与傅里叶变换原理类似,小波变换是将信号分解为对原始小波经过移位和缩放之后的一系列小波。其实质是通过将信号 $f(t)$ 与移位和缩放得到的小波基组函数 $\{\Psi_{a,t}(t)\}$ 作内积,在不同时间位置把时域信号向频域空间投影,其数学过程可表示为

$$C(a,t) = \int_{-\infty}^{\infty} f(t)\Psi_{a,t}(t)\mathrm{d}t = \langle f(t), \Psi_{a,t}(t) \rangle \tag{5-27}$$

其中,小波基组函数 $\Psi_{a,t}(t)$ 通过缩放和平移基本小波 $\Psi(t)$ 生成:

$$\Psi_{a,t}(t) = \frac{1}{\sqrt{a}}\Psi\left(\frac{t-\tau}{a}\right) \tag{5-28}$$

其中,a 为缩放尺度,τ 为平移尺度。小波变换系数就是通过平移不同缩放尺度的小波由信号的不同部分投影得到的系数。小波变换在时间和频率上都具有较好的局部化能力,通过建立信号频谱在时间上的分布,可以同时从时域和频域两个角度表示信号的局部能量分布;时间窗和频率窗都可以根据信号的具体形态动态调整,通过缩放和平移对信号逐步进行多尺度细化,可聚焦到信号的任意细节,在信号变化较平稳的低频部分采用低时间分辨率获得较高的频率分辨率,而在信号变化剧烈的高频部分采用低频率分辨率获得较精确的时间分辨率,更适合处理非平稳的时变信号。

迄今为止,数学家已经构造出许多具有独特性质的小波基,用以满足工程应用中的不同需要,如 Haar 小波、Daubechies 小波、Symlets 小波、Morlet 小波、Gabor 小波等。理论上,对小波基进行选取时需要考虑小波基的不同性质,如紧支性、正交性、对称性、消失矩等,针对具体信号分析时,还应考虑小波与信号的相似性。但

是实际工程应用中,由于信号的复杂性,对小波基的选择仍需要通过实际经验确定。

1. 基于小波变换的多尺度空间能量分布特征提取[186]

1) 小波变换与能量分布特征

小波变换的实质是对原始信号的滤波过程,小波函数选取的不同,分解结果也不同。但无论小波函数如何选取,每一分解尺度所用的滤波器中心频率和带宽呈固定的比例,即具有“恒 Q”特性。因此,各尺度空间内的平滑信号和细节信号能提供原始信号的时频局域信息,特别是能提供不同频段上信号的构成信息。若把不同分解尺度上信号的能量求解出来,则可以将这些能量值按尺度顺序排列形成特征向量供识别用,这就是基于小波变换提取多尺度空间能量特征的基本原理。

对于声呐,水下目标辐射的噪声或者经同一发射信号激发的水下目标回波,所包含的能量频谱分布与目标的大小、形状和类型密切相关。因此,小波分解后尺度空间上的能量分布与舰船的低频线谱一样,是目标的本质特征,可用于识别分类。

2) 利用能量分布特征分类的具体实现方法

理论上,可以使用任何形式的小波函数对目标信号进行分解。为了计算方便并减少特征维数,这里利用二进小波变换来提取尺度空间上的能量分布特征,其中二进小波分解的过程可以用快速算法实现。具体多尺度空间能量分布特征的提取及目标识别过程的流程如图 5-11 所示。

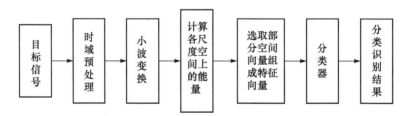

图 5-11　基于小波变换的多尺度空间能量特征提取及识别方法

图 5-11 中,时域预处理过程是对回波信号进行能量归一化,若最后识别结果不够理想,可先进行互相关处理,再进行能量归一化。能量归一化作用是减小同类目标相对自导系统距离远近的影响,而互相关处理作用是尽量减小发射信号的影响且实现脉冲压缩。

选择部分尺度空间能量组成特征向量,主要是指选择能量相对集中的尺度空间,这样既能充分利用回波先验信息,使目标回波的主要能量特征得以增强,又能减小特征维数,加快分类速度。但如果先验信息不明确或因减小特征维数导致分类能力降低,那么仍应将所有尺度空间能量组成最终的特征向量。

2. 基于小波变换的多尺度空间中极值特征提取[187]

1) 多尺度空间极大值特征的基本原理

通常情况下,一个目标回波中上升沿与下降沿的附近以及一些起伏变化剧烈的部分往往蕴含着丰富的目标结构和形状信息,这些突变部分被理解为是由目标的高频散射产生的,而该高频散射过程常认为是多个散射中心反射的叠加,其上每一个典型的峰值点代表一个散射中心。因此,提取出描述这些局域波形光滑程度的参数和位置,就相当于得到了该目标精细的表面结构、材料及形状等相对不变特征。

实际上,分析信号的波形局域光滑度就是研究信号在该局域的奇异性,而信号的奇异性在数学上用 Lipschitz 指数来刻画。为了能精确估计信号局域的 Lipschitz 指数,可以充分利用小波变换的信号局域化分析能力,通过求解小波变换的模极大值特性来检测信号的局部奇异性和估计 Lipschitz 指数。王俊等基于这种方法已成功地实现了信号重建,重建精度在 -35dB 以上[188]。由此不难看出,小波变换模极大值不仅蕴含了原始信号的大部分重要信息,而且反映了目标散射机理与回波局部奇异性之间的固有联系,因此可将小波变换模极大值的尺度参数 S、平移参数 t 及其幅值作为目标的特征量。

2) 提取小波变换模极大值特征实现方法

此方法的具体实现流程如图 5-12 所示。为了便于快速运算,这里将 S 进行二进离散,取 $S = 2^i$。时域预处理分两步进行:第一步对回波序列进行能量归一化处理;第二步校准回波信号序列的起始位置,以尽可能消除时间平移对尺度空间内特征抽取的影响。二进小波变换可以沿用提取能量分布特征时的小波分解快速算法,主要考虑到提取的特征是时间平移局部邻域上的极大值,所以时间平移间隔要尽可能小。

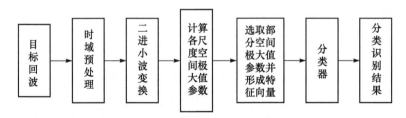

图 5-12　基于极大值特征的分类方法

由于特征抽取时,尺度空间的分解按同一顺序进行,所以只需记录和存储极大值的时间平移参数和幅值即可,从而得到加维特征向量 F 如下:

$$F = (T(F_1), V(F_1), T(F_2), V(F_2), \cdots, T(F_m), V(F_m)) \tag{5-29}$$

其中，F_1 表示第一个极大值，$T(F_1)$ 表示第一个极大值的时间平移量，$V(F_1)$ 表示第一个极大值的幅值量。

3. 基于小波包交换的特征提取及识别

1) 基本原理

统计热力学认为，熵是物理系统状态概率的测度，用来反映系统状态的无组织（或紊乱）程度。在信息论中，这种无组织情况可具体理解为随机信号序列的不定性表现。因此，信息论中将熵衍生为随机信号序列的概率密度的泛函[189]。熵越小，随机信号序列的不定性程度越低，从而该序列代表的信息量状态也就越稳定。

目标回波经采样后可得到时域内的随机信号序列，利用小波分解，可将该时域随机信号序列映射为时间尺度域各子空间内的随机系数序列。此即表明，按小波包分解得到的最佳子空间内随机系数序列的不定性程度最低，在小波包变换域内的目标信息状态最为稳定。这种小波包分解结果中所包含的最稳定的信息状态可视为目标回波包含的特征状态。而不同种类目标对应的特征状态，一方面可由各自对应最佳子空间的熵值及熵值总和来衡量；另一方面，可通过回波按最佳小波包基分解后呈现的二叉树拓扑结构来反映。因此，将最佳子空间的熵值及最佳子空间在完整的二叉树中的位置参数作为特征量，可以用于目标识别。

2) 最佳子空间熵特征的摄取方法及分类实现

小波包库包含多种小波包基，而每一组小波包基都构成 $L^2(R)$ 的一组正交基，因此对于目标回波 $f(t) \in L^2(R)$，只需按其中的某一组小波包基进行分解即可。Coifman 和 Wickerhauser 提出利用信息代价函数选取最佳小波包基并进行分解的算法[190]。实际特征提取时，各个回波的最佳小波包基选取不可预见，对应的二叉树结构各异，即使是同一类目标的回波，其二叉树的结构也略有不同。因此，为了能得到统一的特征向量形式，同时充分利用不同二叉树的结构信息及所有最佳子空间对应熵值，也可以尺度为基准，将每一尺度下属于最佳子空间的熵值求和，以和值作为该尺度下的特征量，并将所有尺度下的特征量依尺度分解顺序组合在一起，形成最终的特征向量。

基于小波包变换的最佳子空间熵特征提取及目标识别的过程如图 5-13 所示。

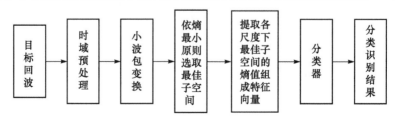

图 5-13　基于小波包变换的最佳子空间熵特征提取及识别方法

5.3　光纤传感网的数据融合

数据融合一词出现在 20 世纪 70 年代初期,到了 80 年代,数据融合已形成和发展成为一门自动化信息综合处理的专门技术。数据融合是将系统中若干相同类型或不同类型的传感器所提供的相同或不同形式、相同或不同时刻的测量信息加以分析、处理与综合,得到被测对象全面、一致的估计。

对传感网络中的某一被测对象进行测量时,采用单个传感器测量,由于人为的读数误差或者传感器本身的原因,很多情况下并不能反映被测量的准确信息,这时可以采用多个传感器对同一被测对象同时进行测量,对测量信息加以分析、处理与综合,得到被测对象更加准确的信息。

5.3.1　多传感器数据融合理论

多传感器数据融合[191]也称为多传感器信息融合,是利用相关算法对传感信息进行处理从而达到增强传感性能或者对传感数据进行整合以得到一个综合结果[192]的目的。对于传感器网络,大量的冗余信息将会导致网络效率低下,且浪费大量资源,采用数据融合技术既可以减少冗余,同时适当的算法还能增强传感器网络的鲁棒性。

1. 数据融合的定义及其基本原理

数据融合技术起源于军事领域,在现代战争系统中,单纯依赖传感器提供信息已经无法满足战场的作战需求。为了获得最好的作战效果,必须使用如红外线、微波、激光、毫米波和电子情报技术等各种有源或者无源探测的多传感器收集信息和数据。借助这一趋势,数据融合技术在现代科技中应运而生且开始了飞速的发展。

多传感器数据融合可以简单地比喻成人脑综合处理某些复杂问题[193],人可以非常自然地把来自人体各个传感器(眼、耳、鼻、四肢)的信息(景物、声音、气味、触觉)组合起来,并使用先验知识去估计、理解周围环境和正在发生的事件。所以,数据融合的基本原理也就像人类综合处理信息一样,充分利用多个传感器资源,通过对这些传感器及其观测信息的合理支配和使用,把各种传感器在空间或时间上的冗余或互补信息依据某种优化准则组合起来,以获得对被测对象的一致性解释或描述,如图 5-14 所示[194]。

如图 5-14 所示,n 个传感器的输出信号要先经过预处理,预处理的主要目的是为融合处理算法的实施做准备,预处理包括数据校准、数据对齐和数据关联等,然后融合中心对处理后的信息进行相应的算法处理以得到期望的结果。

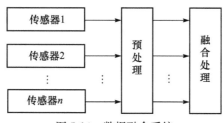

图 5-14　数据融合系统

多传感器数据融合主要包括多传感器的目标检测、数据关联、跟踪与识别、情况评估和预测。数据融合的基本目的是通过融合得到比单独的各个输入数据更多的信息。这一点是协同作用的结果,即由多传感器的共同作用,使系统的有效性得以增强。

用于融合的信息既可以是未经处理的原始数据,也可以是经过处理的数据。处理后的数据既可以是描述某个过程的参数或状态估计,也可以是某个命题的证据,以及赞成某个假设的决策。多传感器数据融合技术可以对不同类型的数据和信息在不同层次上进行综合,它处理的不仅仅是数据,还可以是证据和属性等。所以,多传感器数据融合并不是简单的信号处理。

2. 数据融合的层次及其分类

多传感器数据融合技术的分类以结构分类为主,现在主要有三种分类方法[188]。

第一种是以多传感器数据融合结构来分类,分为集中式融合结构、分布式融合结构和混合式融合结构。这种分类方法的划分依据是信息处理是单一中心还是存在多个信息处理中心,单一中心的称为集中式融合结构,存在多个信息处理中心的称为分布式融合结构,如果在分布式融合结构中再添加一个融合中心作为更高层次的融合,那么这种结构就称为混合式融合结构。

第二种是以融合中心进行融合时需要的数据类型进行分类,分为数据级融合、特征级融合和决策级融合。这种分类方法以融合的层次作为分类依据,数据级融合是在原始数据层上进行的融合,特征级融合是对原始数据进行特征提取后对特征量进行融合,决策级融合是对初步结论进行推断来实现融合。表 5-4 对其所属层次、主要特点、方法及应用进行了总结归纳[195]。

表 5-4　不同的信息层次上的数据融合分类

类型	数据级融合	特征级融合	决策级融合
所属层次	最低层次	中间层次	高层次
主要优点	原始信息丰富,并能提供另外两个融合层次所不能提供的详细信息,精度最高	实现了对原始数据的压缩,减少了大量干扰数据,易实现实时处理,并具有较高的精确度	所需要的通信量小,传输带宽低,容错能力比较强,可以应用于异质传感器

续表

类型	数据级融合	特征级融合	决策级融合
主要缺点	所要处理的传感器数据量巨大,处理代价高,耗时长,实时性差;原始数据易受噪声污染,需融合系统具有较好的容错能力	在融合前必须先对特征进行相关处理,把特征向量分类成有意义的组合	判决精度降低,误判决率升高,数据处理的代价比较高
主要方法	HIS 变换、PCA 变换、小波变换及加权平均等	聚类分析法、贝叶斯估计法、信息熵法、加权平均法、D-S 证据推理法、表决法及神经网络法等	贝叶斯估计法、专家系统、神经网络法、模糊集理论、可靠性理论及逻辑模板法等
主要应用	多源图像复合、图像分析和理解	主要用于多传感器目标跟踪领域,融合系统主要实现相关参数和状态向量估计	其结果可为指挥控制与决策提供依据

第三种是按照传感器的种类进行分类,分为同质多传感器数据融合和异质多传感器数据融合。这种分类的依据是传感系统中传感器测量量的性质是否相同,如果相同则为同质多传感器数据融合,如果不同则为异质多传感器数据融合。这种分类方法简单直观,且由于同质多传感器数据融合的目的是提高传感测量精度,而异质多传感器数据融合的主要目的是提供推断,这在使用时提供了很大的方便,尤其是在算法选择上显得清晰明确。

3. 多传感器数据融合算法研究

多传感器数据融合要靠各种具体的融合方法来实现。在一个多传感器系统中,各种数据融合方法将对系统所获得的各类信息进行有效的处理或推理,形成一致的结果。多传感器数据融合目前尚无一种通用的融合方法,一般要根据具体的应用背景而定,归纳起来信息融合方法可以分为经典方法和现代方法。

经典方法有加权平均法、分批估计法、最小二乘法、极大似然估计法、Kalman滤波法、贝叶斯估计法、经典推理法、D-S 证据理论法、品质因素法等。现代方法有聚类分析法、逻辑模板法、熵理论法、表决法、模糊逻辑法、产生式规则法、神经网络法、遗传算法、模糊集理论法、粗糙集理论法、小波分析理论、专家系统等。

1) 加权平均法[192]

加权平均法和分批估计法都是对所得数据源进行直接操作。加权平均法是最简单直观的实时处理信息的融合方法,基本过程如下:

设用 n 个传感器对某个物理量进行测量,第 i 个传感器输出的数据为 X_i,$i=1,2,\cdots,n$,对每个传感器的输出测量值进行加权平均,加权系数为 w_i,得到的加权平均融合结果为

$$\bar{X} = \sum_{i=1}^{n} w_i X_i \tag{5-30}$$

加权平均法将来自不同传感器的冗余信息进行加权平均,结果作为融合值。应用该方法必须先对系统和传感器进行详细的分析,以获得正确的权值。

2) 分批估计法[196]

分批估计法是在递推估计理论的基础上推导出来的。在检测过程中,传感器性能上的差别或外界干扰因素的影响,可能对测量结果产生较大的误差。为了减小误差、提高精度,采用分批估计法来对检测数据进行融合处理。

下面介绍这种方法的计算过程。分批估计法是对同一个检测量在不同位置的测量值进行融合处理的一种算法。对于一组特定的传感器,首先得出一致性测量数据;然后,按照空间位置相邻的传感器不在一组的原则分为两组。设第一组一致性测量数据为

$$x_{11}, x_{12}, \cdots, x_{1i}, \quad i \in \mathbf{N} \tag{5-31}$$

第二组一致性测量数据为

$$x_{21}, x_{22}, \cdots, x_{2j} \tag{5-32}$$

两组测量数据的算术平均值为

$$\bar{x}_{(1)} = \frac{1}{i} \sum_{p=1}^{i} x_{1p} \tag{5-33}$$

$$\bar{x}_{(2)} = \frac{1}{j} \sum_{p=1}^{j} x_{2q} \tag{5-34}$$

相应的标准误差分别为

$$\delta_{(1)} = \sqrt{\frac{1}{i-1} \sum_{p=1}^{i} (x_{1p} - \bar{x}_{(1)})^2} \tag{5-35}$$

$$\delta_{(2)} = \sqrt{\frac{1}{j-1} \sum_{q=1}^{j} (x_{2q} - \bar{x}_{(2)})^2} \tag{5-36}$$

用 δ^-、x^- 分别表示上一次测量的标准误差和融合结果,初始值为 0、0;用 δ^+、x^+ 分别表示当前测量的标准误差和融合结果。根据分批估计理论,分批估计后得到的方差为

$$\delta^+ = [(\delta^-)^{-1} + H^{\mathrm{T}} R^{-1} H]^{-1} = \left\{ \begin{bmatrix} 1 & 1 \end{bmatrix} \begin{bmatrix} \dfrac{1}{\delta_{(1)}^2} & 0 \\ 0 & \dfrac{1}{\delta_{(2)}^2} \end{bmatrix} \begin{bmatrix} 1 \\ 1 \end{bmatrix} \right\}^{-1} = \frac{\delta_{(1)}^2 \delta_{(2)}^2}{\delta_{(1)}^2 + \delta_{(2)}^2}$$

$$\tag{5-37}$$

其中,H 为测量方程的系数矩阵,且 $H = \begin{bmatrix} 1 \\ 1 \end{bmatrix}$;$R$ 为测量噪声的协方差,且有

$$R = \begin{bmatrix} \delta_{(1)}^2 & 0 \\ 0 & \delta_{(2)}^2 \end{bmatrix}$$

由分批估计得到的数据融合值为

$$x^+ = [\delta^+ (\delta^-)^-] X^- + [\delta^+ + H^T R^-] X = [\delta^+ + H^T R^-] X \tag{5-38}$$

将相关的 R、H、δ^+ 及 $X = \begin{bmatrix} \bar{x}_{(1)} \\ \bar{x}_{(2)} \end{bmatrix}$ 代入式(5-38),可以得到融合结果为

$$x^+ = \frac{\delta_{(2)}^2}{\delta_{(1)}^2 + \delta_{(2)}^2} \bar{x}_{(1)} + \frac{\delta_{(1)}^2}{\delta_{(1)}^2 + \delta_{(2)}^2} \bar{x}_{(2)} \tag{5-39}$$

3) 最小二乘法[197]

目前多传感器数据融合过程中存在传感器对某一状态量测量时精度较低的问题,使用基于最小二乘原理的多传感器加权数据融合算法可以较好地解决这一问题。该方法利用最小二乘原理和方差的遗忘信息,通过均方误差比较,计算出各个传感器的权重之后进行加权融合。该算法既考虑了历史信息的作用,又考虑了环境噪声和新采样值的影响,增强了对环境监测的敏感性。相比同类融合方法,该方法具有较高的精度。

在过程检测中,设 n 个传感器对某系统状态参数的观测方程为

$$Y = Hx + e \tag{5-40}$$

其中,Y 为 n 维测量向量,$Y = [y_1 \ y_2 \ \cdots \ y_n]^T$;$H$ 为已知 n 维常向量,$H = [1 \ 1 \ \cdots \ 1]^T$;$x$ 为一维待测向量,即测量的真值;e 为 n 维测量噪声向量,包含传感器的环境干扰噪声和内部噪声,$e = [e_1 \ e_2 \ \cdots \ e_n]^T$。

最小二乘法估计的准则是使误差的平方和最小,即使式(5-41)的值最小:

$$T(\hat{x}) = (Y - H\hat{x})^T W (Y - H\hat{x}) \tag{5-41}$$

其中,$\hat{x}$ 为对真值 x 的估计值;W 为一个正定对角加权阵,$W = \mathrm{diag}(w_1 \ w_2 \ \cdots \ w_n)$。

对式(5-41)求偏导,并令其等于 0,即 $\dfrac{\partial T(\hat{x})}{\partial \hat{x}} = 0$,得到参数 x 估计值 $\hat{x}$ 的最小二乘估计:

$$\hat{x} = (H^T W H)^{-1} H^T W Y = \frac{\sum_{i=1}^{n} w_i y_i}{\sum_{i=1}^{n} w_i} \tag{5-42}$$

对各传感器量测噪声进行如下假设:各传感器测量噪声均为具有各态历经性的平稳过程;各传感器测量噪声服从正态分布的高斯白噪声且相互独立。利用概率论知识可以证明,多个相互独立的随机变量相加的和接近正态分布,因此测量噪

声的分布是正态的,即

$$E(e_i) = 0 \tag{5-43}$$

$$E(e_i^2) = E[(y_i - x)^2] = \delta_i^2, \quad i = 1, 2, \cdots, n \tag{5-44}$$

其中,δ_i 是第 i 个传感器的测量方差。

设 $\tilde{x}$ 为估计误差,则 $\tilde{x}$ 可表示为

$$\tilde{x} = E[(x - \tilde{x})^2] = E\left\{ \sum_{i=1}^{n} \left[\left(\frac{w_i}{\sum\limits_{i=1}^{n} w_i} \right)^2 (x - y_i)^2 \right] \right\} \tag{5-45}$$

对式(5-45)求极小值,取 w_i 的偏导数,并令其等于 0,可得

$$w_i = \frac{1}{\delta_i^2}, \quad i = 1, 2, \cdots, n \tag{5-46}$$

$$\hat{x} = (H^\mathrm{T}WH)^{-1}H^\mathrm{T}WY = \frac{\sum\limits_{i=1}^{n} \dfrac{y_i}{\delta_i^2}}{\sum\limits_{i=1}^{n} \dfrac{1}{\delta_i^2}} \tag{5-47}$$

4) 贝叶斯估计法[193]

贝叶斯估计法是静态数据融合中常用的方法,其信息描述是概率分布,适用于具有可加高斯噪声的不确定信息处理。每一个源的信息均被表示为一个概率密度函数,贝叶斯估计法利用设定的各种条件对融合信息进行优化处理,使传感器信息依据概率原则进行组合,测量不确定性以条件概率表示。当传感器组的观测坐标一致时,可以用直接法对传感器测量数据进行融合。在大多数情况下,传感器是从不同的坐标系对同一环境物体进行描述的,这时传感器测量数据要以间接方式采用贝叶斯估计进行数据融合。

贝叶斯估计法用于多传感器数据融合时,要求系统可能的决策相互独立。这样,可以将这些决策看成一个样本空间的划分。设系统可能的决策为 $A_1, A_2, \cdots,$ A_m,当某一传感器对系统进行观测时,得到观测结果 B,如果能够利用系统的先验知识及该传感器的特性得到各先验概率 $P(A_i)$ 和条件概率 $P(B/A_i)$,则利用贝叶斯条件概率公式

$$P(A_i/B) = \frac{P(A_iB)}{P(B)} = \frac{P(B/A_i)P(A_i)}{\sum\limits_{j=1}^{m} P(B/A_j)P(A_j)}, \quad i = 1, 2, \cdots, m \tag{5-48}$$

根据传感器的先验概率 $P(A_i)$ 更新为后验概率 $P(A_i/B)$。

这一结果可推广到多个传感器的情况。当有 n 个传感器,观测结果分别为 $B_1, B_2, \cdots, B_n$ 时,假设它们之间相互独立且与被观测对象条件独立,则可以得到系统有 n 个传感器时的各决策总的后验概率为

$$P(A_i/B_1 \wedge B_2 \wedge \cdots \wedge B_n) = \frac{\prod\limits_{k=1}^{n} P(B_k/A_i)P(A_i)}{\sum\limits_{j=1}^{m} \prod\limits_{k=1}^{n} P(B_k/A_j)P(A_j)}, \quad i = 1,2,\cdots,m$$

$$(5-49)$$

最后,系统的决策可由某些规则给出,如取具有最大后验概率的那条决策作为系统的最终决策。

下面介绍一些主要的现代算法。

5) 产生式规则法[193]

"产生式"这一术语是 1943 年由美国数学家 Post 首先提出的,他根据串代替规则提出了一种称为 Post 机的计算机模型,模型中每一条规则称为一个产生式。产生式规则法主要用于知识系统的目标识别,并象征性地表示出目标特征与相应传感信息间的关系。产生式规则法中的规则一般要通过对具体使用的传感器的特性及环境特性进行分析后归纳出来,不具有一般性,即系统改换或增减传感器时,其规则要重新产生,所以这种方法的系统扩展性较差,但该方法推理较明了,易于系统解释,所以也有广泛的应用范围。

6) 模糊集理论法[193]

模糊集概念是 1965 年由 L. A. Zadeh 首先提出的,它的基本思想是把普通集合中的绝对隶属关系灵活化,使元素对集合的隶属度从原来只能取{0,1}中的值扩充到可以取[0,1]区间的任一数值,因此很适合用来对传感器信息的不确定性进行描述和处理。模糊集理论进行数据融合的基本原理如下。

在论域 U 上的一个模糊集 A 可以用在单位区间[0,1]上取值的隶属度函数 μ_A 表示,即

$$\mu_A : U \rightarrow [0,1] \tag{5-50}$$

对于任意 $u \in U, \mu_A(u)$ 称为 u 对于 A 的隶属度。

设 A、B 为论域上的模糊集合:

$$A = \{a_1, a_2, \cdots, a_m\} \tag{5-51}$$

$$B = \{b_1, b_2, \cdots, b_n\} \tag{5-52}$$

A 与 B 上的模糊关系定义为笛卡儿积 $A \times B$ 的一个模糊子集。若用隶属函数来表示模糊子集,模糊关系可用矩阵

$$R_{A \times B} = \begin{bmatrix} \mu_{11} & \mu_{12} & \cdots & \mu_{1n} \\ \mu_{21} & \mu_{22} & \cdots & \mu_{2n} \\ \vdots & \vdots & & \vdots \\ \mu_{m1} & \mu_{m2} & \cdots & \mu_{mn} \end{bmatrix} \tag{5-53}$$

表示。其中 μ_{ij} 表示二元组 (a_i, b_j) 隶属于该模糊关系的隶属度,满足 $0 \leqslant \mu_{ij} \leqslant 1$。

设 $X=\{x_1/a_1,x_2/a_2,\cdots,x_m/a_m\}$ 是论域 A 上的一个隶属函数,简单地用向量 $X=(x_1,x_2,\cdots,x_m)$ 来表示,则称向量 $Y=(y_1,y_2,\cdots,y_n)$

$$Y=X \cdot R_{A \times B} \qquad (5\text{-}54)$$

是 X 经模糊变换所得的结果,它表示了论域 B 上的一个隶属函数:

$$Y=\{y_1/b_1,y_2/b_2,\cdots,y_n/b_n\} \qquad (5\text{-}55)$$

式中,$y_i=\overset{m}{\underset{k=1}{\theta}}\mu_{ki} \cdot x_k$,其中 θ 与 $\cdot$ 表示两种运算,例如,可取为下面两种形式:

(1) 令 $\theta=\sum$,即加法运算,$\cdot =\times$,即乘法运算,则该变换公式为

$$y_i=\sum_{k=1}^{m}\mu_{ki} \times x_k \qquad (5\text{-}56)$$

在具体融合时的物理意义是,各传感器对决策的隶属度与该传感器观察值对决策 i 的支持度之积的和作为决策 i 总的可信度。

(2) 令 $\theta=\max$,即求极大,$\cdot =\min$,即求极小,则该变换公式为

$$y_i=\max_{k=1}^{m}\{\min\{\mu_{ki},x_k\}\} \qquad (5\text{-}57)$$

其物理意义是,在传感器的隶属度和观察值对决策 i 的支持程度之间取小者,再在 m 个传感器对应的小者之中取最大值作为决策 i 总的可信度。

7)粗糙集理论法[193]

基于贝叶斯估计需要事先确定先验概率;基于 D-S 推理需要事先进行基本概率赋值;用神经网络进行数据融合存在样本集的选择问题;用模糊理论进行信息融合时,模糊规则不易确立,隶属度函数难以确定。当上述的融合方法需要的条件都无法满足时,采用基于粗糙集理论的融合方法可以解决这些问题。

粗糙集理论是波兰华沙理工大学 Pawlak 教授 1982 年提出的一种研究不完整数据和不确定性知识的强有力的数学工具,目前已经成为人工智能领域的学术热点,在知识获取、知识分析和决策分析等方面得到了广泛的应用,在数据融合技术中也有一定程度的应用,受到了国内外专家和科研人员的广泛关注。其优点是不需要预先给定检测对象的某些属性或特征的数学描述,而是直接从给定问题的知识分类出发,通过不可分辨关系和不可分辨类确定对象的知识约简,导出问题的决策规则。

粗糙集理论中把每次传感器采集的数据看成一个等价类,利用粗糙集理论的化简、核和相容性等概念,对大量的传感器数据进行分析,剔除相容信息,求出最小不变核,找出对决策有用的决策信息,得到最快的融合算法。

8)神经网络法

人工神经网络(artificial neural network,ANN)也称为神经网络(neural network,NN)是一种模拟生物神经网络行为特点的算法,属于现代算法。它能进行分布式并行信息处理,通过调整内部神经元之间相互连接的权重来处理信息。神

经网络有很强的非线性拟合能力,能进行并行信息处理,学习规则简单便于计算机算法实现;同时有记忆能力和学习能力,具有很强的鲁棒性和容错能力,所以具有非常强的数据处理能力,非常适合数据融合应用。目前常用的神经网络算法有反向传播(BP)算法和径向基函数(RBF)算法,在此主要介绍 BP 算法。BP 网络是按误差反向传播算法训练的多层前馈网络,其学习过程由信号的正向传播和误差的反向传播两个部分组成。其特点是当输出层的输出与期望输出不相符时转入误差反向传播,将误差反馈给各层所有神经元,进而调整各神经元的权重,使得到的神经网络误差平方和最小,其学习规则采用最速下降法(梯度下降法)。BP 网络是采用 BP 算法的多层感知器,其结构如图 5-15 所示,分为输入层、中间层和输出层,

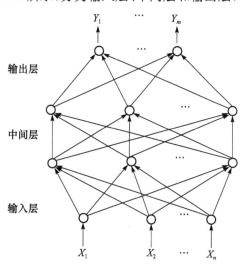

其中中间层又称为隐藏层,可以有一层或者多层,且各层具有多个节点。输入信息由输入层节点直接传送到隐藏层各节点上,在隐藏层各单元的特性经激励函数转换后作为下一层的输入信息,该信息再经过同样的转换,一直进行前传,直到从输出层输出响应信号。如果网络处于学习状态,那么输出响应就与期望响应进行比较,得到误差信号,该信号作为学习信号沿与前向路径相反的方向回传,同时逐层修改连接权系数,直到修正完所有层间的连接权系数,从而完成一个学习过程。所以,BP 算法可以总结为两个阶段,一是正向传播阶段,即逐层状态更新;二是反向传播阶段,即修正误差。

图 5-15　多层感知器结构图

　　BP 算法的学习过程如下:

　　设某层任一神经元 j 的输入为 net_j,输出为 y_j,相邻低一层中任一神经元 i 的输出为 y_j,则

$$\mathrm{net}_j = \sum_i w_{ij} y_i \tag{5-58}$$

$$y_j = f(\mathrm{net}_j) = \frac{1}{1 + \mathrm{e}^{-(\mathrm{net}_j + \theta_j)/h_0}} \tag{5-59}$$

其中,w_{ij} 为神经元 i 与 j 之间的连接权;$f(\bullet)$ 为神经元的输出函数;θ_j 为神经元阈值;h_0 为修改输出函数形状的参数。

　　设输出层中第 k 个神经元的实际输出为 y_k,输入为 net_k,与输出层相邻的隐藏层中任一神经元 j 的输出为 y_j,则

$$\text{net}_k = \sum_j w_{jk} y_j \qquad (5\text{-}60)$$

$$y_k = f(\text{net}_k) \qquad (5\text{-}61)$$

对于输入模式 X_p,若输出层中第 k 个神经元的期望输出为 d_{pk},实际输出为 y_{pk},则输出层的输出方差为

$$E_p = \frac{1}{2} \sum_k (d_{pk} - y_{pk})^2 \qquad (5\text{-}62)$$

若输入 N 个模式,则网络的系统均方差为

$$E = \frac{1}{2N} \sum_p \sum_k (d_{pk} - y_{pk})^2 = \frac{1}{N} \sum_p E_p \qquad (5\text{-}63)$$

当输入 X_p 时,w_{jk} 的修正增量为

$$\Delta_p w_{jk} = -\eta \frac{\partial E_p}{\partial w_{jk}} \qquad (5\text{-}64)$$

其中

$$-\frac{\partial E_p}{\partial w_{jk}} = -\frac{\partial E_p}{\partial \text{net}_k} \cdot \frac{\partial \text{net}_k}{\partial w_{jk}} \qquad (5\text{-}65)$$

由式(5-60)得

$$\frac{\partial \text{net}_k}{\partial w_{jk}} = \frac{\partial}{\partial w_{jk}} \sum_j w_{jk} y_{pj} = y_{pj} \qquad (5\text{-}66)$$

令 $\delta_{pk} = -\partial E_p / \partial \text{net}_k$,可得输出单元的误差为

$$\delta_{pk} = (d_{pk} - y_{pk}) y_{pk} (1 - y_{pk}) \qquad (5\text{-}67)$$

输出单元的修正增量为

$$\Delta_p w_{jk} = \eta \delta_{pk} y_{pj} \qquad (5\text{-}68)$$

对于与输出层相邻的隐藏层中的神经元 j 和该隐藏层前一层中的神经元 i,其输出单元的误差和输出单元的修正增量分别为

$$\delta_{pj} = y_{pj} (1 - y_{pj}) \sum_k \delta_{pk} w_{jk} \qquad (5\text{-}69)$$

$$\Delta_p w_{ij} = \eta \delta_{pj} y_{pj} \qquad (5\text{-}70)$$

BP 算法的步骤如下。

第一步:对权值和神经元阈值初始化,即二者是(0,1)上分布的随机数。

第二步:输入样本,指定输出层各神经元的期望输出值:

$$d_j = \begin{cases} +1, & X \in w_j \\ -1, & X \notin w_j, j=1,2,\cdots,M \end{cases} \qquad (5\text{-}71)$$

第三步:依次计算每层神经元的实际输出,直到输出层。

第四步:从输出层开始修正每个权值,直到第一隐藏层。

$$w_{ij}(t+1) = w_{ij}(t) + \eta \delta_j y_i, \quad 0 < \eta < 1 \qquad (5\text{-}72)$$

若 j 是输出层神经元,则 $\delta_j = y_j(1-y_j)(d_j-y_j)$;若 j 是隐藏层神经元,则 $\delta_j = y_j(1-y_j)\sum_k \delta_k w_{jk}$。

第五步:转到第二步,循环至权值稳定为止。

4. 多传感器数据融合的主要优点

如前所述,数据融合技术融合来自多传感器和关联数据库的相关信息,实现比单传感器更高的精度或更准确的推理。多传感器数据融合技术最初主要应用于军事领域,数据融合在战略军事系统中的优点有增强操控性能、扩展空间范围覆盖、扩展时间范围覆盖、增强可靠性、减少不确定性、增强系统可靠性、增强目标识别、增强空间分辨率、增加维数等。在非军事领域,如学术研究领域、工业应用领域和商业领域,主要的研究问题在于如何实现自动控制等,包括机器人的设计与实现、工业制造过程自动控制、智能建筑和医疗应用等。总体来说,多传感器数据融合具有以下优点[190]:

(1) 改善系统的可靠性和鲁棒性。多传感器系统中不可避免地存在冗余,当传感系统中有一个或多个传感器失效或者由于信号传输等问题导致无法获得传感器数据时,采用多传感器数据融合的系统虽然性能有可能下降,但仍然可以保证系统的正常运行。

(2) 扩展测量范围。采用多个传感器进行测量可以扩大传感测量的范围,可以同时在时域和空域上扩展测量范围。

(3) 增加传感测量可信度。多传感器可以互相支持彼此的测量结果,因此可以增加传感测量系统的可信度。

(4) 缩短响应时间。多传感器系统可以采集更多的数据,所以规定的性能水平可以在更短的时间内实现。

(5) 提高分辨率。采用不同分辨率的传感器进行数据融合,得到的分辨率要优于任何单一传感器的分辨率。

5.3.2　多传感器数据融合实例

1. 利用加权平均法与分批估计的数据融合方法研究倾斜光纤布拉格光栅 (tilted fiber Bragg grating,TFBG)温度传感特性[198]

TFBG 传感器在制作时倾斜了一定的夹角,因此包含了一系列包层模透射峰。作为一种较为特殊的光栅传感器,TFBG 传感器受到了广泛的关注,它兼有光纤布拉格光栅和长周期光栅的优点,还具有对折射率敏感度高、可消除交叉敏感等其他种类光纤光栅传感器所不具备的优点。倾斜光栅的透射谱具有多个峰,这些峰分别代表不同的模式,但在相同应变作用下纤芯模和包层模的偏移量不同,据此可以认为 TFBG 不同的峰对应着不同的传感器,也就是说,如果对不同的峰进行数据融合,就可以对应变的大小进行估计。

TFBG 温度传感实验装置原理如图 5-16 所示。将 TFBG 放置于一温度可调的温控箱中,使用 Shinko 公司 JCS 铂电阻温控表控制温箱的温度,光谱分析仪(OSA)用于检测 TFBG 的透射谱。

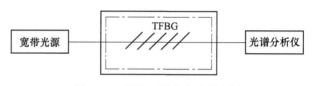

图 5-16   TFBG 温度实验原理图

环境温度发生变化 ΔT 时,TFBG 波长漂移为

$$\Delta\lambda = \lambda_0(\alpha_0 + \zeta_0)\Delta T \tag{5-73}$$

其中,α_0 和 ζ_0 分别是光纤的热膨胀系数(约为 $5.5\times10^{-7}\mathrm{K}^{-1}$)和热光系数(约为 $6.67\times10^{-6}\mathrm{K}^{-1}$)。温度升高时,$\Delta T > 1\,℃$,TFBG 各模式谐振峰将向长波方向漂移。

任选 TFBG 中的八个模式作为八个温度传感器,温度升高时,各个模式的谐振峰的漂移量是不同的。假设实际温度为 $50\,℃$,选择 TFBG 的不同模式作为温度传感器将会有不同的测量值。为了得到温度的准确信息,将 TFBG 的各个模式分别看成一个温度传感器,采用数据融合方法提高数据测量的精度,从而得到温度的准确信息。

等精度的温度传感器测量结果具有正态分布的特性,数据的融合可以采用算术平均值算法与分批估计相结合的融合算法。具体方法是:对经一致性检验后得到的测量序列,用相邻温度值不在一组的原则分为两组,即 1、3、5、7 为第一组,2、4、6、8 为第二组,对两组测量数据的算术平均值采用分批估计算法,估计出接近温度真实值的融合值 x,从而得到温度的准确测量结果。一般来说,传感器对缓变参数的测量结果具有正态分布特性,实时数据处理可以采用算术平均值与分批估计相结合的算法。

实验中利用 TFBG 对某一温度进行测量,其实际值为 $50\,℃$,TFBG 的八个模式对应的八个温度传感器测量的值分别为 $50.295\,℃$、$50.001\,℃$、$47.681\,℃$、$50.962\,℃$、$49.013\,℃$、$49.873\,℃$、$48.153\,℃$、$49.306\,℃$。经一致性检验后,剔除了误差较大的无效数据,得到的测量序列按照相邻温度值不在一组的原则分为两组,第一组为 $49.013\,℃$、$49.873\,℃$、$50.295\,℃$;第二组为 $49.306\,℃$、$50.001\,℃$。两组测量数据的算术平均值分别为 $49.727\,℃$ 和 $49.654\,℃$,其方差分别为 $0.182\,℃$ 和 $0.492\,℃$。

由式(5-39)计算出这八个测量值的温度融合值为 $x^+ = 49.7125\,℃$,融合值与实际温度值之差为 0.2875℃。八次测量结果的平均值为 49.417℃,与实际温度 50℃相比,测量值的平均值与实际值之差为 0.583℃。通过数据融合可以看出,采用数据融合方法得到的温度值比通常采用的求平均值的方法得到的温度值更接近真实值。

2. 利用神经网络的数据融合方法研究光纤光栅传感阵列监测载荷应变损伤[199]

此实验是以光纤光栅为传感元件、混凝土简支梁模板为研究对象、BP 网络为信号处理方法的载荷应变损伤监测实验。本节将光纤光栅传感网络输出的波长信号作为神经网络的输入,通过学习和记忆而不是假设,使传感光纤光栅网络上各单元的应变程度与神经网络的输出模式间建立某种非线性映射关系。在执行问题和求解时,将所获取的数据输入给训练好的 BP 网络,依据上面所介绍的知识进行网络推理,得出合理的输出结果,从而使光纤光栅传感网络信号得到实时的智能处理。

如图 5-17 所示,两对光纤光栅分别布设于混凝土试件的上下表面纵向钢筋上呈对称分布,每个光纤光栅应变传感器位于试件表面的中心位置,距离长边 24cm,四个光纤光栅应变传感器级联在一起由一根光纤波分复用输出,同时在输出端接入一个光纤光栅温度传感器作为环境温度检测。

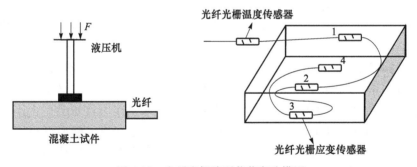

图 5-17　光纤光栅阵列载荷实验模型

实验中加载的混凝土试件采用的是简支梁装置,在梁长的方向上可在一定范围内自由移动,在其他两个方向上完全固定。在加载实验过程中,简支梁的结构保证其只有弯曲形变,而不会被拉伸或压缩,因此简支梁的结构应变可以看成由曲率变化引起的。在加载过程中,梁的下表面被拉伸,上表面被压缩,所以在其上面所粘贴的 FBG 也会受到同样性质的应力,光栅的中心反射波长随应力的变化而产生移动,监测其移动的方向及大小,就可以得到待测曲面的曲率变化情况,进而得到施加载荷的大小。

由材料力学知识可知,在梁的中央施一集中力 F,使梁发生弯曲形变,令简支

梁中点处的曲率为

$$k = M/(EI) \tag{5-74}$$

其中,M 为简支梁中点处的弯矩;E 为梁的杨氏模量;I 为梁的截面惯性矩。

不同的曲率 k 对应其外曲面(光纤光栅粘贴的面)的长度也是不同的,忽略黏合剂对梁的影响,即认为光纤光栅的物理长度变化与其所附着的梁表面的变化相同。同时考虑光纤的有效弹光系数($p_e=0.22$)的影响,光纤光栅的布拉格波长 λ_B 随曲率 k 的变化关系可表示为

$$\lambda_B = \lambda_{B0}[1 + (1 - p_e)hk/2] \tag{5-75}$$

其中,λ_{B0} 为 $k=0$ 时的光栅布拉格波长。如式(5-75)所示,在 h 不变的情况下,中心波长 λ_B 随曲率 k 呈线性变化。

混凝土模板上表面的光纤光栅在加载过程中受压应力,反射波中心波长随曲率增大向短波长方向移动,选择中心波长较短的光纤光栅作为模板上表面的应变传感器 FBG_1、FBG_2;混凝土模板下表面的光纤光栅在加载过程中受拉应力,反射波中心波长随曲率增大向长波长方向移动,选择中心波长较长的光纤光栅作为模板下表面的应变传感器 FBG_3、FBG_4。作为温度检测的光纤光栅中心波长位于两者之间。位于模板上表面的应变传感器 FBG_1 和 FBG_2 自由状态下的中心波长分别为 1537.035nm 和 1541.182nm;位于模板下表面的应变传感器 FBG_3 和 FBG_4 自由状态下的中心波长分别为 1548.959nm 和 1552.807nm;用于温度补偿的 FBG-T 中心波为 1545.021nm,这样选择可以避免在加载过程中波长漂移的相互干扰。

从式(5-75)可以看出,虽然理论上光纤光栅中心波长的变化和简支梁中心曲率呈线性关系,但是由于简支梁中心曲率的变化与载荷、梁的杨氏模量以及梁的截面惯性矩有关,而且光纤光栅传感器的粘贴位置以及固定程度也会引入不确定因子,所以混凝土简支梁模板所承受的载荷虽然可以通过光纤光栅应变传感器中心波长的变化定性反映,但是很难给出确定的公式,中心波长随载荷的变化不是绝对线性的,而是有一些弯曲。因此,可以引入 BP 网络对测量到的离散应变信号进行数据融合,反向分析模板试件的作用载荷,预测实验模板在加载中的损伤情况。

采用 BP 网络建模的首要条件是有足够多的具备典型性和高精度的样本,而且为了训练(学习)过程中不发生过拟合情况,必须将收集到的数据随机分成训练样本、识别检验样本(10%以上)两部分。此外,数据分组时还应尽可能考虑样本模式间的平衡。这里用光纤光栅传感器测量到的信号作为神经网络的输入样本。

由于 BP 网络的隐藏层一般采用 Sigmoid 转换函数,为了提高训练速度和灵敏性以及有效地避开 Sigmoid 函数的饱和区,一般要求输入数据的值在 0~1 区间,

因此要对输入数据进行预处理。一般要求对不同变量分别进行预处理,也可以对类似性质的变量进行统一的预处理。预处理的方法有多种多样,各文献采用的公式也不尽相同,这里采用归一化公式对输入信号进行处理:

$$X_{out} = \frac{X_{in} - X_{min}}{X_{max} - X_{min}} \tag{5-76}$$

值得注意的是,预处理的数据训练完成后,网络输出的结果要进行反变换才能得到实际值,而且为了保证建立的模型具有一定的外推能力,最好使数据预处理后的值在 0.2～0.8 区间。

根据以上条件将输入样本中的载荷-波长数据归一化后分为两组,一组作为训练样本建立神经网络,另一组作为识别样本来检验网络的效果,并用 MATLAB 建立 BP 网络模型。本实验有四个样本输入量 FBG_1、FBG_2、FBG_3 和 FBG_4,一个输出量载荷,因此本神经网络输入层的神经元数为 4,输出层的神经元数为 1,按照隐藏层节点数,分别建立 BP 网络。对于每个网络均按学习样本均方误差进行学习,并用识别样本进行检测。经过计算,绘制出学习样本均方误差与达到网络最优时所需隐藏层节点数的关系图以及学习样本均方误差与识别样本均方误差的关系图。理论上,处于学习样本数据范围内的识别样本相对误差小于 10% 就可以视为此神经网络模型建立成功。

通过神经网络对光纤光栅传感阵列进行数据融合,光纤光栅传感元件为神经网络提供了精确的数据,合适的神经网络模型为数据融合提供了性能较高的融合算法,光纤光栅传感阵列结合神经网络对结构变化及损伤具有较好的识别功能。

3. 双参数传感的数据融合

在结构健康的长期监测中,传感系数矩阵会随着环境产生变化,而观测值也总是存在误差,如传感系数矩阵误差、观测误差对应变和温度测量的影响程度,本节试图通过数据融合理论减小这些误差。根据双参数光纤传感的特点,提出数据融合模型,如图 5-18 所示。首先,利用 EFPI 和 FBG 传感器信号处理方法提取 EFPI 的 F-P 腔长和 FBG 波长测量值;其次,利用 Kalman 滤波建立待测物理量(应变、温度)与传感量(F-P 腔长、光纤光栅反射波长)之间的状态方程和量测方程,将交叉项与其他噪声统一视为量测方程中的噪声项,从而获得待测物理量随时间的变化;再次,利用人工神经网络技术建立一前向三层人工神经网络,利用积累的监测数据训练该网络,以弥补 Kalman 滤波中的不足;然后,量测方程的系数矩阵每过一段时期也利用积累的监测数据重新优化设定,以适应长期监测时光纤传感器灵敏系数的时变;最后,以贝叶斯方法推理判断两种输出结果的接收度,从而确定待测物理量。

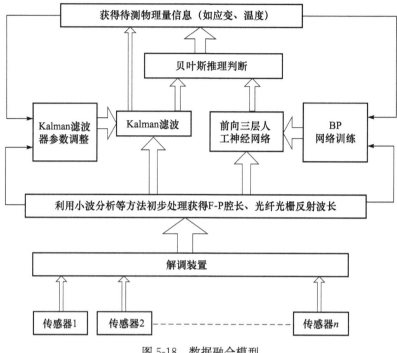

图 5-18　数据融合模型

4. 量测数据的 Kalman 滤波

1) 离散 Kalman 滤波理论

大多数实际系统的数据系列可看成马尔可夫系列,因而可将对系统的观测预计过程用状态方程(5-77)和量测方程(5-78)描述:

$$X_k = \Phi_{k,k-1} X_{k-1} + \Gamma_{k-1} W_{k-1} \tag{5-77}$$

$$Z_k = H_k X_k + V_k \tag{5-78}$$

其中,X_k 为 k 时刻的状态向量,Z_k 为 k 时刻的观测向量,H_k 为传递矩阵,W_{k-1} 为动态噪声向量,V_k 为观测噪声向量,Γ_{k-1} 为噪声分布矩阵,$\Phi_{k,k-1}$ 为状态转移矩阵。其中动态噪声 W_{k-1} 和观测噪声 V_k 为互不相关的零均值白噪声系列,即

$$E(W_k) = 0, \quad E(W_k W_j') = Q_k \delta_{kj} \tag{5-79}$$

$$E(V_k) = 0, \quad E(V_k V_j') = R_k \delta_{kj} \tag{5-80}$$

$$E(W_k V_j') = 0 \tag{5-81}$$

则根据状态方程的进一步预测方程为

$$\hat{X}_{k/k-1} = \Phi_{k,k-1} \hat{X}_{k-1} \tag{5-82}$$

设根据量测数据 Z_k 对 X_k 的估计为

$$\hat{X}_k = \hat{X}_{k/k} = \hat{X}_{k/k-1} + K_k(Z_k - H_k\hat{X}_{k/k-1}) \tag{5-83}$$

其中,K_k 为使误差矩阵最小的校正增益矩阵。

定义量测 Z_k 之前的对 X_k 的估计误差为

$$\widetilde{X}_{k/k-1} = \hat{X}_{k/k-1} - X_k \tag{5-84}$$

定义量测 Z_k 之后的对 X_k 的估计误差为

$$\widetilde{X}_{k/k} = \widetilde{X}_k = \hat{X}_{k/k} - X_k = \hat{X}_k - X_k \tag{5-85}$$

将式(5-78)、式(5-83)和式(5-84)代入式(5-85)整理得

$$\widetilde{X}_k = (I - K_k H_k)\widetilde{X}_{k/k-1} + K_k V_k \tag{5-86}$$

则估计误差方阵为

$$P_k = E(\widetilde{X}_k \widetilde{X}'_k) \tag{5-87}$$

定义一步估计误差方阵

$$P_{k/k-1} = E(\widetilde{X}_{k/k-1} \widetilde{X}'_{k/k-1}) \tag{5-88}$$

综合式(5-87)和式(5-88)可得

$$P_k = (I - K_k H_k)P_{k/k-1}(I - K_k H_k)' + K_k R_k K'_k \tag{5-89}$$

若 K_k 满足

$$K_k = P_{k/k-1}H'_k(H_k P_{k/k-1}H'_k + R_k)^{-1} \tag{5-90}$$

则估计误差方阵 P_k 有最小值,式(5-89)简化为

$$P_k = (I - K_k H_k)P_{k/k-1} \tag{5-91}$$

而将式(5-84)代入式(5-88)可推得

$$P_{k/k-1} = \Phi_{k,k-1}P_{k-1}\Phi'_{k,k-1} + \Gamma_{k-1}Q_{k-1}\Gamma'_{k-1} \tag{5-92}$$

式(5-82)、式(5-83)、式(5-90)~式(5-92)构成了 Kalman 滤波方程。

2) 在双参数光纤传感中的应用

Kalman 滤波主要用于对历史监测数据的整理分析,应用中首先将积累的直接测量值作聚类分析处理,即按设定的阈值将测量值相近的归类在一起,建立如下 Kalman 滤波状态方程和观测方程:

$$\begin{bmatrix} \varepsilon_k \\ T_k \end{bmatrix} = \begin{bmatrix} 1 & 0 \\ 0 & 1 \end{bmatrix} \begin{bmatrix} \varepsilon_{k-1} \\ T_{k-1} \end{bmatrix} + W_k \tag{5-93}$$

$$\begin{bmatrix} M_k^1 \\ M_k^2 \end{bmatrix} = \begin{bmatrix} \alpha_{1\varepsilon} & \alpha_{1T} \\ \alpha_{2\varepsilon} & \alpha_{2T} \end{bmatrix} \begin{bmatrix} \varepsilon_k \\ T_k \end{bmatrix} + V_k \tag{5-94}$$

经滤波处理后,可以减小传感系数矩阵和量测数据误差带来的不利影响。本节利用具有较大条件数的传感系数矩阵

$$K = \begin{bmatrix} 0.96 & 8.72 \\ 0.59 & 6.3 \end{bmatrix}$$

进行计算仿真,选定计算目标温度分布为均值 50℃、均方根值 1℃ 的正态分布,应变分布为均值 $500\mu\varepsilon$、均方根值 $10\mu\varepsilon$ 的正态分布,传感系数矩阵中的四个系数元素分别加上 $\sigma = 0.01$ 高斯噪声,再加上量测噪声,得到量测值,计算数据个数取 200。对于通常的逆矩阵法,计算得到的量测值与加噪声前传感系数矩阵的逆矩阵相乘所得到的值认为是应变和温度的测量值。同时,对这些量测值利用 Kalman 滤波处理得到应变和温度的测量值,其结果如图 5-19 所示。可以看到,当用逆矩阵求取时,传感系数矩阵的扰动对应变和温度的估计值影响很大,应变和温度估计均方差分别为 $58.427\mu\varepsilon$ 和 6.12℃。而采用 Kalman 滤波处理后的估计值要更准确,应变和温度估计均方差分别为 $19.34\mu\varepsilon$ 和 2.443℃。

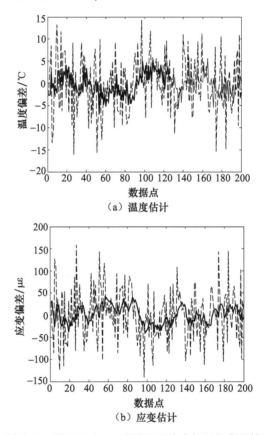

（a）温度估计

（b）应变估计

图 5-19　利用 Kalman 滤波和逆阵求解的仿真计算结果

虚线为逆阵求解估计值,实线为 Kalman 滤波估计值

人工神经网络中的 BP 网络是目前应用最为广泛的一种前向神经网络,一般

采用三层结构,即网络除了输入、输出节点,还具有隐藏层节点,同层节点间没有耦合,每个节点具有固定的传递函数形式。输入信号从输入节点依次传过各隐藏层节点,最后传到输出节点,每一层节点的输出只影响下一层节点的输出。通过用样本训练网络,可以确定这些节点传递函数的权重分布,从而构成一个输入到输出的映射,因此 BP 网络的一个重要应用是复杂函数逼近。对于双参数传感,可利用光纤光栅波长、光纤 F-P 腔长的量测值作为输入值,应变、温度作为输出值构成 BP 网络,然后通过大量监测数据对网络的训练来提高输出的准确性。

5. 光纤传感器的复用与数据融合[200]

多光纤传感器复用与数据融合技术实际上是一种多源信息的综合技术,通过对来自不同光纤传感器(信息源)的数据信息进行分析和综合,以获得被测对象及其性质的最佳一致估计。其中,复用是指某个多光纤传感器系统对来自不同光纤传感器的信息进行传输;数据融合是将光纤传感器的信息合并成统一的综合信息。多光纤传感器的复用和数据融合的模型是指采用数据融合技术,对来自不同光纤传感器的信号进行综合处理,建立分离光纤传感器中的时变耦合信号模型。

沿光纤传输线的众多因素都能影响到光纤传感器的最终输出,因此探测器的输出信号可表示为

$$\text{电信号输出} = \text{SP} \times D \times \text{FT} \times M \times Q \times \text{FR} \times S \qquad (5\text{-}95)$$

其中,SP 为检测电子线路中信号处理部分的作用;D 为光探测器对输入的光信号所作出的响应信号;FT 为传感器与光探测器之间的光纤传输性能;M 为通过调制器加到光信号上的调制作用;Q 为被测量,通过调制器的调制特性表征;FR 为光源和调制器之间的光纤传输性能;S 为入射到光纤的光源输出。

由于光波与光纤的基本性质以及易于进行多路传输和调制的特点,能在多种不同应用场合下采用多传感器方式配置阵列,以满足多种不同的测量要求。光纤传感器的复用不仅可以大大降低整个系统的成本,而且因大量减少了连接光纤的数量,更适于复杂条件下的检测。因此,提出同时测量多参数的数据处理方案,即多光纤传感器的复用和数据融合模型,其原理如图 5-20 所示。

图 5-20 中,不同光纤传感器 1~n 获得了外界的传感信号,这些传感信号经传感器模型 1~n 变换为传感信息,这些传感信息经光纤的多路传输和调制后汇总连接到数据融合系统进行多维的、综合的和互补的处理。另外,经数据融合系统处理后的传感信息通过与物理模型对比进行校准,校准结果传递给控制器以便在以下四个层面进行反馈:传感器层面,即传感器的选择;传感器模型层面,即修正传感器的传感参数;复用层面,即传感网络的连接方式;数据融合层面,即采用合适的信息处理方案。

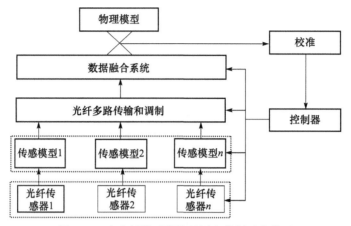

图 5-20　多光纤传感器的复用和数据融合模型

5.4　光纤传感网的智能信息处理

　　光纤传感网的信息处理技术涉及网络组织、管理和服务框架,信息传输路径建立机制,面向需求的分布信息处理模式,对信息的准确感知、整合、识别以及资源的有效配置等问题。传统网络只转发数据,而光纤传感网的实时性要求数据路由时就被处理,光纤传感网面向具体应用,网络规模大,因此对算法的可扩展性提出了严峻挑战。

　　光纤传感网以某种可嵌入被检测区域和结构的基于光纤传感的智能部件或设备为互联对象,该部件或设备可以实现对被检测区域状态的感知、识别、数据存储、数据处理及传输,设备间以有线或无线的方式组成本地网络,并能接入互联网,其智能信息处理过程如图 5-21 所示。

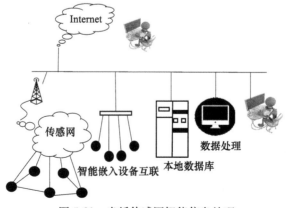

图 5-21　光纤传感网智能信息处理

5.4.1 光纤传感网数据库

在光纤传感网中,通常需要实时地、不间断地采集数据,有着较大的数据量。数据量的持续快速增长使得数据存储系统的负荷十分沉重,在数据存取效率和数据安全两个方面都有较高要求。同时,传感器节点上数据的存储空间和处理能力都有着极其苛刻的限制,众多传感器节点实时连续数据采集造成了数据快速增长。这需要有一种能适用于嵌入式应用场景、存储容量大、数据访问速度快且安全性能高的数据库系统,以实现信息的快速智能处理。目前,市场上主流的应用较为广泛的数据库有 MySQL、SQL Server、Oracle、Access、SQLite 等。

数据库系统是一个综合性的数据集合,能够以最佳的组织方式、最少的冗余为多个用户提供多种服务,可以满足不同用户对各种各样数据的需求,完成复杂的数据处理和分析工作。由于数据信息连续变化、数据显示与状态评估的实时性要求高、数据量大,并且要求所有测点的历史数据都完整保存以供专家离线分析,所以数据动态管理与查询系统以数据库系统为核心,通过数据库管理检测信息、处理后的数据、分析结果、相关算法信息等全部数据,完成数据的管理与查询。该系统应满足如下功能需求:

(1) 能有组织地、动态地存储大量监测数据和经处理后的关联数据,可供多个用户访问和查询,实现数据的充分共享、交叉访问以及与应用程序的高度独立性,起到将现场采集网络与上层管理信息系统网络连接的作用。

(2) 作为整个监测系统的核心必须实时在线运行,快速存储动态变化的实时数据,及时刷新数据库中的所有数据,使数据与分析结果能够实时显示。

(3) 具有丰富的接口功能,实现各功能模块之间的数据传递、交换和共享;可与 Internet 结合,使远程授权用户可以通过 WWW 浏览器对数据库中的数据进行查询和浏览。

1. SQL Server

SQL Server 是 Microsoft 公司推出的优秀数据库管理系统,由于其具有优良的性能、灵活的可伸缩性、便捷的可管理性和强大的可编程性,成为光纤传感网信息处理系统开发的首选数据库。作为一种关系型数据库,通过与 Windows 操作系统的无缝连接,SQL Server 为用户对大量数据的有效管理提供了一种有效途径,关系数据库的基本结构十分简单,其使用的概念和模型也易于理解,用户不需要了解复杂的数据结构,就可以设计并使用关系数据库。

SQL Server 中使用的语言主要是用来进行各种数据库沟通的 SQL,SQL 是被美国国家标准协会规定为关系型数据库管理系统的标准语言。SQL 可以进行数据库的各种操作,包括数据库的写入,数据的读出、查询、插入和删除等。当今社会是信息爆炸的社会,如何快速智能地提取有效信息成为重中之重,SQL Server 能够满足对爆炸式数据快速提取的需求,具有如下特点:

(1) 安全可靠。SQL Server 对数据文件、数据库中的日志文件,甚至整个数据库都能进行加密,SQL Server 2008 新增了外键管理和第三方密钥管理,还对审查功能进行了增强,使得用户可以查看何时进行过何种数据操作。

(2) 高效。陈述式管理架构是一个用于 SQL Server 数据库引擎的新管理框架。由于应用了陈述式管理架构,新版本的 SQL Server 降低了管理系统的时间和成本。除此之外,SQL Server 2008 为了满足用户的自定义安装和配置重新设计了安装、建立和配置的架构,将计算机的安装与软件配置分离,开发界面友好,对数据的访问更加简单,极大地提高了软件开发人员的开发效率。

(3) 智能。SQL Server 提供了一个全面的平台,可以集成任何数据,进行数据压缩、备份压缩、分区表并行等操作,还提供了使所有用户制作、管理和使用报表的服务。

从数据库规模、管理方便及兼容性等方面考虑,SQL Server 更具有很多优点。首先,SQL Server 支持分布式事务处理。分布式事务处理是指几个服务器同时进行事务处理,如果分布式事务处理系统中的一个服务器不能响应所请求的改动,那么系统中的所有服务器都不能进行改动。SQL Server 在管理大型数据仓库方面相当完美,数据仓库通常是一些海量数据库,这些数据库包含来自面向事务的数据库的数据,这些大型数据库用来研究趋势,这些趋势绝不是一般简单检查可以发现的。其次,SQL Server 将 OLAP(在线分析处理工具)服务内建于服务器中,这些服务被称为 Microsoft Decision Support Services(微软决策支持服务)。与市场上的其他服务器不同,其不用再购买通常很昂贵的第三方应用程序,从而降低了消耗在 SQL Server 上的总费用。

2. 数据库组织方式

数据库是以一定的组织方式组织在一起的相关数据的集合。关系型数据库管理系统将数据存储在数据库表中,数据库表由记录和字段构成,即表中的行和列。根据记录变化情况,可将数据库表分为三类:

(1) 完全静态数据表,没有记录数量的增加或者减少,但是字段有可能会变化。

(2) 半静态半动态数据表,记录数量有可能增加或者减少,但是变化数量不是很多。

(3) 完全动态数据表,记录增加且更新较快。

由于系统中既有动态数据又有静态数据,考虑到系统运行速度和连续查询需求,可设计一套当前数据库和一套历史数据库,连续查询在历史数据库中进行。历史数据库中的完全静态数据表、半静态半动态数据表与当前数据库中的同名数据表一致。定期将完全动态数据表时段记录从当前数据库复制到历史数据库,然后把这些复制的完全动态数据表时段记录从当前数据库中删除,这样就使得运行速度得到了保障。一些不需要更新或更新频率很低的基本测量信息可直接根据系统查询要求设计成完全静态数据表,而一些实时获取的测试信息则需设计成完全动态数据表。针对光纤传感网测点数量较多、传感器类型也较多的特点,可按传感器类型设计动态数据库的组织方式。先将数据库按不同传感器类型划分为若干个数据库表,再将每一次采集到的全部数据按传感器类型进行拆分,并存为相应数据库表中的一条记录,将每一个传感器采集的二进制数据流捆绑在一起存为相应记录的一个字段。不同数据库表中的数据通过一个公共主关键字段相互关联。其中,每一个数据库表存放一种类型传感器采集的数据,数据库表中的行存放监测系统某种类型传感器采集的数据,行中的每一个 Binary 字段为一个传感器(某测点)一次采集的数据(捆绑在一起的二进制数据流);各个数据库表通过公共主关键字段Serial 将各种监测数据关联在一起[201]。

3. 数据库预处理方案

针对光纤传感网获取数据量大的特点,必须对传感网数据库进行一定的预处理才能合理利用存储空间、提高数据存储和查询速度,从而优化系统运行效率。每次采样结束后,系统立即对本次采样的数据进行必要的分析和处理,每隔固定的一段时间系统对数据库进行一次全面的数据分析和预处理。当用户要求实时了解各测点的监测情况时,可以通过网络与计算机连接,直接了解传感网系统各测点的工作状况。数据处理的内容和方法既可预先设定,也可通过远程设置。

传感网系统中全部测点每次采样后的完整数据均应送入数据库系统进行预处理,以便确定各测次的数据是否应该保存。对原始数据流的预处理原则是:

(1) 尽可能多地保存对待测信息评估有用的原始数据。

(2) 删除无用的或对待测信息评估意义不大的"垃圾数据",最大限度地压缩或减少库存数据量。

(3) 保存所有测次各个测点原始数据的统计特征数。

传感网系统对采集的原始数据预处理后,提取出每次采样过程中获取的原始数据流的统计特征数并存入相应的数据库表中,根据这些统计特征数确定某测次的原始数据是否应该保存或删除。数据预处理的工作内容主要包括:

(1) 统计出各测次、各测点原始数据流的统计特征数。

(2) 根据这些特征数的形态特点,决定当前数据的取舍,一旦发现数值超限,及时发出报警信息。

(3) 统计出时程曲线中的最大值及其对应的测次和测点位置。

（4）根据具体测量特点，计算出相应的其他特征值。

4. 数据库查询系统

数据查询是从数据库中检索符合条件数据记录的选择过程，即按给定的要求（包括方式、范围等）从指定的数据源中查找，将符合条件的数据提取出来，形成一个新的数据集合，但这个数据集在数据库中实际上并不存在，只是在运行查询时才会从查询源表的数据中抽取出来。数据查询可以实现数据提取、相关计算、数据更新、新表生成或作为其他对象的数据源。光纤传感网系统的用户有专家、养护维修人员、管理人员等多种用户，系统设计应力求使数据查询操作简单、方便有关人员随时了解光纤传感网测试系统运行状态。数据库查询系统界面设计可利用 Visual Basic. NET、Visual C++. NET 等多种可视化开发平台进行。

数据库查询系统不仅可以进行被测基本信息、被测点时程曲线、趋势信息、统计信息以及分析与评估结果等多种信息的查询，而且能够对系统安全、用户权限等系统信息进行设置，还具有打印输出、帮助等功能。在数据查询过程中，用户可根据需要进行必要的数据分析，主要包括时域显示，波形的纵、横向放大与缩小，波形移动，数据回放，找最大值及波形打印等。

时域显示过程中还可分页显示、单通道显示或多通道显示。例如，查询某次采样的某一物理量的时程曲线时，可分不同窗口（或页）显示多条曲线或同页显示多条曲线，且可进行横向或竖向缩放，以便观察波形的细节。

5.4.2 光纤传感网的智能联动系统

光纤传感网的智能联动使得各个系统协调运作，从而实现了系统的集成、数据的共享，便于统一分析处理。除光纤传感系统，视频监控、火灾报警等系统的加入也会使光纤传感网的智能性大大提高。

在光纤围栏周界入侵监测系统中，提出了一种具有报警以及视频联动功能的光纤围栏周界入侵监测系统。串联 FBG 传感器阵列组成传感光缆对围栏周界入侵信号及时感知并进行准确报警和定位，光纤围栏周界入侵监测系统把报警及定位信息传输给与其联动的视频监控系统，控制监控设备对引起报警的入侵地点进行重点监控，并在第一时间切换并放大显示入侵现场的图像，同时保存现场录像对入侵事件进行备案。联动功能的实现使得本身具有突出优点的光纤围栏周界入侵监测系统同时具备了对入侵的监测、监控以及对入侵对象的准确辨识和取证功能，进一步改善了系统的安全防范性能，提高了系统的智能化水平。

通过建立探头位置信息数据库和报警日志数据库，当有入侵发生时，可以查询报警传感器所在地理位置，并将相关报警信息写入报警日志，方便以后查询。对报警信息进行处理时，光纤围栏周界入侵监测系统对是否报警作出判断，若一定范围内存在多个连续且相似的报警,则将入侵信息作为如风雨等自然因素的影响予以排除,不响应报警,否则响应报警,查询数据库得到报警传感器的地理位置,在软件界面的电子地图中显示报警信息,并发出警报声提示。

带联动功能的视频监控系统,使得对周界安防有了可视、可取证能力,将 FBG 监测系统与视频监控系统的各自的优势结合在一起,实现联动,从而形成一个更为强大和完善的安防系统。系统联动功能主要由串口方式实现,串口通信采用起止式异步协议,在短距离内可以及时响应联动,且方便以后扩展其他联动系统。在 Windows 环境下,对串口的操作通过操作系统提供的设备驱动程序来实现。联动系统中报警发送端与 FBG 入侵监测系统协同工作,在软件启动后,启动一个辅助线程用于串口事件的读写,在完成 RS-232 串口的初始化后,开始尝试与监听端连接。在与监听端建立连接后,用 SetTimer 启动定时器不断写入报警判断信息,保持与监听端的通信连接,当连接丢失时,提示联动中断。视频监听端与视频监控系统协同工作,同样启动辅助线程,初始化串口,在建立与报警端的连接后,用定时器不断读取来自串口的数据,当连接丢失时,提示联动中断[202]。

如图 5-22 所示,当入侵发生时,联动软件读取来自光纤围栏监测系统发出的报警信息,报警灯亮起,并通过串口向视频监控端写入报警数据,视频监控端读取到报警信息后经过简单的信息处理得到入侵发生地理位置,根据现场需要,系统可与视频设备、各种音响、声光报警装置等实现联动,联动相应位置视频摄像头,追踪入侵对象,将入侵所在地的图像信息放大显示,同时开始保存图像信息。

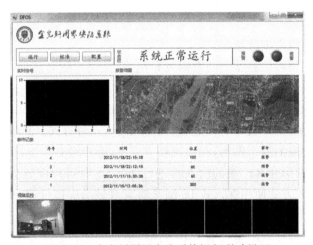

图 5-22　全光纤周界安防系统视频联动界面

5.4.3　光纤传感网远程信息系统

光纤传感网通过信息的发布实现数据的 Internet 连接,以及网络的远程控制,同时通过用户安全性能维护系统的安全性。

1. 信息发布

　　在实现了光纤传感网传感端的解调之后，需要进行下一步的数据处理，将虚拟仪器 LabVIEW 中解调出来的数据进行采样，并存储于服务器，之后采用 B/S 架构将服务器上的数据进行互联网信息服务（Internet information services，IIS）发布，实现用户通过浏览器随时随地读取数据，如图 5-23 所示。

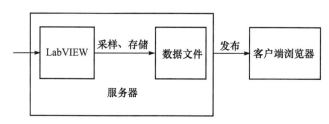

图 5-23　光纤传感系统的数据处理

　　将 LabVIEW 数据采样并存储到数据库是目前进行 Web 发布最有效的方法，而 SQL Server 数据库为 LabVIEW 和 Web 发布提供了一个很好的连接桥梁。在 LabVIEW 中，只需要将数值采样，再通过调用将数据存储至 SQL Server 中的 dll 文件就可以实现将 LabVIEW 中的数据存储至数据库的功能。在前端，可以调用数据库中的数据，利用 Web 技术对采样后的数据进行重组，恢复出 LabVIEW 中的数据并呈现在用户浏览器端。

　　数据发布就是将服务器上的数据发布出去，使用户随时随地在客户端看到系统传感层的数据。基于 LabVIEW 的数据发布有两种形式：一是通过对 LabVIEW 软件的配置，直接在 LabVIEW 中发布；二是基于 B/S 架构发布。

　　LabVIEW 的 Web 发布有快照、监视器和嵌入三种方式。其中，快照方式获取的是前面板上生成的静态图形；在监视器方式下，客户端必须也打开 LabVIEW 程序，服务器中的图形在客户端的前面板进行显示，此时可以配置为每 N 秒钟自动刷新一次；而嵌入方式使用嵌入式 IE 浏览器实时显示虚拟仪器（VI），并允许用户控制此 VI，它是使用客户端的浏览器显示的。

　　采用虚拟仪器技术组建的基于 B/S 网络模型的远程数据发布可以通过远程面板技术实现，其实现原理是：服务器把根据测试需要编制好的虚拟仪器应用程序的前面板发布到 Web 页面上，客户端的用户便可以通过浏览器对服务器端的远程面板进行监控。远程面板技术具有以下十分突出的优点：远程面板配置容易，能够跨平台，无需 ActiveX 控件、Java Applet 或者 CGI 脚本，而且可以多同步连接监控；

控制是动态的,客户端在浏览器中看到的监测画面同服务器完全一致;完全服务器端管理等。远程面板技术是借助 LabVIEW 内置的 Web Server 技术实现的。服务器端利用 LabVIEW Publishing Tool 把虚拟仪器应用程序的前面板嵌入 Web 页面中,并借助 LabVIEW Web Server 提供的虚拟仪器 Web 服务,只要将服务器端的应用程序载入内存,客户端便可以通过浏览器对远程的虚拟仪器应用程序进行监控。但在同一时刻,只有一个用户具有控制权限,其余用户只能对远程面板进行监测。客户端控制的权限可以通过远程面板的 Request/ReleaseCon-trol VI 获得或释放,服务器端拥有绝对的控制权限[203]。

2. 远程访问

光纤传感网用户是通过数据库应用程序与数据库管理系统(DBMS)通信实现对数据库的访问。数据应用是一个允许用户输入、修改、删除并报告数据库中数据的计算机程序。实际上要求数据库应用程序能够实现对数据库的远程管理,技术人员远隔千里也能通过浏览和查询数据库及时、准确地了解现场情况,从而作出准确的判断。

远程客户端是基于远程访问技术,利用 Windows 套接字管理到应用程序服务器的连接。在客户端程序中,通过服务器的计算机名或 IP 地址来访问服务器端,服务器端是与数据库相连的,进而可以访问远程数据库。通过数据库查询技术访问远程数据库,然后对数据库中的存储数据进行动态显示和调用。

1) 传统的客户端/服务器模式

C/S 结构,即 Client/Server 结构或客户端/服务器结构,是软件系统体系结构,通过它可以充分利用两端硬件环境的优势,将任务合理分配到 Client 端和 Server 端来实现,降低了系统的通信开销。目前大多数应用软件系统都是 C/S 形式的两层结构,由于现在的软件应用系统正在向分布式的 Web 应用发展,Web 和 C/S 应用都可以进行同样的业务处理,应用不同的模块共享逻辑组件。因此,内部和外部的用户都可以访问新的和现有的应用系统,通过现有应用系统中的逻辑可以扩展出新的应用系统,这也正是目前应用系统的发展方向。

在传统的两层 C/S 模式下的数据库应用中,其数据库和数据库管理软件驻留在一个专用的服务器机器上,而数据库使用者则通过工作站上的客户端来访问数据库。客户端除了要实现用户输入接口,还要兼具传送数据与处理逻辑功能,当客户端要访问特定的数据库服务器时,还需要安装特殊的数据库驱动程序,并对客户端进行相应的设置。

在局域网(local area network,LAN)中用户规模比较小、传输距离比较短的情况下,传统的 C/S 模式还能满足这些要求,但是在 Internet 下的数据库应用如果仍采用 C/S 模式,就会出现许多问题。首先,由于用户所使用的操作系统的多样性,必须为每种操作系统提供相应版本的客户端程序和数据库驱动程序;其次,如果监测逻辑发生变化,或者增加新的处理功能等,将会导致客户端程序的更改,从而要求用户在客户端重新安装。这些因素不仅导致数据库应用的开发周期的延长和开发成本的急剧上升,而且需对客户端进行管理和维护,这在小规模的 LAN 中尚能实现,但在 Internet 是不可能的。

2) 网络三层结构模式

浏览器/服务器(Browser/Server,B/S)模式结构,是 Web 兴起后的一种网络结构模式,Web 浏览器是客户端最主要的应用软件。这种模式统一了客户端,将系统功能实现的核心部分集中到服务器上。

目前,在 Internet 上实现的 Web 应用具有统一的用户界面(浏览器)、客户端无需开发任何应用程序,这已经成为现在数据库系统应用程序开发的一个方向。基于 Internet 的 Web 数据库系统应用是以客户端浏览器/Web 服务器/数据库服务器(Browser/Web Server/Database Server,B/W/D)三层形式出现的。使用 Java 语言开发并应用于 Internet 的 B/W/D 三层结构的数据库中,第一层为客户端(客户层),使用通用的 Internet 浏览器,嵌入在 HTML 文档的 Java 语言程序通过 Web 服务器与数据库进行数据交换。第二层采用运行 Jave 语言服务程序的 Web 服务器(中间层)。该层支持服务器应用程序服务器访问数据库,并将获得的数据结果以 HTML 页面返回客户层;由于三层数据库体系结构建立在 Internet Web 处理模式上,所以中间层应用程序服务器常被视为 Web 服务器的一种功能扩展。另外,在该层还可以根据应用程序处理数据库的功能和 Java 程序运行机制划分为多个独立的逻辑层,以独立实现不同的数据库数据应用的逻辑功能。第三层是后端数据库服务器(数据层),在该层驻留了需要保存的数据库数据和数据库操作系统。在三层结构数据库体系应用中,数据库具有较高的物理和逻辑的独立性,从而使数据库获得了良好的性能,通过中间层安全控制,使数据库得到更好的安全保证。另外,它为数据库系统应用程序的开发者提供了方便,降低了应用程序编写的复杂性。

在 B/S 结构下,用户界面完全通过 WWW 浏览器实现,用户通过浏览器向 Web 服务器发送 HTTP 请求,Web 服务器接收客户端发送来的 HTTP 请求,并对请求进行分析,如果请求的是静态页面,则将所请求的页面发送到客户端;如果请求的是动态页面,则执行此动态页面,并将执行结果返回客户端。动态页面的脚本程序可以和数据库服务器进行交互,Web 服务器可以根据用户提供最新消息,而不需要逐个更改页面,用户可以通过这些动态页面向数据库中输入信息,从而增强了用户和服务器的交互性。

当前的许多 Web 应用都需要复杂的表现和逻辑处理。采用三层体系结构,把数据的生成和数据的表现两部分集成在动态页面中,会使动态页面变得非常庞大,而且应用的表现和逻辑处理混合在一块,给 Web 应用系统的开发和维护带来了许多困难。针对此问题,扩展 B/S 结构,形成浏览器/Web 应用服务器/Web 应用程序/数据库服务器的多层体系结构,这事实上是对三层结构进行了进一步的扩充,将应用的逻辑处理和应用的表现相分离。其中,Web 应用服务器(动态页面所在层)主要负责应用的表现,应用程序主要负责应用的逻辑处理。在此体制结构下,用户通过浏览器向服务器发送 HTTP 请求,Web 服务器接收客户端发来的 HTTP 请求,对请求进行分析转换并调用相应的 Web 应用程序。Web 应用程序可与数据库交互,将逻辑处理结果返回 Web 服务器,Web 服务器再将结果以 HTML、XML 的形式发送给客户端浏览器。B/S 结构实际是传统 C/S 结构的发展[204]。

对以上两种结构模式进行分析可知,采用网络三层结构模式的数据库远程信息系统可充分利用 Internet 的优势,在客户端只需安装浏览器软件,服务器端只需安装 Web 服务器软件。总体来说,三层 B/S 模式提供了一个跨平台、简单一致的浏览环境,与传统的两层 C/S 模式相比,具有以下优点:一是系统开发环境与应用环境相分离,并且开发完善过程可与应用过程相对独立地异步进行,便于系统的管理和升级;二是应用环境为标准通用的浏览器,即浏览器作为公共一致的图形用户界面(graphical user interface,GUI)环境,简化了传统系统中较为复杂的 GUI 开发,实现了跨平台应用,大大降低了对用户的培训、安装、维护等费用;三是大大降低了对网络带宽的要求,由于采用 B/S 结构,用户端只是进行数据的呈现和录入,业务逻辑完全在服务器端实现,从而大幅度降低了网络负担。

常用的 Web 服务器端的开发语言有 ASP、PHP 和 JSP 等,但 Java 语言与平台无关的特性以及 Java 语言程序具有强大网络功能,使得基于 Java 语言的 Java 服务器页面(Java Server Pages,JSP)技术已成为网络三层结构数据库系统应用程序开发使用最多的技术[205]。

3. 信息安全

1) 数据库安全

数据库安全性是指保护数据库以防止不合法使用,避免数据泄露、非法更改和破坏。光纤传感系统大量数据集中存放于数据库服务器中,并为多个用户直接共享,安全性问题更为突出。提高数据库安全性措施主要包括用户验证和存取权限控制等两个方面。用户标识和验证是系统提供的最外层安全保护措施,其方法是由系统提供一定的方式使用户标识自己的名字或身份,只有通过系统鉴定后的合法用户才可进入下一步的核实,否则不能使用系统。用户验证采用 SQL Server 和 Windows 混合验证模式。存取权限控制是指数据库系统内部对已经进入系统内部用户的访问控制。可将系统的用户分为三个不同级别,构成不同的组,即系统管理组、数据操作组、访客组,用户分别隶属于相应的组,属于同一组的用户拥有该组的所有权限。只有管理员具有用户管理权限,可以在系统内部新建、删除用户以及修改用户权限。创建用户的具体实现方法是:在用户表中增加用户,同时创建和用户名同名的数据库登录,然后为该登录分配固定服务器角色,授予数据库访问权限,再设定相应的数据库角色,数据库角色功能非常强大,可以精确地控制角色下用户对各个表、存储过程的访问权限。另外,因为用户表和权限分配表存储了重要的信息,需要限制非管理员级别用户访问。这样就可以实现 SQL Server 和系统软件的双重验证:一方面,用户的权限在软件内部做了限制,不同级别的用户具有不同的软件界面,防止越权操作;另一方面,用户在 SQL Server 上也只具有被授予的权限,保证了数据库的安全性。图 5-24 为全光纤周界安防系统中用户安全的登录界面。

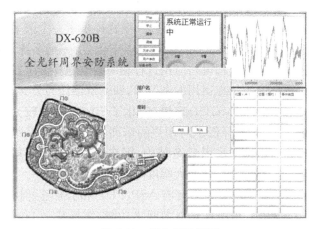

图 5-24　用户登录界面

2) 数据备份

完全备份、增量备份以及差分备份是目前较成熟且应用广泛的三种数据备份策略。

完全备份策略将系统所有数据周期性复制,每一份复制都包括复制时系统所有的数据集合。在系统运行出现故障、需要进行数据恢复时,用最近的数据复制还原系统就可以使系统恢复到复制时的数据状态。虽然这样的数据备份策略实施起来简便易行,但也有着诸多不能克服的缺陷。例如,系统中的大量数据都是较稳定的,在周期性地复制系统所有数据时,某些稳定的数据会在多次复制中存在重复的副本,占用大量的存储空间;在周期时间选择时,如果周期过长,会导致系统恢复时丢失的数据过多,如果周期过短,大量数据的多次重复备份会增加系统的存储成本,造成存储空间的浪费,同时执行复制时间消耗太大,不利于系统运行,两个方面不易平衡。

　　增量备份策略在初次执行时,复制系统所有数据,完成一次完全备份。以后每次执行,只复制上次备份以来变化过的所有数据。增量备份比较迅速,占用的存储资源非常少,但是,在进行数据恢复时需要之前所有的备份数据,恢复速度非常慢,任何一份备份数据的丢失都将导致数据无法恢复。同时,增量备份所复制的数据量会越来越大,数据恢复所消耗的时间也会不断增加。

　　差分备份将完全备份与增量备份相结合,使两者互补,在节约存储空间、减少数据丢失概率以及加快设备执行效率等方面都体现出了优良的性能。执行差分备份策略时,仍然周期性地复制系统所有数据,这时所选周期较长。在每个周期内,再进行时间片的划分,每隔更小的周期进行一次增量备份。差分备份比完全备份占用的存储空间资源小、速度快,同时也比增量备份数据恢复快,是一种比较理想的备份策略。

　　3）服务器备份

　　服务器备份是指为了分散客户端访问负载、保障服务器的运行安全、提供持续不间断服务所采用的服务器运行状态以及系统数据备份的策略。目前较为成熟的备份方法主要有以下三种:一是双机热备,即两台服务器同时运行,一台为另一台的备份。从经济成本考虑,备用服务器运行时间较短,且只做应急处理,因此性能要求较低。二是双机互备,即两台服务器同时运行,但提供不同的应用服务,互相备份。三是双机双工,即两台服务器执行相同的应用服务,实现系统的负载均衡,且相互备份。

　　在双机热备份方法中,主服务器与备份服务器工作模式为 Active/Standby。Active 服务器在正常情况下处于工作状态,访问数据存储空间,处理客户端请求。而 Standby 服务器作为备用服务器,正常情况下不处理客户端请求,它通过"心跳"的方式,每隔一个时间间隔与主服务器进行一次通信,获取主服务器当前的运行状况,并主动维持与主服务器的内存数据一致性。当主服务器在运行时由于某些异常或者是故障停止工作,备用服务器通过心跳信息可获取服务器的运行状态,并进入 Active 状态,开始对客户提供服务,接替主服务器,这种切换对客户端透明,客户则认为服务从未间断。从经济成本考虑,备用服务器运行时间较短,且只做应急处理,因此性能要求较低。

　　在双机互备方法中,两台服务器的工作模式是 Active/Active。两台服务器同时运行,但是提供不同的应用服务,并且互相保存对方的运行状态以及数据,互为备份。在运行中,某台服务器因系统异常不能继续提供服务时,另一台服务器代替它,同时向外提供所有的服务。这种备份方式中,由于两台服务器要长时间对外提供服务,性能要求较高。

　　在双机双工方法中,不仅实现了服务器的备份,也实现了系统访问负载的分散,有利于提高系统的整体效率,是较为优秀的备份方法。客户端的服务请求被前端均衡器分配给两台服务器,当某台服务器宕机后,前端负载均衡器则会调整请求的定向,不再将请求分配给该服务器。但是这种服务器备份方式需要数据库软件的支持,利用磁盘柜存储技术,实现起来比较复杂。

第 6 章　光纤智能传感网

近年来,传感器的智能化发展趋势也引起研究人员越来越多的兴趣和重视。对于加载大规模传感器的光纤传感网,如何使被测区域内传感器的分布更加合理以全面高效地反映被测信息;如何使传感器间彼此协同工作实现测量效率的最大化,并建立控制中枢对传感网内的传感器进行实时监控和管理;当传感网中发生故障时系统如何进行故障的定位和诊断并修复故障处从而不影响传感器的工作,对于整个传感网的安全性和在恶劣环境下工作的光纤传感器都十分重要,以上这些问题将决定传感网的智能化水平。

6.1　具有自诊断功能的三角对称式光纤传感网

在网络的入射端注入监控光的同时在传感网的信号接收端设有多个功率探测装置,该系统能够通过分析判断传感网内探测器阵列所接收到的光强变化量而推导出传感网内的故障点位置,这是其自诊断的理论依据[206]。由于网络中的每一段光纤对于接收端探测器的功率贡献值都是唯一的,所以当传感网中某一段光纤或传感器损坏导致控制信号无法继续向下传输到达对应探测器时,通过计算相应各探测器所损失的功率值即可反推出传感网中的故障点。与此同时,各光纤传感器可以利用波分复用器在传感网中正常工作。下面将从该传感网结构的工作原理、拓扑结构鲁棒性、故障定位识别算法、加载传感器以后的控制及运行状况,以及相应的实验验证等方面对该系统进行详细说明。

6.1.1　三角对称式光纤传感网的系统构成

如图 6-1 所示,由信号发射端(TX)注入功率为 I、波长为 λ_w 的系统故障监控信号,图中圆形结构代表 3dB 光纤分路器或耦合器,箭头表示光信号在传感网结构内传输的方向,最终所有由 TX 入射的该传感网监控光都将传输至传感网最下面一层的信号接收端,由图中椭圆形的图标代表。如图 6-1 所示,三角形传感网结构共由七阶光纤结构组成($n_f=7$),接收端由八个探测器负责探测功率($n_p=8$),系统中的耦合器或分路器都采用分光比为 50:50 的低损耗器件。在理想情况下,探测器所接收到的功率值和等于入射端的光功率,即 $I_1+I_2+I_3+I_4+I_5+I_6+I_7+I_8=I$。下面详细介绍传感网内各段光纤对于探测器端的功率贡献具有唯一性的原因。为了使描述更加清晰,为传感网中每一段光纤进行编号,如图 6-1 所示的一个七层传感网结构,将第一层的两段光纤分别编号为 f_{11}、f_{12}。依此类推,第 n 层第 4 段光纤(从左向右)可以表示为 f_{n4}。网络的自诊断就是依据任意段光纤作为故障点在发生故障时与探测器阵列光强变化量的一一对应关系而作出的。

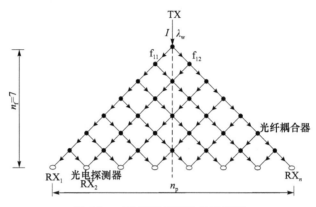

图 6-1　三角形传感网结构示意图

6.1.2　自诊断的理论基础

以图 6-2 中 f_{32} 段光纤为例,可以推断出,入射光 λ_w 经过两段传感光纤及三个光纤耦合器后传输至光纤 f_{32},经过光纤 f_{32} 的入射光继续向下传输覆盖如图中所示的深色区域,并流入该区域内的各光电探测器,即 $I_{32} \rightarrow R_2 \& R_3 \& R_4 \& R_5 \& R_6$($I_{32}$ 表示流经 f_{32} 段光纤的入射光的光功率总值)。也就是说,如果传感网中只有 f_{32} 这段光纤损坏导致这一支路的光信号无法通过其继续向下传输,则 R_2 至 R_6 的探测器将损失通过该段光纤到达探测器的部分光功率。传感网内的耦合器分光比统一

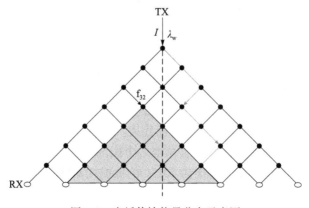

图 6-2　光纤传输能量分布示意图

采用 50∶50,这样做可以使光功率的分布更加平均且有规律,也利于计算各段光纤的功率贡献值。对于七层的传感网结构,入射光无论选择哪一支路向下传输都要七次经过 3dB 耦合器才能进入探测器(图 6-2 中带箭头的线路代表入射光进入传感网后的其中一条线路),任意一条线路最终到达探测器时功率只剩下 $1/2^7 \times I$。经过观察发现,R_1 及 R_8 探测器只能分别接收沿三角形传感网两个边传输下来的入射光,同时有相对较多的入射光支路会最终到达中间的探测器,其结果是探测器由两边到中间能量分布依次增多。

以光纤 f_{32} 为例,根据入射光传播方向及 3dB 耦合器性质,入射光经过该段光纤后最终将流向探测器 $R_2 \sim R_6$,而最终光功率在各探测器中的分布包括如图 6-3 所示的四种情况:在图 6-3(a)中,从光信号入射端传输至图中的黑色探测器,共有 $C_4^1(C_{3+1}^1)$ 条线路;同理在图 6-3(b)中,有 C_4^2 条线路;在图 6-3(c)中,有 C_4^3 种线路;而在图 6-3(d)中,两条边的传输线路是唯一的,即 C_4^0 或 C_4^4。综合以上几种情况,经由光纤 f_{32} 最终进入 $R_2 \sim R_6$ 的系数(线路数)依次为 C_4^0、C_4^1、C_4^2、C_4^3、C_4^4,入射光经历三个 3dB 耦合器到达光纤 f_{32},光强为 $I/2^3(I/8)$,该光强以 C_4^0、C_4^1、C_4^2、C_4^3、C_4^4 位系数分布在 $R_2 \sim R_6$ 这五个探测器中:

$$(C_4^0 + C_4^1 + C_4^2 + C_4^3 + C_4^4) \times \frac{I}{2^7} = \frac{I}{2^3} \tag{6-1}$$

R_2 探测器接收到的流经光纤 f_{32} 的功率可表示为

$$\frac{C_4^0}{C_4^0 + C_4^1 + C_4^2 + C_4^3 + C_4^4} \times \frac{I}{2^3} = I_{R2} \tag{6-2}$$

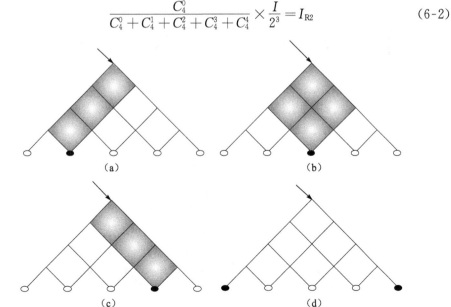

图 6-3　入射光经过光纤 f_{32} 至探测器光路示意图

或将 C_4^0、C_4^1、C_4^2、C_4^3、C_4^3 分别乘以 $I/2^7$ 所得即光纤 f_{32} 对各探测器的功率贡献（采用此种计算方法因为光纤 f_{32} 为单一路径光信号，即入射光传输至此只有一条路径，如图 6-4 所示结构中的外层光纤段均为单一路径。而在计算光纤 f_{33} 的探测器功率分布时不可简单照搬此法，因其为非单一路径光纤，如光纤 f_{33} 中的信号光是由光纤 f_{22} 及 f_{23} 共同决定的）。综上所述，可以对传感网中任意单一路径光纤计算出其光功率分布。但是还有一些光纤无法按照式(6-1)的方式计算功率分布，而是需要先将流经该段光纤的总功率计算出来（如式(6-2)中，流经光纤 f_{32} 的总功率为 $I/8$，再乘以计算出来的各探测器接收光功率的系数占比得出最终值）。对于光纤 f_{33} 的探测器光功率分布即需要按式(6-2)进行计算，这就涉及如何计算传感网中的非单一路径光纤。以图 6-5 中的光纤 f_{67} 为例进行说明。

观察图 6-5 可知，光纤 f_{67} 与 f_{32} 不同，其流经光功率是由其上两段光纤 f_{56} 与 f_{57} 通过 3dB 耦合器之后形成的。而光纤 f_{56} 与 f_{57} 也非单一路径光纤，要计算两者的流

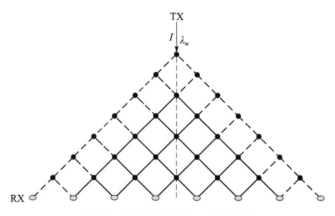

图 6-4　外层区域为单一路径光纤

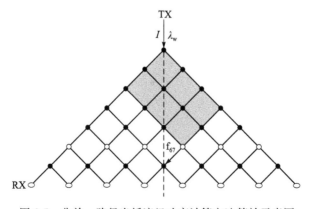

图 6-5　非单一路径光纤流经功率计算方法等效示意图

经光功率也需要层层推导和计算，而我们需要的是具有普遍性且简单易行的计算方法。在图 6-5 中，将流经光纤 f_{67} 最近的耦合器及其同层的其他耦合器视为探测器，对于入射光强为 I 的五层传感网，基础光为 $I/2^5$，计算 R_4（及上述耦合器）所接收到的总光强系数为 C_5^2，$I_{R4}=C_5^2\times I/2^5$，则经过 3dB 耦合器进入光纤 f_{67} 的光强则为 $I_{f67}=C_5^2\times I/2^5\times 1/2$。得到光纤 f_{67} 流经光强后，便可根据式(6-2)所示乘以相应系数得出具体各探测器的功率值分布，其结果为 $I_{R4}=I_{f67}\times 1/2=I_{R5}$。依照上述方法，可以对传感网内的任意一段非单一路径光纤进行功率分布值的计算，且计算方法简单。需要说明的是，因为该拓扑结构具有轴对称性质，关于轴对称的光纤对其探测器的功率分布值也关于轴对称，例如，$I_{f11}=(a,b,c,d,e,f,g,h)$，则其关于轴对称的光纤 $I_{f12}=(h,g,f,e,d,c,b,a)$，如此可以节省一半的计算量，尤其是涉及层数较多的传感网时。通过以上讨论，可以使用简单的算法对传感网内任意光纤段进行功率分布计算，即使传感网层数很多，也不会影响计算的精确度和效率。

对于该传感网结构，通过探测器的功率值变化来定位传感网内的故障点位置，若能够通过少量的探测器对全网做出监测和诊断，将会是十分高效率的，下面重点讨论传感网内各段光纤对于功率贡献值的唯一性。

以图 6-6(a)所示的七层传感网结构为例，光纤 f_{11} 及 f_{12} 光功率分布所对应的探

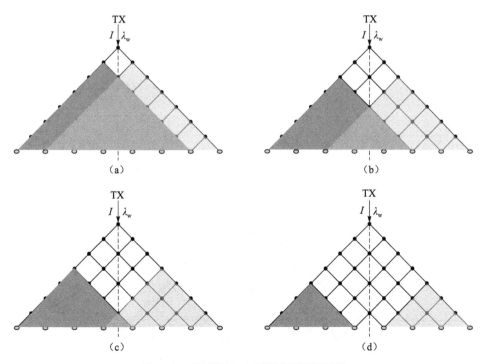

图 6-6　不同层级的光纤覆盖探测器数量

测器为总计八个探测器中的七个（根据上述讨论，两段光纤的功率分布值也呈现轴对称性质）。在图 6-6(b)～(d)中，可以明显观察到由于光纤所处的层级不同导致流经光纤的光强最终进入不同数量的探测器当中，也就是说，不同层级的光纤对应不同数量的探测器，这样仅仅从对应探测器的数量上就可以区别不同层级上的光纤，并且随着层级的下降对应探测器的数量也在减少。这说明不同层级上的光纤之间在探测器的功率分布是不同的。对于同一层级上的光纤，如图 6-7 中光纤对 f_{42} 和 f_{43}，根据之前讨论提供的计算方法，$I_{f43} > I_{f42}$，虽然两者对应的探测器相同、分布系数也相同，但是对应探测器所接收到的分别通过两段光纤的功率是不同的，系统自然就能够分辨出是哪段光纤的故障。通过之前的分析可以看出，入射光在进入传感网以后像血液在人体中流动并流经每一处血管。整个入射光强在传感网内的分布如图 6-8 所示，其中，中心对称轴处入射光强分布最为集中，由上至下、由中轴至两侧呈递减趋势，两边为各层光纤中流经光强最弱处，这说明在同层光纤中结构因素将导致入射光传输的路径不同，功率分布不均，因而不应存在相邻两段光纤的探测器功率分布完全相同的情况。

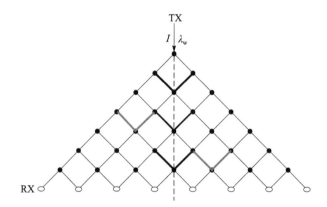

图 6-7　同层进入同一耦合器的光纤对应相同的探测器示意图

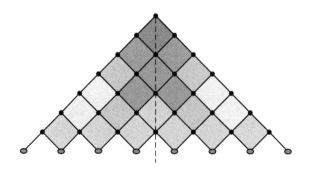

图 6-8　入射光强流经传感网的能量分布图

　　然而,由于传感网结构同时也呈现出对称性,当 3dB 耦合器和中心对称轴完全重合时,该耦合器入射端的两根光纤在探测器端对应完全相同的探测器,且各自的分布系统完全相同,如图 6-7 中心三对光纤(粗线)所示。它们存在于偶数层上,七层传感网中有存在三对具备这种性质的光纤。对于这样的光纤对,通过识别探测器功率变化值不能第一时间检测出故障光纤,只能确定是哪对光纤,这样当发生故障时,会将故障点锁定在相关的双光纤传感器上,具体是哪根光纤的问题可以由传感器的解调模块继续甄别。或者,不使用传感网内的这几对探测器难以区别的光纤,不加载任何传感器也就不需要对故障点作出精确判断,对于大容量的全光纤传感网闲置几段光纤也是可以接受的。至此,讨论了传感网中除极少数几对光纤的大多数光纤对于探测器的光强分布的唯一性,从理论上证明了通过探测器接收到的功率变化即可反推出系统故障点是可行的。下面讨论该传感网在发生一处、二处或多处故障时的运行状态及故障点对其他传感器的影响。

6.1.3　故障点对自诊断的影响

　　图 6-9 所示拓扑结构具有对称性质,两边长相等。不考虑实际存在的各种损耗,在理论上每一层光纤流经光强之和等于入射光强 I,如图 6-10 所示,有式(6-3)成立:

$$I_{f11} + I_{f12} = I_{f21} + I_{f22} + I_{f23} + I_{f24} = I_{f31} + I_{f32} + I_{f33} + I_{f34} + I_{f35} + I_{f36} = I$$

$$(6\text{-}3)$$

　　如图 6-9 中光纤 f_{44} 断裂,导致在其光路上游的光纤在相应探测器的光强功率减少,及其光路下方的光纤流经的光功率减少,这些光纤所对应的探测器包含或存在于 $R_3 \sim R_6$ 之中。故障发生后,各探测器通过接收到的功率变化可迅速定位故障点。与此同时,上述提到的受到影响的光纤的强度分布会减小,并根据传感网的大

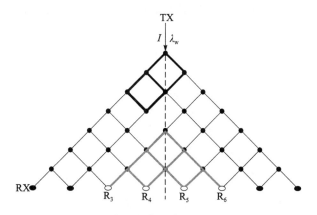

图 6-9　单一故障对其他光纤的影响

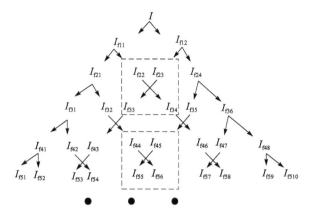

图 6-10　该拓扑结构下入射光强分布及传输走势图

小及故障点的位置而有所不同,图中灰色的光纤其最终流入的探测器包含
$R_3 \sim R_6$,其功率减少值为光纤 f_{44} 断裂而损失的功率值,虽然功率减少但是因其覆盖的探测器数量及同层光纤间的关系并未发生变化,仍能保持原有性质。传感网中有极少数几对在中心对称轴附近的光纤如 f_{22} 及 f_{23} 都流经光纤 f_{44},且两者损失相同,探测器端无法区别两者,只能作出两者之一出现故障的判断。对于故障光纤下行方向的受影响光纤,也减少了流经这些光纤的光强。

　　故障层下层的光纤,故障前若所属探测器相同则故障发生后仍然相同,在功率上由于少了一路光强导致原来的强弱分布发生变化,但并不影响原有的功率分布的唯一性,其余的强度分布不受影响的光纤在故障发生后也仍然会保持其探测器功率分布的唯一性。也就是说,在传感网发生单一故障后,各段光纤的功率分布特性并无变化,在探测器端只需将程序切换至相应故障状态下的控制程序,即可保持对整个传感网的持续监控。若继续发生故障,则控制系统仍能够对故障进行定位。在图 6-9 的故障基础上再发生一处断裂情况如图 6-11 所示,不同层上的光纤在故

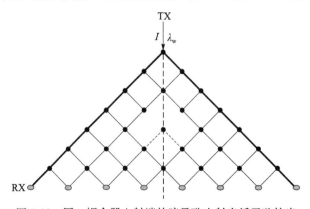

图 6-11　同一耦合器入射端故障导致出射光纤无监控光

障发生后有可能对应的探测器由不同变成相同,如光纤 f_{32}、f_{33} 与 f_{43} 对应探测器 $R_2 \sim R_5$,但是流经这三段光纤至探测器的各自功率值是不同的。所以,无论传感网内发生多少处光纤断裂致使原有光纤对应的探测器出现改变,不同层级上的光纤在探测器功率贡献上仍然具有唯一性。若传感网的两个边中有光纤断裂,则沿这两个边故障点向下的所有光纤将失去监控光,也就是说,若光纤 f_{11} 断裂,则沿此边长向下的光纤及相关耦合器另一出射端连接的光纤便无监测光通过,若此时上述光纤再次发生故障,系统将无法判断。对应的措施是系统在第一次检出两个边长上的故障时便及时修复,否则对于单一路径光纤便无法作出识别和定位。

同层的光纤也不会因为一处故障或多处故障的发生致使原本探测器功率分布系数等发生改变,即故障前和故障后除了极少数几对光纤,探测器仍能对剩余的光纤保持功率识别上的唯一性。若多处故障(图 6-11)发生在同一耦合器的入射端,则会导致光纤 f_{55} 与 f_{56} 完全丢失入射光(监控光),在这种情况下系统无法识别出 f_{55} 与 f_{56} 两段光纤上的运行情况。如前文所述,光纤 f_{44} 与 f_{45} 在只有其一受损的情况下,识别系统是无法作出准确定位的,那么当两者同时断裂的情况发生时,由于该行为具有唯一性,系统可以准确判断出此时故障点的位置。

以七层传感网结构为例,在表 6-1 中列举出典型单一故障光纤与探测器及功率分布系数对照关系,智能处理器能够根据探测到的功率差值反推出故障点的位置。另外,在表 6-1 中也可以看出,不同层的光纤对应不同数量的探测器,而同层光纤之间虽然分布系数计算方法相同,但也存在探测器和基础功率值不同等情况,只有偶数层中间的一对光纤无法具体区分。

表 6-1　故障光纤与探测器及功率分布系数对照表

光纤探测器	R_1	R_2	R_3	R_4	R_5	R_6	R_7	R_8
f_{11}	C_6^0	C_6^1	C_6^2	C_6^3	C_6^4	C_6^5	C_6^6	—
f_{12}	—	C_6^0	C_6^1	C_6^2	C_6^3	C_6^4	C_6^5	C_6^6
f_{32}		C_4^0	C_4^1	C_4^2	C_4^3	C_4^4		
f_{33}								
f_{65}			C_1^0	C_1^1	—			
f_{66}			—	C_1^0	C_1^1			
f_{73}			C_0^0	—				
f_{78}				—	C_0^0			

在系统的自诊断过程中,控制器将实时监控各探测器接收到的光强变化,并将各部分监测数据组合在一起与实测并验证过的探测器功率分布值相匹配,当检测到的功率变化与预先测量过的实际值相吻合时,即可得到相应的故障点位置,由控制中心自动作出诊断。对于单一故障点,将实时检测值与内存中的预存值进行自

动扫描匹配就可得出问题光纤。而当传感网中有两处故障同时发生时,情况要复杂得多,根据两处故障点间是否存在光信号强度贡献而将其分为两类:第一种情况,若两者间不存在共同流经的光信号,如 f_{32} 与 f_{12} 光纤对,则探测器检测出的信号强度差值是两者之和如表 6-1 所示,由于结构特点,该值具有唯一性,可据此推出故障点位置;当两者间存在共同流经光信号时,如图 6-2 中的光纤 f_{32} 与 f_{44},光纤 f_{44} 中有部分光信号来自光纤 f_{32},且它们所对应的探测器存在被包含的关系。当这两段光纤同时断开时,探测器检测到的功率降低来自光纤 f_{32} 和 f_{44} 中由光纤 f_{33} 所提供的一部分光强之和,此时功率降低因素构成较为复杂,数据处理系统需结合大量数据分析判断能够反推出故障点位置,但较单一故障时过程要复杂得多。

6.1.4　依据概率分析优化网络的使用

理论上,监控光从入射端进入传感网后遍历整个拓扑结构,最终汇入接收端的光电探测器,并使传感网中各光纤段对于接收端的探测器有功率贡献上的唯一性,这是系统进行故障诊断定位的理论基础。在使用该传感网时,可以充分利用上述特点以较为简单的结构和计算方法以及很小的成本去监控整个传感网的运行状态,为在其中工作的光纤传感器提供数据支持(大容量的光纤传感网需要实时反馈运行状态)。加载光纤传感器的方法要根据具体传感器的类型,通常可以利用 WDM 对信号进行引入和导出。

对于全光纤传感网结构,人们希望其控制系统在发生多处故障时仍能保持对传感网运行状态的获取和控制,即使各段光纤时刻处于系统监控之中(根据实际需要也可增添相关功能模块以冗余光纤或传感器替代已发生故障的传感器继续工作)。若故障的发生导致传感网中没有受损的光纤也失去了监控光,则视为系统对于部分传感网控制权的丢失。显然,传感网的设计和应用要避免上述情况的发生。另外,在实际的应用环境下各段光纤或传感器面临的风险及环境因素也不相同,下面将从统一的以及有差异的传感光纤失效概率两个角度描述传感网的生存能力。另外,根据传感网拓扑结构的特征,本节定义的内层及外层传感网也显示出不同的鲁棒性特点,后文将会重点讨论。

对于 n_f 层的拓扑结构,其中共有 $n_f^2 + n_f$ 段光纤,如果搭建十层的三角形传感网将可最多加载数量为 110 个传感器。和传感网层数无关,当故障发生于拓扑结构的两个边上时,如前所述,则会导致相应的光纤失去监控。为了避免出现此种情况,可以将两侧的光纤置于安全区域且不加载传感器(即理论上认为不会发生故障的区域),用其余内层的光纤作为传感光纤,根据前文分析结果,单一故障且发生在内层光纤可以被准确识别和定位,且对二次故障的识别发现和定位不造成影响。当然,对于整体故障率极低、传感网规模很大的传感网,要充分利用传感网资源,即使出现了偶发的故障,系统工作人员也可立即发现并修复。而对于故障率相对较高的传感网,其两边结构上的故障会造成比较大面积光纤的失控,虽然故障可以被识别和发现,但是当传感网的管理者无法及时对失控光纤修复时,受影响的光纤上的传感工作状态便无法获取,所以使用内层传感网区域作为传感光纤来规避上述风险。

即使是本节所描述的内层光纤,数量也有 $n_{\mathrm{f}}^2 - n_{\mathrm{f}}$ 之多,且内层结构中去除了两边结构中单一路径光纤发生故障的影响,却不妨碍传感网入射光结构及程序设计的探测器功率分布识别的功能。对于内层传感网,发生单一故障不影响其他光纤点的故障定位和识别;若发生的故障总数大于1,则如 6.1.3 节分析所指,根据不同的故障点位置组合,受到影响并导致传感网再次发生故障时系统无法准确识别的故障点光纤数量小于或等于故障光纤的总数(不能准确识别是指受影响光纤已经没有监控光通过,系统无法掌握其运行状况)。

外层传感网是相对内层传感网而命名的,表示整个网络结构投入使用,如前文分析可知,虽然当外层两个边长上的光纤发生故障时会导致很多相关光纤失去控制,但仍可以将故障率极低的传感器或传感光纤加载在外层传感网的两个边结构中,这样既充分利用了传感网资源,又降低了潜在故障导致大面积失控的风险。将一定时间内的失效概率分别模拟为 0.1 及 0.01 来分析内层及外层传感网运行时传感器的工作情况,并以 3、6、9、12 层传感网为代表分析上述情况(在特定环境的实际使用中,经过长时间的数据积累,从统计规律中会得出某一类型的传感器的平均故障率,根据不同的环境因素、不同类型的光纤传感器均会得出不同的数字,对于需要长期进行传感监测任务的光纤传感器,故障率都是相对很低的)。

结构层数 n_{f} 和全部可用传感光纤数 y 之间具有如下关系:

$$y = n_{\mathrm{f}}^2 + n_{\mathrm{f}} \tag{6-4}$$

将故障率为 $0.01(g_2)$ 的光纤传感器置于两个边结构中(如图 6-1 观察可知,n 层传感网结构的两个边长上共有 $2n$ 段工作光纤),将故障率为 $0.05(g_1)$ 的传感器置于内层传感网中,此处的故障率均为模拟值。

一般故障率用 g 表示,全部传感网工作正常(无故障发生)的概率为

$$P_0 = (1-g)^{n_{\mathrm{f}}^2 + n_{\mathrm{f}}} \tag{6-5}$$

传感网中只有一段光纤故障的概率要如前所述地去掉当这单一故障发生在两个边上的 $2(n-1)$ 种情况,式(6-6)及式(6-7)分别用统一概率 g 和内外层的不同概率 g_1、g_2 来表示:

$$P_1 = (C_{n_{\mathrm{f}}^2 - n_{\mathrm{f}}}^1 + 2) \times (1-g)^{n_{\mathrm{f}}^2 + n_{\mathrm{f}} - 1} \times g \tag{6-6}$$

$$P_1 = C_{n_{\mathrm{f}}^2 - n_{\mathrm{f}}}^1 \times (1-g_1)^{n_{\mathrm{f}}^2 - n_{\mathrm{f}} - 1} \times (1-g_2)^{2n_{\mathrm{f}}} \times g_1$$
$$+ 2 \times g_2 \times (1-g_2)^{2n_{\mathrm{f}} - 1} \times (1-g_1)^{n_{\mathrm{f}}^2 - n_{\mathrm{f}}} \tag{6-7}$$

当传感网中发生两处故障且仅有两处光纤受损致使控制系统不能监控其运行情况时,如前文分析,若这两处故障均发生在内层的耦合器入射端,则认为其出射

光纤不受影响(极端情况下即耦合器出射光纤对失去入射光,认为该处的情况仍被掌握),则这种情况下概率计算公式分别为

$$P_2 = (2 \times C_{n_f^2 - n_f}^1 + C_{n_f^2 - n_f}^2 + 3) \times (1 - g)^{n_f^2 - n_f - 2} \times g^2 \qquad (6\text{-}8)$$

$$P_2 = 2 \times C_{n_f^2 - n_f}^1 \times g_1 g_2 \times (1 - g_1)^{n_f^2 - n_f - 1} \times (1 - g_2)^{2n_f - 1}$$
$$+ 3 \times g_2^2 \times (1 - g_2)^{2n_f - 2} (1 - g_1)^{n_f^2 - n_f}$$
$$+ C_{n_f^2 - n_f}^2 \times (1 - g_2)^{2n_f} \times (1 - g_1)^{n_f^2 - n_f - 2} \times g_1^2 \qquad (6\text{-}9)$$

式(6-4)～式(6-9)提供了对于整体使用全光纤传感网结构故障数小于等于 2 的情况下的概率计算方法。下面将讨论内层传感网的概率计算方法,另外,在使用内层传感网时需使两个边的 $2n_f$ 段光纤处于无故障状态,因而在概率计算时无需将这 $2n_f$ 段光纤考虑在内,对于内层,传感网光纤层数 n_f 和可用传感光纤数 y 之间具有如下关系:

$$y = n_f^2 - n_f \qquad (6\text{-}10)$$

当传感网内光纤全部运行正常,即所有光纤传感器无故障工作时,此时的概率计算公式为

$$P_0' = (1 - g)^{n_f^2 - n_f} \qquad (6\text{-}11)$$

当传感网中有一处故障且根据以上分析可知,在内网的单一故障不影响控制系统对其余所有工作光纤的监控,此时的概率为(讨论内网工作时概率归一化为 g)

$$P_1' = C_{n_f^2 - n_f}^1 \times g \times (1 - g)^{n_f^2 - n_f - 1} \qquad (6\text{-}12)$$

同样,当传感网中发生两处故障时,根据之前分析的极端情况下可以认为出射端的光纤状态仍可以被检测,此时的概率计算公式为

$$P_2' = C_{n_f^2 - n_f}^2 \times g^2 \times (1 - g)^{n_f^2 - n_f - 2} \qquad (6\text{-}13)$$

下面分别在传感网层数 n_f 取 3、6、9、12 时及不同故障概率下,计算各种传感网拓扑结构的概率分布,并分析对比各项数据。

如图 6-12 所示,单段光纤的故障概率为 0.1,横坐标为传感网中全部故障数,纵坐标为概率值。随着 n 值的增大,传感网中发生的故障数逐渐增多。当 $n_f = 3$ 时,由式(6-4)得出传感网内共计有 12 段传感光纤,根据计算 g 为 0.1 时,故障数小于等于2(故障数最高约占总体传感光纤数量的 16.67%)的概率之和约为 0.63。当 $n_f = 12$ 时,概率分布全部集中于 others 柱形中。

如图 6-13 所示,在横纵坐标的意义都没有改变的前提下,可以观察到将故障发生概率降低至 0.01 时概率分布图发生了显著的变化。当 $n_f = 3$ 时,传感网无故障的概率达到 0.9 左右,这是一个可以使传感网操作人员放心的概率分布。即使

$n_f = 12$，对比图 6-12，概率分布图仍向着故障数量减少的方向显著提升。下面分析当两个边结构和内层光纤具备不同的故障概率时，该传感网拓扑结构的鲁棒性的表现。

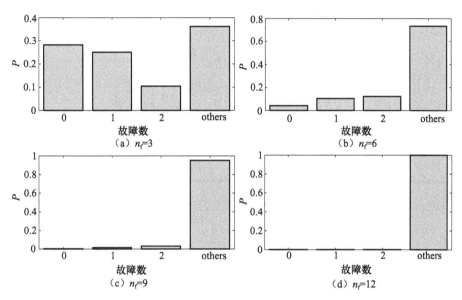

图 6-12　全光纤传感网在不同传感网规模下故障情况的概率分布图

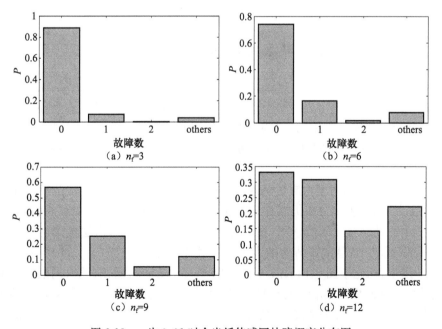

图 6-13　g 为 0.01 时全光纤传感网故障概率分布图

如图 6-14 所示,并对比图 6-12 中的概率分布,在外层结构中两个边上的故障率为 0.01 且内层光纤的故障率为 0.05 的情况下,整个传感网的鲁棒性或生存能力有了比较明显的提升。尤其对于 $n_f=3$ 及 $n_f=6$ 时,故障数量明显下降,整体柱形图向左移动,在 $n_f=3$ 时,故障数小于等于 2 的概率总和大于 0.95,此时拓扑结构鲁棒性的表现基本满足了传感网能够投入实际使用的要求。

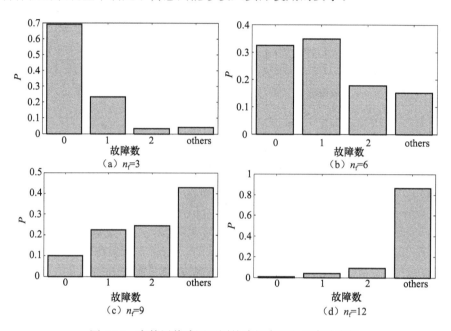

图 6-14   内外层传感网不同故障概率下的概率分布图

如前文所述,鉴于全光纤传感网两个边结构中单一故障可能给其他光纤造成的影响,这里不使用两个边结构中的光纤作为传感使用,仅将其作为整体结构中的一部分执行入射光信号传输、对内层光纤运行状态的监控等作用。如式(6-10)所示,对于 n_f 层的拓扑结构,内层传感网有 $n_f^2-n_f$ 段工作光纤,少于外层即传感网整体的 $n_f^2+n_f$ 段光纤。

如图 6-15 所示,对于内层传感网,在 n_f 较小的情况下,即使是在故障概率 g 为 0.1 的条件下故障概率分布仍然有 99% 集中在故障数小于等于 2 的区域内,相比于图 6-12 中的外层全光纤传感网,在故障概率相同的情况下,内层传感网的鲁棒性表现要远远优于外层拓扑结构的表现。将故障概率 g 降至 0.01 时,概率分布如图 6-16 所示,相比于图 6-13 或图 6-14 中的概率分布可以看出,此时内层传感网虽然较外层传感网少了 $2n_f$ 段工作光纤,但其鲁棒性或传感网健康程度要远胜于后者。即使是在 $n_f=12$ 的情况下,故障数小于 3(占全体工作光纤的 3.33%)的概率之和仍大于 0.9,足以表明整个内层传感网结构工作时的鲁棒特性是令人满意的。

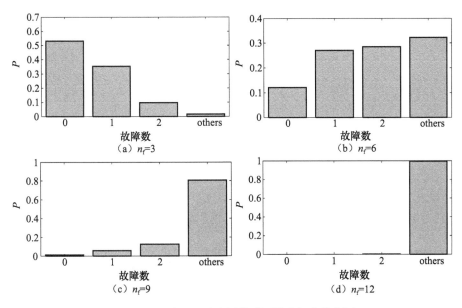

图 6-15　g 为 0.1 时内层传感网故障概率分布图

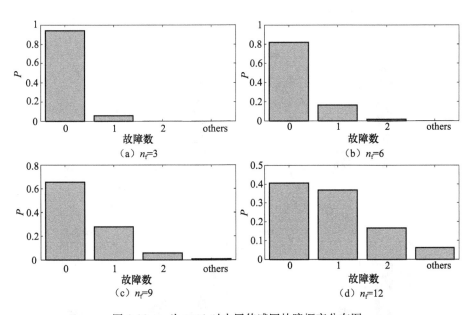

图 6-16　g 为 0.01 时内层传感网故障概率分布图

将故障数小于等于 2 时的概率合并用 P_x 来表示,在失效概率 g 为 0.01 时 P_x 随 n_f 的增加的变化趋势如图 6-17 所示,传感网的层数从 3～20(可加载传感器的数量从 12～420),当 n_f 层数较少时,P_x 值能够保持值较大的范围,随着 n_f 值增加,

P_x 值呈下降趋势。

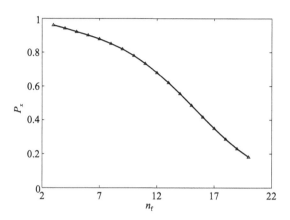

图 6-17　故障数小于等于 2 时的概率值随
n_f 增加的变化曲线

把相同层数的内外层传感网系统在故障概率 g 为 0.01 时的概率分布柱形图列于图 6-18 中,横坐标中 3 代表故障数大于等于 3 的所有情形,纵坐标为相应故

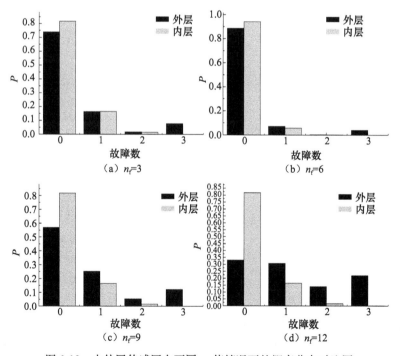

图 6-18　内外层传感网在不同 n_f 值情况下的概率分布对比图

障数时的概率值。对比两种结构的柱形图可知,在层数相同的情况下,内层传感网的鲁棒性要强于外层。此外,传统的光纤通信传感网中,多采用光路及探测器一对一的方式进行监测,即一段光纤支路由对应的探测器进行实时监控。传感网中有多少段传感光纤或光纤传感器,就相应地需要多少个探测器对所属光纤进行监测。

对于提出的三角式全光网,n_f 层的传感网对应 $n_f^2 + n_f$ 或 $n_f^2 - n_f$ 段光纤,而相应的只需要 $n_f + 1$ 个探测器对系统进行监控。用式(6-14)~式(6-16)表示不同传感网拓扑结构健康监测的效率(探测器的利用率):

$$E_o = \frac{N_f}{N_{pd}} = \frac{n_f^2 + n_f}{n_f + 1} = n_f \qquad (6\text{-}14)$$

$$E_i = \frac{N_f}{N_{pd}} = \frac{n_f^2 - n_f}{n_f + 1} = n_f - \frac{2n_f}{n_f + 1} \qquad (6\text{-}15)$$

$$E_{normal} = \frac{N_f}{N_{pd}} = 1 \qquad (6\text{-}16)$$

其中,E 代表监控效率,下标 o 表示外层传感网,下标 i 表示内层传感网,下标 normal 表示常规监控传感网,N_f 表示传感光纤数量,N_{pd} 代表探测器数量,n_f 为大于等于 2 的整数。将三种情况的曲线在图 6-19 中表示,从图中可以看出,E_o 始终代表效率最高的曲线,E_i 所代表的曲线仅次于 E_o(即外层传感网探测器效率),并当 N 值大于 2 时始终在 E_{normal} 之上。这说明外层拓扑结构的效率最高,内层传感网次之,但是也高于普通检测方式,证明该结构在传感网中光纤健康监控方式上具有相当的效率。

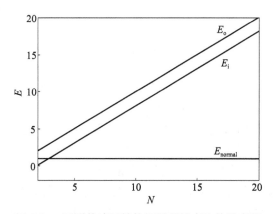

图 6-19　不同传感网结构探测器效率比较示意图

6.1.5　自诊断理论依据的实验验证

图 6-20 中搭建了三层的全光纤传感网,系统监控光源波长为 1550nm,所用耦

合器均为 3dB 的宽带光纤耦合器。图 6-20(a)中标出了理论上各段光纤的监控光强功率值,并在图 6-20(b)中列出了各段光纤在实际工作时通过的功率值。观察图中的功率值可以发现,由于光纤耦合器、法兰盘等器件自身携带的无法消除的插入损耗及回波损耗等固有损耗的作用,入射光功率在传输过程中出现一定程度的衰减。对比各段光纤的损耗值后发现,器件性能上的差异导致每经过一次法兰盘和耦合器,光功率额外损失为 0.3dB 到 0.5dB 不等,但这并不影响系统的探测器组合对于故障光纤或故障点的识别。相反,如前文分析的传感网中存在特定的几组光纤对,它们对各探测器的功率贡献值相同导致系统无法区分故障光纤的问题(如光纤 f_{22} 与 f_{23})因各连接器件在属性上的差异而不复存在。例如,图 6-20 中,光纤 f_{31} 和 f_{36} 通过的光功率在理论上应该是相同的,即 -22.20dBm,但是实际操作组网过程中发现 R_1 及 R_4 收到的功率分别为 -23.30dBm、-23.45dBm,光纤 f_{22} 与 f_{23} 对于 R_2 及 R_3 的功率贡献值也不完全相同。也就是说,每建立一个全光纤传感网,无论其层数多少,其中各段光纤对于探测器的功率贡献几乎是唯一的,通过选择高精度的功率探测器可以分辨出很小的差值,从而实现区分。

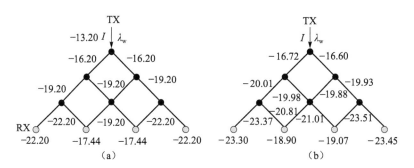

图 6-20　三层全光纤传感网功率分布示意图(单位:dBm)

将各段光纤的实际探测器功率分布值列于表 6-2 中,结果证明,实际测量值和理论计算值相互吻合,并可依据此表对传感网的故障进行一一比对定位。对于如图 6-20 中所示的三层结构,经过对各段光纤功率贡献值的探测也证明了所有光纤在探测器端的唯一性,即使是理论上无法分辨的光纤 f_{22} 与 f_{23},也可以通过微小的功率差值而区分。组建层数较多、规模较大的全光纤传感网,也不必担心损耗累积过大影响检测准确性的问题,对此可以选择功率较大的光源作为入射光,这样即使是两侧的探测器接收到的光强也可以满足系统识别的要求。另外,在传感网建立并稳定运行后需对每段光纤的功率贡献值进行逐一检测,并记录下各自的功率值留作后续编程使用。全光纤传感网的建立是为了给光纤传感器提供一个稳定可控的运行环境,且传感器的工作与系统的控制互不干扰。下面以图 6-21 为例说明各光纤传感器在全光纤传感网中的运行与控制。

表 6-2　探测器功率值差值与故障点对照表

光纤	R_1	R_2	R_3	R_4
f_{11}	$(C_2^0)-23.30\text{dBm}$	$(C_2^1)-20.32\text{dBm}$	$(C_2^2)-20.31\text{dBm}$	—
f_{12}	—	$(C_2^0)-20.33\text{dBm}$	$(C_2^1)-20.32\text{dBm}$	$(C_2^2)-23.32\text{dBm}$
f_{21}	-23.30dBm	-23.37dBm	—	—
f_{22}	—	-23.01dBm	-23.05dBm	—
f_{23}	—	-22.99dBm	-23.02dBm	—
f_{24}	—	—	-23.30dBm	-23.32dBm
f_{31}	-23.30dBm	—	—	—
f_{32}	—	-23.37dBm	—	—
f_{33}	—	-20.81dBm	—	—
f_{34}	—	—	-21.01dBm	—
f_{35}	—	—	-23.51dBm	—
f_{36}	—	—	—	-23.32dBm

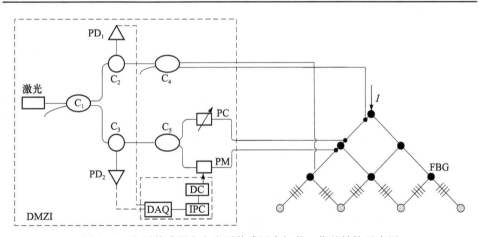

图 6-21　光纤传感器在全光纤传感网中加载工作的结构示意图

　　如图 6-21 所示的系统结构中最多可加载 12 段传感光纤或光纤传感器,且对于传感器的类型没有限制,如图中分别加载了分布式光纤振动传感器(DMZI)及 FBG 传感器,只要是光纤传感器均可以加载至全光纤传感网中工作。在选择传感网参数如入射光波长时(通常选择低损耗窗口区内的单色光),需根据传感网内将要加载的传感器的波段而定,也就是说,需要避开传感器所用的波段,且传感网中所使用的耦合器或其他连接器件(如 WDM 等)尽量选择宽带宽、低损耗的器件。在各传感网参数选定后加载光纤传感器进行试运行,待传感网工作稳定后对于其中各段光纤的功率贡献值重新检测,并将数据导入探测器的控制程序中,设计出故障监控定位的软件程序。对于仅发生一处故障的传感网,也可根据故障后的传感网功率分配变化进行各段光纤的功率贡献值重新检测,以便在发生故障且不能及时修复时由系统的控制软件将程序切换至对应该段光纤故障后的程序,例如,当光纤 f_{33} 断裂时, f_{12}、f_{22} 和 f_{23} 等光纤探测器功率值将会减小,所以系统需要在程序中调整因光纤断裂受到影响的各段光纤的功率值分布。

所以,对于全光纤传感网,选取功率稳定的光源,低损耗、可靠的连接器件是相当关键的。组建传感网后的功率值记录也是工作量较大的工作,因为不同系统、不同传感器,甚至不同连接器件都会导致探测器接收功率的变化,一方面应尽可能提高入射光功率使得在探测器端少量功率的损失不会对探测造成影响,另一方面在故障检测程序设计时应根据具体的系统设定阈值,使小幅可忽略不计的功率波动处于系统可接受的范围,不出现如误报等系统漏洞。

6.2　多总线型光纤智能传感网的自诊断及自愈研究

多总线型光纤智能传感网可为多种类型光纤传感器提供自诊断及自愈保护功能,在传感器或传感通道发生故障时,传感网在中央节点的自动控制下完成冗余通道对故障点的替代,继续故障点传感器的工作,而不影响其他通道的传感,从故障发生到传感器切换完成耗时小于 50ms,故障发生位置能够立即被检测到,通过各分节点控制器传输至中央处理器,最终反馈到上位机的人机交互界面,实现故障的自动定位,整个自诊断及自愈过程自动完成。实验中分别加载分立式及分布式传感器,即光纤光栅传感器(FBG)、分布式振动传感器(DMZI)及光频域干涉传感器(OFDR),验证传感网自诊断及自愈功能。

6.2.1　多总线型光纤传感网的构建

为了控制并及时反馈传感网运行情况,分别设计中央控制节点及分控制节点,在节点与节点间增加冗余光纤(传感器),如图 6-22 所示。

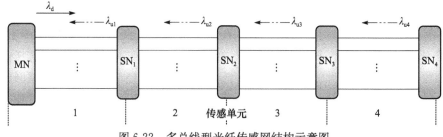

图 6-22　多总线型光纤传感网结构示意图

在图 6-22 中,MN(master node)为中心控制节点,$SN_1 \sim SN_4$ 为分控制节点,控制节点间为工作及冗余光纤,λ_d 为中心控制节点向各分控制节点发出的控制光信号波长，λ_u 为各分控制节点回传给中心的反馈光信号，传感网的传感节点数可根据实际需要而增加，且传感网软硬件具有一定程度的可移植性。

当传感网中加载了多种类型的传感器使其同时工作时，各传感器间很难共享一个光源。只有在 FBG 传感网中各传感器能够共享宽带光源，其解调模块可同时对几十个甚至上百个 FBG 进行高精度解调，在第 2 章的拓扑结构分析就是以这种共享式光源为基础的；在多种传感器无法共用光源、解调模块也不相同的情况下，采用专用光源分布解决各传感器之间光谱资源和解调的矛盾。

1. 共享式光源

图 6-23(a)中描述的是共享式光源分布结构示意图，$\lambda_1 \sim \lambda_n$ 表示节点 1～节点 n 的传感信号，λ_c 为监测各通道健康情况的监测光。如图所示，传感信号从中心控制节点发出，依次流经各传感节点内的传感器，大规模 FBG 传感网常采用这种方式。其概率分布的计算方式如下：

$$P_{sn} = (1 - g^m)^n \tag{6-17}$$

$$P_{s(n-f)} = (1 - g^m)^{n-f} \times g^m \tag{6-18}$$

式(6-17)为计算全部传感器正常工作的公式，式(6-18)为计算有故障发生时的相应概率公式，g 代表传感器或光纤发生故障的概率，f 为发生故障的传感器或传感光纤数量，m 为节点间所有工作光纤及冗余光纤的总数，n 为全部传感器数量，下标 s 代表共享式光源分布。该结构的优势是相对简化了传感网拓扑结构，提升了光谱资源的利用效率，节约成本，也为传感网规模的扩大提供了便利。其缺点是在故障发生时有可能导致后续传感器无法收到信号光，传感器的生存能力较弱，且这种结构易受传感器类型及光源的限制，难以推广至其他种类的光纤传感器组网使用。

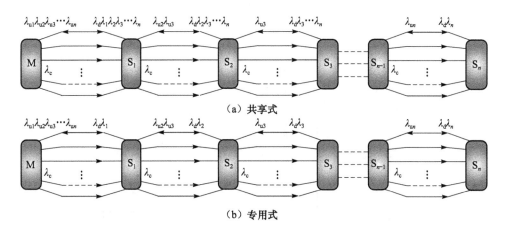

（a）共享式

（b）专用式

图 6-23　共享式及专用式光源分布结构示意图

2. 专用式光源

图 6-23(b)为专用式光源分布结构图,各传感器所用光源皆在其所属控制节点内布置,彼此接近于独立工作,传感网平台只负责保证各传感器正常工作。这种结构的优点在于传感器互不影响,即使某一节点完全断裂也不会影响其他节点的工作,这很大程度提升了整个线形传感网的鲁棒性,对于控制信号的影响可以采用无线传感去解决。这种情况下全部传感器正常工作的概率和式(6-17)一致,当有故障发生时的计算方法如下:

$$P_{d(n-f)} = C_n^f \times (1-g^m)^{n-f} \times g^{fm} \qquad (6-19)$$

其中,下标 d 代表专用式光源分布,n、m 分别代表传感节点即传感器数量和每个节点内的通道数(即工作及冗余光纤总数),其余变量含义同上。图 6-24(a)和(b)为传感器失效概率 g 分别为 0.1 及 0.01 时的概率分布图,横坐标代表保持正常工作时的传感器数量,纵坐标表示相应情况下的概率值。

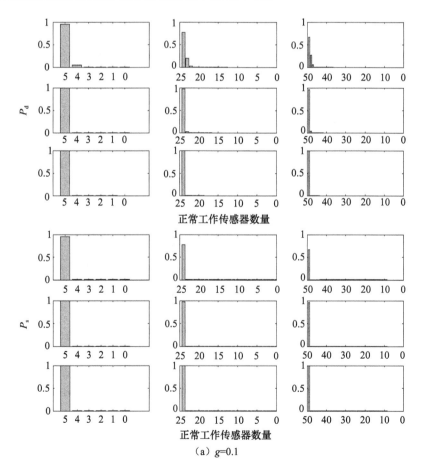

（a）g=0.1

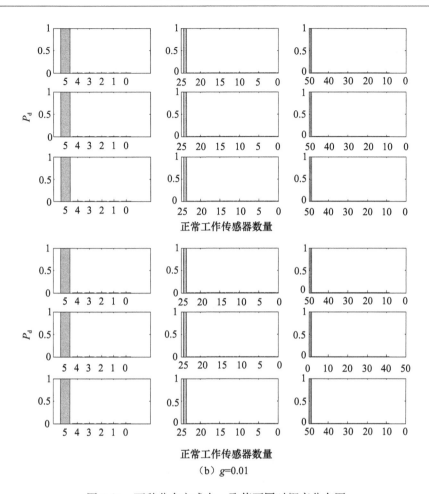

图 6-24 两种分布方式在 g 取值不同时概率分布图

其中,n 值分别取 5、25、50;m 分别取 2、3、4。在相同结构参数下对比发现,专用式光源分布概率值表明其能够使更多的传感器处于工作状态,即专用式光源分布可以更好地保护传感器工作不受影响。而当 g 取 0.01 且 m 取 2 时,光纤传感节点正常工作的概率就已经基本达到了 1 的水平,接近或满足实际工作中对于传感网鲁棒性的需要。

对于传感网,人们希望故障发生的概率越低越好,这才说明传感网的拓扑结构鲁棒性很强,图 6-25 为传感器在故障发生概率 g 取 0.1 及 0.01 时,传感网在不同冗余光纤数情况下全部传感器正常工作的概率。在实际应用中,g 值是根据反复的实验数据积累得出的,其值通常很低,而且不同环境下不同传感器也各不相同。从图 6-25 可以看出,失效概率值及冗余光纤数对于提升传感网鲁棒性都具有重要的作用,当 g 为 0.1 时,在 N 值达到 2 以上时,50 组传感器绝大多数可以保持正常工作;当 g 为

0.01时,即使在 $N=1$ 时,P_n 也都保持在接近 1 的水平上。同时观察图 6-25 可以看出,线形结构随传感器数量增多,P_n 呈下降趋势。在设计拓扑结构时,若 $g=0.01$、$N=1$、$n=3$,根据以上计算分析方法其传感网的鲁棒性将能够满足实际的使用需求。

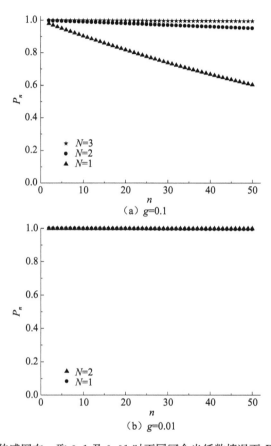

图 6-25　传感网在 g 取 0.1 及 0.01 时不同冗余光纤数情况下 P_n 值走势图

6.2.2　智能控制系统对传感器故障自诊断及自愈的实现

中心控制节点由中央处理器 C8051F340、一个 $n \times n$ 光开关、宽带波分复用器(WDM)、光信号发射模块、连续激光及接收检测模块等构成,如图 6-26 所示,传感信号由 WDM 耦合进入网内,经过传感器以后在后面的分控制节点中通过另一个 WDM 进入解调系统,同时从中心控制节点或上一节点发出的监测各通道通断情况的连续激光 λ_c 也通过 WDM 进入各通道中,在第一分控制节点中,有对应的探测模块分别接收连续激光和信号光,最终连接至中心或分控制节点嵌入式控制器的 I/O 口,实时地将各通道的情况送至各控制器。

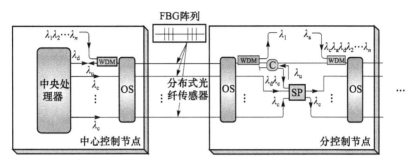

图 6-26　中心及分控制节点结构图

各分控制节点除了要实时监测与上一节点间各通道光纤的好坏,还要接收从中央控制器发来的各种指令。假设传感网共有 10 个分控制节点,每个分控制节点的地址码都被标号 0x01~0x10,只有收到的指令和地址码吻合才向下执行指令的内容,否则接收到的指令被直接忽略。将几路传感和控制光信号通过分路器、波分复用器等耦合在传感光纤中。因为采用专用式光源,传感器的光波长可任意选择,不存在冲突,只要和控制信号光的波段区分开即可。

在传感网中,由于外界因素导致传感器损坏而无法传感或某一传输光纤的断裂的情况时有发生,这会严重影响传感网中其他传感器的工作。本节采取的保护措施是争取将故障的影响降至最低,以现有的技术在受到破坏后使传感器自动恢复工作状态还很难达到,因此可以采用冗余通道替代法,即在不包括工作光纤的其他冗余光纤中加载传感器或传感光纤(通常情况下同一时刻在同一节点内只有一个正在工作的传感器,其余作为冗余),系统中每一段光纤或传感器均有对应的探测器模块检测其工作状态,并直接连至中心及各分控制节点,这样在故障发生时检测系统可以迅速诊断出故障所在位置,并自动通过光开关切换至工作正常的通道。

对于光纤光栅传感器或全光纤分布式传感器,光纤光栅损坏或传感光纤的断裂导致信号丢失是常见的故障,是由恶劣环境或人为因素所致。此时对应的探测器将不能接收到连续激光 λ_c 的光信号和中心控制节点定时发来的指令,此时通过预先设定的软件程序,各控制器将依据目前各传感器及传感光纤的工作状态自动且十分迅速地将传感通道切换至其他完好的通道,以致在故障发生后传感器的解调系统等来不及做出反应时自愈保护的工作已经完成。国家对于光纤通信网的自愈时延有明确的要求,即确保正常的通信不受干扰情况下切换时间在 50ms 以下,以上所建立的光纤传感自愈系统也达到了光通信传感网自愈技术的要求。在实际使用过程中,因光纤未完全断裂探测器仍能检测到光强但传感器已无法工作的情况也可能存在,这种情况可以采用软件的手段解决,即在传感器的解调软件中设置报警模式,即使探测模块无法检测出传感器发生的故障,在解调模块发现所接收传感器的数据变得异常等情况下,可以诊断此时传感器发生故障,自动发出报警信息并传至传感系统的上位机,再由其将自愈指令发送至中心控制节点内的嵌入式芯片,中心控制芯片在收到指令之后再将动作指令发送至需要做出切换动作的分控制节点,最终故障节点两端的光开关在统一的指令下迅速切换至健康通道。值得注意的是,传感器解调模块和上位机程序实现通信,需要根据不同传感器所用到的解调软件而调整,此类故障自愈流程如图 6-27 所示。

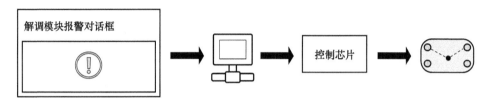

图 6-27 解调软件实现自愈切换流程图

本节建立了由一主三从(即一中心三分控制节点)构成的传感网,下面分析其在遇到故障时系统的应对及对各信号传输的控制。

如图 6-28(a)所示,当所搭建的系统是 3×2 结构时(三组传感器×每节点内两根传感光纤),传感网在有多处故障同时发生时其中各传感器仍可保持正常传感,只需满足每一节点内仍有正常工作的光纤这一条件即可,此时下行控制信号 λ_d、传感信号 $\lambda_1 \sim \lambda_3$、上行控制信号 $\lambda_{u1} \sim \lambda_{u3}$ 均已切换至健康通道中工作,当故障光纤内的连续激光 λ_c 无法送至接收端被检测到,产生切换动作。

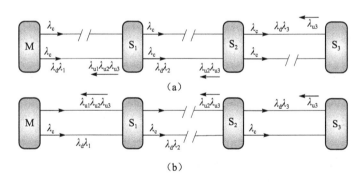

图 6-28 在不同位置发生故障对传感网的影响

线形结构中传感节点的通断对其拓扑结构中其他传感器可能造成影响:在共享式光源分布结构中,如图 6-28(b)的节点内光纤完全损坏会导致节点 2、3 内的光纤传感器无法工作,如果在节点较多的系统中发生此类故障,受影响的传感器会更多;若使用专用式光源分布,那么受影响的只有图中的节点 2,其余传感器还是会正常工作,只是此时系统的中心控制器无法和节点 3 内的芯片继续通信,导致上位机对传感网整体状态不能及时掌握,此时节点 3 内的传感器有可能发生故障或者仍保持正常工作。可应用两种方法解决这一问题。

(1) 在硬件设计上将这一问题修复,设计的各节点控制模块上会有很多指示灯如图 6-29 所示,每个指示灯都有不同的含义,其中有两个指示灯代表连续激光 λ。在分控制节点的接收情况,当两个通道都正常时,这两个指示灯亮起,反之就会熄灭并伴随蜂鸣器的报警声。因此,在上位机无法接收到故障节点及其后续传感器信息时,可以通过观察控制模块的机箱指示灯来获取有关的信息。

图 6-29　传感节点及分布式传感系统实物图

(2) 由于故障导致中心及后续节点的通信无法建立,采用无线通信的方式重新修复中心控制节点及各分控制节点的信息传送,中心控制器和各分控制器建立一对多的通信关系,在传感网运行期间,中心控制节点在每一个指令周期中会收到来自各分控制节点的两路信息:其一为由光发射节点发出,经过传感光纤到达接收模块,通过信号处理后送至芯片的 I/O 口;其二为通过与各控制器 SPI 口相连的 F340+CC1100 的无线发射装置,实现主从节点间的通信。为了测试其无线通信距离,可以将无线收发模块分别置于开阔的直线距离 400m 范围内,其结果是可成功通信。若将收发模块分别置于有高楼和遮挡物等复杂地形,则通信距离缩短至 100m 左右。至此,在传感距离不是很大的情况下 CC1100 模块是可以满足通信要求的。

下面以 3×2 的传感网拓扑结构为例详细描述自愈及自诊断过程,如图 6-30 所示。实验中,分别模拟两处故障:第一处故障位于第二传感单元工作通道的第二光栅处;第二处故障位于第二传感节点冗余通道的第二光栅处(故障模拟方法:在故障处,用跳线连接,模拟实际故障时只需将跳线断开即可)。

故障 1 发生:在正常工作时,中心处理器在指令周期内依次向网内各分控制节点内的控制器发出问询指令(下行指令),各分控制节点在收到下行问询指令后,回复指定指令表明通信正常。在跳线断开的一瞬间(为了方便模拟传感光纤的故障,将跳线断开),节点 2 将无法收到来自中心控制节点的问询指令,当这一过程超过所设定的时间时,智能节点即认为该节点内工作光纤处发生故障,而此时智能控制芯片内也存储着各通道的工作状态,如节点 2 内此时有专门的寄存器存储该节点

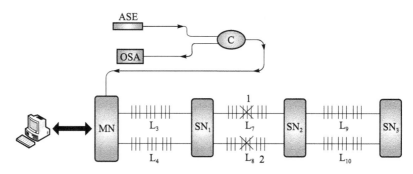

图 6-30　共享式光纤光栅自愈自诊断传感网模拟故障示意图

内各通道状态,如发现冗余通道是正常状态,则直接发出指令将节点 2 端的光开关切换至冗余通道。同时,中心控制芯片在指定时间间隔内也无法收到节点 2 发回的应答,在这种情况下,中心控制器默认为相应节点内的光纤或传感器出现断路或故障,对节点 1 发出指令将对应光纤前端的光开关切换至冗余通道,同时将故障信息存储并上传至上位机系统,显示故障位置并伴随蜂鸣器的报警。整个过程在50ms 以内,传感器两端可实现同时自动切换。根据系统设置,可以在上位机软件中通过编程向相应传感系统管理员自动发送短信。此时,解调系统仍可以收到 9 组中心反射波长,与故障发生前无异。由于切换时间短,即使始终盯着解调系统的光谱观察也不能察觉,这证明自愈自诊断的切换是行之有效的。

　　故障 2 发生:当所有传感光纤均正常工作时,传感网工作状态与上述无异。当冗余光纤或相应传感器发生故障时,所在通道探测器会及时准确地感知到该通道的故障,并将该信息反馈至分控制节点。分控制节点随即将故障情况报告至中心控制节点并上传至上位机的人机交互界面,发出报警。因为此处故障不影响传感器的正常工作,所以在此情况下传感网维护人员有时间来修复故障位置,保证冗余光纤处于冗余工作状态。

　　故障 1 和 2 同时发生:对于探测模块,即使两处光纤在肉眼观察下同时断裂,处理器也能够在纳秒量级下分辨出故障发生的先后顺序,因而严格来讲,故障的发生都是存在先后的。当上述两处故障先后发生时,其后节点内的运行状态便无法通过工作或冗余光纤传送至中心处理器及上位机,这也造成了系统控制的盲区,使操作者不能对整个传感网运行状态有及时全面的掌握。本节引入无线传输采用F340+CC1100 模块对上述系统缺陷进行弥补,在这种情况下(即节点内光纤全部断裂的情况下),中心控制节点和各分控制节点通过无线模块继续通信,以其作为光纤通信的冗余手段,这样上位机仍能正常显示传感网的运行情况。当然这种工作方式对于传感距离有明显的限制,它的传输损耗要远大于光纤的损耗,具体的通信距离要根据所采用的无线模块性能和具体实验环境来决定。因为网内的 FBG

传感器共享同一宽带光源,所以故障点之后的光栅便失去传感信号无法工作。

6.2.3　控制节点的硬件设计

前文所构建的是 3×2 小型光纤传感网,包含一个中心控制节点和三个分控制节点,可同时为三组光纤传感器提供自愈及自诊断功能。该拓扑结构包含三个传感节点,每个传感节点内都含有嵌入式芯片、控制电路、发射接收模块、光开关、耦合器、分路器、波分复用器等器件。在设计过程中要考虑通信速率是否满足要求,信号探测电路的噪声问题及微弱信号的检测,从发现故障到指令切换的时间是否符合要求,系统内各光信号的功率损失是否在一定范围内等问题。本节将从智能嵌入式芯片的选型、低噪声光电探测器电路设计、控制节点仪器化设计、光开关的选择及控制及无线收发模块等方面进行介绍。

在这四个仪器化的控制节点内(图 6-31),选择 C8051F340 单片机作为控制器,它可以满足系统对于多机通信、光发射模块、信号接收和其他控制及信号处理方面的要求,且价格低、易扩展。C8051F340 芯片属于全部整合的混合型微型控制器。其核心技术特性如下:全速至 48MIPS 的 8051 兼容的智能嵌入式芯片;允许高速、在线的实时系统调试;具备通用串行总线功能控制器(USB)和即插即用的端点通道,兼具数据收发和 1KB FIFO RAM;高准确度修正的 12MHz 内部振荡器和4 倍时钟乘法器;用于多机通信的功能扩展型 UART 和高速强化的 SPI 串行数据通道;片内集成 4 个标准化的 16 位定时装置;总计有 40 个数据端口 I/O。

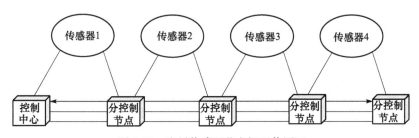

图 6-31　光纤传感网节点间通信原理

在传感网控制系统中,每个分控制节点需要接收或检测两路光信号:一路是控制节点中 RX 端要接收工作通道中发自中心控制器的信号光,对其进行去噪和放大等处理,以利于后续电路器件的接收和识别;另一路是 PIN 管检测冗余通道中的连续激光来反映各冗余信道的通断情况。以上信号接收及处理工作需要由光电探测器、信号放大器、微控制器等完成,涉及软硬件等多方面协同工作。

为了使传感网控制系统的设计方案不仅结构简单、高效,且当需要扩大传感网规模时使各控制节点具有较高的可移植性,本系统从中心控制器到分节点控制器均采用统一的 F340 芯片,基于芯片间的串口通信设计光发射节点和信号接收模块,使主从节点间信息传送可以满足基于传感网管理的需求。它是基于标准通信接口的异步收发,且允许数据在两个方向上同时传输的通信方式。存在方式 1 和 3,能够建立控制中心和各分控制节点间不间断的实时通信,如图 6-32 所示。

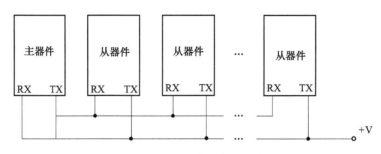

图 6-32　UART 多机方式连接图

在节点间的通信中,系统采取九位串口通信的方式,每发送单位数据占用 11 位,第一位为数据起始位,然后为发送数据八位、系统设定的第九位及停止位。其中第九位数据的发送由片内特定寄存器的值而决定,根据操作者赋值最终确定。当控制器发出指令在数据缓存寄存器中写若干数据时,数据即开始发出。在传送过程结束时,相应的中断标识会被硬件置位,且在数据接收同意位被置位时,微控制器数据的接收才可以开始并存入缓存寄存器。在接收过程中,识别出停止信号之后假设符合如下要求,那么该接收数据将会被复制至接收寄存器:数据接收标识位 RI 置"0";或 MCE 置"1",那么第九位数据需要置"1"。假设上述要求无法达到,那么数据将不能发送和接收,接收中断标识位也不会置位

微型控制器 C8051F340 和无线发射模块核心组件 CC1100 采用串行外设接口(SPI)方式进行连接和通信。改进强化型 SPI 允许数据在两个方向上同时传输,相当于两个单工通信方式的结合,适用于建立 F340 和 CC1100 之间的数据连接。SPI 能够以中心元件或者分元件方式工作,并分别选择 3 线或 4 线的工作模式,且能够允许一定数量的中心元件或分元件在相同的数据总线上工作。SPI 通过对从选择标识位 NSS 的选择,确定器件为输入方式,从而工作在从方式。同时,也可以将 NSS 位置为选择输出。在主模式中,系统允许在诸多数据传输接口引脚以确定要连接的从元件。通过设置 SPI 所使用的四个信号(MOSI、MISO、SCK、NSS)建立控制芯片和无线模块之间的通信联系,达到信息收发的目的。

系统将 F340 作为主器件,CC1100 作为从器件,通过 SPI 连接,由 F340 通过 CC1100 向各分控制节点发送信号,并为从节点中每一个 CC1100 进行地址编码,即只有当无线模块收到和该分控制节点地址码重合的信息时,才开始接收消息。在大多数时间内,传感网各节点间通过光纤传递控制信号,只有当节点内光纤全部损坏时才启用无线模块。为了节省能量、降低功耗,无线模块在不使用时处于睡眠

状态,一旦发生故障需要启用则重新将其唤醒,见图 6-33。

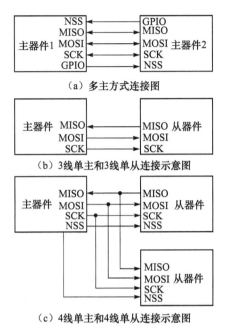

（a）多主方式连接图

（b）3线单主和3线单从连接示意图

（c）4线单主和4线单从连接示意图

图 6-33　主从器件连接原理图

　　CC1100 专门针对小能耗无线应用开发,适合本系统实验研究和使用。其核心组件功耗极少,并设计了关机状态和空闲状态两种能耗极低的工作方式。在关机工作方式时,产生最小能耗电流,通常这时的数值低于 200nA,当无线模块停止对外传送或接收数据时会处于该工作方式下,可以极大地增加电池的工作时间。无线模块空闲状态的设计初衷在于降低总体运行电流,其格外突出的特点是实现低损耗的同时,精简了模块的初始化过程。工作波段被工作电路调制在 ISM 和 SRD 的 433MHz、868MHz 和 915MHz 等处。CC1100 模块配置了调制解调器,其通信速率峰值可达 500Kbit/s,同时为信息包裹的处理、临时信息传送、低噪声波段评价、通道水平检测和信号产生供应系统支持。CC1100 的大部分工作参量和 64 位数据通信 FIFO 能够经 SPI 操作,模块核心区寄存器地址为 0x00～0x3f,负责整体目标的配置和检测。在上述地址中,分为 0x00～0x2e 和 0x30～0x3f 两个区域,分别为配置寄存器地址和状态寄存器、命令滤波地址,前者为只读寄存器,后者为只写寄存器。在本章所设计的光纤传感网控制系统中,CC1100 无线通信模块和 C8051F340 微控制器组成单个控制节点内的通信模块,然后和其他节点内的通信模块形成一对多的通信模式,作为传感网中传输光纤的辅助使用,是在光纤通信失效时的通信方式。

传感网系统在每个控制节点都需要一个 PIN 管光电探测器,其主要功能就是将接收到的用作监控冗余通道的连续激光功率转化为电流。因为该电流值很小,为了将其接收情况送至控制芯片的 I/O 口,需要将其电流值转化为电压值并且进行增益放大,这就需要设计相应的光电探测器电路。

1）运放选择

在光电探测器电路的设计中最重要的就是运算放大器的选择,微弱光信号及低噪声信号在放大时,需要考虑使运放的噪声和偏置电流尽可能小。由于是弱光信号探测,能量输入很小,要保证运放器件在线性区域内工作,其偏置电流要很小才不会引起过大的噪声。供电方式选择了现在很流行并且能够简化电路的单端供电。光电二极管用作光信号检测常用如下两种工作方式:光伏模式和光导模式,分别对应零偏置工作和反向偏置工作状态,相应有两种不同的偏置电路。在零偏时,PIN 管呈高阻状态;在反向偏压时,PIN 管的阻抗比零偏还要大。当器件工作在零偏置电路的模式时,光电二极管处于线性度极高、极准确的工作水平下;反之,若处于光导模式下(对应反向偏置电路),光电二极管能够以很高的切换速率工作,但是需要损失少量的线性区间。实际使用过程中,当处于反向偏置的情况时,即使在缺少光照射的情况下,器件仍然会产生一定的暗电流(或称为无照电流)。当处于零偏置状态下,产生的暗电流为零,此时电路中二极管的噪声来源大都来自分路电阻的热噪声;在反向偏置时,由导电产生的散粒噪声成为附加的噪声源。

根据以上分析,结合光纤传感网系统控制的需要,选择光电二极管在光伏模式状态下工作,选择在单端 5V 电压下供电和双端±5V 供电、低偏置电流高放大率的运算放大器。为了达到系统对光信号放大的增益要求,系统采用级联运放,采用 OPA350、OP07 分别作为一、二级运放器件。这两组运放的噪声均较低,且偏置电流值也都很小。其中,OPA350 的典型偏置电流值为 0.5pA,最大值为 10pA;OP07 的典型偏置电流为 1.8nA,工作温度范围广,低噪声,使得其特别适合于高增益的测量设备和放大微弱信号等方面的应用。

2）电路设计

利用 Altium Designer 设计的 PIN 管光电探测器控制电路主要由两级运算放大器组成。OP07 及 OPA350 均采用由 5V 直流电源电压供电,确保了可以接受的较小的电源波纹;通过流压转换和两级放大后的电压,输出至 F340 的 P3.6 口,使得控制芯片实时掌握 PIN 管的探测情况,见图 6-34。

对于光纤传感网各控制节点,需要将实现传感网自愈自诊断功能的各个模块集中于其内,形成模块仪器化,从而实现各部分的功能。中心和各分控制节点内的模块也都不尽相同。

中心控制节点完成的功能主要有向各分控制节点发送并接收指令,控制其所属节点内光路诊断及切换,并将整个传感网运行情况发送至上位机,以及执行上位

图 6-34　部分控制电路实物图

机所发出的指令,并传输至系统其他控制器内,以实现操作者对传感网的实时控制。该部分主要包含中心处理芯片 F340,光发射及接收模块,USB 上位机通信模块,冗余光源,光开关控制及由 WDM、光纤分路器等构成的系统光路等器件,以及各模块所组成的电路板。

各分控制节点需要实时将自己控制范围内的光纤工作情况送至中心控制器,并根据其发出的指令执行各种传感网切换等操作。各分控制节点内除了以上介绍的各模块(USB 除外,只有中心节点有),需配置 PIN 管接收模块,实时监测冗余通道的通断情况。另外,根据在传感网中的具体位置,光开关的数量和位置各节点间也都有所不同。

为了保证有足够的空间容纳下以上这些器件并且能够将其合理分布,同时利于系统及传感器信号的接入、调整、更换,并预留足够的空间供各种指示灯的显示等,设计了尺寸为 320mm×290mm×140mm 的控制节点仪器外壳,这样大小的箱体完全能够满足之前提到的各种光学器件以及电路板等,且预留足够的空间和面板,利于光路的盘绕放置和仪器所需的各种显示部分。

在仪器外壳的前面板留有一排指示灯分别代表 TX 端、连续激光、工作通道、冗余通道等工作状态,以及代表当前节点所属光开关的实时状态。另外,在控制面板预留了九组法兰盘的安装口。这九组法兰盘中有四个法兰盘分别是控制节点的上行通道和下行通道:上行通道连接该控制节点至上一个节点间的工作及冗余光纤,基于以上设计采用 2×2 光开关控制通道的切换(控制芯片通过其外围电路控制光开关的状态);下行通道连接该控制节点至光路中下一个节点间的工作及冗余

图 6-35　仪器外壳实物图

光纤,在光纤的两端同样布置光开关控制通道切换,共占用四个法兰盘。其余法兰盘为传感信号接入所用,在一根工作或冗余光纤中可根据波分复用原理同时接入多路传感信号,因此预设五个法兰盘供传感信号使用。将以上提到的功能模块,包括控制芯片、光发射及接收模块、PIN 管接收模块、光开关控制及各外围电路等均集成于一块电路板上,因此在仪器外壳的后面板上需留有电源线的接口。图 6-35 为仪器外壳的实物图。

6.2.4　上下位机的软件设计

在光纤传感网系统的设计中,软件系统的设计和搭建发挥了十分重要的作用,其不可替代性不亚于光学结构、电路控制、信号处理等模块的设计。只有完善丰富了软件功能,才能使传感网将光、电等各部分功能模块完美结合,实现对传感网和各传感器工作的精准控制。

光纤传感网功能的实现建立在相应硬件电路包括光路结构等以及各传感控制节点及节点间的相互通信的基础上,因此需结合系统硬件模块设计相对应的软件程序以达到传感网所要实现的功能。采用 C8051F340 微控制器实现对各传感节点的智能控制,其嵌入式程序由 C 语言编写。Silicon 集成开发环境(IDE)建立了自己所独有的一套软件开发程序,在其中能找到所有可能会被设计人员用到的开发和测试代码的系统工具。该软件包括项目界面及全功能窗口字体可配置的编辑器;其编译链接工具能够进行汇编、编译、链接等各项功能的操作;基于用户配置的工具栏简洁明了,可加载任意编译器或其他开发套件;自定义向导能够在特定的工作环境下生成程序文件。单片机 C8051F340 以及无线通信模块 CC1100 的嵌入式 C 语言程序编写均通过 Silicon IDE 来完成。传感网嵌入式系统程序完成的主要功能如下:

(1)保持中心及各分控制节点间不间断的相互通信,并由中心控制节点收集其余传感节点的工作状态;

(2)实现对各传感节点内光发射及接收模块的实时操控,形成循环问询应答机制,即在每次通信过程中需进行握手协议已确认连接无误;

(3)完成传感网工作及冗余通道的自动相互切换,并通过 USB 接口将传感网状态实时上传至上位机显示,同时接受上位机的实时控制;

(4)将各芯片的 I/O 口与控制节点内的光电接收模块相连接,通过设置引脚工作状态等实时掌握各冗余通道通断状况;

（5）完成各控制节点间在 SPI 串行方式支持下的 CC1100 无线通信模块的程序设计。

系统实时工作状态以下位机中心控制节点芯片 C8051F340 内嵌的通用串行总线控制器（USB0）为核心向上位机进行数据传输，其外围电路相对简单，上下位机程序分别通过 VC++ 的 MFC 和 C 语言编写。在仿真测试工具 IDE 中，可加载相应的 USB 配套文件，极大提升了软件整体编写效率，方便了开发人员，在不需要对 USB 协议有十分深入了解的情况下即可进行 USB 上下位机间信息的传递。其 USB 开发文件是由多个文件包组成，包括库文件、头文件、动态链接库、驱动程序、安装文件等，它们分别为上下位机提供开发文件辅助设计。USBXpress 固件库内含一组器件接口函数，向 C8051F32x 和 C8051F34x 微处理器提供应用程序接口（API）。这些函数提供一个 MCU 中 USB 控制器的简化的 I/O 接口，因此消除了理解和管理 USB 硬件或总线规则内容的必要。API 以软件开发工具预编译的库文件的方式提供。器件固件程序必须使用 Keil 软件 C51 工具开发。

API 在中断模式中使用时，使用者必须提供一个对"F34x 器件"位于向量地址 0x008B（interrupt 17）的中断处理程序。此时任何一个 USB 所属 API 中断都能够调用该处理程序。当程序进行至中断服务程序时，由函数 Get_Interrupt_Source 判断中断原因（与此同时，程序将自动置位处于等待状态的中断符号）。USBXpress 固件库运行 MCU 的 USB 控制器在全速模式，使用每包 64 字节的数据有效负荷的批量输出类型。对特定的 MCU 器件系列（F34x）代码开发，必须使用指定的 USBXpress 器件固件库。

注意：USB_API 中断（interrupt 17（F34x））是使用者代码需要被 USBXpress 事件通知时，由 USBXpress 固件库产生的一个虚拟中断。事件在 Get_Interrupt_Source 函数的描述中定义。以上为下位机 USB 库函数及中断程序等介绍。下面介绍一些主机 API 函数（上位机使用）：

SI_SetBaudRate()　　　　　　　　-设定指定 CP210x 设备的波特率
SI_SetBaudDivisor()　　　　　　　-设定指定 CP210x 设备的波特率的分频值
SI_SetLineControl()　　　　　　　-设定指定 CP210x 设备的控制线
SI_SetFlowControl()　　　　　　　-设定指定 CP210x 设备的流量控制
SI_GetModemStatus()　　　　　　-获取指定 CP210x 设备的调制解调器的状态
SI_SetBreak()　　　　　　　　　　-设置 CP210x 设备的指定状态
SI_ReadLatch()　　　　　　　　　-获取 CP210x 设备的端口的锁存值
SI_WriteLatch()　　　　　　　　　-设定 CP210x 设备的端口的锁存值
SI_GetPartNumber()　　　　　　　-获取 CP210x 设备的型号
SI_GetDLLVersion()　　　　　　　-获取当前正在使用的 DLL 版本
SI_GetDriverVersion()　　　　　　-获取 USBXpress 驱动程序的版本

通常,用户使用 SI_GetNumDevices()函数启动设备进行通信。该函数的返回值为正在连接的目标设备的数量。将该值作为函数 SI_GetProductString()的输入值可得到连接设备的以字符串表现的设备号。为了达成访问目标设备的目的,需要借助 SI_GetProductString()返回的数据作为参数传递给 SI_Open()函数来打开设备。SI_Open()函数返回设备的句柄,为函数 SI_Write()与 SI_Read()这两个函数提供参数。当 I/O 通信操作完成后,调用函数 SI_Close()函数来关闭设备。其他函数提供了数据通信过程配置、时间设定、扫描 buffer 属性以及设置状态监测的功能。以上类型与常量均定义在"C++头文件 SiUSBXp.h"中。文件中列出的各库函数部分在上位机界面设计时会用到。

为了使实时显示窗口具有高速、可视化、可移植性及相当的稳定性,采用 VC++中 MFC AppWizard 进行界面程序的编写。MFC(Microsoft foundation classes)是软件公司设计类集合的代号,是软件厂商达成的 C++类库,因为在类库中设计了大量的 Windows API 函数、窗口类等功能函数及辅助工具,所以极易在人机交互界面的应用程序开发中运用此类库。VC 是软件厂商设计研发的应用 C/C++的集成设计工具,在 VC 工作环境中设计人员能够进行编辑代码、测试程序等工作,而不需要借助其他设计平台,集成度高、功能强大。MFC 集成了类库的功能,并且作为一个整体框架,当新建一个 MFC 的 project 程序时,VC 开发工具会自动辅助生成相关 files,该框架将相关文件封装在一起,很多程序在源代码中看不到。基于这种设计使得程序代码有很强的可移植性和可读性,满足人们对上位机界面的设计要求。

这样,通过主机 F340 内置的 USB 接口以及相应各库函数成功在上下位机间建立数据连接,实现了在上位机的人机交互界面中实时显示各下位机工作状态(即传感网中各传感器工作状态),并可以通过上位机的控制界面对光纤传感网主动发出控制指令,见图 6-36。

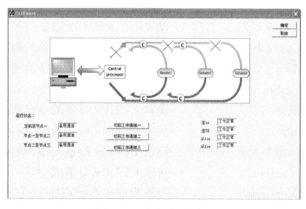

图 6-36　人机交互界面

6.2.5　多种类型光纤传感器的加载实验

1. 实验 1

在共享式传感结构中,共有 3×3 组 FBG 传感器使用 C 波段光源,如图 6-37 所示,L_1、L_2、L_3 为工作光栅,L_4、L_5、L_6 为冗余光栅,并且 L_1 与 L_4、L_2 与 L_5、L_3 与 L_6 中的 FBG 中心反射波长完全一致。因为系统中含有若干耦合器、光开关、波分复用器等会带来插入损耗以及各种损耗,光信号背向传播时依次经过这些器件使得光功率有一定的损耗,FBG 传感器自身也会消耗少量能量,以致三个节点内的光栅接收到的光信号逐渐递减。由于传感节点数量较少,能量损失处于可控范围,即使有能量损失,信号强度仍在解调允许范围内,因而对于系统所用光源功率及解调模块无较大影响。系统控制信号的波长与传感光源的波长在不同波段,实验证明了共享式光源分布在传感网中的可行性,具体情况会在实验 3 中详细说明。另外,在传感节点较多的情况下需要考虑光功率的分配,并设计更加合理的光路结构,保证传感信号和控制信号都能够合理分配。

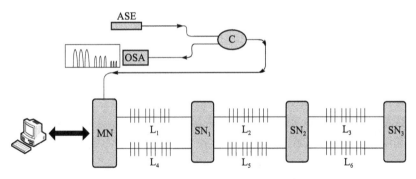

图 6-37　共享式光纤光栅自愈传感网结构示意图

2. 实验 2

在如图 6-38 所示实验传感结构中,传感网中加载了分布式双马赫-曾德尔扰动定位干涉传感器和 FBG 温度传感器,同时为其提供传感器的自愈及自诊断。由于采用了专用式光源分布(实际应用中,除了 FBG 传感网,由于多数不同类型的光纤传感器对于结构、光源等要求差距较大,很少会组成共享式光源结构),两组传感器彼此独立工作,使用各自单独光源。为了避免传感信号与节点间控制信号发生冲突,需要合理地分配光谱资源:使用 1450nm 波长激光光源作为由中心控制节点至各分控制节点的下行控制信号,1350nm 波长为从各分控制节点发出传至中心控制节点的上行控制信号,冗余通道检测光源连续激光所用波长为 1310nm,分布式传感器 DMZI 光源在 1550nm 波段，FBG 使用 ASE-C 波段，彼此互不影响，当然，对于各信号光波段的分配也需要考虑到有相应的器件进行耦合。这样在 3×2 的传感网中，建立了分布式光纤传感器和分立式 FBG 传感器共同组成的探测多种物理量的拓扑结构。在实验 3 中，再增加一组光纤传感器使传感网拓扑结构更具代表性和说服力，并详细分析在不同故障情况下各传感器的工作情况。

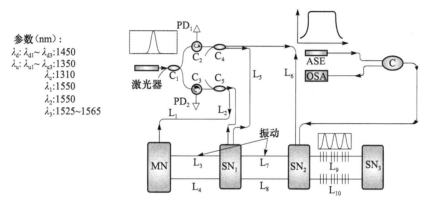

图 6-38　分布式及分立式光纤传感器自愈自诊断传感网结构示意图

3. 实验 3

以上两组实验无论传感器数量、类型还是对于传感光源的使用都没有明显体现出此种传感网结构的优势。为此，扩大传感网传感器节点数并保持工作与冗余光纤的数量，将如图 6-39 所示的光纤传感器复用进来并充分展示该结构所具备的优点。其中，OFDR 传感系统光源为以波长 1550nm 为中心的线形扫描光源，三组 FBG 中心波长依次为 1552.46nm、1544.91nm、1536.89nm。由以上分析可知，各传感器所用光源波段具有重叠，但同时和控制波长又能相互区分，具有广泛的应用

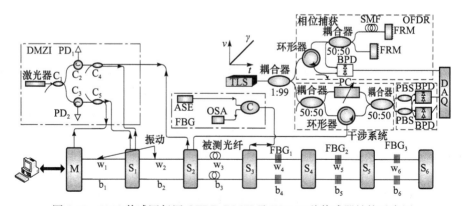

图 6-39　6×2 传感网复用 OFDR、DMZI 及 FBG 三种传感器结构示意图

价值。针对传感网可能出现的故障情况,选取如图 6-40 所示的三种情况进行模拟分析,验证其可行性。

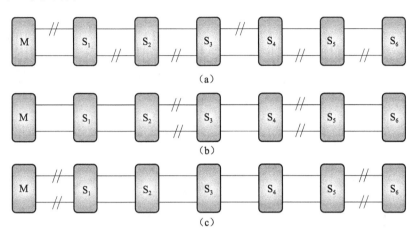

图 6-40　三种故障组合
平行线表示该段光纤或传感器发生损坏导致通道中断

　　在图 6-39 所示结构中采用专用式与共享式光源结合的分布方式:OFDR 与 DMZI 所用各自独立光源,为专用式;传感单元 $S_4 \sim S_6$ 内的 FBG 则共享宽带光源,为共享式。这样在发生相似故障时,可以直观地比较两种方式的优缺点。在图 6-40(a)中,可以看到传感网内同时发生了六处故障(严格地说,这六处故障的发生也是有先后顺序的,系统在发现检测到每处故障的精确时间点不可能完全相同),但是每一传感单元内都有一根工作或冗余通道保持畅通,因而传感器可以正常工作不受影响。在图 6-41(a)中,各传感器所接收到的信号显示,所有传感器均能正常工作。需要说明的是,虽然传感网中有诸多连接器件导致不同光栅的反射功率并不相等,但 FBG 的解调并未受此影响。在图 6-40(b)中,S_3 和 S_5 内的工作及冗余光纤全部损坏,由于各传感器所用光源间既相互独立又存在共享宽带光源的关系,所以 $S_4 \sim S_6$ 内的 FBG 并不受 S_3 内光纤全部断裂的影响,只是系统控制信号无法通过光纤传送至其后各控制节点,需要启动无线通信模块。而 S_5 内的两处故障由于是共享光源的关系(故障发生在宽带光进入该对应 FBG 之前),将切断 S_5 和 S_6 内的两处 FBG 所需光源进入的通道,从而影响两处传感器工作。从图 6-41(b)的信号图中也可以看出,DMZI 的工作并未受到影响,两路干涉信号均正常;OFDR 的传感光纤由于在中段损坏,导致损失了相当多的探测距离和控制信号的中断,但并未对其后传感单元内的传感器造成影响;FBG 的接收信号也符合之前的判断,损失了两个反射峰。在图 6-40(c)中,S_1 和 S_6 内的光纤全部损坏,失去一路干涉信号的 DMZI 无法继续传感和定位,但并未影响其后的 OFDR 和 FBG 传感器的工作,S_6

内故障导致解调端损失一个反射峰,以上分析和图 6-41(c)中的各传感器解调信号相吻合。

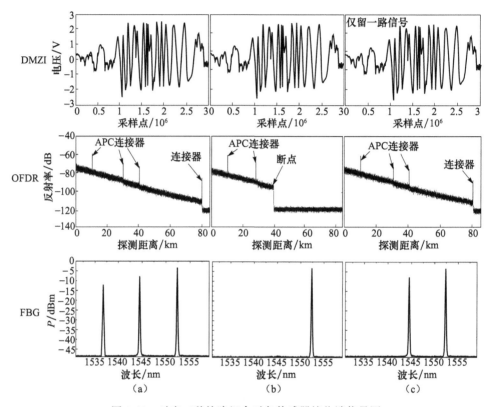

图 6-41　对应三种故障组合时各传感器接收端信号图

至此,分别在 3×2 和 3×6 的传感网内设计了三组实验,并在传感网结构中加载了分立式 FBG 传感器以及分布式 OFDR 和 DMZI 传感系统,通过模拟多种故障组合以及分析传感器解调信号,证明传感网平台的可靠性和为传感器提供的自愈能力。接下来将要设计实验方案,详细介绍传感平台的自愈及自诊断保护工作过程,并结合无线通信模块以保证在节点内光纤全部断裂时控制中心节点与各分控制节点间通信的连续性,使上位机能够持续实时显示传感网运行状态。

6.3　多环形光纤传感网的实验研究

针对多总线型拓扑结构控制节点较多不利于中心控制节点对传感网的整体控制,且软硬件设计较为复杂的情况,本节提出基于单一控制中心、环形拓扑结构[207]的光纤传感网。在传感网的控制方面,由单个微控制器实现对传感网内各段工作或冗余光纤[208]及传感器进行监控,并负责故障发生时的诊断定位和自愈保护[209]。相比于第 5 章的多总线型结构,有 n 组传感器在系统中工作时就要有对应的 n 组控制节点执行系统对传感网的控制,上位机对传感网情况的实时监控和显示依赖于各控制节点间的通信,即控制中心向各分控制节点发送握手消息等,因而当中间某节点间的连接光纤全部损坏时,中心控制端将无法收到后续节点的信息,只有采用无线通信的手段保证中心控制节点对后续传感网的控制。要防止以上情况的发生,也可采取增加冗余光纤的方法,然而在实际建立传感网时又不能无限制地增加冗余光纤,这样做会使成本陡增,而且随着冗余光纤数量的增加效率也在下降,这是系统设计之初需要避免的情况。环形拓扑结构将对传感网控制的任务全部集中在中心处理器上,避免了多控制节点间复杂的通信协议和可能出现的连接中断。本节尝试将全光纤分布式传感器与光纤分立式传感器融为一体,即在同一根传感光纤上构成混合式传感网[210-212],同时进行分布式传感器与分立式传感器的传感工作,对多个参量进行传感。

6.3.1　多环形光纤传感网的设计

如图 6-42(a)所示,整个环形结构分为八个扇形区域,即八组传感单元,其中每一区域为同一光纤传感器所属并包含三根光纤(一根用作传感,其余作为冗余),此光纤数量可根据实际需要进行增加或减少。图 6-42 中,CC 代表控制中心;CP 为中心控制微处理器;C 代表光纤耦合器;OS 表示光开关;λ_c 为传感网监控激光光源,负责传感网内所有光纤的通断监测,一个监测光源负责相邻两扇形内的光纤,如图中八个扇形区域的环形结构总计需四个监控光源;圆圈代表信号控制接收端,包括光开关、光电探测器、波分复用器等元件,其中光电探测器经由信号放大电路直接与控制芯片的 I/O 口相连接。如图 6-42(b)所示,以相邻两个扇形区域为例说明环形拓扑结构的工作原理:控制中心的 λ_c 分别通过三个耦合器入射进光开关、传感光纤,并传输至信号接收端,各接收端光电探测器和中心处理器的 I/O 口直接相连,也就是说,中心处理器能够实时掌握环形结构内所有工作及冗余光纤的实时状态。除此以外,需合理设计耦合器的分光比以使各光纤内监测光功率一致,方便后续光电探测的统一电路设计。如图 6-42(b)所示,当两扇形区域内为同一传感器时,其所用光源可由控制中心处入射,如图中 λ_1 所示,在经过第二光开关后、进入光电探测器之前由波分复用器出射进入传感器解调系统。若两扇形内为不同光纤传感器,则传感器光源如图中 λ_2、λ_3 所示位置由 WDM 进入传感网中。同样,整个环形结构内的传感器也可分为独立工作专用式光源(图 6-43(a))或共享宽带光源(主要应用于大量 FBG 传感器复用的情况下)(图 6-43(b))。从以上对于环形传感网工作方式的描述可以看出,控制中心提供对整体环形传感网的监控和保护,传感器能够保持独立运行,两者互不影响。

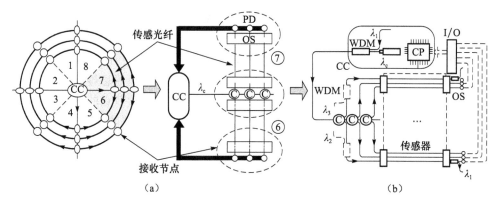

图 6-42　光纤环形传感网结构示意图

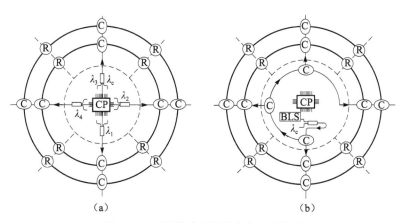

图 6-43　两种传感光源分布方式结构图

　　控制系统对工作在其中的传感器的保护和故障定位是整个传感网的核心,下面详细介绍系统在实现对传感器的自愈、故障定位功能中的软硬件配合及工作流程。当传感网无故障发生时,系统不需要作出任何调整,此时上位机通过中心控制芯片实时监控传感网运行状态。根据环形拓扑结构的大小在中心处理器内存中设置相应数组存放各传感器及其冗余光纤的实时状态:对于 8×3 的传感结构(如图 6-42 所示,八组传感单元,每组内含有三段工作或冗余光纤),初始化数组需要包含八个元素 $[0,0,0,0,0,0,0,0]$,每个元素对应 2^3($0 \sim 7$)种工作状态,"0"代表通道畅通。一旦传感网中出现故障使探测器无法接收到 λ_c 并第一时间被系统检测到,处理器会根据故障的位置及时将数据传送至上位机并发出报警,然后将传感信号切换至无故障的通道。在上位机的人机交互界面中,除了能够实时显示环形传感网系统中各传感器及冗余光纤工作状态,还有可供操作者控制传感网中各通道切换的控件,管理人员可根据实际需要主动对传感网中各通道运行状态进行切换,流程如图 6-44 所示。

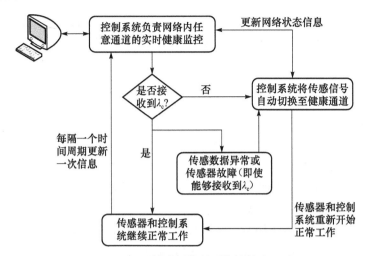

图 6-44 环形传感网控制系统软件流程图

虽然该拓扑结构在整体上表现为环形结构,但是其拓扑结构所表现出的鲁棒性特征和环形结构有本质上的不同。如图 6-42 所示的环形结构中,在实际工作中有可能发生故障的只有各传感单元内的三段光纤,其余各段连接光纤因处在稳定安全的空间而发生故障的概率趋于零。而任意段传感光纤是否完好及传感或控制信号的接收情况不受其他传感单元影响,这一特性与星形传感网结构中各段光纤基本相同,且系统控制信号的工作方式也更为高效。多总线型结构下的控制信号丢失而后续传感器可正常工作,中心控制节点需要无线通信等辅助手段获取后续节点内的信息,这种情况在此环形结构内并不存在。

假设单段传感光纤或传感器的失效概率 g 为 0.1,图 6-45 为含有八组传感单元的环形结构在失效概率 g 为 0.1 下的传感器工作概率分布图,在该环形结构中,

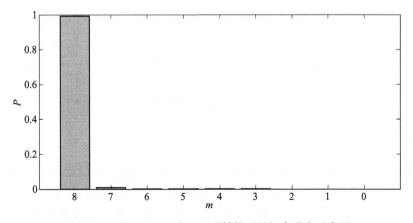

图 6-45 g 为 0.1、N 为 2 环形结构下的概率分布示意图

各通道内的传感器彼此独立工作,通道的通断与否不会影响其他传感器工作,与第2章中讨论的星形结构是一致的,这种拓扑结构为其中的光纤传感器提供了最优的鲁棒性。

6.3.2　混合式光纤传感器的结构设计

光纤传感器根据测量点的连续性可分为分立式和分布式两类,在绝大多数情况下这两类不能组合在一起工作,而是彼此独立互不影响。实际上,对于典型的准分布式/分立式光纤传感器以及光纤既作为传感光纤又起传输光信号作用的分布式光纤传感器,由于两者均使用光纤作为光信号的传输介质,使这两种类型的传感器融为一体成为可能。以环形拓扑结构中相邻两扇面为例,分别加载分布式及混合式光纤传感器,验证该结构及控制系统的可行性,对于混合式光纤传感器的工作情况予以讨论。如图 6-46 所示,系统采用分布式双马赫-曾德尔扰动定位干涉传感器和 FBG 温度传感器与分布式扰动定位传感器组成的混合式光纤传感器作为相邻扇面内的工作传感器,实验中对比上下两路分布式扰动传感器的工作情况以及FBG 的传感情况。

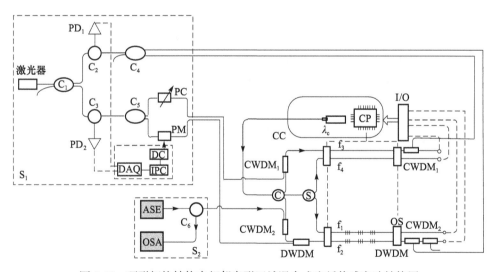

图 6-46　环形拓扑结构中相邻扇形区域混合式光纤传感实验结构图

6.3.3　控制系统软硬件设计

相比于多总线型光纤传感网需根据总的传感节点数分别设计中心及分控制节点,环形拓扑结构下的传感网状态由中心智能处理器全部控制,无论从硬件或软件的设计、工作内容的复杂程度都大大降低,节省了研发成本和大量的开发时间,而环形传感网的整体鲁棒性及各项工作性能也均有所提高。中心控制节点内的嵌入式芯片有相应的 I/O 口连接至各通道的光电探测器 PIN 管及弱信号低噪声放大电路,并通过外围电路直接控制各工作及冗余光纤两端的光开关。假设要构建一个 8×2 的环形光纤传感网(即传感网内共含有八组传感器,每个传感单元内为正在工作的传感器提供一路冗余光纤/传感器),大约需要控制中心的 32 个 I/O 口:其中每个传感单元需要四个 I/O 口(两个用于控制光开关,两个用于连接光电探测器实时反馈各通道的通断状况)。C8051F340 微控制器是完全集成的混合信号片上系统型 MCU,具有通用串行总线(USB)功能控制器、片内电压比较器、精确校准的 12MHz 内部振荡器和 4 倍时钟乘法器,以及多达 40 个端口 I/O(容许 5V 输入),完全能够满足八传感单元对于控制芯片的硬件要求。系统仿真及调试采用 Silicon Labs 软件,该开发接口能够调试已经安装在传感系统上的嵌入式控制器,并且支持全速、在线模式。

6.3.4　多参量传感实验结果分析

将 FBG 传感器和分布式传感器 DMZI 所使用的光纤连接在一起并置于铠装光缆内如图 6-47 所示。分布式光纤传感器的探测距离可以长达几十公里至几百公里,系统中的双马赫-曾德尔扰动定位传感器 DMZI 主要探测光纤铺设沿线的扰动行为信号,并对该行为进行定位。将 FBG 传感器与分布式传感器融合之后,由 FBG 传感器对其他物理量如温度、压力、应变等进行传感。在本系统中使用的是 FBG 温度传感器,对其采用特殊封装使得传感器具备振动不敏感的特性,当外界的扰动行为正好发生在 FBG 的分布点上时,FBG 传感器能够屏蔽扰动行为对反射信号的影响,只体现所需的温度信息。DMZI 的光源为 1550nm 的激光光源,只需使 FBG 的中心反射波长避开 1550nm 并在单模光纤的低损耗窗口区即可,系统参数的选择如表 6-3 所示。

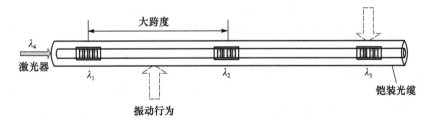

图 6-47　混合式光纤传感网结构示意图

表 6-3　系统参数选择

WDM	通带波长范围/nm	反射波长范围/nm
CWDM	1530～1560	1260～1520 & 1570～1620
DWDM	1550±1	1525～1548 & 1552～1565

　　实验中所选取的 FBG 中心反射波长均在 ASE-C 波段,系统中运用 CWDM(粗波分复用器)与 DWDM(密集波分复用器)将 FBG 与 DMZI 的传感信号分别加载进拓扑结构,完成传感任务时再通过上述器件将信号分离出去,进入各自的解调系统。与此同时,系统各通道的实时监测光信号 λ_c 也通过上述器件正常工作。如图 6-48 所示,f_1 与 f_2、f_3 与 f_4 互为工作与冗余光纤,λ_1、λ_2、λ_3、λ_4 为传感信号,为了各通道内的 λ_c 探测功率相等以方便后续电路设计,采用 1:2:1 耦合器 C 加光纤分路器 S 的组合。一旦传感器或传感网某处发生故障,探测器瞬时将所获信号送至中心处理器,各通道两端的光开关根据中心控制器发出的指令迅速进行通道的切换,使完好无损的传感器接替发生故障的通道继续工作。

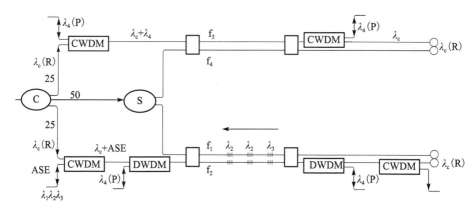

图 6-48　混合式光纤传感网系统结构图

　　对于光纤光栅传感器,将其与探测振动的分布式光纤传感器合成为混合传感器需要克服扰动等外界行为对 FBG 中心反射波长峰值所产生的影响,也就是需要尽量去掉除温度信息以外一切干扰因素的影响。实验中,对于可能发生的振动或其他类似的会对信号产生干扰的行为进行了大量的模拟,中心波长的漂移量随外界振动产生皮米量级幅度的波动,FBG 温度传感的灵敏度为 0.025nm/℃,对于-25~37℃的常温进行测量,扰动行为带来的波动均在±0.015nm(约±0.6℃)以内。如图 6-49 所示,在没有干扰因素的情况下温度传感器拟合的曲线基本是一条直线,将在不同温度下对传感器施加外力后所产生的波长漂移在图中用五角星表示,将这些振动点拟合成一条直线和无振动情况下的拟合曲线基本重合。结果表明,在整个传感量程内,施加扰动如踢、拉、碰触等行为时 FBG 可以保持原有的传感精度。针对几十公里光纤分布沿线的温度测量,其传感精度要求不是非常严格的情况下,这种幅度的波段是可以接受的。与此同时,分布式系统的工作如常进行,信号和结构图如图 6-50 所示。

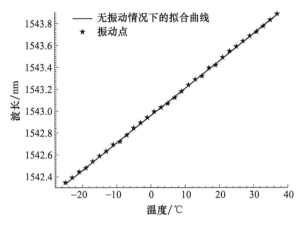

图 6-49　FBG 传感器分别在正常情况及有扰动行为
发生情况下的温度测量曲线

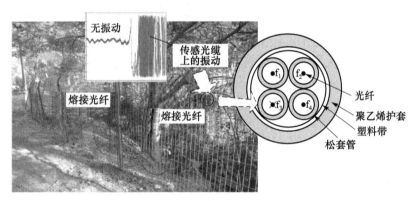

图 6-50　传感光缆实物原理图及解调系统振动干涉信号

第7章　光纤传感网在工程实际中的应用

光纤传感器作为一种新型的传感器，相比于传统电传感器，具有无电源、不受电磁干扰、体积小、质量轻、便于远程监控等优点。光纤传感器可以调制光纤中传输光的强度、相位、波长、偏振态，并通过对这些变化的监测实现对被测物理量的测量。基于光纤传感器构建的光纤传感网，在航空航天、电力电子、土木工程结构健康监测及周界安全监测等领域具有巨大的应用潜力。在航空航天领域，光纤传感器相比于传统的压电陶瓷、振动筒等电学传感器具有独特的优势，引起美国国家航空航天局（National Aeronautics and Space Administration，NASA）的高度重视，诸多研究成果已成功应用于航天器的结构健康监测。在电力电子健康监测领域中，光纤温度传感器能够有效地克服高磁场、长期户外暴露、长距离分布式测量等电力恶劣条件及环境。在土木工程领域，光纤光栅传感器已经越来越多地用于温度、应变监测，成为桥梁、大坝、隧道、建筑等结构健康监测的重要手段。而在周界安全监测领域中，光纤传感网可实现光纤分布式监控与摄像头监控相结合，在国防边境线、重点区域（兵营、博物馆等）的安全监测方面具有重要应用前景。

7.1　光纤传感网在航空航天领域的应用

在航空航天领域，飞行器结构复杂、价格昂贵，在运行过程中要面对非常严酷的环境状况和复杂的运行状态，温度、压力、应变、振动参量是飞行器重要的飞行状态参数、环境参数及结构健康监测参数，传感器收集的这些参量信息是否准确，直接影响飞行器运行的安全性和可靠性。因此，对飞行器进行多参量的高可靠性传感是十分必要的。

在航空航天结构健康监测领域中，压电陶瓷在 1954 年被美国提出，得到研究者的关注[213]，但直到近几年才被应用到结构健康监测领域，并提出了许多压电复合材料，如 PZT/环氧树脂、PZT/硅橡胶等[214,215]。美国斯坦福大学于 2001 年将多个压电传感器形成传感网络，封装在柔软夹层中，即"智能夹层"，将其布置在结构上用于结构的健康监测[216]，并在后续研究中应用在 NASA 航天飞行器燃料箱的安全监测中。铂电阻与热电偶用于温度传感器已达到产业化生产[217]，但是这些传感方法均以电信号作为传感介质，在应用于结构健康监测中，易受电磁干扰，大大限制了其在航空航天领域中的应用。

由于光纤通信与光导纤维技术的迅速发展，光纤传感器已得到广泛应用。与传统的传感器相比,光纤传感器具有灵敏度高、动态响应块、抗电磁干扰强、体积小、质量轻、易组网等优点,光纤传感器具有的独特优势,非常适用于航空航天领域中压力、温度、应变及振动等多种参量的组网测量。

7.1.1　光纤传感器在航空航天领域的应用

航空航天领域中,光纤传感网的敏感元件主要包括光纤 F-P 传感器和光纤光栅传感器。

光纤 F-P 传感器基于 F-P 腔长度进行传感。在传感器研究方面,国内外研究人员对于制作 F-P 腔结构提出了多种方案,主要有光纤端面直接刻蚀微腔、采用毛细管封装微腔和基片蚀刻微腔等。2001 年 Abeysinghe 等在多模光纤端面刻蚀出微腔,然后在该端面键合上硅片构成传感器[218];2004 年 Xu 等采用石英插芯和石英膜片设计了用于燃气涡轮发动机和大功率变压器的动态压力测试的光纤 F-P 压力传感器[219];2005 年 Xu 等利用石英膜片、毛细管和单模光纤端面制成光纤 F-P 压力传感器[220];2006 年 Wang 等在 Pyrex 玻璃微加工出微腔体,然后利用硅片和光纤端面构成了光纤 F-P 腔[221]。采用膜片结构的光纤 F-P 压力传感器直接将压力转化为 F-P 腔长度,给传感器的设计带来很多便利。此外,光纤 F-P 传感器技术的另外一个重要部分是信号解调单元,它和光纤 F-P 压力传感器一起决定了光纤压力传感的总体精度,是光纤 F-P 压力传感技术得到推广应用的关键。光纤 F-P 解调分为强度法解调和相位法解调两类。强度法解调简单,但是对光源稳定性要求高,解调误差大,一般只能应用于测量精度要求低的场合。相位法解调包括谱峰追迹法(单峰测量法、双峰测量法和多峰测量法)、条纹计数法、傅里叶变换法和低相干干涉法等[222]。其中,低相干干涉法属绝对测量,具有精度高和成本低的优势,其解调算法的研究主要从时域和频域开展。时域解调算法直接获取干涉条纹的平移信息进行解调,提出的算法有质心法[223]、对比度法[224]、干涉包络峰值法[225]、干涉条纹中心波峰解调[226]等。在频域解调方面,利用幅频和相频信息进行解调,如 de Groot 等提出的空间频域相位斜率算法[227],Debnath 等提出的增强型相位解调法[228]。目前,国外基于低相干干涉法的商业化解调单元,在解调速度 20Hz 时构成的压力传感系统精度达到 0.1% F.S.(全量程)。

NASA 对光纤光栅传感器的应用非常重视。2001 年,Ecke 等串联了 12 只 FBG 传感器,使之构成准分布式的传感网结构,应用于 X-38 宇宙飞船船体结构的健康监测。通过将 FBG 粘贴在飞船船体结构表面,获得发射和返航过程中飞船表面结构所受的力学载荷和热载荷[229]。2003 年,Mizutani 等将 8 个 FBG 传感器粘贴在复合液氢罐表面,并对其 42m 的上升、下降过程进行实时的应力测量[230]。2008 年,Park 等评估了 FBG 传感器在近地球轨道环境中的应用,将 FBG 阵列埋入碳纤维/环氧树脂复合材料中,研究了传感器在模拟近地球轨道的热循环中反射谱和中心波长的变化[231]。2012 年,日本航空航天探测部的 Takeda 等将 FBG 当做应变仪,来测量碳纤维复合材料加筋板由冲击力引起的应变量,证明了光纤光栅不仅可用来测量温度和应变,同样也可以用作航天结构的损伤监测[232]。

经过几十年的发展,光纤 F-P 光栅传感技术已经取得了很大的进展,但随着航空航天领域传感系统规模的扩大、复杂程度和智能化要求的提高,只针对一种参量的光纤传感网已不能满足航空航天领域的需求。面对航空航天光纤传感领域,多参量、大规模、高精度的特殊要求,需要进行多点位、多参数、网络化光纤传感测量的研究。下面详细介绍在航空航天领域将多参量光纤传感器组网的具体应用实例。

7.1.2　光纤传感网在航空领域的应用

大气压力是飞机飞行安全监测的重要参数之一,大气压力传感器负责收集大气气流的全压和静压信息,并输送给飞机大气数据系统,以计算并指示飞机的多个飞行参数,包括计算空速、真空速、飞行速度、升降速度、飞机高度、马赫数等。它收集的大气压力信息是否快速准确,系统是否稳定,将直接影响大气数据系统工作的准确性,关乎飞机安全。目前探针式大气数据传感系统仍为主流应用,但在飞机技术快速发展的今天,面对一些先进航空飞行器在高超声速飞行、大迎角机动、隐身性能等方面日益严苛的需求,探针式大气数据传感技术在某些方面已经无法满足要求。因此,高稳定度、高精确度、微型化的大气压力光纤传感网应运而生。下面介绍光纤压力传感器在飞机大气压力监测中的组网及解调过程。

大气压力光纤传感网的核心组件为压力传感阵列,其由一组光纤压力传感器构成。将压力传感器阵列嵌入飞行器表面,依靠压力传感器阵列来测量飞行器表面的压力分布,并由此压力分布间接获得飞行参数,压力传感器阵列中传感器的数量和排布结构直接影响大气数据的测量精度。通常为保证飞机大气压力监测系统的可靠性,大气压力传感器阵列中除去正常工作的传感器,还需要有备用传感器。

光纤压力传感网通过低相干干涉解调技术,实现各压力传感器压力信号的解调。图 7-1 为所构建的航空光纤压力测试实验系统,该测试实验系统以 EFPI 压力传感系统为核心单元,配以具有航空级控制精度的压力控制设备、压力舱、温控箱等,用于航空大气压力测量实验。实验系统中使用气管将大气压力控制设备与小型密封压力舱连接,将 EFPI 传感器放置于压力舱中,EFPI 传感器通过压力舱外壁上的高气密性法兰与外界连接[233]。

为验证光纤压力传感器的测量精度,使用构建的大气压力测试实验系统控制大气压力以 4kPa 为间隔从 5kPa 单调增大到 173kPa,对各个压力测量点下采集得到的实验数据,使用色散补偿解调方法进行处理,解调结果如图 7-2 所示。可以看出,在整个测量范围内解调结果保持了非常高的线性度,大气压力最大测量误差小于 0.1kPa,可以满足大气压力光纤传感网的需求。

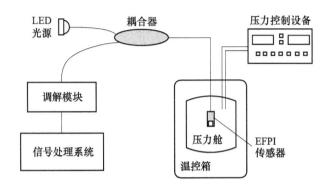

（a）结构示意图

（b）实物图

图 7-1　大气压力测试实验系统

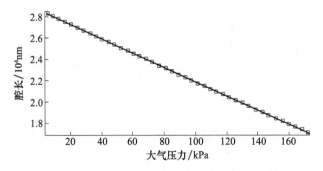

图 7-2　基于 EFPI 传感器的大气压力测量实验结果

7.1.3　光纤传感网在航天领域的应用

水升华器[234]是航天热控系统中的重要组成部分,其主要工作原理是通过物质的蒸发或升华过程中吸收热量的性质,实现航天环境中的冷却或降温,多用于航天员的宇航服中。理想状态下,水升华器的工作模式为升华模式,即在多孔板一侧形成冰层,并不断升华为气态,但这种工作模式的条件较为苛刻,较难实现。当水升华器工作状态出现异常时,会出现少量喷冰、大量喷冰、喷水以及不工作等多种状态。由于航天水升华器工作在热真空环境下,传统的电学传感器温度耐受性有限,极易发生故障或失效,现有监测手段都无法实现对水升华器的实时有效监测。同时,面对水升华器复杂多样的故障状态,对单一参量的测量无法实现对其工作状态的辨别,因此需要通过对温度、压力及振动多个参量的联合传感,对其进行判断。下面介绍温度、压力、振动参量光纤传感网在水升华器工作故障监测中的应用。

用于航天工程的仪器设备必须先通过地面模拟实验的验证,对航天环境的模拟主要是通过空间环境模拟器实现的,即空间环模设备。由于空间环境非常恶劣,在进行水升华器故障监测实验前,首先对光纤传感网中所用到的光纤光栅传感器和光纤 F-P 传感器经过液氮温度下连续一周实验测试,验证实验所用传感器在低温环境下的适应性;然后完成多芯光纤法兰的制作并通过高气密性测试,传输光纤及接插件在液氮温度下的适应性验证;最终在空间环模设备中进行空间环境下的耐受实验,确保其在经过实验环境急剧变化后仍可存活,并对其工作效果进行考察。

在空间环模设备中,将传感器置于不同试件上,试件平放在空间环境模拟系统内的支架上,具体安装位置和试件摆放方式如图 7-3 所示,光纤光栅传感器与光纤 F-P 传感器的信号通过穿墙光纤法兰导出。图 7-4 为在空间环模设备中试件及试件上的多种光纤传感器实物图。

光纤传感器在热真空环境下的耐受实验超过 60h,实验过程中环境最低温度接近－200℃,真空度达到 3×10^{-4} Pa。在整个实验过程中,光纤光栅传感器及光纤 F-P 传感器全部存活,传感信号的传输与解调在光纤异构传感网内进行,验证了热真空环境下光纤传感器的适应性。图 7-5 为一个通道上所有光纤光栅传感器分别在高温和低温下的光谱信号。

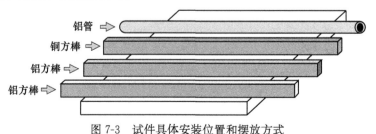

铝管 ⇒
铜方棒 ⇒
铝方棒 ⇒
铝方棒 ⇒

图 7-3　试件具体安装位置和摆放方式

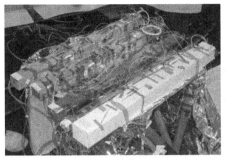

（a）试件

（b）试件上的多种传感器

图 7-4　试件和光纤传感器实物图

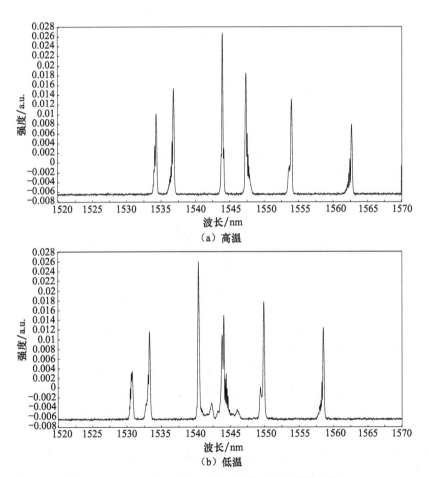

图 7-5　一个通道上光纤光栅传感器光谱信号

　　在验证了热真空环境下光纤传感器的适应性后,为满足对航天水升华器多种工作状态的准确检测,将温度、压力、振动多参量光纤传感器进行组网,并放置在靠近水升华器排气通道的位置。光纤传感网装置实物图如图 7-6 所示。作为对比,安装了带有保温措施的辅助摄像机进行视频观察和记录,整个监测过程在空间环境设备中进行,水升华器故障监测实验的现场示意图如图 7-7 所示。

图 7-6　光纤传感网装置图

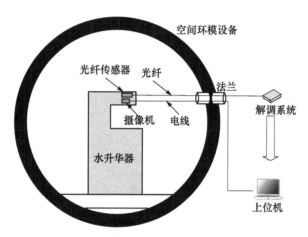

图 7-7　水升华器故障监测实验现场示意图

　　实验开始时,首先空间环境模拟器将内部空气抽出,并将温度逐步降至 77K 以下,然后研究人员开始对水升华器各项工作参数进行调试。在实验进行过程中,由视频仪器可以观察到多次喷冰现象,同时光纤光栅温度传感器、光纤 F-P 压力传感器和光纤 F-P 振动传感器也捕捉到了喷冰所引起的相应参量的变化信号,并且在时间点上与辅助摄像机拍摄到的结果完全吻合。图 7-8 为一段典型的航天水升华器喷冰过程,图中标记区域内压力传感器信号出现显著突起,同一时段振动传感器信号密集,且温度传感器有明显降温过程,联合多参量解调结果,可以证明该时段水升华器发生喷冰故障。此外,图 7-8 中其他部分为较为微弱的喷冰过程,振动传感器稀疏的振动信号即细小冰碴碰撞产生的结果,这种微弱的喷冰现象是视频监测设备无法观测到的,且由于视频监测设备无法适应热真空环境,其在工作过程中一直处在保温设备中,而实验中使用的光纤传感网中所有光纤传感器均能很好地适应热真空环境。实验结果证明,多参量光纤传感网的监测,能够准确判断出水升华器喷冰故障,实现了对其故障的预警,其监测效果明显好于之前的监测手段。

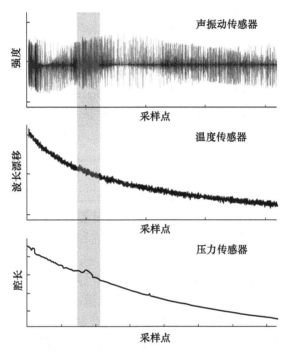

图 7-8　航天水升华器喷冰过程中多参量光纤传感网信号

7.2　光纤传感网在电力电子领域的应用

电力系统由发电、输电、变电、配电和用电等环节组成,其结构复杂、分布面广,在高压电力线和电力通信网络上存在着各种各样的隐患。例如,电气线路和设备的发热部位产生异常高温引发火灾,以及外力破坏(如盗窃、施工)、环境污染、自然灾害等一直是威胁电网安全的重大隐患。所以,在许多电力工程应用中需要确定温度和应变的分布,尤其是需要长距离分布式测量。如何实时监测这些故障隐患,直接关系到电力系统的生产安全与运行稳定。因此,对系统内各种线路、网络进行分布式监测显得尤为重要。

在电力电子健康监测领域中,传统的分立式温度传感器分为热电阻、热敏电阻和热电偶三种。集成温度传感器包括模拟集成温度传感器和数字集成温度传感器。模拟集成温度传感器在 20 世纪 80 年代问世,它是将温度传感器集成在一个芯片上,然后输出模拟信号,其典型产品有 AD590、AD592、TMP17、LM135 等。数字集成温度传感器在 20 世纪 90 年代中期问世,其内部包含温度传感器、A/D 转换器、信号处理器、存储器(或寄存器)和接口电路,典型产品有 DS1820[235]。电力电子健康监测早期是通过示温蜡片、数字温度传感器、红外温度仪等获取电力设备温度信息。但是示温蜡片与红外测温仪需要人工巡查,不能满足现代数字化电力系统的要求。数字温度传感器大多基于电量传送,受电磁场影响较大,只能测量关键点,其应用具有一定的局限性[236]。

光纤传感器克服了以上缺点与不足,具有通信迅速、报警设置灵活、适应恶劣环境等优点,而且抗电磁干扰、防腐蚀、耐高温,能够很好地适应电力工程应用中需要确定温度和应变的分布,尤其适用于对需要长距离分布式测量的情况。

7.2.1 高压光纤电压/电流互感

电力工业是国家经济建设的基础工业,在国民经济建设中有举足轻重的地位。近年来随着各国经济的迅速发展,对电力的需求日益增大,电力系统的额定电压等级和额定电流都有大幅度的提高和增加,必须研究和发展新型的高压设备,电流互感器(current transformer,CT)就是其中之一。

目前,在电力系统中广泛应用电磁式电流互感器,但这种电磁式电流互感器仍存在一些潜在的不足,如突然性爆炸或绝缘击穿引起单相对地短路等系统的不稳定因素。另外,若输出的二次侧负荷开路产生高压,会对配电设备造成危害甚至危及人身安全。随着电压等级的提高,绝缘问题的解决,必然使体积增大、成本增高,设备变得极为笨重。其另外一大缺点是由于电磁式电流互感器是用铁芯制成的,对高频信号的响应特性较差,从而不能正确反映高压线路上的暂态过程。而且,它的二次侧输出对负荷要求较严格,对于高压及特高压电站,占地面积都较大,传输二次侧电信号距离也较远,故要求使用的二次侧电缆的横截面积增大,非常容易产生干扰。针对以上缺点,在科技发达的国家都寻求把光电子学技术用于超高压大电流的电网中,关于这方面的研究近几十年在世界各国都得到了高度重视,提出了很多新的理论和方法,有的研究已经进入了实用阶段。本章简单介绍电磁式电流互感器的基本工作原理,并且对目前的集中电流互感器方案进行详细的讨论。

1. 传统电磁式电流互感器的结构和工作原理

1) 电磁式低压电流互感器

低压电流互感器一般适用于 1000V 以下电压等级中的电流测量,可以用于几十安到一千安范围内的电流测量,测量精度可以达到 0.2%。因为其结构简单,耐压等级不高,价格也比较便宜,广泛应用于工业生产中电流的测量。图 7-9 是某低压电流互感器的外形结构图,其内部结构如图 7-10 所示。

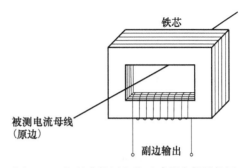

图 7-9　电磁式低压电流互感器外形结构图　　图 7-10　电磁式低压电流互感器内部结构图

被测电流母线从闭路铁芯中穿过,铁芯上按照比例关系缠绕一定圈数的导线作为副边。设原边匝数为 N_1(图 7-9 中原边只有一匝),原边电流为 I_1,副边匝数为 N_2,副边电流为 I_2,根据电磁感应磁路平衡原理,原边和副边的匝数和电流之间的关系满足:

$$N_1 I_1 = N_2 I_2 \tag{7-1}$$

即电流互感器的副边输出电流 I_1 和原边被测电流 I_2 之间呈正比例关系。在副边输出两端串接电流表即可实现对原边电流的测量。该种互感器结构简单、成本低、长期工作可靠性高,但是因为铁芯具有带宽窄、容易出现磁饱和等缺点,尤其是基于该原理的电流互感器在副边开路时会有高压产生,对操作者的人身安全具有一定的威胁。近年来,随着纳米技术及新材料技术的发展,铁芯材料的水平也得到了长足进步;也有的生产厂家将电流输出转换成电压输出,以适应电流互感器日益广泛的应用场合。

2) 电磁式高压电流互感器

在高压电力系统中,由于对设备的绝缘安全性具有极高的要求,尤其是在户外工作的高压电流互感器还要考虑雷电冲击、负载瞬间短路等极端情况,对高压电流互感器的绝缘要求使得基于电磁感应原理的电流互感器变得体积庞大,质量达到数吨,成本急剧升高,其设备成本随电压等级的升高呈指数关系上升。图 7-11 为某 220kV 油浸式电流互感器的外形结构图,其内部结构与图 7-10 类似,其将原副边导线及铁芯浸入高绝缘的变压器油中来实现高低压之间的良好绝缘,这导致该类互感器的质量和成本急剧增加。图 7-12 为某 220kV 气体绝缘式电流互感器外形结构图,这种互感器不采用变压器油作为绝缘介质,而是代以高压惰性气体(如 SF_6 气体),这虽然能在一定程度上减小质量,但是对于电磁感应所固有的铁芯饱和、带宽窄等缺点仍然不可克服。然而,这类互感器结构原理简单,具有工作可靠、稳定性好等优点,也是目前国内电力行业中广泛采用的。

图 7-11　220kV 油浸式电流互感器　　　图 7-12　220kV 气体绝缘式电流互感器

2. 光电式电流互感器

传统的电磁式电流互感器因为其固有的一些缺点,如带宽窄、磁饱和、质量重、易燃易爆、次级开路高压等,严重制约了电力工业的发展,因此开发新型的光电式电流互感器已经成为国内外电力工业的研究热点。随着光电子学的发展和成熟,国内外很多大学和科研机构开始投入精力研究光电式电流互感器,并已经取得了很大进步。

20 世纪 60 年代,国外就开始利用法拉第效应从事电流互感器的研究,到 80 年代和 90 年代初期光学电流互感器(OCT)就已初具商品使用价值,有的公司已经形成正规产品,在 500kV 系统中投入运行。例如,美国的五大电力公司各自在 1982 年左右成立了 OCT 专题研究小组,且研制成功了 161kV 独立式 OCT(1986～1988 年)、161kV 组合式 OCT/光学电压互感器(OVT)和 161kV 的继电保护式 OCT(1978 年)。

日本除研究 500kV、1000kV 高压电网计量用的 OCT,还进行 500kV 以下直至 6600V 电压等级的零序电流、电压互感器适用的光学 CT/PT 的研究。三菱公司制造的 6.6kV、600A 组合式光学零序电流/电压互感器,经过长期运行实验,满足 JEC 1201-1985 标准,已在 1989 年末通过实验鉴定。

1994 年 ABB 公司推出有源式电流互感器,其电压等级为 72.5～765kV,额定电流为 600～6000A。3M 公司在 1996 年已宣布开发出用于 138kV 电压等级的全光纤电流测量模块,可用于 500kV 电压等级。Photonics 公司推出了一种用光推动的光电式电流互感器,称为混合式光电电流互感器,并于 1995～1997 年间在美国、英国、瑞典的超高压电网上试运行。

从光电式电流互感器的研究发展情况来看,在 21 世纪,光电式电流互感器将使互感器技术进入一个崭新的时代。

3. 全光型

1）光学晶体型

该类互感器的传感头一般基于法拉第效应原理,即磁致光旋转效应。当一束线偏振光通过放置在磁场中的法拉第磁光材料后,若磁场方向与光的传播方向平行,则出射线偏振光的偏振平面将产生旋转,即电流信号产生的磁场信号对偏振光波的偏振面进行调制,此时

$$\theta = VHL \tag{7-2}$$

其中,θ 为偏振面的偏转角;L 为光通过介质的路径长度;H 为磁场强度;V 为磁光材料的特性常数,即韦尔代(Verdet)常数,它与介质的性质和波长、温度有关。如果 θ 角能够被检测出,则可测得磁场强度。而磁场强度 H 和导线流过的电流 I 之间满足安培环路定律,即

$$H = I/(2\pi R) \tag{7-3}$$

其中,R 表示电流产生的磁场回路半径,因此只要测出 θ、L、R 就可由

$$I = 2\pi\theta R/(VL) \tag{7-4}$$

求出被测电流的大小和相位。

基于法拉第效应原理的无源型光电电流传感器系统如图 7-13 所示。

图 7-13　无源型光电电流互感器原理图

光源发出的光经起偏器后变成线偏振光,线偏振光经过位于电流产生的磁场中的磁光材料后偏振方向受到磁场调制,经过检偏器后由信号检测与处理单元进

行强度探测和信号处理。根据马吕斯定律,若不考虑衰减,起偏器的射出光强 I_0 与检偏器的射出光强 I 之间有如下关系(图 7-14):

$$I = I_0 \cos^2\theta \qquad (7\text{-}5)$$

由于 θ 角不能直接精确检出,而是通过光强的变化来反映,在根据式(7-5)进行 θ-I 转换时,要考虑起偏器与检偏器的透光轴相交的角度,即 θ 角的偏置位置,才能得到最大的转换灵敏度和最佳线性度。光强对 θ 的变化率,即转换灵敏度为

$$\mathrm{d}I/\mathrm{d}\theta = -2I_0 \sin\theta\cos\theta = -I_0 \sin(2\theta) \qquad (7\text{-}6)$$

令 $(\mathrm{d}I/\mathrm{d}\theta)' = -2I_0 \cos(2\theta) = 0$,求得最大灵敏度位于 $\theta = (2k+1)\pi/4$(k 为整数)的一系列点(图 7-14 中的 B 点),同时可以看出,由于曲线斜率的变化率为零(即 $I'' = 0$),B 点是线性度最好的点。如果将交角固定在 $45°$,有

$$I = I_0 \cos^2(45° + \theta) = \frac{1}{2}I_0\left[1 - \sin(2\theta)\right] \qquad (7\text{-}7)$$

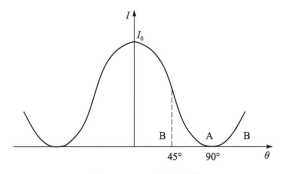

图 7-14　θ-I 关系曲线

无源型结构是近年来比较盛行的,其优点是结构简单,且完全消除了传统的电磁感应元件,无磁饱和问题,充分发挥了光电互感器的特点,尤其是在高压侧不需要电源器件,使高压侧设计简单化,工作寿命更长。

光学晶体型电流互感器的缺点是光学器件制造难度大,测量的高精度不容易达到,尤其是此种电流互感器受韦尔代常数和线性双折射影响严重。而目前尚没有更好的方法能解决韦尔代常数随温度变化而出现的非线性变化,以及系统的线性双折射问题。

2) 有源型

有源型又称混合型,有源型光电电流互感器是指高压侧电流信号通过采样传感头将电信号传递给发光元件而变成光信号,再由光纤传递到低电压侧,进行光电转换变成电信号后输出。有源型光电电流互感器不用光学器件作为敏感元件测量电流,而是把光纤作为信号传输的介质。这样,一方面可以容易地实现互感器高低压之间的电气隔离;另一方面克服了采用光学敏感元件带来的长期稳定性和可靠

性问题。有源型光电电流互感器的框图如图 7-15 所示。

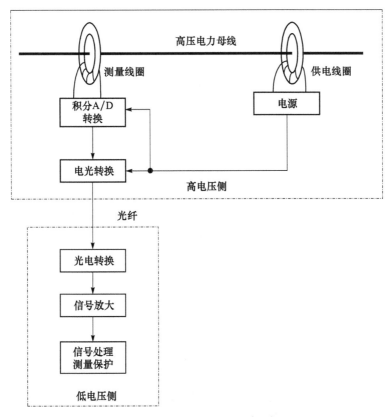

图 7-15　有源型光电电流互感器框图

互感器采用 Rogowski 线圈(图 7-16)作为检测电流的传感头。Rogowski 线圈一般是在非磁性骨架上缠绕一定圈数的导线(常采用康铜丝),然后将绕制好的空心线圈套在电力母线上。

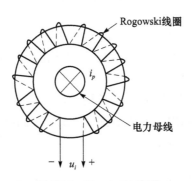

图 7-16　Rogowski 线圈

当电力母线电流向量为 i_p 时,由 Rogowski 线圈感生的电动势 $\dot{u}_i$ 可以表示为

$$\dot{u}_i = M \cdot j \cdot \omega \cdot i_p \tag{7-8}$$

其中,M 为线圈骨架结构和线圈匝数的函数,线圈确定了,M 就可以确定。从式(7-8)可以看出,套在电力母线上的 Rogowski 线圈的感生电动势是电力母线电流微分的一个比例系数,所以为了恢复被测电力母线电流的幅值和相位信息,需要将 Rogowski 线圈输出信号进行积分后再进一步处理。在图 7-16 中,采用高精度低功耗的 A/D 转换器实时地将信号由模拟量变成数字量,然后通过电光转换经光纤送到低压地面端进行电光转换,再通过适当的 D/A 转换恢复成模拟量。图 7-17 为一种实现有源型光电电流互感器的光电转换电路。

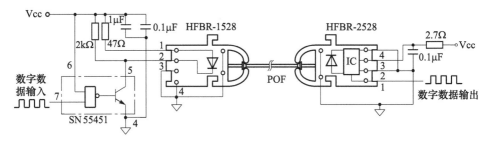

图 7-17   有源型光电电流互感器光电转换电路

在有源型光电电流互感器的设计中,高压端电子器件工作能量的提供是该结构互感器的一个关键问题。图 7-17 所示方案中采用另外一个有铁芯的线圈从高压母线上通过电磁感应的方法来获得能量。这种方法虽然简单,但是因为电力母线工作电流波动极大,以额定工作电流 1000A、额定工作电压 110kV 的电力电流互感器为例:按照 IEC60044-8 规约规定,最小工作电流从 0A 开始,到 20 倍于额定电流的 20000A 变化范围内,互感器都应该能够正常工作。这就要求高压电源部分能够在如此大的电流波动下维持输出稳定的电压给高压端的电子器件,这是相当困难的。尤其是当电力母线电流很小时,将会出现互感器工作失效的死区,极大地限制了该类互感器的工业应用。

然而,随着激光技术和光电池技术的发展,近年来采用激光供能的方式来提供高压端电子器件工作能量的方法已经得到了人们的重视,并且有望使有源型光电电流互感器真正实现工业化应用。

有源型光电电流互感器结构简单,长期工作稳定好,容易实现精度高、性能稳定的实用化产品,是目前国内研究的主流。但是高压侧电源的产生方法比较复杂、成本比较高,还有待于进一步研究。

3) 全光纤型

全光纤型光电电流互感器的传感头即光纤本身(无源型光电电流互感器的传

感头一般是磁光晶体,全光纤型的传感头是特殊绕制的光纤传感头),其余与无源型完全一样。图 7-18 为一种具有自动补偿功能的反射偏振干涉式电流互感器的原理图。

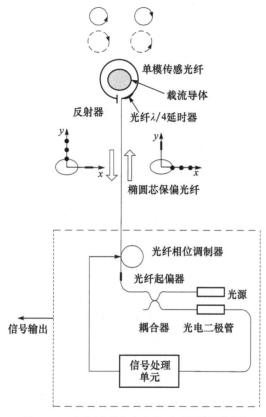

图 7-18　全光纤型光电电流互感器原理框图

图 7-18 中处于高压侧的传感光纤为单模光纤,而处于高、低压两侧之间的传光光纤为椭圆芯保偏光纤。基本工作原理是:由低压侧光源发出的光束经过光纤起偏器后变为线偏振光,其偏振方向与椭圆光纤的长、短轴成 45°角,故在传光光纤中传输的是互为垂直的两束线偏振光。通过高压侧的 λ/4 延时器后再变为旋转方向相反的圆偏振光,即左旋偏振光和右旋偏振光。它们在传感光纤中继续传输,并在电流产生的磁场作用下各自旋转了不同角度。两束光在光纤末端被反射镜反射,根据反射定律,它们的旋转方向发生交换,即左旋偏振光变为右旋偏振光,右旋偏振光变为左旋偏振光。返程的两束光在电流作用下,偏振角再次发生旋转,再经 λ/4 波片后,变为互相垂直的两束线偏振光,但它们原来的偏振方向发生了交换,即前进时在 x 方向的偏振光,返程时变为 y 方向的偏振光,反之亦然。两束光在起

偏器中产生干涉,根据偏振干涉原理,就可以获得被测电流的大小和相位。

由此可见,两束光除偏振方向互相交换,它们都在同一根光纤中传输,周围环境产生的光纤伸缩等效应对互感器的输出几乎没有影响,因此可以从理论上排除外来的干扰。由电流产生的相移 Φ 为

$$\Phi = 4VNI \tag{7-9}$$

其中,V 为传感光纤的韦尔代常数,N 是环绕载流导体的光纤匝数,I 为被测电流,系数 4 是本方案中有两束偏振光在传感光纤中往返二次传输的结果。干涉仪输出的光强为

$$I = I_0(1 + \cos\Phi) \tag{7-10}$$

其中,I_0 正比于光源的光强。由信号处理电路求出式(7-10)的 Φ,再由式(7-9)测出高压母线中的电流大小和相位。

全光纤型光电电流互感器的优点是传感头结构简单,比无源型的容易制造,精度和寿命与可靠性比无源型要高。缺点是这种互感器的光纤需要保偏光纤,而有源型和无源型采用普通光纤即可,要做出有高稳定性的保偏光纤很困难,且造价比较高。

7.2.2 光纤拉曼传感网在电力电子领域的应用

电力电子领域中,光纤传感网主要对电力系统温度进行监测。光纤温度传感器是 20 世纪 70 年代发展起来的一项测温技术。目前主要的光纤温度传感器包括分布式光纤温度传感器、光纤光栅温度传感器、光纤荧光温度传感器、干涉型光纤温度传感器等,其中应用最多的当属分布式光纤温度传感器与光纤光栅温度传感器。

分布式光纤传感器最早是在 1981 年由英国南安普敦大学提出的。分布式光纤传感技术是最能体现光纤分布优势的传感测量方法,它是基于光纤工程中广泛应用的光时域反射技术发展起来的一项新型传感技术。分布式光纤传感器具有抗电磁场干扰、工作频率宽、动态范围大等特点,可以准确地测出光纤沿线上任一点被测量场在时间和空间上的应力、温度、振动和损伤等的分布信息,且不需构成回路。分布式光纤传感器经历了从最初的基于背向瑞利散射的液芯光纤分布式温度监控系统,到基于光时域拉曼散射的光纤测温系统,以及基于光频域拉曼散射的光纤测温系统(ROFDA)等。目前,分布式光纤温度传感器主要基于拉曼散射效应及光时域反射计技术实现连续分布式测量,如 York Sensa、Sensornet 等公司的产品。目前,在国际、国内市场已出现该类传感器的一些产品,其空间分辨率和温度分辨率已分别达到 1m 和 1℃,测量范围为 4~8km。基于布里渊散射光时域及光频域系统也是当前光纤传感器领域研究的热点,LIOS、Micron Optics 等公司已有相应的产品。

光纤光栅传感网的结构形式主要取决于传感器调制和定位的方法,因此光纤

光栅传感网的核心部分是光纤光栅的调制解调系统,其关键技术是多个传感光栅的复用定位技术。

光纤光栅温度传感器具有小巧的感温头,可直接安装到被测物体表面,应用于高压开关柜接头、高压母线接头的温度测量。而变压器的高电压、强磁场环境,可以运用光纤光栅传感器对变压器油温进行实时监测,将光纤光栅内嵌于绕组中对绕组温度和应变进行多点测量。光纤光栅传感技术可以通过 FBG 传感器对输电线路的导线温度、拉力、微风振动、舞动、覆冰、杆塔状态等进行实时监测,且传感信号可通过光纤复合架空地线(OPGW)进行传输。这种监测方式具有耐高压、抗电磁干扰、无源监测等特点。法国的 CEA-Leti、EDF 和 Framatome 研制了用于核电厂混凝土测量的 FBG 变形测量仪,将光纤光栅传感器安装在核壳体表面或埋入核壳体中,对高性能预应力混凝土核壳大墙进行监测。英国 BICC Cable 公司组织了一个联盟,开发了一种具有温度补偿的分布式监测系统,此系统能复用多个光纤光栅应变传感器对 550℃ 的高温部件进行实时监测。2003 年武汉理工光科股份有限公司首次将光纤光栅传感器系统用于清江水布垭电站大坝周边渗漏与坝体大应变长期监测,并取得很好的效果。随后光纤光栅监测系统成功用于云南省澜沧江糯扎渡水电站的导流洞堵头及左岸泄洪洞的安全监测。由于光纤光栅寿命能达到70 年,与被监测对象寿命相当,所以光纤光栅传感器在结构健康监测领域具有广阔的应用前景。光纤拉力、应变等传感器可以镶嵌于变电站的挡土墙、抗滑桩等结构中,对变电站的地质结构进行实时监测,而运用光纤应变传感器、光纤倾角传感器等可以对变电站侧的电力铁塔的运行状况进行监测。

电力系统中的电力设备经常处于一种十分恶劣的环境,如高电压、强电场、热负荷运行(特别是过压、过流、突波、雷击)、点多面广大区域分布且大多无人值守等。电力系统中设备故障的预兆基本上与异常发热相关,所以在保障电网的安全运行中,电网设施的运行温度是一个重要的因素。由于大多烟感探测器、温感探测器、烟温复合式探测器、管道吸气式感烟探测器、可燃气体探测器、红外对射探测器、感温电缆,均是采用电探测工作方式,不太适合强电磁环境的变电站火灾自动报警,容易造成火灾误报警,从而给变电站的管理带来困扰。所以,长距离、连续、高精度测温及精确定位的优势,以及抗电磁干扰、耐环境腐蚀的优异性能,使ROTDR 技术得到了更多的重视。

ROTDR 技术在电网系统中有着广泛的应用空间,主要包括长距离电缆隧道、电缆竖井、电缆沟、电缆夹层、地下管道内敷设的高压电力电缆的温度检测与火灾报警。以下分别介绍不同电力环境的 ROTDR 系统应用方案。

1. 电厂圆形煤场和电厂燃料输送系统温度探测方案

为了保护环境,控制煤粉飞扬污染和减少损失,目前新建的热电厂都已开始将原先的露天堆煤场改为室内储煤场。但在圆形煤仓、煤斗附近的封闭区域内和筒仓区域内,因为煤自身发热会产生既有毒又有爆炸危险的气体。为防止煤堆自燃引起灾害发生,应装设能够监测圆形煤场内部立体温度分布状况的温度探测装置,用以监测圆形煤场内煤堆自身发热和危险的情况。

带式输送机是目前火力发电厂燃料输送系统广泛采用的一种连续运输设备。随着胶带输送机作为高效运输工具在火力发电厂的普及,由此带来的滚筒打滑、托辊超温、大矸石落到胶带下面摩擦起火等问题都会产生火灾隐患。一旦发生故障,将直接影响生产,甚至造成人身伤亡。

采用 ROTDR 方案具有测温不用电和本质防爆的特点,可对光缆所敷设区域进行高精度的定位测温。通过在圆形煤场内壁的不同高度镶嵌多圈温度探测光缆,就可监测圆形煤场内部下、中、上层的煤堆四周温度分布状况。通过在电厂燃料输送系统的胶带输送机下部两侧的滚筒托辊处,沿胶带输送机长度敷设温度探测光缆,就可监测燃料输送廊道内部的输送机等设备运行温度分布状况。同时,因为采用防砸型全封闭免维护铠装温度探测光缆,所以 ROTDR 方案适合充满粉尘、煤块、水气等污染工作环境。

2. 电站内故障检测与火灾报警

变电站是电网重点配套基础设施,确保其安全运行事关重大。为此,根据变电站设备结构布置以及 ROTDR 的特点,兼顾目前在变电站已设计的火灾自动报警方案,提出了在能够充分体现光纤温度探测器优势的局部区域(整个回路绝缘母线、一二次电缆竖井桥架、干式变压器、接地电阻等设备和设施)应用"ROTDR 温度异常监测与自动报警系统"的总体设计方案。

分别对变电站中的电缆母线(图 7-19)、变压器(图 7-20)、电容器(图 7-21)等设备和设施部位进行有效的在线温度监测。

图 7-19　电缆母线　　　　　　　　　　　图 7-20　变压器

　　在变电站电气设备正常运行时，ROTDR 温度探测器将采集记录变电站内各区域一年四季的温度变化状况，通过变电站的通信通道传输相关数据，供设备运行管理人员作为维修依据，供调度人员作为电力负荷调度参考。

图 7-21　电容器

　　在变电站电气设备温度（温差）出现异常时，根据 ROTDR 温度监测系统特性，系统监测的是探测光缆沿线的温度分布情况。因此，在事故发生之前，系统已经进行了长期有效的温度监测，并可利用经验值根据温度情况作出合理判断，ROTDR 温度探测器实时将发生温度（温差）异常的位置及数据发送给变电站值班显示屏幕，提醒有关人员前往察看，以消除可能发生火灾的隐患。

3. 电缆隧道

　　电缆隧道一般均为承载着大区域供电职能的高压电力电缆，特别是 110kV 以上的高压电缆，由于电压等级较高，常规的温度传感器不能满足安全的需要。电缆隧道内火灾发生的主要原因是电缆接头制作的质量不良，以及强电场、潮湿环境致使电缆老化。根据多次事故分析发现，从电缆过热到事故的发生，其发展速度比较缓慢、时间较长，通过基于 ROTDR 技术的电缆过热故障早期在线监测预测系统，完全可以防止、杜绝此类事故的发生。

　　新加坡电网安装的光纤温度传感系统，监测着发电站的配电室与 Ayer 变电站、Labrador 变电站及 Java 变电站之间的 400kV 和 230kV 地下电力电缆的温度。光纤传感系统监测整条 24km 以上传输线路，该系统用于报告并定位温度变化，实时评估电缆短时间过负荷能力，保障电缆的安全使用和电缆传输能力的优化利用，达到既充分利用电缆输送能力，又确保电缆安全的目的，从而使电网公司能最优化配置其电缆资产，并确保为新加坡的用户提供可靠的电力供应。

4. 缆载流量监测技术方案

　　本测温系统的 ROTDR、工控机、光开关、显示器、键盘、网络交换机、UPS、光纤终端盒全部集成于一个标准屏柜（2360mm×800mm×550mm）内，便于维护和管理。ROTDR 将测得的温度信息发送至工控机，由工控机对所测数据进行进一步处理。网络结构如图 7-22 所示。

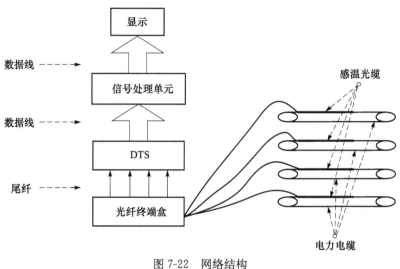

图 7-22　网络结构

当有满足预先设定的报警条件的数据给出声光报警时,报警信息将根据报警级别通过短信方式发送给相关人员。此外,系统还具备历史数据查询、统计功能,并可按照电力公司规定的数据格式将数据发送至指定的数据库内。

7.2.3　光纤传感网在油罐群感温火灾探测系统中的应用

随着我国石油工业的发展,原油、成品油储量的增加,国内大型油库、油罐区越来越多。这样的油罐区多数是改扩建而成的,消防手段依然停留在原始的手动操作阶段。由于油罐数量较多,需控制的设备、阀门数量较多,操作时间长,且流程复杂,极易发生误操作,油罐区的安全难以保证。由于油罐区太大,由人工定点巡检不能及时发现火情,并且原来的操作流程不能保证在发现火情后立即启动灭火系统,贻误灭火时机。如果一个油罐发生火灾没能及时控制住火情,进而影响到其他油罐,发生火灾事件,损失是相当巨大的,不能不引起重视。

光纤光栅感温火灾探测系统是新型的在线感温火灾探测系统。其设计思想是:系统采用分散式就地安装的前端设备(如油罐测温装置),用多路光缆将这些前端设备连接起来构成油罐火灾监测网络,并通过开关量接口连接消防火灾报警器构成油库火灾监控管理系统。该系统的优点是:设备就地安装,省略了诸多中间环节,避免了潜在的事故隐患,而且综合利用石化系统联网的信息全面的优势,加快火灾报警速度,避免石油化工行业的损失。

光纤光栅传感技术最主要的优点就在于现场不供电、免受雷击损坏和电磁干扰。此外,由于光纤光栅温度在线监测仪采用并行光谱探测技术,系统中所有感温探头的单次同步扫描时间小于 1s,加之感温探头的快速导热封装,使得开关柜及电缆接头温度监测系统能够在事故隐患产生时提前预警,有效避免事故的发生。光纤光栅传感技术可在 1s 内完成上万个监测点的数据采集,在设备过热、火灾发生前预警。这种技术同时支持线形、多级星形及混合方式组网,施工快捷,避免了光纤缠绕、迂回方式布线引入的污闪、爬电及高压侵入等隐患。光纤光栅感温探头和传输光纤具有高绝缘、高耐压、防爬电、阻燃等特点。光纤光栅感温探测系统主要由光纤光栅温度传感在线监测仪、光纤光栅测温计以及传输光纤组成。其基本原理是利用光纤光栅测温计内部敏感元件——光纤光栅的反射光谱对温度敏感的特性,通过光纤光栅温度在线监测仪内部各功能模块完成对光纤光栅测温计的输入光源激励/输出光学频谱分析和物理量换算,以数字方式给出各监测点的温度信息,并根据预先设定的报警温度设定值和报警温升速率实时给出过热预警和火灾报警信号。

　　光纤光栅感温火灾探测系统主要由光纤光栅感温探测器、光纤光栅感温火灾探测信号处理器以及连接光缆等组成,所有设备结合了当今先进的通信技术、微处理器技术、数字化温度传感技术。该系统的开发研制均经过了在油罐群的油罐顶及油罐内的多次反复实验和攻关才得以完善,避免了油罐内强大的油气腐蚀,实现了完整安全地把数据传送至监视终端。同时,将报警开关信号送给工业视频监控系统联动相关摄像头并转向火灾报警。因此,该系统是一种高可靠性的分布式在线监测系统。

　　该系统采用光纤光栅为测量单位,多个检测单元之间相互串联,形成检测系统,其主要作用是检测油罐现场环境温度,实时将温度值和火灾信息传递给信号处理器。将该系统安装在罐内浮盘(或拱顶、罐壁)边缘,设置一周光纤光栅感温探头,实时检测各油罐温度的异常变化,如图 7-23 所示。光纤光栅信号处理器给现

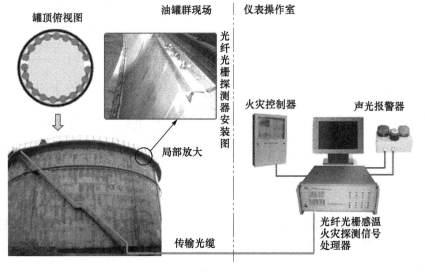

图 7-23　油罐群测量实物图

场检测光栅提供光源,并对检测光栅返回的光信号进行调制解调,同时输出温度值和报警信号。通过连接光缆、检测光缆之间的连接,可实现传输光缆控制室内信号处理器和罐内光纤光栅感温探测器之间的光信号传输。通过处理器发出光信号到传感器,传感器再根据现场不同的温度情况反馈不同光信号,并通过光缆将光信号送至信号处理器。经过处理器模块,反馈的光信号转换成数字信号,并通过专用软件在显示器中显示出来。若现场温度出现波动,超出处理器软件设定的温度会发出报警信号,信号通过处理器的继电器给出声光报警器或消防联动某一个开关量,即可实现声光报警和报警联动输出,从而达到警示或自动采取相应处置的目的。

　　光纤光栅感温火灾探测系统采用全数字化网络结构,提高了整个系统的抗干扰能力。其系统为星形网状拓扑结构,通过光纤光栅感温火灾探测信号处理器将系统与分布于油罐顶上的传感器连接起来。每个通道最大可挂接 18 个智能温度传感器,易于安装维护与系统拓展。光纤材质传输、光纤传感器监测以及现场完全无电等特性,保证了系统能在恶劣环境下稳定地运行。其系统结构图如图 7-24 所示。

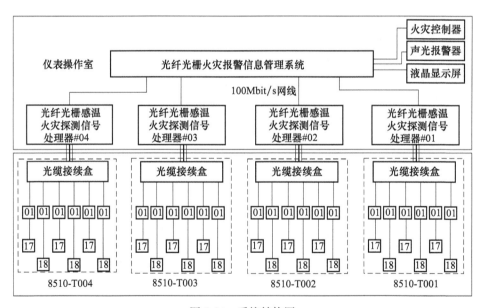

图 7-24　系统结构图

　　经过大量工程实地验证,该系统稳定性高,能成功应对一些突发的危险情况,实现了对现场温度的连续实时监测,并能很好地保存记录,方便与其他设备连接。

7.3　光纤传感网在土木工程中的应用

重大土木工程结构和基础设施,如桥梁、大跨空间结构、超高层建筑、大型水坝、核电站、海洋采油平台以及输油、供水、供气等管网系统,它们的使用期都长达几十年,甚至上百年。在其服役过程中,由于环境荷载作用、疲劳效应、腐蚀效应和材料老化等灾变因素的耦合作用,结构不可避免地产生损伤累积和抗力衰减,从而使其抵抗自然灾害的能力下降,甚至引发灾难性的突发事故。尽管有些事故发生前出现了漏洞、桥墩下陷、开裂等症状,但是缺乏可靠的预警与控制系统,无法及时避免事故的发生。所以,对土木工程的健康监测变得十分必要。

对于一些实际土木工程结构,如桥梁的健康状况的预测,主要通过对桥梁预应力进行监测,目前用电测法进行,主要有测力环、电阻应变片、钢筋计、钢缆测力计等。但其工作寿命最多 2 年,无法满足长期监测要求。

同时,常规技术多以点式电测方式为主,而用于电阻应变测量的传感元件主要为电阻应变片和钢弦计,而电阻应变片及其零点漂移会使其长期测试结果产生严重的失真;虽然钢弦计的灵敏度较好,但因钢弦丝长期处于张紧状态,钢弦丝的蠕变会对钢弦计的灵敏度产生较大的影响[237]。此外,常规的电类传感器普遍存在寿命短、测量易受环境影响、易受电磁干扰、不能进行实时在线监测和不能实现分布测量等缺点。

土木工程结构的工作条件比较恶劣,对传感器的防水、防潮、防裂、防腐等要求高,对长期监测是一个巨大挑战。并且,工程结构的渐变性决定监测系统不仅应具备高精度和长期稳定性,而且要求实时监测数据的准确性。

在土木工程领域内,尽管已有了各种高性能的材料、先进的结构分析和设计方法,但评估技术相对匮乏,所使用的方法许多都是具有破坏性的。虽然提出了一些无损测试混凝土结构的方法,这些方法主要依据的是 X 射线和 γ 射线的吸收、传播和散射,核子振动响应,离子渗透,超声波,振动,磁等方法[238],但是从某种程度上讲,这些方法并不总是可靠的,只能作为定性的评估方法。

在航空航天领域中,利用埋入复合材料中的光纤传感器技术检测结构内部的应变和结构的损坏情况,已充分显示了这是一种有效的无损检测新技术。在土木工程领域利用光纤传感器埋入钢筋混凝土构件和结构中(如建筑物、桥梁、隧道)的方法,同样可以实现结构完整性的无损评估和内部应力状态的监测[239]。

光纤传感器能够满足土木工程结构监测的高精度、远距离、分布式和长期性的技术要求,为解决上述问题提供了良好的技术手段。将光纤布拉格光栅传感技术用于桥梁预应力监测,以锚索为对象,通过室内和工程现场与常规的电测技术对比实验,结果表明:光纤布拉格光栅传感技术具有更好的检测精度、重复性和长期稳定性,而且操作简便。由此可知,相对于传统电测法,光纤传感器具有很好的优势。在具体工程实例中,光纤布拉格光栅传感技术已在桥梁应力检测中得到广泛应用[240]。

由于光纤尺寸小、质量轻,将其埋入混凝土并不影响光纤传感器本身的性质。埋入光纤进行传感的基本原理是光纤周围混凝土的力和热分布状态的变化会引起穿过光纤的光强、相位、波长或偏振变化,根据光纤各种光参数的变化可以高精度地传感混凝土中的温度和应变值,探测裂缝的发生和增长及检测混凝土的蠕变、热应力,并利用光时域反射计和光频域反射计,测试从光纤反射的信号,从而将各种被测的量定位[241]。在结构施工时,将光纤传感器网络埋入结构中,就可以实时监测结构中各种力学参数、损坏情况及进行系统评估。

光纤光栅传感器也是在土木工程领域中广泛应用的传感器,除了具有普通光纤传感器的许多优点,还有一些明显优于普通光纤传感器的特点,其中最重要的就是它的传感信号为波长调制。要实现对结构的全面监测,光纤的布置应全方位形成网络,采集的信息才能反映结构的整体情况。而多个光纤光栅传感器可以串接成一个网络对结构进行分布式检测,传感信号可以传输很长距离送到中心监控室进行遥测。因此,在民用建筑工程中,光纤光栅传感器成为结构监测的最重要手段之一。

光纤传感网安全监测系统是通过监测反映土木工程结构关键性能的技术指标实现对工程病害和损伤的识别,实时反映结构状况的系统,并及时对结构进行维护和检修,以便工程管理部门作出决策,系统基本组成如图 7-25 所示。

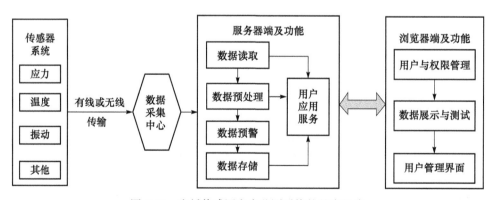

图 7-25　光纤传感网安全监测系统的基本组成

在此监测系统中,光纤传感器作为实时监测系统的基础,能可靠地感知各类被测物理量的变化,信号直接经单芯光缆汇聚成多芯光缆后传给实时监测系统。实时监测系统由分布式数据采集系统、远程数据传输与控制系统组成,其中远程数据传输与控制系统包括本地计算机系统和远程管理监控计算机系统两部分。分布式采集系统对各个需要监测的传感器输出信号进行动态在线监测,同时将采集数据通过现场总线发送给本地计算机系统。本地计算机系统的功能是将各个模块的数据保存在数据库中,通过文本和曲线的形式进行动态显示,同时将数据通过以太网发送给 Internet 网络中的远程管理和监控计算机,实现数据的远程监控和管理。分布式采集与控制系统对采样信号的影响最大,需要特别关注分布式采集与控制系统的特性及其对采样结果的影响,并根据拟采样结果准确选择合适的实时监测系统[241]。

7.3.1　光纤传感技术在土木工程领域面临的问题

1. 光纤埋设[241]

光纤传感技术在土木工程当中的一个重要应用,就是实现混凝土内部的应变、温度等物理量的传感。为了实现该测量,要研究光纤埋入方法及光纤与凝土接触面的处理问题。例如,接触面特点决定了载荷传给光纤的效果及传感器响应的可靠性。进一步弄清接触区的细观力学性态,对于传感器所测量物理量结果整理分析、传感器与混凝土中所测物理量如何关联都是至关重要的。此外,石英玻璃光纤力学与化学耐久性要适应恶劣的水泥环境。

光纤传感技术应用于土木工程时主要面临两个问题:一是光纤在埋入时,水泥、骨料填充、机械振动都不能损坏光纤;二是富含水分与高浓度碱性的水泥浆环境,将有可能侵蚀光纤。

1) 化学侵蚀

众所周知,水和氢氧离子在玻璃光纤的表面反应,会降低光纤强度,而在应力作用下就加速玻璃光纤表面的裂隙生长。然而,水仅在混凝土凝结的最初几天内存在,随着蒸发和化学反应,大部分水就会消失。从混凝土中钢筋不曾被腐蚀也说明了混凝土具有很高的抗渗透性。另外,水泥有很强的碱性(pH 接近 12),会腐蚀玻璃纤维。利用玻璃纤维在普通水泥中作为加筋材料已进行了大量的研究,开发了抗碱玻璃纤维,如 Cem-FIL 纤维,其成分中有约 17% 的氧化锆(ZrO_2)。经过实验,证明高分子材料涂层能改进光纤的化学耐久力。

2) 接触面黏结剂

由于混凝土的凝结收缩(温度降低引起混凝土的体积收缩 0.05%),以及骨料的锁结和水化物钙硅酸盐晶体的形成和增长引起的收缩,在光纤与混凝土之间产生了一定的胶结,然而这种胶结是否能提供有效的载荷传递并不太清楚。因此,需要做抗拔力实验,以确定光纤与混凝土界面之间的剪切强度。

光纤包层起着非常重要的作用,为了防止光纤从包层中脱开或包层光纤从混凝土晶体中脱开,在混凝土与光纤之间就需要性能好的包层胶结剂。通过将带包层的光纤埋入环氧树脂包层的实验研究发现,包层与环氧树脂界面要先于包层和光纤界面脱开。

3) 光纤定位与包层影响

假如在光纤与包层间以及包层与混凝土间有理想的胶结,那么影响埋入传感器响应的唯一因素就是光纤的排列方向(即定位)。定位方向与外载荷和混凝土晶体、包层、光纤层域的力学性质有关,考虑两个一般情况,即埋入光纤与外载荷平行以及垂直的两种情况,它们分别代表沿光纤轴向和径向的变形。对于光纤平行于外载荷的情况,假如界面间存在理想的胶结剂,那么从光纤所得的应力、应变等是光纤长度位置的函数。然而,由于各种原因,实验时发现在光纤中应变不是长度上点的连续函数,而是存在一个临界长度(l_c),在这个临界长度内应力、应变是相同的。这个临界长度的物理意义就是埋入的光纤传感器长度至少等于所给定光纤的直径和弹模的临界长度,从而保证光纤中的应变等于其所处混凝土周围的应变。对于光纤埋入轴向同外载荷垂直的情况,光纤中所代表的实际应变取决于包层材料的刚度与光纤刚度之比。也就是说,光纤包层起一个力的过渡层的作用,它可以急剧地减少混凝土与光纤之间的载荷传递。

4) 光纤埋设方法

实现上述设想的主要困难在于如何将光纤埋入尚未凝结的混凝土中。光纤在混凝土中的放置不能任意摆放,而必须遵从埋入传感器所要检测的要求与目标。混凝土料中占体积70%的是石料和其他填充料,因此在光纤周围的任何方向都会遇到障碍。此外,在混凝土浇筑过程中,光纤要能经得起机械的抽吸、振动和新鲜混凝土翻动的严重考验。为了克服这种困难,提出了各种不同的埋设技术,其中一种方法是光纤由小直径的金属(如薄不锈钢细管)保护。在混凝土浇筑过程中将这种管子放在被测处,完成填料后,在硬化开始前,将细管从中轻轻抽出,把光纤留在混凝土中。这种技术的优点就是可以促成光纤表面形成一种光滑的水泥界面。另一种方法是在光纤传感区内允许光纤在保护筒内自由移动,借助滑动的金属光纤夹板把载荷传递给光纤,这种技术类似于外置式 F-P 应变传感器的载荷传递原理,Huston 等进行了用塑性壳保护的光纤埋设实验,然而,在实际工程中尚不清楚该方法是否能将合适的载荷传递给光纤。

要有效使用光纤传感器,传感器的探测与其放置位置有很大的关系,因此合适的埋设位置是至关重要的。平行于被测对象放置,对于应变传感器是合适的埋设方法,但对于裂缝或凝结传感器也许不需要这样埋设。众所周知,混凝土抗压能力很强,而抗拉能力很弱,因而人们更关注拉应力和拉应变,故光纤应变传感器就应沿平行于钢筋的方向放置,以便检测拉应力、拉应变。

对于检测裂缝的情况,光纤应环绕实际裂缝布置,或布置在可能形成裂缝的位置,这样光纤才可能检测到裂缝扩张的位移。这种布置仅适用于能预测裂缝要出现的区域,并且主要是监测裂缝的尺寸使之保持在安全限以内。另一种情况是在预应力混凝土构件中一旦出现裂缝,就立即报警。这一类型的应用,光纤必须尽可能垂直于裂缝扩展的可能方向。

2. 光纤传感器封装

除了埋设,也可以将光纤传感器固定在土木工程表面,光纤光栅因其特有的传感特性,可以对一些物理参数(如桥梁索力、建筑物应力等)进行测量。为了测得准确的结果,就必须将传感器安装在合适的位置。土木工程领域中,环境复杂多样,为了保证监测的长期性和稳定性,还要对光纤传感器进行封装保护。

由于传感器的使用地点、测量参量的不同,光纤光栅传感器的封装方式也不尽相同。按照传感器测量的参量不同有不同的封装形式,如压力式封装、温度式封装及应力式封装等;按照传感器封装材料的不同,分为单材料封装和多材料封装;按其使用功能,可分为保护式封装、增敏式封装及温度补偿式封装。以上封装方式都不是独立存在的,有时是它们的组合形式。

总之,光纤光栅的封装是为了使光纤光栅不受损伤,以达到提高光栅光纤传感器灵敏度、增强光纤光栅耐久度和保证光栅测量准确度的一种外在保护性手段[242]。

1) 保护式封装

保护式封装可以理解为给脆弱的光纤光栅外加"盔甲",保护光栅不受损坏,提高对环境的适应能力。通常情况下都是将光栅固定于一个密封的容器中,要求该容器有好的高温特性和密封性,防止光栅进水受潮。

例如,北京品傲光电科技有限公司的 FBGS334N2 混凝土埋入式光纤光栅应变计及无应力计可埋设在水工建筑物及其他混凝土建筑物内,测量混凝土的总应变,也可用于浆砌块石水工建筑物或基岩的应变测量。其采用的封装形式就是铠装,可保证其在混凝土中长期存活。

2) 增敏式封装

光纤光栅的波长与应变、温度呈现很好的线性关系,其典型值可以满足一般场合的测量需要。但是在土木工程领域,为了充分发挥或者提高光纤光栅高灵敏的特性而采取增敏式封装,常见的增敏式封装为粘贴式封装,即将光纤光栅粘贴在不同膨胀系数的基体材料上,其通用的结构示意如图 7-26 所示。

增敏式封装的基本原理是当外力(如温度、应变等)作用于基体材料时,因为光纤光栅与基体材料存在不同的膨胀系数,基体材料产生的形变将大于光栅产生的形变,但同时由于光栅被固定在基体材料上,基体材料会带动光栅发生比正常状

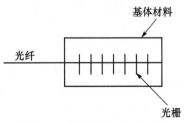

图 7-26　增敏式封装示意图

态下大的形变,进而达到增敏的目的。

3) 混合型封装

混合型封装是将两种封装形式进行混合,使光纤光栅传感器实现牢固、增敏的特性,这种封装形式是最常见的形式,在现场应用中出现较多。

3. 传感技术选择

光纤布拉格光栅技术在建筑结构加固检测中有重要意义。由于其是无损检测,可以在不破坏土木结构的前提下,通过对钢结构和混凝土结构的检测感知受力情况,进而确定钢结构老化程度,为提前加固提供有效信息。同时,它满足了现代土建结构监测的高精度、远距离、分布式和长期性的技术要求,为解决结构的加固和修复中的上述关键问题提供了良好的技术手段[238]。

基于光纤光栅原理,可以对传感器进行一定的变化,例如,根据实际应用情况,选用具有较好弹性和刚度的胶棒作为母体材料,在其表面布设光纤,每根光纤串联多个光纤光栅,形成传感序列。根据变形协调,可以测得结构体的绝对位移。利用这种变形的光纤布拉格光栅传感器,可以实现对大坝水平和垂直位移情况的测量,反映其内部应力、变形情况,得到其健康状况[243]。如果将其与后续的光学信号处理系统连接起来,就可以实现实时检测。

BOTDR 技术可以用于测量温度,且其测量精度很高,具有重要的意义。例如,桥梁、隧道的结构温度是工程安全监测的一个重要方面,大型粮油仓库的温度分布对储藏品质量有极大的影响,监控堤坝的温度梯度可以发现渗漏点,地下水温度场监测有助于分析地下水渗流情况等。采用基于 BOTDR 技术的光纤传感网,可以对隧道、桥梁、粮仓、堤坝、地下水温度场等的温度变化进行实时监测,及时发现问题,防患于未然。

分布式光纤传感系统还可以对混凝土中的裂缝进行检测,利用裂缝会引起光纤的微弯导致光强衰减,通过对光强的实时测量可以得到裂缝的变化,从而反映出土木结构的变化状况。

7.3.2　光纤传感技术在土木工程中的应用

光纤和光纤光栅传感器在土木工程领域得到了广泛的应用,下面简要介绍在这个领域内的应用情况[238]。

1) 热应力和混凝土凝固检测

混凝土在凝固时伴随着化学反应中热量的释放而固化,在此过程中热的释放引起混凝土内部温度上升,而随着混凝土的冷却,其外层的强度和刚度迅速增加,阻止这种收缩将会引起拉应力,这是影响实体混凝土结构的主要问题之一。要获得无裂隙的实体混凝土,在凝固过程中必须均匀冷却,为此可以把光纤温度传感器埋入实体混凝土以检测其内部温度,从而控制凝固过程中冷却的速度。这种设想已经由日本一家建筑公司实现,在他们的报告中利用已商业化的分布式光纤温度传感器,在隧道中检测混凝土的凝固。

2) 裂缝探测与检测

混凝土中裂缝的出现是难以避免的,在正常载荷作用下,由于钢筋的加力阻止干化收缩或温度引起的体积变化都会引起裂缝。裂缝的出现和增长可由埋入光纤中光传播的强度变化而较容易探测到,而其位置由 OTDR 技术来确定。Rossi 和 LeMaou[244] 报道了利用埋入式多模光纤探测混凝土中的裂缝,在埋入过程中,先把光纤用金属管保护起来,在混凝土浇筑完后再移去金属管。当裂缝传过没有包层的光纤任一截面时,就会观察到光纤中光强的跌落。这一方法已用在一个汽车隧道的壳壁上,以检测不同位置裂缝的出现。

3) 弯曲、挠度与位移测量

土木工程师和建筑师感兴趣的其他力学参量包括长跨度构件、框架及实体结构的弯曲、挠度和位移。这方面,Wolff 和 Miesseler 在一座 53m 长的桥梁上将光纤传感器埋入桥面内,测量了延伸率和拉应力,总共使用了八个光纤传感器(四个放置于混凝土桥板上部,四个放置在下部),光纤延伸率的测量揭示了桥梁内温度和蠕变的影响因素。

另一种方法是把多模光纤埋入桥面板与桥墩之间的弹性轴承装备内来测量混凝土桥的载荷作用情况,由光纤微弯曲引起的光损耗来确定载荷值的大小。对于混凝土大坝坝段结点位移检测使用了特殊设计的光纤设备:第一个设备中,用一个弹簧力移动锤头压缩多模光纤使光纤中光的传导产生损耗,来探测超限位移;第二个设备用于测量结点相对位移,其原理是同结点相连的小光纤环的弯曲会导致光纤损耗的变化。

4) 应力、应变测量

要预知结构的情况,对结构中应力、应变状态的了解是至关重要的。把光纤埋入结构中的重要部位,可以相对容易地确定应变,从而推算出应力。光纤直径或折射率的变化可用来测量结构传递给光纤的应变。例如,利用两条金属板条将未包层的低双折射单模光纤压制在一起,并埋入结构中,当外载荷作用于板条时就会引起光纤双折射,在光纤内的两个偏振光模式之间发生干涉,可通过对两个偏振光干涉图样变化的解调得到待测应力的数值。

5) 结构的振动测量

光纤传感器由于其固有的抗电磁干扰及远距传输能力,可远距离、在线测量结构整体或关键部位的振动大小和频率。Spillman 等提出了用多模光纤测量振动的方法,该方法利用多模光纤内模间的干涉与多模光纤所受的外界振动之间的关系,即多模光纤输出光斑部分或整体光强变化与光纤所受振动的关系,可以测得结构振动的幅度和频率。Spillman 等还用此方法测量了一种钢结构的振动,所测结果与加速度计的检测结果一致。

　　6)建筑物监测

　　将光纤传感器埋入建筑物的不同位置,就会形成一个结构"神经"系统,提供建筑物的安全性信息,把这个系统与计算中心相配合将形成具有自我诊断与控制能力的智能建筑物。Huston 等在斯坦福大学的一栋建筑物施工中,埋入了各种单模和多模光纤传感器,预期用这些传感器测振动、风压、使用期内载荷、混凝土蠕变、温度、裂缝等,并可通过一部微计算机进行查询。从这种传感器网络中获得的信息将用来研究和监测建筑物使用期内的性能及整个结构的安全性。

　　综上所述,光纤传感器提供了在现场进行无损测量混凝土构件及结构的应力、应变、温度和变形的可能性,具有非常重要的实际应用价值。

7.3.3　光纤传感网在土木领域的具体应用实例

　　本节重点介绍光纤传感网在桥梁健康监测领域的应用实例。桥梁健康监测系统监测内容的确定首先考虑桥梁结构形式的特点,针对不同桥型选取不同侧重点的监测内容。另外,从运营期养护维修的角度出发,提供详细必要的数据给养护管理系统,为养护需求、养护措施决策提供科学依据,确保结构安全运营,真正做到预防性养护。确定监测内容还需根据监测系统的自身要求来选择适合的监测项目,主要考虑测试手段的可行性、分析方法的可靠性等因素。

　　监测部位的确定应建立在桥梁结构易损性的分析结果基础上,才能保证其合理性,也可以根据经验确定桥梁结构易损部位。

　　监测部位及内容如表 7-1 所示。

表 7-1　监测部位及内容

序号	监测内容	监测部位	监测设备	监测目的	覆盖范围
1	桥梁风载监测	塔顶	风速仪	主桥周围风场	主桥周围
2	大气温度	梁、塔	大气温度计	主桥大气温度	主桥周围
	结构温度	梁、塔	结构温度计	主桥结构温度,考察关键截面温度分布情况;应变传感器的温度补偿	主桥相应位置
3	结构振动监测	梁、塔	加速度传感器	梁、塔、承台的振动水平及动力特性监测,地震、船撞监测	梁、塔、承台
4	应变	梁、梁塔结合部、塔	光纤光栅应变计	考察结构几个关键部位的应力水平	梁、塔及其与索的结合部
5	桥塔倾斜监测	塔	倾斜仪	考察塔的倾斜程度	两个塔

续表

序号	监测内容	监测部位	监测设备	监测目的	覆盖范围
6	索力监测	拉索	索力传感器	考察几根关键索的索力变化情况	几根关键索
7	交通监测	塔	数字交通摄像机	桥梁车流状况	全桥
8	交通流荷载	梁车道	动态称重系统	交通流荷载	全桥

光纤传感网系统架构图如图 7-27 所示。

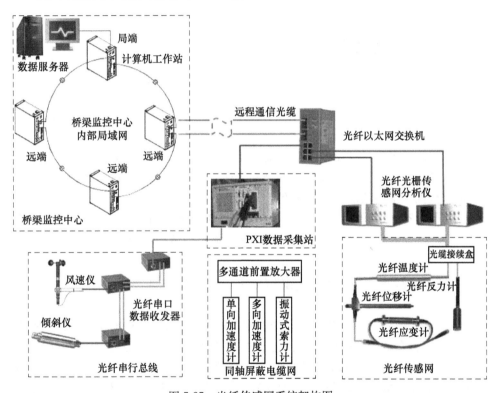

图 7-27　光纤传感网系统架构图

具体传感器的安装工艺需根据封装情况及工程实际要求判断,以保证安装的稳定性及所测物理量的准确性。

下面以桥梁 FBG 传感系统为例进行介绍[245]。该桥梁桥区位于北亚热带南缘,气候多变、环境温度及湿度较高、海水腐蚀性强。主航道桥为双塔单索面叠合梁斜拉桥,主塔为倒 Y 形钢筋混凝土结构,主梁采用钢混叠合梁,节段拼装锚栓连接,斜拉索采用平行钢丝索。根据结构受力和施工情况,选择主航道桥的跨中箱梁节段和塔梁结合处箱梁节段进行监测。传感器布置如图 7-28 所示。

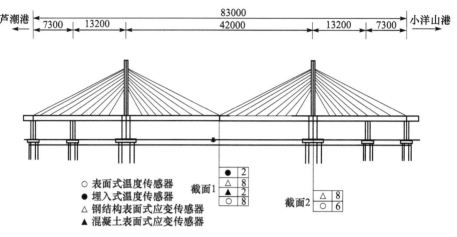

图 7-28　桥梁传感器布置示意图(单位:cm)

利用该系统,在箱梁施工过程中可以实现对结构受力的全面掌握,特别是对于采用新技术、新桥型、新材料的桥梁结构进行掌控,并且施工阶段监测还可以为结构优化设计、验证理论模型以及假设提供第一手资料。在大桥通车前对大桥进行了荷载实验,可以根据应变峰值高低判断车辆荷载的载重。通过该系统的实时监测,可以全面了解桥梁的健康情况和运营状况。

光纤传感系统所具有的优势使其在实际工程中得到了广泛应用,随着研究的进一步深入,光纤传感技术在土木工程领域还将得到更广泛的发展。

7.4　光纤传感网在安全监测领域的应用

安全是生命,安全是效率,安全是家庭的幸福,安全是企业的生命线。安全生产关系人民群众的生命财产安全。近年来,随着工业化和市场经济快速发展,我国安全生产特大事故发生的概率也在增加。资料显示,仅 2013 年上半年,我国发生各类生产安全事故逾 22 万起。例如,2013 年黑龙江粮库起火事件、青岛石油管道爆炸事件等安全事故的发生,就给我们敲响了警钟。安全监测,不仅能保护相关行业的从业人员,为企业安全生产提供保障,同时也可保障广大人民群众的生命财产安全。因此,开展安全监测技术研究,提高安全监测科技水平,利用高新技术,建立完善、有效的安全监测系统,建立起科学而严密的安全管理体系,对有效减少危险环境事故隐患,预防和控制重、特大事故的发生,遏制群死群伤、重大经济损失和保障国家经济与社会的可持续发展具有重大现实意义[246]。

利用光纤传感网进行安全监测,可以解决许多传统测量方式无法解决的测量问题。特别是光纤传感器有抗电磁干扰能力强、灵敏度高、电绝缘性好、安全可靠、耐腐蚀的优点,使其可以在电磁干扰环境、高温环境、易燃易爆环境、易腐蚀环境、无人环境等中发挥良好的监测作用。同时,光纤传感网可以做到自动监测、长期监测、分布式大范围监测,大大节约了人力资源,提高了监测精度,保障了人民生命财产安全。

随着光纤传感技术的不断发展和完善,其在安防、石油、交通、粮食储藏、煤矿、灾害预警等很多行业的安全监测领域都得到了广泛的应用。例如,在石油领域,光纤传感网因其独特的优点特别适用于油气井等易燃易爆行业中物理化学参量的长期实时监测,尤其是在油井温度和压力监测方面,取得了很多研究成果。在油井温度监测方面,常规的电学测温传感器主要基于电阻发热、PN 结以及热电偶技术进行测温,热平衡时间长、温漂大,无法在高温、高压、强腐蚀环境下实现对井下温度的永久性、分布式、实时在线的监测。而光纤温度传感器体积小、寿命长、柔韧性好、对被测温度场干扰小、方便在空间结构复杂的井内安置,得到了广大油田科研工作者的高度重视。基于拉曼散射和光时域反射技术的光纤温度传感器是目前应用最广泛的井下温度实时监测设施和研究热点。在油井压力监测方面,传统的井下压力监测传感器主要是应变压力计和石英晶体压力计。由于井下复杂的工作环境,严重影响了这两类传感器的测量精度和长期可靠性。基于光纤的压力传感器因其本身的优越性,特别适合在油井测温中使用,光纤光栅压力传感器反射波长的大小可受压力变化调制,故被广泛应用于油井测压领域。光纤光栅传感器还可用于地震波检测技术,该技术是对产油区域进行测量和监控的主要方法[247]。

冒顶、坍塌一直是煤矿施工过程中的重大技术问题,近年来绝大多数矿难都是因为对开挖、开采对象安全监测不够而发生冒顶、坍塌等。如何实现对采煤工作面后方的直接顶的实时安全监控和对巷道全方位的实时监测是煤矿安全监测的重点内容。自发布里渊背向散射的分布式光纤应力传感技术可持续监测应力变化的特性,通过设计网格状结构的分布式光纤传感器网络,可以提高监测外界应力变化的精度及准确度,预测直接顶失稳及巷道围岩形变等导致的煤矿地质灾害的发生。

7.4.1　光纤传感安防监测原理

随着社会的不断发展,人们的防范意识也越来越强,因此对当今的安防监测系统提出了新要求,即检测范围广、准确率高、抗干扰能力强、成本低、维护简单等基本属性。传统的周界安防围栏报警系统采用主动红外线对射、微波主动对射、振动电缆、电子围栏和电网等,虽然达到了一定的安全防御效果,但是受一些客观技术条件的影响,均存在一定的技术缺陷。例如,主动红外线对射围栏报警系统,外观不隐蔽、防范严密程度不够,易受地形条件及气候变化影响,从而导致误报警;微波主动对射围栏报警系统,微波产生的电磁辐射对人体有伤害,系统易受周围建筑物强电磁干扰的影响,导致误报现象频发;振动电缆、电子围栏和电网等围栏报警系统,均属于有源的电传感,系统功耗很大,同时它们又易受电磁干扰、信号干扰和串扰等影响,使得灵敏度下降,误报率、漏报率提高。因此,迫切需要开发出比现有监测系统技术含量更高、更加可靠的周界安全系统。

随着光纤传感器应用领域的拓宽,近几年来,基于光纤传感技术的周界安防警戒系统开始在边防及重点区域防卫中得到推广应用。

利用光纤传感技术做成的光纤围栏报警系统具有非常明显的技术优势,其抗电磁干扰、体积小和能源依赖性低,不仅能发现外界扰动,而且可确定外界扰动的位置。该系统以光缆作为探测传感器,运用现代信息采集、处理、分析和监控技术,实现智能化探测预警、入侵报警和系统联动等功能,是一种无源节能的新一代周界安防系统。传感光纤在受到外界影响作用下改变了光纤中光的传输参数,系统通过对返回的光信号进行实时扫描,一旦发现参量变化,便通过控制软件进行分析处理。该系统中的光纤以挂网或地埋方式部署在整个监控区域的有形周界和无形周界上,形成具有防范非法入侵的光纤屏障,并结合视频监控等其他安防设备达到智能化安全监测的效果。

光纤周界安全监控系统采用的技术主要包括:①迈克耳孙、马赫-曾德尔、萨奈克等光纤干涉传感器技术;②光时域反射技术;③FBG 传感器技术;④光频域反射技术。目前,国外研究较多的是基于萨奈克干涉的光纤围栏报警系统,而国内光纤围栏报警系统多采用马赫-曾德尔干涉技术,另外还有一些光纤围栏采用几种干涉技术复合在一起来实现安全监测。

基于光纤干涉型传感技术的光纤围栏报警系统主要是利用干涉型光纤传感技术、入侵模式识别技术和扰动定位技术来实现实时可靠的入侵报警。作为对扰动事件进行后期处理的模式识别技术,其灵活、多样的特点可弥补阈值门限报警的缺陷,减少非人为因素引起的报警,降低光纤围栏误报警率。基于光纤干涉技术的光纤周界安全系统之所以成为安防领域的一个新亮点,是因为干涉仪光纤传感器是以光纤本身作为传感介质,整根光纤都是探测器件,所以异常敏感,极易受到外界的干扰。干涉型光纤传感是当有压力、拉伸、振动等作用到这些干涉仪的传感部分时,将会引起系统中传输的光相位发生变化,然后利用干涉仪将光相位的变化转变为强度的变化,通过检测干涉输出的强度变化来监测光纤上的各种扰动。光相位的变化与光纤的扰动位置存在一定的关系,可根据该关系实现扰动定位。

下面介绍几种国内外光纤围栏报警系统常采用的光纤干涉技术。马赫-曾德尔干涉技术基本原理如图 7-29 所示。由端口 1 发出的窄带激光经耦合器 1 进入两根长度基本相同的光纤,两光纤输出的光信号在耦合器 2 处发生干涉。由于光路的对称性,由端口 2 发出的光也可以在耦合器 1 处产生干涉。当传感光纤无扰动时,由端口 1 发出的光将在端口 2 产生稳定的干涉条纹。同时,由端口 2 发出的光也将在端口 1 产生稳定的干涉条纹。当有入侵扰动时,由干涉原理可知,两个方向的接收探测器检测到的扰动信号只是延时时间不同,而其信号的频谱特性是相同的,即这两路信号是互相关的,根据互相关理论,通过计算两路信号的互相关函数,便可以确定时延。对于多点扰动情况,其互相关函数将出现多个极值点,而每个极值点对应一个扰动时延,因此该干涉技术可对多点入侵扰动进行分析。

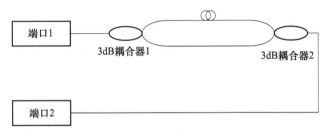

图 7-29　马赫-曾德尔干涉技术原理图

马赫-曾德尔干涉技术是一种基于相位干涉的结构,其检测灵敏度相当高。同时,其解调技术和光路结构相对简单,对光源的相干度要求不高。但是,该干涉技术中光经两根光纤同时进行传播,因此温度等外界环境变化将作用于传感光纤上,引起光纤长度、折射率等发生微小的变化,从而使传输过程的随机相位噪声很容易达到 2π,探测信号的信噪比降低,如果信号淹没在噪声中,将无法进行检测,因此必须对窄带激光光源进行调制。耦合器输出端通过对接形成光纤环路。

萨奈克干涉技术原理如图 7-30 所示。在萨奈克传感装置中,激光器发出的光经 3dB 耦合器分成两路,分别沿顺时针和逆时针方向在光纤环中传播,此两路光符合频率相同、振动方向相同和相位差不变的干涉条件,因此在耦合器处发生干涉。当系统不受外界干扰时,两束相向传播的光信号经历完全相同的光程,因此相位相同。当系统受外界干扰时,扰动信号作用到光纤上,两束光相对的光程不同,相位差发生改变,而相位差的大小与扰动点位置、扰动噪声引起的光波相位变化速率成正比。这里的扰动信号可看成一种白噪声,如果对接收的光信号进行快速傅里叶变换,可发现某些频率点分量为零。扰动信号处于不同位置,这些频率点也不同,求出这些频率点,就可定位扰动位置。但萨奈克干涉技术无法探测到传感光纤环中心点的扰动。

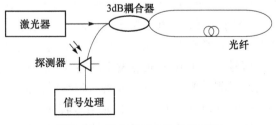

图 7-30　萨奈克干涉技术原理图

由于萨奈克闭环中的两束相向光是在同一光纤中传播的,在没有干扰的情况下,不用外加其他装置,其光程是完全相同的。因此,其信噪比相对于其他干涉技术要高,检测灵敏度也很高,对温度等外界环境不敏感。但它对解调电路的要求很高,必须对光源进行调制,或者对解调光路进行扫频解调,以确定其零频率点的位置[248]。

光频域反射技术是分布式光纤测量与传感技术中新兴的发展方向,较传统光时域反射方法具有灵敏度高、信噪比高、空间分辨率高等特点。

7.4.2 基于双马赫-曾德尔干涉原理的光纤传感安防系统

本节介绍一种在光纤周界安全监控系统基础上提出并实现的光纤分布式扰动与视频联动长距离周界安全监控系统。该系统采用基于双马赫-曾德尔干涉(double Mach-Zehnder interferometer,DMZI)的分布式光纤扰动传感技术,具有灵敏度高、测试距离长等特点。当发生入侵时,监控系统得到入侵的位置信息与模式信息,并将它们传送到视频联动系统,云台使得相应摄像装置转到入侵事件位置,控制室便可得到相应的视频信息,进行实时录像并保存以供重放分析。系统原理图如图 7-31 所示。

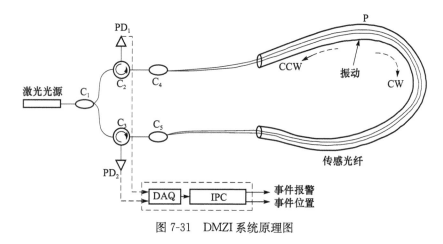

图 7-31　DMZI 系统原理图

图 7-31 中,DAQ(data acquisition card)为数据采集卡,C_1、C_4、C_5 为 3dB 光纤耦合器,C_2、C_3 为光纤环行器,PD_1、PD_2 为光电探测器。通过敷设的光缆,利用光缆中的两根单模光纤作为光纤干涉仪的测试光纤,构成分布式微振动传感器,用于测试光缆沿途的振动信号。DFB 激光光源发出的连续光波从传感器的一端分为光强 1:1 的两束光波在两条测试光纤中同时传播,在光纤传感器另一端汇合形成干涉信号,传输到光电探测器(PD_1 或 PD_2)中将光信号转换成电信号,通过放大和滤波电路对信号进行处理,经过 A/D 转换传输到计算机中对信号进行互相关计算,

得到时间差。由于事件发生位置到分布式传感器两端探测器的距离不同,而光波在光纤中的传播速度是一定的,所以根据两个探测器检测到同一事件的时间差 Δt 即可精确地计算出事件发生的位置,具体如式(7-11)所示:

$$Z = (v\Delta t + L)/2 \tag{7-11}$$

其中,L 为传感光缆总长度,v 为光在光纤中传播的速度。由式(7-11)可知,只要测得 Δt 就可计算出扰动事件发生的位置 Z。视频监控系统由视频主机服务器、摄像头、编码器和光端机等组成。视频监控系统可以将入侵信息可视化,实时动态地监控设防区的安全状况(图 7-32)。但传统的视频监控系统对人员依赖性很强,需要不间断地监控,而且在长距离周界安防的应用中有很多盲区,不能在第一时间获取到入侵信息。光纤传感系统通过光的干涉原理实时地检测设防周界的每一个点,只要有入侵发生,就会第一时间检测出,但不能将入侵信息可视化。为此将视频监控系统与光纤传感系统结合在一起,既能实时地检测入侵位置,又能对入侵位置进行监控。

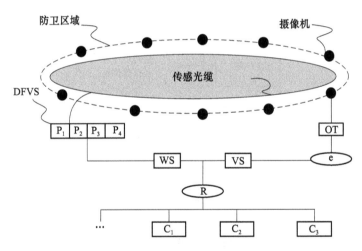

图 7-32　周界安全监控系统结构图

扰动预警定位系统与扰动报警服务器相连,将扰动信号通过采集卡发送至扰动报警服务器;扰动报警服务器首先分析扰动信号,由双马赫-曾德尔干涉原理得到入侵位置信息。之后扰动报警服务器将入侵位置信息通过路由器传送到各个客户端;客户端软件由接收到的入侵位置分析确定入侵区域所对应的视频模块序号,通过路由器向视频服务器发出视频请求信号;视频服务器接收到客户端的视频请求信号后,通过编码器编码,根据请求信息中的视频监控模块编号再与光端机、摄像头连接;摄像头根据请求信息启动报警区域的摄像机对入侵区域进行拍摄,继而将视频信息经光端机、编码器、视频服务器、路由器传送到客户端;客户端通过局域网接收入侵处的视频图像,控制中心软件界面上即会迅速显示出报警的区域、地点、时间,并显示视频模块拍摄到的入侵区域情况,三者进行联动,从而达到对侵入设防区域周界的威胁行为进行预警、监测的目的,辅助安保人员对防区内、外的现场进行监视,使管理人员在监控中心机房中即能观察到防区周界现场重要地点的情况。系统还提供硬盘录像机自动进行实时录像,录下报警时的现场情况,以供事后重放分析[221],如图 7-33 所示。

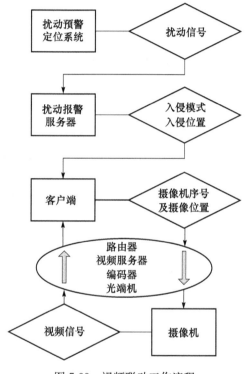

图 7-33　视频联动工作流程

　　光纤传感安防系统与视频系统之间通过网络用户数据报协议(UDP)实现。UDP 是网络协议 TCP/IP 中包含的一种通信方式,而网络协议是一些传递、管理信息的规范,广泛应用于网络(包括互联网)中。网络协议即计算机之间通信时需要遵守的协议[249]。TCP/IP 即传输控制协议/互联网络协议,是一种网络通信协议,通过这种网络通信协议,主机等通信设备之间数据往来格式以及传送方式实现了统一化,能够保证设备间的正常通信[250]。

　　模块间通信的实现过程如下:

　　通过使用 Socket 套接字编程,实现两模块间的网络。Microsoft. Net Framework 提供的网络服务是分层的,而 . Net 类的结构也是分层的,这可使应用程序在访问网络时有不同的控制级别,控制级别是开发人员根据不同应用程序的需求来选择的[251],它们几乎满足了 Internet 网络编程的所有需求[252,253]。在使用 Socket 套接字时,可把其看成一个连接客户端(程序端)和远程服务端之间的数据通道,在该通道的基础上,进行数据的接收与发送、读取与写入。所以,要想实现网络通信,就需要创建 Socket 对象及其 Send/SendTo 方法和 Receive/ReceiveFrom 方法,以发送到连接的 Socket 的数据和接收来自连接的 Socket 的数据。为实现 .Net 框架 Socket 编程,可使用 Winsock32 API 创建 Socket 类,它拥有实现网络编程的绝大多数方法[251]。

协议设定如下:

根据 UDP 的通信规则,设定了两进程之间的通信协议如图 7-34 所示。第一位和最后一位为校验位。第一位校验码为"1",最后一位校验码为"8",第 2～4 位用来表示摄像机号,第 5～7 号表示预置位号,其余的为预留位,为系统以后的扩展预留。在接收到定位系统的数据包之后,视频服务器通过协议分析数据包,得出需要控制的摄像机号,进而实现联动操作。

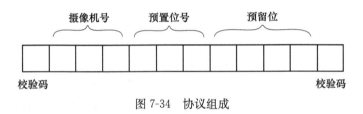

图 7-34　协议组成

当由于触碰等原因使传感光缆产生振动时,输出干涉光的频率和振幅会发生变化。光探测器可以将干涉光信号转变为电信号,随着干涉光信号的变化,输出电信号也会发生相应的变化。通过对探测器输出的电信号的检测,便可得知入侵行为是否发生。

该系统具有广阔的应用市场和巨大的军事和经济价值。在军事领域主要针对弹药库、油库、导弹基地等军用目标;在工业领域主要针对石化厂、炼油厂、化工厂等;在民用领域主要针对核电站、机场、监狱、政府机关、银行、博物馆、学校等重要经济目标的安全保护。

7.4.3　基于迈克耳孙干涉原理的光纤传感安防系统

7.4.2 节介绍了基于双马赫-曾德尔干涉原理的光纤传感安防系统,该系统可以实现对入侵位置的准确判定,光路结构比较复杂。而对于大部分民用场合,不需要精准地判断入侵发生的具体位置,只需要获知是哪个区域有入侵事件发生即可,由此,防区型光纤安防系统应运而生。本节重点介绍基于迈克耳孙干涉原理的防区型光纤传感安防系统,系统的传感原理图如图 7-35 所示。

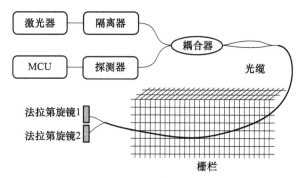

图 7-35　基于迈克耳孙干涉原理的系统传感原理图

　　该系统选用波长为 1550nm 的窄带激光器,发出的光信号通过隔离器后,射入耦合器分成两束相干光,两束相干光分别射入光缆中的传感光纤和参考光纤,被光纤末端的法拉第旋转镜反射,在耦合器的另一端输出干涉光,通过光电探测器检测,利用 FPGA 进行数据的采集和处理分析,判断外界是否有入侵事件。隔离器的作用是防止部分干涉光反射回激光器。为了克服偏振衰落对系统检测信号稳定度的影响,利用 FRM 代替反射镜,进而使系统获得稳定的干涉输出光。

　　光纤传感安防系统主要由户外防区的传感光路部分以及控制室中的报警主机和主机服务器构成,如图 7-36 所示。将需要防范的辖区分成几个区域,在每一个防区的边界敷设传感光缆,可以在围栏上呈 U 形敷设,也可以埋在地下 U 形敷设,传感光缆用于感应外界扰动。在传感光缆的首端和末端利用光纤接续盒封装,光

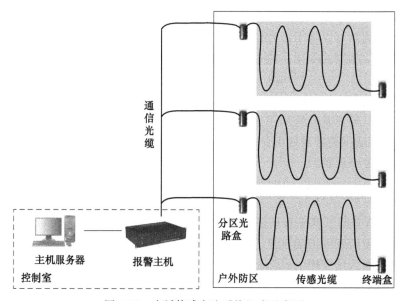

图 7-36　光纤传感安防系统组成示意图

纤接续盒可以保护里面的无源器件不受恶劣环境侵蚀。传感光缆与报警主机之间通过通信光缆相连接。报警主机包含两大部分,一是为传感光路提供光信号,二是接收传感光缆返回的采集信号,利用光电探测器接收,继而由解调电路进行采集和处理。报警主机与服务器通信,构建了相应的软件,利用服务器上的软件界面可以显示解调结果,如果某防区有入侵,在软件界面上会显示该防区有报警,通过软件界面也可以与报警主机进行通信,调节处理模块中算法的参数。该系统使安防人员在室内就可以掌握管辖区域情况,大幅提高安防效率。

　　该系统将防范区域划分为多个区域,每个通道负责一个区域,系统能准确判定是哪个防区有入侵,各个通道互不影响,实现同时对多个防区进行实时监控的目的。该系统的定位精度与防区的长度成反比,防区的长度越短,定位精度越高,反之定位精度越低。该系统可以与某些系统相融合,实现更强大的功能。与声光报警联动,当外界有入侵时可以控制扩音器发声、照明灯点亮等,可以给非法入侵分子强有力的警示。因为光纤传感安防系统的报警主机及软件界面都位于监控中心,如果有非法人员闯入防区,不能对其起到实质性的威慑作用。如果与报警扩音器或者照明系统联动,当光纤传感安防系统判定某个防区存在入侵时,将防区号和报警信号发送到控制中心,控制中心接收后启动对应防区的扩音器和照明灯光,尤其是在夜晚,打开照明灯可以强有力地震慑非法入侵分子。光纤传感安防系统与报警扩音器或者照明系统之间的通信可以使用 TCP/IP 完成,也可以直接利用继电器的开关量与报警扩音器和照明灯连接。系统还可以与手机客户端联动,工作人员可以实时通过手机查看监控信息。此外,将光纤传感安防系统与 GSM 装置通过串口连接,当发生报警时,将发生报警的防区编号以及短信内容转换成 GSM 可以识别的编码传输到 GSM,GSM 接收解析后发送短信到提前设置好的手机上,这样即使不在监控现场,也可以获知所有区域的最新动态。在监控中心不需要留有很多工作者,可以节省一大部分人力成本。当系统与视频监控系统联动时,可以记录入侵证据。当系统与门禁系统联动时,如果门被非法打开,系统会立刻报警。视频联动工作流程如图 7-37 所示,在每个防区布设一个或者多个摄像机,当系统判断出某个防区有报警时,将带有防区号的报警信息发送到视频监控系统,视频监控系统接收到后,首先进行解码,根据预先设置好的防区与摄像机的对应关系,打开该防区相应的摄像头进行拍照或者录像,留存证据,如果是几个防区共用一个摄像头,则将摄像头旋转至报警防区。系统可以布设在防范区域的周界,也可以布

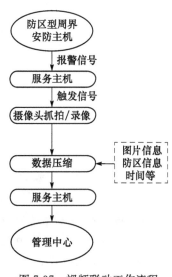

图 7-37　视频联动工作流程

设在重要的出入口,两种系统地融合在一起,形成更加周密的监控网[254]。

与视频系统融合有很多优点:一是避免了视频监控系统长时间录像或拍照;二是不需要有人专门监视着摄像机传回的画面,节省大量人力成本;三是为入侵人员非法行径留下了不可否认的证据。

7.4.4　基于光频域反射技术的光纤传感网监测系统

OFDR 光纤传感网监视系统如图 7-38 所示,主干涉仪是改进的光纤型马赫-曾德尔干涉仪,附加干涉仪是非平衡的迈克耳孙干涉仪,其参考时延光纤长度为 10km。C_1、C_2、C_3 和 C_4 是 2×2 耦合器,其中 C_1 是 1:99 耦合器,C_2、C_3 和 C_4 是 50:50 耦合器。TLS 是可调谐光源,FRM 是法拉第旋转镜,PC 是偏振控制器,PD 是光电探测器,PBS 是偏振分束器,DAQ 是数据采集卡。本系统选用的可调谐光源是一种线宽为 1kHz 的半导体外腔激光器,其中心波长为 1550nm,光功率为 10mW,光频调谐速度为 5GHz/s,调谐范围为 1GHz。采用偏振分集装置可以减小主干涉仪的偏振衰落效应。待测光纤长度为 80km 的单模光纤。DAQ 的采集速率为 25MS/s。迈克耳孙型的附加干涉仪用来得到光源的非线性相位信息,其在两臂末端的法拉第旋转镜可以消除附加干涉仪中的偏振衰落效应,附加干涉仪的参考时延光纤的长度为 10km。80km 单模光纤作为待测光纤。在 80km 待测光纤中设置三个 APC 法兰连接器和一个 APC 接头。

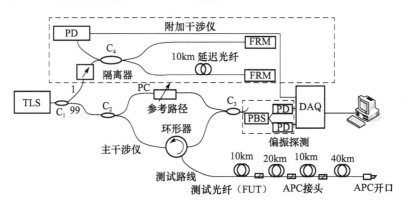

图 7-38　OFDR 光纤传感网监测系统

OFDR 技术中光源的非线性调谐现象会给整体系统带来相位噪声,从而导致系统中的菲涅耳反射峰的能量扩散、幅值降低、空间分辨率衰退,进而影响瑞利散射信号的探测,使系统无法实现安防功能。因而,补偿 OFDR 系统中的非线性调谐效应成为 OFDR 系统相关研究中最为重要的课题之一,本节也针对这一问题提出了相应的解决方案。

去斜滤波算法的滤波效果直接取决于去斜滤波器的性能,而去斜滤波器是对

非线性量 $\varepsilon(t)$ 直接变形得到。因此,对 $\varepsilon(t)$ 的估计会直接影响去斜滤波效果的优劣。因此,可以采用去斜滤波算法[255,256]补偿系统的非线性噪声,使系统的空间分辨率得到更为有效提升。在 OFDR 系统中,相位噪声对系统的影响随着测试距离的延长呈指数型上涨,因此消除系统的非线性噪声要同时消除可调谐光源本身由非线性调谐产生的本振非线性 $S_{\mathrm{e}}(t)$ 以及由系统测试距离引起的回波非线性 $S_{\mathrm{e}}(t+\Gamma)$。通过如图 7-39 所示的去斜滤波算法就可以同时消除这两种相位噪声,达到提升系统空间分辨率的目的。

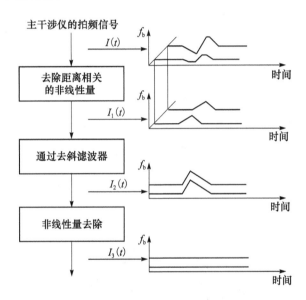

图 7-39 去斜滤波算法基本流程

算法具体步骤如下[257]:

(1) 对于主干涉仪产生的拍频信号,首先通过与非线性相位函数相乘消除信号中的本振非线性量。

(2) 对于已去除本振非线性的信号 I_1,还存在与距离相关的非线性量需要去除。对于这一部分,可以采用将信号 I_1 通过去斜滤波器加以去除,得到 I_2。

(3) 对于不受测试距离影响的非线性相位 I_2,可以直接与其复共轭相乘来完全消除,从而获得完全消除非线性量的线性拍频信号。

为了验证这种处理方法对 OFDR 系统的处理效果,可以将用上述两种方法估算出的非线性量代入去斜滤波器中进行滤波,通过对系统滤波效果的优劣来分析这种优化方法的准确性。本节采用一组已获得的 80km 单模光纤的背向瑞利散射信号作为基础数据进行仿真研究。该单模光纤分别在 10km、30km、40km 处用 APC 光纤连接器相连接,在 80km 处的末端采用开放的 APC 连接头,使之产生非涅耳反射峰。

对于 80km 长的单模光纤中产生的瑞利散射信号的补偿,首先要解调出信号中的非线性量 $\varepsilon(t)$。对于原始的估算方法,获得的非线性量如图 7-40(a)所示,同时,采用多项式分解的方法,获得的非线性量如图 7-40(b)所示。

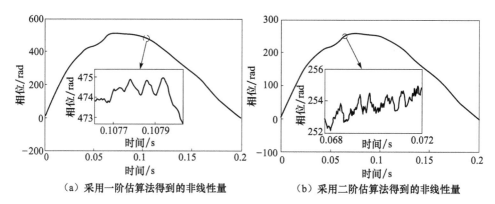

（a）采用一阶估算法得到的非线性量　　　　（b）采用二阶估算法得到的非线性量

图 7-40　优化前后去斜滤波算法的补偿效果

对比图 7-41 中的各个子图,OFDR 系统的在 10km、30km、40km 和 80km 处菲涅耳反射峰的空间分辨率提升情况如表 7-2 所示。

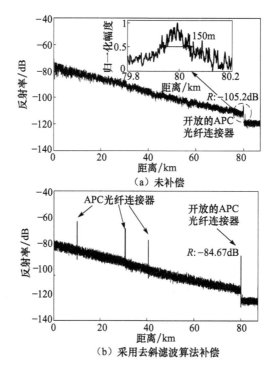

（a）未补偿

（b）采用去斜滤波算法补偿

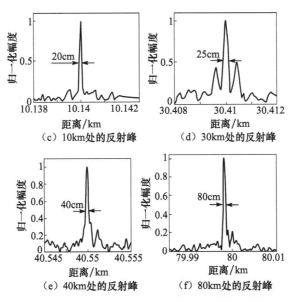

图 7-41 　利用去斜滤波算法所获得的系统效果图

表 7-2 　不同阶数下菲涅耳反射峰的空间分辨率

位置	补偿前系统空间分辨率	补偿后系统空间分辨率
10km	—	20cm
30km	—	25cm
40km	—	40cm
80km	150m	80cm

实验结果表明,去斜滤波算法对系统的非线性调谐有很好的补偿效果,特别是对于长距离的光纤链路中,其 80km 位置处的空间分辨率达到了 0.8m,较补偿前提升了 170 倍左右。

7.4.5 　基于 FBG 和光频域反射技术的混合式光纤传感安防系统

光纤传感网络大体可分为分立式和分布式两大类。FBG 是目前光纤传感领域内发展最成熟的分立式传感单元,配合使用空分复用技术,可以构建较大规模的传感网。但受光源谱宽、单个光栅传感波长移动范围和相邻反射谱之间相互影响等因素的限制,目前光纤传感网络中可复用的 FBG 数量仍有限。传感单元复用数量的限制,是分立式光纤传感网络实现多参量、大规模测量所面临的主要问题之一。分布式光纤传感网是利用普通通信光纤作为传感元件,可获得被测量沿光纤在空间和时间上的分布信息,从根本上突破复用单元数量的限制。但是,分布式光纤传感网之间大规模复用后又较难得到类似分立式传感器的测量精度。分立式和分布式两种传感网在性能、应用等方面各有优缺点，单一分立式或者分布式光纤传感单元已无法满足日益提高的工业生产需求，因此必须探索新的网络体系结构和组网方法，通过合理组合互为补充，以一定的拓扑结构组建混合式光纤传感网。

以图1-31所示混合式双层光纤传感网为例，该网络基于FBG的分立式传感子层与基于OFDR技术的分布式传感子层构建，形成混合式双层光纤传感网络，其中分立式传感子层基于FBG来实现，其主要由可调谐激光光源、环形器、FBG、光电探测器和信号处理分析模块组成。分布式传感子层基于OFDR技术来实现，其主要由可调谐激光光源、测量主干涉仪、辅助干涉仪、光电探测器、数据采集和分析部分组成。

分立式传感层的FBG传感单元采用波分复用的方式对温度进行测量。系统所用的4个FBG传感器的中心波长分别为1553.04nm、1554.79nm、1555.45nm、1558.40nm。中心波长反射峰光谱如图1-33所示。对分布式传感子层做应变实验，测量结果同样呈现出相当好的线性，证明混合式光纤传感网具有良好的测量性能。

7.4.6 基于FBG和分布式光纤扰动技术的混合式光纤传感安防系统

该混合式光纤传感安防系统由两个功能模块构成，即光纤温度模块和光纤扰动模块。光纤温度模块受热胀效应及热光效应影响，当光栅所处的环境发生改变时，根据热胀效应，光栅条纹的周期会发生变化，根据热光效应，光栅的折射率也会发生变化，从而导致光纤光栅的波长发生变化，这样便可计算出温度值。

光纤扰动模块基于双马赫-曾德尔干涉原理制成，其等效光路图如图7-42所示。

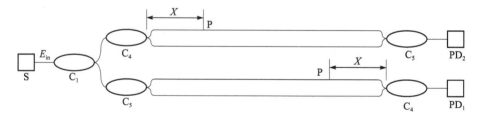

图7-42　分布式光纤扰动系统等效光路

当光缆P处产生扰动时，两束带有扰动信息的光分别传输至C_4和C_5两个耦合器并发生干涉，干涉结果由两个光点探测器接收并转换为电信号传送至计算机进行后续的解调。由于两束光来自同一光源，并且受到相同的应力，所以产生的相位调制是相同的，可通过互相关计算获取两束光波的时延差，进而求得扰动的位置。

在系统实现过程中，硬件由光源模块、探测模块以及驱动模块构成，各模块相互独立，通过通用接口相互关联及通信。硬件系统整体框图如图7-43所示。软件实现中，采用TCP/IP对大量数据进行传输，通过多线程对两种信号实时解调，达到系统实时测量的效果，具体软件流程如图7-44所示。

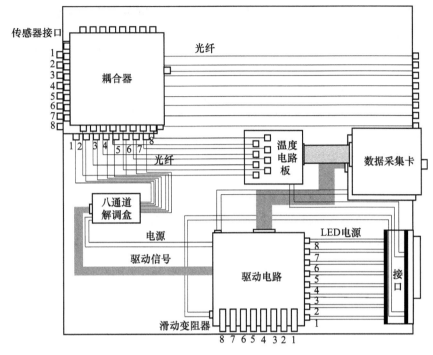

图 7-43　硬件系统整体框图

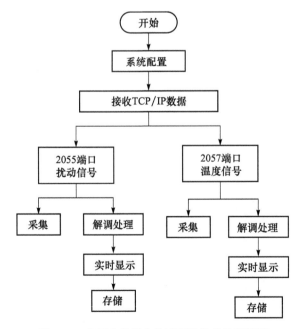

图 7-44　光纤力热复合传感系统软件控制流程

混合组网有利于发挥分立式传感单元和分布式传感单元各自的优势,实现多参量、大容量的传感监测,具有非常广阔的前景[34]。

随着人类社会的不断进步和科技水平的飞速发展,安全监测越来越受到重视,无论是电力、水利、石化等关系国计民生的领域,还是营区、机场、监狱等安全性要求较高的领域,基于光纤传感网的安全监测系统都得到了非常广泛的应用。

光纤传感网安全监测系统具有抗电磁干扰能力强、灵敏度高、电绝缘性好、安全可靠、耐腐蚀等诸多优点,同时采用光纤干涉传感器技术以及 OTDR、OFDR、FBG 传感器技术等诸多高精尖技术,可做到自动监测、长期监测、分布式大范围监测,大大节约了人力资源,提高了监测精度,保障了人民生命财产安全。相信在科研人员的不懈努力下,光纤传感网安全监测系统的精度将进一步提升,功能将进一步成熟和完善,光纤传感网安全监测系统将会为我国安全监测领域作出更加突出的贡献,为人民生产生活保驾护航。

参 考 文 献

[1] 刘化君,刘传清. 物联网技术. 北京:电子工业出版社,2010.

[2] 王鹏宇. 光纤传感器在物联网关键技术中的应用. 电子设计工程,2012,22(20):123-125.

[3] Lopez-Higuera J M. Handbook of Optical Fiber Sensing Technology, Passive Fiber Optic Sensor Networks. London:John Wiley & Sons,2002.

[4] 王惠文,江先进,赵长明,等. 光纤传感技术与应用. 北京:国防工业出版社,2001.

[5] Horiguchi T, Shimizu K, Kurashima T, et al. Advances in distributed sensing techniques using Brillouin scattering. European Symposium on Optics for Environmental and Public Safety, International Society for Optics and Photonics, München,1995:126-135.

[6] 董贤子,吴重庆,付松年,等. 基于 P-OTDR 分布式光纤传感中信息提取的研究. 北方交通大学学报,2004,27:106-110.

[7] Juarez J C, Maier E W, Choi K N, et al. Distributed fiber-optic intrusion sensor system. Journal of Lightwave Technology,2005,23(6):2081.

[8] 耿军平,许家栋. 基于布里渊散射的分布式光纤传感器的进展. 测试技术学报,2002,16(2):87-91.

[9] Brown A W, Colpitts B G, Brown K. Distributed sensor based on dark-pulse Brillouin scattering. IEEE Photonics Technology Letters,2005,17(7):1501-1503.

[10] Soller B, Gifford D, Wolfe M, et al. High resolution optical frequency domain reflectometry for characterization of components and assemblies. Optics Express,2005,13(2):666-674.

[11] Chtcherbakov A A, Swart P L, Spammer S J. A fibre optic disturbance location sensor using modified Sagnac and Mach-Zehnder interferometers. Mirror,1997,6:3.

[12] Spammer S J, Swart P L, Chtcherbakov A A. Merged Sagnac-Michelson interferometer for distributed disturbance detection. Journal of Lightwave Technology,1997,15(6):972-976.

[13] Fang X. A variable-loop Sagnac interferometer for distributed impact sensing. Journal of Lightwave Technology,1996,14(10):2250-2254.

[14] Spammer S J, Swart P L, Booysen A. Interferometric distributed optical-fiber sensor. Applied Optics,1996,35(22):4522-4525.

[15] 陈根祥,路慧敏,陈勇,等. 光纤通信技术基础. 北京:高等教育出版社,2010.

[16] 熊森. 将分布式光纤传感技术融入 EPON 的研究. 成都:电子科技大学硕士学位论文,2009.

[17] 冯利丹. 基于 GPON 的光纤光栅传感网与通信网融合技术的研究. 秦皇岛:燕山大学硕士学位论文,2013.

[18] 张在宣,方达伟. 光纤测量(传感)网络与光纤通信网络. 到 2020 年中国通信科技发展方向及相关政策研讨会,南京,2003:26-29.

[19] 孙昊. 南方电网骨干光纤通信网系统研究. 广州:华南理工大学硕士学位论文,2012.

[20] 聂敏,艾达. 现代通信系统原理. 北京:电子工业出版社,2012.

[21] 叶雯婷. 基于保偏光纤分布式和光纤光栅分立式的双层异构光纤传感网的初步研究. 天津:天津大学硕士学位论文,2011.

[22] 荆振国,于清旭. 用于高温油井测量的光纤温度和压力传感器系统. 传感技术学报,2007,19(6):2450-2452.

[23] 李星蓉. 光纤传感器在电力系统中的应用. 电力系统通信,2008,29(189):49-52.

[24] 鲍吉龙,章献民. FBG 传感网络技术研究. 光通信技术,2001,25(2):84-89.

[25] 毕婕,王拥军,张琦,等. 多通道光纤光栅传感系统解调技术及算法研究. 中国激光,2011,38:105002.

[26] Weis R S,Kersey A D,Berkoff T A. A four-element fiber grating sensor array with phase-sensitive detection. IEEE Photonics Technology Letters,1994,6:1469.

[27] Rao Y J,Kalli K,Brady G,et al. Spatially-multiplexed fiber-optic Bragg grating strain and temperature sensor system based on interferometric wavelength-shift detection. Electronics Letters,1995,31:1009.

[28] Chan P K C,Jin W,Demokan M S. Switched FDM operation of fiber Bragg grating sensors using subcarrier intensity modulation. The 5th Annual International Symposium on Smart Structures and Materials,International Society for Optics and Photonics,San Diego,1998:237-244.

[29] 吴承治. 分布式光纤传感系统和光纤光栅传感技术探讨. 中国通信学会 2011 年光缆电缆学术年会,成都,2011:20-34.

[30] Hartog A H,Payne D N. Remote measurement of temperature distribution using an optical fibre. The 8th European Conference on Optical Communication,Cannes,1982:215-220.

[31] Hartog A H. A distributed temperature sensor based on liquid-core optical fibers. Journal of Lightwave Technology,1983,1(3):498-509.

[32] 耿军平,许家栋,李众,等. 基于光频域拉曼散射的全分布式光纤温度传感器模型研究. 光子学报,2002,31(10):1261-1265.

[33] 陈信伟,张红霞,贾大功,等. 分布式保偏光纤偏振耦合应力传感系统的实现. 中国激光,2010,6(37):1467-1472.

[34] 杜阳,刘铁根,刘琨,等. 基于 FBG 和光频域反射技术的混合式光纤传感网研究. 光电子·激光,2013,24(10):1900-1905.

[35] 孟洲,胡永明,姚琼,等.《光纤传感技术》研究生课程改革讨论. 中北大学学报,2007,23(2):98-100.

[36] 侯俊芳,裴丽,李卓轩,等. 光纤传感技术的研究进展及应用. 光电技术应用,2012,27(1):49-53.

[37] 杨兴,胡建明,戴特力. 光纤光栅传感器的原理与应用研究. 重庆师范大学学报(自然科学版),2009,26(4):101-105.

[38] 廖延彪,黎敏. 光纤传感器的今天与发展. 传感器世界,2004,10(2):6-12.

[39] O'Driscoll E,Kelly K,O'Donnell G E. Intelligent energy based status identification as a platform for improvement of machine tool efficiency and effectiveness. Journal of Cleaner Produc-

tion,2015,105:184-195.

[40] Jackson D A,Reekie L,Archambault J L,et al. Simple multiplexing scheme for a fiber-optic grating sensor network. Optics Letters,1993,18(14):1192-1194.

[41] Abad S,Lopez-Amo M,Lopez-Higuera J M,et al. Single and double distributed optical amplifier fiber bus networks with wavelength-division multiplexing for photonic sensors. Optics Letters, 1999,24(12):805-807.

[42] Talaverano L,Abad S,Jarabo S,et al. Multiwavelength fiber laser sources with Bragg-grating sensor multiplexing capability. Journal of Lightwave Technology,2001,19(4):553.

[43] Peng P C,Wang J B,Huang K Y. Reliable fiber sensor system with star-ring-bus architecture. Sensors(Basel),2010,10(5):4194-4205.

[44] Yeh C H,Chow C W,Wu P C,et al. A simple fiber Bragg grating-based sensor network architecture with self-protecting and monitoring functions. Sensors(Basel),2011,11(2):1375-1382.

[45] Fernández-Vallejo M,Perez-Herrera R A,Elosua C,et al. Resilient amplified double-ring optical networks to multiplex optical fiber sensors. Journal of Lightwave Technology,2009,27(10): 1301-1306.

[46] Huang C J,Wang Y W,Lin C F,et al. A self-healing clustering algorithm for underwater sensor networks. Cluster Computing,2010,14(1):91-99.

[47] Izquierdo E L,Urquhart P,Lopez-Amo M. Protection architectures for WDM optical fibre bus sensor arrays. International Journal of Engineering Science,2007,1(2):1-18.

[48] Lopez O,Schires K,Urquhart P,et al. Optical fiber bus protection network to multiplex sensors: Amplification by remotely pumped EDFAs. IEEE Transactions on Instrumentation and Measurement,2009,58(9):2945-2951.

[49] Perez-Herrera R A,Urquhart P,Schluter M,et al. Optical fiber bus protection network to multiplex sensors:Experimental validation of self-diagnosis. IEEE Sensors Journal,2012,12(9):2737-2743.

[50] Schluter M,Urquhart P. Optical fiber bus protection network to multiplex sensors:Dedicated line and dedicated path operation. Journal of Lightwave Technology,2011,29(15):2204-2215.

[51] Urquhart P,Palezi H,Jardin P. Optical fiber bus protection network to multiplex sensors:Self-diagnostic operation. Journal of Lightwave Technology,2011,29(10):1427-1436.

[52] Gu H W,Chang C H,Chen Y C,et al. Hexagonal mesh architecture for large-area multipoint fiber sensor system. IEEE Photonics Technology Letters,2014,26(18):1878-1881.

[53] Wang Y,Gong J,Dong B,et al. A large serial time-division multiplexed fiber Bragg grating sensor network. Journal of Lightwave Technology,2012,30(17):2751-2756.

[54] 王明波,惠小强. 光纤传感空分复用下多点温度与应力的监测显示. 现代电子技术,2013,35 (23):164-168.

[55] Rappaz B,Moon I,Yi F,et al. Automated multi-parameter measurement of cardiomyocytes dynamics with digital holographic microscopy. Optics Express,2015,23(10):13333-13347.

[56] Zhang Y,Melnikov A,Mandelis A,et al. Optoelectronic transport properties in amorphous/crys-

talline silicon solar cell heterojunctions measured by frequency-domain photocarrier radiometry: Multi-parameter measurement reliability and precision studies. Review of Scientific Instruments, 2015,86(3):033901.

[57] Childs C,Wang L,Neoh B K,et al. Multi-parameter brain tissue microsensor and interface systems:Calibration,reliability and user experiences of pressure and temperature sensors in the setting of neurointensive care. Journal of Medical Engineering and Technology,2014,38(7):339-350.

[58] Lind S,Trost J,Zigan L,et al. Application of the tracer combination TEA/acetone for multi-parameter laser-induced fluorescence measurements in IC engines with exhaust gas recirculation. Proceedings of the Combustion Institute,2015,35(3):3783-3791.

[59] Sun S,Cao Y P,Chen T,et al. Multi-parameter measuring method of image intensifier based on Fourier transform phase measurement. Optik,2014,125(15):4168-4171.

[60] Zhang X L,Wang P,Liang D K,et al. A soft self-repairing for FBG sensor network in SHM system based on PSO-SVR model reconstruction. Optics Communications,2015,343:38-46.

[61] Zhang H X,Gong Y H,Jia D G,et al. Robustness analysis based on optical fiber sensor networks topology. IEEE Sensors Journal,2015,15(3):1388-1394.

[62] Zhang H X,Gong Y H,Liu T G,et al. Deployment optimization for one-dimensional optical fiber sensor networks. Journal of Lightwave Technology,2015,33(14):2997-3004.

[63] Jia D G,Zhang Y L,Chen Z T,et al. Evaluation parameter for self-healing FBG sensor networks after multiple fiber failures. IEEE Photonics Journal,2015,7(4):1-7.

[64] Jia D G,Zhang Y L,Chen Z T,et al. A self-healing passive fiber Bragg grating sensor network. Journal of Lightwave Technology,2015,33(10):2062-2067.

[65] Peng P C,Tseng H Y,Chi S. A novel fiber-laser-based sensor network with self-healing function. IEEE Photonics Technology Letters,2003,15(2):275-277.

[66] 刘德明,孙琪真. 分布式光纤传感技术及其应用. 激光与光电子学进展,2009,11:29-33.

[67] 林之华,李朝锋,刘甲春. 光纤传感技术及其军事应用. 光通信技术,2011,(7):4-6.

[68] 何慧灵,赵春梅,陈丹,等. 光纤传感器现状. 激光与光电子学进展,2004,41(3):39-41.

[69] 韩悦文. 面向物联网应用的大容量光纤光栅传感网络的研究. 武汉:武汉理工大学博士学位论文,2012.

[70] 廖延彪. 我国光纤传感技术现状和展望. 光电子技术与信息,2003,16(5):1-6.

[71] Peng P C,Lin W P,Chi S. A self-healing architecture for fiber Bragg grating sensor network. Sensors Proceedings of IEEE,Vienna,2004:60-63.

[72] Kuo S T,Peng P C,Sun J W,et al. A delta-star-based multipoint fiber Bragg grating sensor network. IEEE Sensors Journal,2011,11(4):875-881.

[73] Yuan L B,Yang J. Two-loop-based low-coherence multiplexing fiber-optic sensor network with a Michelson optical path demodulator. Optical Letters,2005,30(6):601-603.

[74] Yang J,Yuan L B. Improving the reliability of multiplexed fiber optic low-coherence interferometric sensors by use of novel twin-loop network topologies. Review of Scientific Instruments,

2007,78(5):055106-055107.

[75] Yuan L,Jin W,Zhou L,et al. Enhanced multiplexing capacity of low-coherence reflectometric sensors with a loop topology. IEEE Photonics Technology Letters,2002,14(8):1157-1159.

[76] Yuan L,Jin W,Zhou L,et al. Enhancement of multiplexing capability of low-coherence interferometric fiber sensor array by use of a loop topology. Journal of Lightwave Technology,2003,21 (5):1313.

[77] Yuan L,Zhou L,Jin W,et al. Design of a fiber-optic quasi-distributed strain sensors ring network based on a white-light interferometric multiplexing technique. Applied Optics,2002,41(34): 7205-7211.

[78] Yuan L,Zhou L,Jin W,et al. Low-coherence fiber-optic sensor ring network based on a Mach-Zehnder interrogator. Optics Letters,2002,27(11):894-896.

[79] Peng L,Yang W H,Li X,et al. The construction of a FBG-based hierarchical AOFSN with high reliability and scalability. Asia Pacific Optical Communications,International Society for Optics and Photonics,Hangzhou,2008:71362J.

[80] Wei P,Sun X H. Smart sensor network is enhanced by new models. SPIE Newsroom,2007:10. 1117/2. 1200707. 0523.

[81] Wu C Y,Yan J H,Peng P C,et al. Multipoint mesh sensing system with self-healing functionality. Conference on Lasers and Electro-Optics,San Jose,2010:JWA50.

[82] Wu C Y,Kuo F C,Feng K M,et al. Ring topology based mesh sensing system with self-healing function using FBGs and AWG. Optical Fiber Communication Conference, San Diego, 2010: OWM1.

[83] 郭玉田,李从峰. 光纤光栅传感系统在水电大坝监测施工中的组网. 第三届地质(岩土)工程光电传感监测国际论坛,苏州,2010:173-176.

[84] 祁耀斌,吴敢锋,王汉熙. 光纤布拉格光栅传感复用模式发展方向. 中南大学学报(自然科学版),2012,43(8):3058-3072.

[85] Rao Y J,Jackson D A. Recent progress in fibre optic low-coherence interferometry. Measurement Science and Technology,1996,7(7):981-1000.

[86] 张崇富. 光码分复用(OCDM)关键技术及应用研究. 成都:电子科技大学博士学位论文, 2009.

[87] 汪建科,何俊发,王红霞,等. 分布式光纤温度传感器的研究现状与发展趋势. 光机电信息, 2005,7:19-24.

[88] Udd E. Fiber Optic Smart Structures. New York:Wiley-Interscience,1995.

[89] 余有龙,谭华耀. 基于可调 F-P 滤波器的光纤光栅传感器阵列查询技术. 中国激光,2000,27 (12):1103-1106.

[90] Davis M A,Kersey A D. Matched-filter interrogation technique for fibre Bragg grating arrays. Electronics Letters,1995,31(10):822-823.

[91] Kersey A D,Berkoff T A,Morey W W. Multiplexed fiber Bragg grating strain-sensor system with a fiber Fabry-Perot wavelength filter. Optics Letters,1993,18(16):1370-1372.

[92] Ball G A, Morey W W, Cheo P K. Fiber laser source lanalyzer for Bragg grating sensor array interrogation. Journal of Lightwave Technology, 1994, 12(4): 700-703.

[93] Kersey A D. Dual wavelength fiber interferometer with wavelength selection via fiber Bragg grating elements. Electronics Letter, 1992, 28(13): 1215-1216.

[94] 曹汇敏, 陈幼平, 张冈, 等. 嵌入式网络化智能光纤传感器. 仪表技术与传感器, 2006, 4: 1-3.

[95] 喻洪波, 廖延彪, 赖淑蓉, 等. 光纤有源内腔激光传感网络技术. 中国激光, 2003, 30(2): 154-158.

[96] 刘育梁. 光纤光栅传感器的大规模组网技术. http://www. c-fol. net/news/content/22/200409/20040927085138. html[2016-9-11].

[97] 林金坤. 拓扑学基础. 北京: 科学出版社, 2004.

[98] 杨宁, 田耀, 张平, 等. 无线传感器网络拓扑结构研究. 无线电工程, 2006, 36(2): 11-13.

[99] Lopez-Amo M, Abad S. Amplified fiber-optic networks for sensor multiplexing. Japanese Journal of Applied Physics, 2006, 45(8): 6626-6631.

[100] 杨军, 苑立波. 具有嵌入式环形拓扑结构的光纤传感器网络. 中国激光, 2006, 32(10): 1391-1396.

[101] Diaz S, Lopez-Amo M. Comparison of wavelength-division-multiplexed distributed fiber Raman amplifier networks for sensors. Optics Express, 2006, 14(4): 1401-1407.

[102] Diaz S, Cerrolaza B, Lasheras G, et al. Double Raman amplified bus networks for wavelength-division multiplexing of fiber-optic sensors. Journal of Lightwave Technology, 2007, 25(3): 733-739.

[103] Peng P C, Tseng H Y, Chi S. A hybrid star-ring architecture for fiber Bragg grating sensor system. IEEE Photonics Technology Letters, 2003, 15(9): 1270-1272.

[104] 童峥嵘. 光纤光栅传感网络及解调技术的研究. 天津: 南开大学博士学位论文, 2003.

[105] 刘波. 光纤光栅传感网络技术研究与应用. 天津: 南开大学博士学位论文, 2006.

[106] 王焱. 服务元网络体系结构及其关键技术研究. 成都: 电子科技大学博士学位论文, 2008.

[107] Zhang H, Wang S, Gong Y, et al. A quantitative robustness evaluation model for optical fiber sensor networks. Journal of Lightwave Technology, 2013, 31(8): 1240-1246.

[108] 王姝. 光纤传感网鲁棒性评估模型及其应用研究. 天津: 天津大学硕士学位论文, 2012.

[109] Cortes C, Vapnik V. Support-vector networks. Machine Learning, 1995, 20(3): 273-297.

[110] 王雪, 王晟, 马俊杰. 无线传感网络移动节点位置并行微粒群优化策略. 计算机学报, 2007, 30(4): 563-568.

[111] Cheng X, Du D Z, Wang L, et al. Relay sensor placement in wireless sensor networks. Wireless Networks, 2008, 14(3): 347-355.

[112] Liu C, Tasker F A. Sensor placement for multi-input multi-output dynamic identification. Proceeding of the 36th Structures, Structural Dynamics, and Materials Conference, AIAA, Washington, 1995: 3327-3337.

[113] 曹宗杰, 陈塑寰. 智能结构振动控制中压电传感器与执行器位置的拓扑优化. 振动工程

学报,2001,14(1):90-95.

[114] Shih Y T,Lee A C,Chen J H. Sensor and actuator placement for modal identification. Mechanical Systems and Signal Processing,1998,12(5):641-659.

[115] 宫语含. 基于鲁棒性的光纤传感网布设方法研究. 天津:天津大学硕士学位论文,2014.

[116] 王莹. 基于 FMCW/WDM 混合复用技术的光纤光栅传感网络研究. 哈尔滨:哈尔滨理工大学硕士学位论文,2012.

[117] Wang L X,Bai J J. Paralleldemodulation of multichannel distributed fiber Bragg grating sensor system with FP filter. Optica Communication Technology,2005,29(12):28-29.

[118] 王玉宝,兰海军. 基于光纤布拉格光栅波/时分复用传感网络研究. 光学学报,2010,(8):2196-2201.

[119] 余有龙,谭华耀,王骐. 无源式光纤光栅空时分复合复用传感系统. 光学学报,2001,21(11):1313-1315.

[120] Jiang D S,Mei J C,Gao X Q,et al. Encoding FBG sensor monitoring device:China,200320116240. 2003.

[121] 梅加纯. 编码式光纤光栅的制作与应用研究. 武汉:武汉理工大学硕士学位论文,2004.

[122] Choi K S,Son J Y,Kim G J,et al. Enhancement of FBG multiplexing capability using a spectral tag method. IEEE Photonics Technology Letters,2008,20(23):2013-2015.

[123] Choi K S,Youn J,You E,et al. Improved spectral tag method for FBG sensor multiplexing with equally spaced spectral codes and simulated annealing algorithm. IEEE Sensors,2009:1256-1259.

[124] Dai Y B,Liu Y J,Leng J S,et al. A novel time division multiplexing fiber Bragg grating sensor interrogator for structural health monitoring. Optics and Lasers in Engineering,2009,47(10):1028-1033.

[125] Wang Y M,Gong J M,Wang A B,et al. A quasi-distributed sensing network with time-division-multiplexed fiber Bragg gratings. IEEE Photonic Technology Letters,2011,23(2):70-72.

[126] Chan C C,Jin W,Demokan M S. Experimental investigation of a 4FBG TDM sensor array with a tunable laser source. Microwave and Optical Technology Letters,2002,33(6):435-437.

[127] Chan C C,Jin W,Wang D N. Performance of a time-division-multiplexed fiber Bragg grating sensor array with a tunable laser source. The 2nd International Conference on Experimental Mechanics,Singapore,2001:591-596.

[128] 吴薇,刘辛,陈婷. 新型大容量光纤光栅传感解调系统研究. 半导体光电,2011,32(1):143-145.

[129] Koo K P,Tveten A B,Vohra S T. Dense wavelength division multiplexing of fiber Bragg grating sensor using CDMA. Electronics Letters,1999,35(2):165-167.

[130] Chan P K C,Jin W. FMCW multiplexing of fiber Bragg grating sensors. IEEE Journal on Selected Topics in Quantum Electronics,2000,6(5):756-763.

[131] Breglio G, Cusano A, Irace A, et al. Fiber optic sensor arrays: A new method to improve multiplexing capability with a low complexity approach. Sensors and Actuators(B: Chemical), 2004, 100(1-2): 147-150.

[132] Shi C Z, Chan C C, Jin W, et al. Improving the performance of a FBG sensors network using a genetic algorithm. Sensors and Actuator(A), 2003, 107(1): 57-61.

[133] Lee C E, Taylor H F. Fiber-optic Fabry-Perot temperature sensor using a low-coherence light source. Journal of Lightwave Technology, 1991, 9(1): 129-134.

[134] Liu T, Wu M, Rao Y, et al. A multiplexed optical fibre-based extrinsic Fabry-Perot sensor system for in-situ strain monitoring in composites. Smart Materials and Structures, 1998, 7(4): 550.

[135] 邓隐北. 同时测量应力、温度和振频的光纤传感器. 光电技术应用, 2007, 22(5): 35-38.

[136] Yin J D, Liu T G, Jiang J F, et al. Wavelength-division multiplexing method of polarized low-coherence interferometry for fiber Fabry-Perot interferometric sensors. Optics Letters, 2013, 38(19): 3751-3753.

[137] Singh M, Tuck C J, Fernando G F. Multiplexed optical fibre Fabry-Perot sensors for strain metrology. Smart Materials and Structures, 1999, 8(5): 549.

[138] Kaddu S C, Collins S F, Booth D J. Multiplexed intrinsic optical fibre Fabry-Perot temperature and strain sensors addressed using white-light interferometry. Measurement Science and Technology, 1999, 10(5): 416.

[139] Farahi F, Newson T P, Leilabady P A, et al. A multiplexed remote fibre optic Fabry-Perot sensing system. International Journal of Optoelectronics, 1988, 3: 79-88.

[140] 孙琪真, 刘德明, 王健. 全分布式光纤应力传感器的研究新进展. 半导体光电, 2007, 28(1): 10-15.

[141] 张竞文, 吕安强, 李宝罡, 等. 基于 BOTDA 的分布式光纤传感技术研究进展. 光通信研究, 2010, 160(4): 25-28.

[142] Yu Q, Bao X, Fabien R, et al. Simple method to identify the spatial location better than the pulse length with high strain accuracy. Optics Letters, 2005, 30(17): 2215-2217.

[143] Fabien R, Bao X, Li Y, et al. Signal processing technique for distributed Brillouin sensing at centimeter spatial resolution. Journal of Lightwave Technology, 2007, 25(11): 3610-3618.

[144] Snoddy J, Li Y, Ravet F, et al. Stabilization of electro-optic modulator bias voltage drift using a lock-in amplifier and a proportional-integral-derivative controller in a distributed Brillouin sensor system. Applied Optics, 2007, 46(9): 1482-1485.

[145] Bao X, Li W, Li Y, et al. Distributed fiber sensors based on stimulated Brillouin scattering with centimeter spatial resolution. International Conference of Optical Instrument and Technology, Beijing, 2008: 715802.

[146] Dong Y, Bao X, Li W. Differential Brillouin gain for improving the temperature accuracy and spatial resolution in a long-distance distributed fiber sensor. Applied Optics, 2009, 48

(22):4297-4301.

[147] Alahbabi M N, Cho Y T, Newson T P. 150-km-range distributed temperature sensor based on coherent detection of spontaneous Brillouin backscatter and in-line Raman amplification. Journal of the Optical Society of America B, 2005, 22(6):1321-1324.

[148] Martin-Lopez S, Alcon-Camas M, Rodriguez F, et al. Brillouin optical time-domain analysis assisted by second-order Raman amplification. Optics Express, 2010, 18(18):18769-18778.

[149] Soto M A, Bolognini G, Di Pasquale F, et al. Simplex-coded BOTDA fiber sensor with 1m spatial resolution over a 50km range. Optics Letters, 2010, 35(2):259-261.

[150] Bolognini G, Park J, Soto M A, et al. Analysis of distributed temperature sensing based on Raman scattering using OTDR coding and discrete Raman amplification. Measurement Science and Technology, 2007, 18(10):3211.

[151] Eickhoff W, Ulrich R. Optical frequency domain reflectometry in single-mode fiber. Applied Physics Letters, 1981, 39(9):693-695.

[152] LUNA. Data sheet for OBR 4600. http://www. lunatechnologies. com/products/obr/files/OBR4600_Data_Sheet. pdf[2016-10-15].

[153] Venkatesh S, Sorin W V. Phase noise considerations in coherent optical FMCW reflectometry. Journal of Lightwave Technology, 1993, 11(10):1694-1700.

[154] Uttam D, Culshaw B. Precision time domain reflectometry in optical fiber systems using a frequency modulated continuous wave ranging technique. Journal of Lightwave Technology, 1985, 3(5):971-977.

[155] Kingsley S A, Davies D E N. OFDR diagnostics for fibre and integrated-optic systems. Electronics Letters, 1985, 21(10):434-435.

[156] MacDonald R I, Ahlers H. Swept wavelength reflectometer for integrated-opticmeasurements. Applied Optics, 1987, 26(1):114-117.

[157] Ghafoori-Shiraz H, Okoshi T. Optical-fiber diagnosis using optical-frequency-domain reflectometry. Optics Letters, 1985, 10(3):160-162.

[158] Ghafoori-Shiraz H, Okoshi T. Fault location in optical fibers using optical frequency domain reflectometry. Journal of Lightwave Technology, 1986, 4(3):316-322.

[159] Barfuss H, Brinkmeyer E. Modified optical frequency domain reflectometry with high spatial resolution for components of integrated optic systems. Journal of Lightwave Technology, 1989, 7(1):3-10.

[160] Sorin W V, Donald D K, Newton S A, et al. Coherent FMCW reflectometry using a temperature tuned Nd: YAG ring laser. IEEE Photonics Technology Letters, 1990, 2(12):902-904.

[161] von der Weid J P, Passy R, Gisin N. Mid-range coherent optical frequency domain reflectometry with a DFB laser diode coupled to an external cavity. Journal of Lightwave Technology, 1995, 13(5):954-960.

[162] Mussi G, Gisin N, Passy R, et al. —152. 5dB sensitivity high dynamic-range optical frequency-domain reflectometry. Electronics Letters, 1996, 32(10):926-927.

[163] Froggatt M, Seeley R J, Gifford D K. High resolution interferometric optical frequency domain reflectometry(OFDR)beyond the laser coherence length: US, 7515276. 2009.

[164] Geng J, Spiegelberg C, Jiang S. Narrow linewidth fiber laser for 100-km optical frequency domain reflectometry. IEEE Photonics Technology Letters, 2005, 17(9):1827-1829.

[165] Tsuji K, Shimizu K, Horiguchi T, et al. Coherent optical frequency domain reflectometry using phase-decorrelated reflected and reference lightwaves. Journal of Lightwave Technology, 1997, 15(7):1102-1109.

[166] Tsuji K, Shimizu K, Horiguchi T, et al. Coherent optical frequency domain reflectometry for a long single-mode optical fiber using a coherent lightwave source and an external phase modulator. Photonics Technology Letters, IEEE, 1995, 7(7):804-806.

[167] Koshikiya Y, Fan X, Ito F. Long range and cm-level spatial resolution measurement using coherent optical frequency domain reflectometry with SSB-SC modulator and narrow linewidth fiber laser. Journal of Lightwave Technology, 2008, 26(18):3287-3294.

[168] Fan X, Ito F. Novel optical frequency domain reflectometry with measurement range beyond laser coherence length realized using concatenatively generated reference signal. Conference on Lasers and Electro-Optics, Munich, 2007:CThKK7.

[169] Fan X, Koshikiya Y, Ito F. Phase-noise-compensated optical frequency domain reflectometry with measurement range beyond laser coherence length realized using concatenative reference method. Optics Letters, 2007, 32(22):3227-3229.

[170] Fan X, Koshikiya Y, Ito F. Phase-noise-compensated optical frequency-domain reflectometry. IEEE Journal of Quantum Electronics, 2009, 45(6):594-602.

[171] Koshikiya Y, Fan X, Ito F. Influence of acoustic perturbation of fibers in phase-noise-compensated optical-frequency-domain reflectometry. Journal of Lightwave Technology, 2010, 28(22):3323-3328.

[172] Fan X, Koshikiya Y, Ito F. 2-cm spatial resolution over 40km realized by bandwidth-division phase-noise-compensated OFDR. Optical Fiber Communication Conference, Los Angeles, 2011:OMF3.

[173] Fan X, Koshikiya Y, Okamoto K, et al. Field trial of cm-level resolution PNC-OFDR for identifying high-birefringence section. European Conference and Exposition on Optical Communications, Geneva, 2011:Tu. 6. LeCervin. 6.

[174] Fan X, Koshikiya Y, Ito F. Centimeter-level spatial resolution over 40km realized by bandwidth-division phase-noise-compensated OFDR. Optics Express, 2011, 19(20):19122-19128.

[175] Ito F, Fan X, Koshikiya Y. Long-range coherent OFDR with light source phase noise compensation. Journal of Lightwave Technology, 2012, 30(8):1015-1024.

[176] 王晓鸥, 南京达. 激光外差探测中的全息技术. 哈尔滨工业大学学报, 1997, 2:64-66.

[177] 徐升槐. 基于 OFDR 的分布式光纤传感技术的研究. 杭州:浙江大学硕士学位论文, 2011.

[178] 刘铁根,刘琨,孟云霞,等. 具有双向可扩展性的混合式双层光纤智能传感网:中国, CN103067086A. 2013.

[179] 高晋占. 微弱信号检测. 北京:清华大学出版社,2014.

[180] 王燕花. 新型光纤传感系统的研究与实现. 北京:北京交通大学博士学位论文,2009.

[181] 尹崇博. 分布式光纤传感系统触发模式识别的研究. 上海:复旦大学硕士学位论文, 2008.

[182] 陈后金,薛健,胡健. 数字信号处理. 北京:高等教育出版社,2004.

[183] 吴顺君. 近代谱估计方法. 西安:西安电子科技大学出版社,1994.

[184] Dey D,Chatterjee B,Chakravorti S,et al. Cross-wavelet transform based feature extraction for classification of noisy partial discharge signals. Annual IEEE India Conference, Kanpur,2008,2:499-504.

[185] Wang S,Jiang J,Liu T,et al. A simple and effective demodulation method for polarized low-coherence interferometry. Photonics Technology Letters,IEEE,2012,24(16):1390-1392.

[186] 张建国. 基于时频分析的信号特征提取方法研究. 电测与仪表,2005,(6):6-9.

[187] 沈功田,耿荣生,刘时风. 声发射信号的参数分析方法. 无损检测,2002,24(2):72-77.

[188] 王俊,陈逢时. 一种基于子波变换模极大值的信号重建方法. 无线电工程,1995,25(5): 15-23.

[189] 王宏禹. 数字信号处理专论. 北京:国防工业出版社,1995.

[190] Coifman R R,Wickerhauser M V. Entropy-based algorithms for best basis selection. IEEE Transactions on Information Theory,1992,38(2):713-718.

[191] 傅海波. 无线传感网中数据融合算法的研究. 南京:南京邮电大学硕士学位论文,2013.

[192] 江俊峰. 用于结构健康监测的光纤传感解调系统的理论与方法研究. 天津:天津大学博士学位论文,2004.

[193] 王欣. 多传感器数据融合问题的研究. 长春:吉林大学博士学位论文,2006.

[194] 马磊明. 光纤光栅传感的数据融合技术研究. 天津:天津理工大学硕士学位论文,2011.

[195] 黄漫国,樊尚春,郑德智,等. 多传感器数据融合技术研究进展. 传感器与微系统,2010, (3):5-8.

[196] 高迎慧,王文,薛永存. 基于分批估计理论与虚拟仪器的瓦斯监测系统. 传感器与微系统,2007,26(4):61-63.

[197] 赵华哲,李强,杨家建. 基于最小二乘原理多传感器加权数据融合. 微型机与应用,2013, 23(12):7-10.

[198] 张卫华,童峥嵘,苗银萍,等. 数据融合在光纤光栅传感网络中的应用. 南开大学学报(自然科学版),2009,42(5):62-65.

[199] 吕辰刚,祖鹏,胡志雄,等. 光纤光栅传感阵列的数据融合分析. 传感技术学报,2007,20 (11):2433-2437.

[200] 李川,吴晟,邹金彗,等. 光纤传感器的复用与数据融合. 信息技术,2003,27(11):26-28.

[201] 高占凤. 大型结构健康监测中信息获取及处理的智能化研究. 北京:北京交通大学博士学位论文,2010.

[202] 李玉,刘铁根,王绍俊,等. 全光纤分布式视频联动长距离周界安防监控系统. 光电子·激光,2013,9:1752-1757.

[203] 马雪洁. 面向物联网应用的光纤传感系统研究与设计. 济南:山东大学硕士学位论文,2012.

[204] 陈飚. 面向物联网和光纤传感技术的桥梁安全监测技术研究与应用. 武汉:武汉理工大学博士学位论文,2011.

[205] 柳旭. 基于光纤传感技术的桥梁健康监测数据库系统研究. 武汉:武汉理工大学硕士学位论文,2006.

[206] 徐士博. 光纤智能传感网理论及关键技术研究. 天津:天津大学博士学位论文,2015.

[207] Gooßen S,Krutyeva M,Sharp M,et al. Sensing polymer chain dynamics through ring topology:A neutron spin echo study. Physical Review Letters,2015,115(14):148302.

[208] Fu M L,He M L,Le Z C,et al. Performance evaluation of the survivability schemes in WOBAN:A quality of recovery(QoR)method. International Journal of Communication Systems,2015,28(5):818-841.

[209] Iyer B V S , Yashin V V,Hamer M J,et al. Ductility,toughness and strain recovery in self-healing dual cross-linked nanoparticle networks studied by computer simulations. Progress in Polymer Science,2015,40:121-137.

[210] Yan Z J,Mou C B,Sun Z Y,et al. Hybrid tilted fiber grating based refractive index and liquid level sensing system. Optics Communications,2015,351:144-148.

[211] Cheng J J,Pan Y,Zhu J T,et al. Hybrid network CuS monolith cathode materials synthesized via facile in situ melt-diffusion for Li-ion batteries. Journal of Power Sources,2014,257:192-197.

[212] Mosanenzadeh S G,Khalid S,Cui Y,et al. High thermally conductive PLA based composites with tailored hybrid network of hexagonal boron nitride and graphene nanoplatelets. Polymer Composites,2016,37(7):2196-2205.

[213] Ecke W,Grimm S,Latka I,et al. Optical fiber grating sensor network based on highly reliable fibers and components for spacecraft health monitoring. SPIE's 8th Annual International Symposium on Smart Structures and Materials,Newport Beach,2001:160-167.

[214] Qing X P,Ikegami R,Beard S J,et al. Multifunctional sensor network for structural state sensing and structural health monitoring. SPIE Smart Structures and Materials and Nondestructive Evaluation and Health Monitoring,San Diego,2010:764711-764712.

[215] 李堃. 动态结构健康监测系统研究. 南京:南京航空航天大学硕士学位论文,2010.

[216] Lin M,Qing X,Kumar A,et al. SMART layer and SMART suitcase for structural health monitoring applications. SPIE's 8th Annual International Symposium on Smart Structures and Materials,Newport Beach,2001:98-106.

[217] 王克军. 国外低温温度传感器的研制现状. 低温工程,2002,5:49-53.

[218] Abeysinghe D C,Dasgupta S,Boyd J T,et al. A novel MEMS pressure sensor fabricated on an optical fiber. IEEE Photonics Technology Letters,2001,13(9):993-995.

[219] Xu J C,Piekrell G,Yu B,et al. Epoxy-free high temperature fiber optic pressure sensors for gas turbine engine applications. Sensors for Harsh Environments,2004,5590:1-10.

[220] Xu J C,Wang X W,Cooper K L,et al. Miniature all-silica fiber optic pressure and acoustic sensors. Optics Letters,2005,30(24):3269-3271.

[221] Wang X D,Li B Q,Russo O L,et al. Diaphragm design guidelines and an optical pressure sensor based on MEMS technique. Journal of Microelectronics,2006,37:50-56.

[222] Qi B,Pickrell G R,Xu J C,et al. Novel data processing techniques for dispersive white light interferometer. Optical Engineering,2003,42(11):3165-3171.

[223] 张情,崔长彩,周晓林. 垂直扫描白光干涉测量数据的各种处理算法及其分析. 机床与液压,2010,38(21):29-32.

[224] Balasubramanian N. Optical system for surface topography measurement:US,4340306. 1982.

[225] Kino G S,Chim S S C. Mirau correlation microscope. Applied Optics,1990,29(26):3775-3783.

[226] Chen S,Palmer A W,Grattan K T V,et al. Digital signal-processing techniques for electronically scanned optical-fiber white-light interferometry. Applied Optics,1992,31(28):6003-6010.

[227] de Groot P,Deck L. Surface profiling by analysis of white-light interferograms in the spatial frequency domain. Journal of Modern Optics,1995,42(2):389-401.

[228] Debnath S K,Kothiyal M P. Improved optical profiling using the spectral phase in spectrally resolved white-light interferometry. Applied Optics,2006,45(27):6965-6972.

[229] 于秀娟,余有龙,张敏,等. 光纤光栅传感器在航空航天复合材料/结构健康监测中的应用. 激光杂志,2006,27(1):1-3.

[230] Mizutani T,Takeda N,Takeya H. On-board strain measurement of a cryogenic composite tank mounted on a reusable rocket using FBG sensors. Structural Health Monitoring,2006,5(3):205-214.

[231] Park S O,Moon J B,Lee Y G,et al. Usage of fiber Bragg grating sensors in low earth orbit environment. The 15th International Symposium on Smart Structures and Materials and Nondestructive Evaluation and Health Monitoring,San Diego,2008,69321T.

[232] Takeda S,Aoki Y,Nagao Y. Damage monitoring of CFRP stiffened panels under compressive load using FBG sensors. Composite Structures,2012,94(3):813-819.

[233] 刘铁根,王双,江俊峰,等. 航空航天光纤传感技术研究进展. 仪器仪表学报,2014,35(8):1681-1692.

[234] 李森,任建勋. 水升华器工作过程的数值模拟与分析. 工程热物理学报,2011,32(2):291-294.

[235]　李玉杰,刘明,付军.温度传感技术及其在电力工业中的应用.沈阳工程学院学报(自然科学版),2011,7(1):53-55.

[236]　黄惠智,杨中山,徐善纲.光纤传感器的发展及其在电力系统中的应用.电工电能新技术,1990,3:27-33.

[237]　赵占朝,刘浩吾,蔡德所.光纤传感无损检测混凝土结构研究述评.力学进展,1995,25(2):223-231.

[238]　赵星光,邱海涛.光纤 Bragg 光栅传感技术在隧道检测中的应用.岩石力学与工程学报,2007,26(3):587-592.

[239]　姜德生,陈大雄,梁磊.光纤光栅传感器在建筑结构加固检测中的应用研究.土木工程学报,2004,37(5):50-53.

[240]　梁磊,姜德生,周雪芳,等.光纤 Bragg 光栅传感技术在桥梁预应力监测中的应用研究.北京工商大学学报(自然科学学报),2003,21(2):50-55.

[241]　丁睿,刘浩吾.分布式光纤传感技术在裂缝检测中的应用.西南交通大学学报,2003,38(6):651-654.

[242]　叶壮.光纤光栅的金属化封装及温度解调系统设计.济南:山东大学硕士学位论文,2011.

[243]　朱鸿鹄,殷建华,张林,等.大坝模型试验的光纤传感变形监测.岩石力学与工程学报,2008,27(6):1188-1194.

[244]　Rossi P,LeMaou F. New method for detecting cracks in concrete using fibre optics. Materials and Structures,1989,22(6):437-442.

[245]　孙汝蛟,孙利民,孙智.FBG 传感技术在大型桥梁健康监测中的应用.同济大学学报(自然科学版),2008,36(2):149-153.

[246]　祁耀斌.基于光纤传感的危险环境安全监测方法和关键技术的研究.武汉:武汉理工大学博士学位论文,2009.

[247]　庄须叶,黄涛,邓勇刚,等.光纤传感技术在油田开发中的应用进展.西南石油大学学报(自然科学版),2012,34(2):161-172.

[248]　覃健文,韦焕华.光纤传感技术在安防领域的应用.光通信技术,2013,13(8):8-10.

[249]　高长艳.嵌入式 TCP/IP 协议的研究与实现.长春:中国科学院长春光学精密机械与物理研究所硕士学位论文,2006.

[250]　焦双伟.基于 TCP/IP 网络的智能家居控制系统的研究与实现.南昌:南昌航空大学硕士学位论文,2012.

[251]　Jennings R B,Nahum E M,Olshefski D P. A study of internet instant messaging and chat protocols. IEEE Network,2006,20(4):16-21.

[252]　曹如军,黄晓平.聊天服务软件的实现.郧阳师范高等专科学校学报,2001,9(3):28-30.

[253]　Risso F,Degioanni L. An architecture for high performance network analysis. Proceedings of the 6th IEEE Symposium on Computers and Communications,Hammamet,2001:686-693.

[254]　柴天娇.全光纤防区型智能周界监控技术研究.天津:天津大学硕士学位论文,2015.

［255］ Ding Z, Yao X S, Liu T, et al. Compensation of laser frequency tuning nonlinearity of a long range OFDR using deskew filter. Optics Express, 2013, 21(3): 3826-3834.

［256］ Du Y, Liu T G, Ding Z Y, et al. Method for improving spatial resolution and amplitude by optimized deskew filter in long-range OFDR. IEEE Photonics Journal, 2014, 6（5）: 7802811.

［257］ 丁振扬. 几种改进 OFDR 性能方法的提出及验证. 天津: 天津大学硕士学位论文, 2013.